技术丛书

Apache Kylin 权威指南

第2版

Apache Kylin 核心团队◎著

机械工业出版社
China Machine Press

图书在版编目（CIP）数据

Apache Kylin 权威指南 /Apache Kylin 核心团队著．—2 版．—北京：机械工业出版社，2019.8

（大数据技术丛书）

ISBN 978-7-111-63329-7

I. A…　II. A…　III. 互联网络－网络服务器　IV. TP368.5

中国版本图书馆 CIP 数据核字（2019）第 164244 号

Apache Kylin 权威指南（第 2 版）

出版发行：机械工业出版社（北京市西城区百万庄大街 22 号　邮政编码：100037）

责任编辑：张梦玲　　责任校对：李秋荣

印　　刷：北京市荣盛彩色印刷有限公司　　版　　次：2019 年 8 月第 2 版第 1 次印刷

开　　本：186mm×240mm　1/16　　印　　张：19

书　　号：ISBN 978-7-111-63329-7　　定　　价：99.00 元

客服电话：（010）88361066　88379833　68326294　　投稿热线：（010）88379604

华章网站：www.hzbook.com　　读者信箱：hzit@hzbook.com

Foreword 推荐序

大概三年前，我在探索融合大数据平台演进路线的时候，接触到 Apache Kylin 这个开源大数据分析产品，并认识了几位 Kylin 核心团队的工程师。作为在企业级数据领域工作了 10 多年的“老兵”，在完成 POC 测试并拜读了《 Apache Kylin 权威指南》(第 1 版) 之后，我特别感动于这本书所映射出来的精神。在互联网金融极速燃烧的年代，居然有这么一群人坚守企业级数据分析阵地，致力于拯救陷入数据泥潭的劳苦大众。这种精神一定来源于 Kylin 的初衷——Unleash Big Data Productivity，我个人非常认同，并愿意共同传播 Kylin 的这种精神。

2018 年 9 月 12 日，我和 Apache Kylin 社区管理委员会（PMC）主席韩卿（Luke Han）相约，在纽约 Strata AI 大会上分享了对智能数据仓库未来的畅想。这次和国外数据界的交流碰撞，让我意识到，我们不但要设想未来在哪里，更要帮助期望数据分析生态落地的企业找到一条能够从数据仓库升级到数据湖再进化到智能数据平台的路。当然，我们也知道，要让路好走，铺路的人要付出更多的艰辛努力。

在这之后，Luke 时常与我讨论，如何应对企业级数据市场的各种艰辛。后来有一天，Luke 邀请我为《 Apache Kylin 权威指南》(第 2 版) 写推荐序，我便毫不犹豫地答应了。因为我知道这本书的升级，不只是技术的升级，更是技术背后的理念愿景和能力的升级。关于此书，我想告诉大家的是，读完第 1 章，我们将了解设计数据仓库解决方案的初衷，从而有意愿从 Kylin 开始新的探索；读完第 2 ～ 13 章，通过应用第一原理[⊖]，我们将有机会改变一个企业级数据分析生态；读完第 14 章和第 15 章，如果还有机会在企业内部进行实践的话，我们将有可能改变一个企业乃至一个行业。当然，对于本书，我们也不必循规蹈矩地按顺序读下来，可以按照自己的需要选择内容阅读。

⊖ 第一原理（first principle），哲学与逻辑名词，是最基本的命题或假设，不能被省略或删除，也不能违背，在《Bank 4.0》一书的第一章中，作者 Brett King 将其阐述为“功能为王”，即“utility is king”，要想重构金融科技业务，必须回到设计金融功能的初衷，努力去寻找最根本的真理，从而推演出后续需要做出改变的步骤。

面对未来竞争的每一个企业，表面上拼的是业务场景下对科技的理解和综合应用。实际上，最终比拼的还是人对业务场景和科技综合应用的驾驭能力。最后，我衷心希望，读者通过阅读本书能够获得驾驭企业级大数据的能力，成为企业所需要的技术人才，而本书的作者也会因为读者的成功而获得更大的成功。

朱志

建信金融科技 架构技术总监

Preface 前言

“麒麟出没，必有祥瑞。”

——中国古谚语

“与 Apache Kylin 团队一起合作使 Kylin 孵化成为顶级项目对我而言非常激动人心，Kylin 在技术方面当然是振奋人心的，但同样令人兴奋的是 Kylin 代表了亚洲国家，特别是中国，在开源社区中越来越高的参与度。”

——Ted Dunning　Apache 孵化项目副总裁，MapR 首席应用架构师

今天，随着移动互联网、物联网、AI 等各种技术的快速兴起，数据成了所有这些技术背后最重要，也是最有价值的“资产”。如何从数据中获得有价值的信息呢？这个问题驱动了相关技术的发展，从最初的基于文件的检索、分析程序，到数据仓库理念的诞生，再到基于数据库的商业智能分析。而现在，我们关注的问题已经变成如何从海量的超大规模数据中快速获取有价值的信息。在新的时代，面对新的挑战，新的技术必然会应运而生。

在数据分析领域，大部分的技术都诞生在国外，特别是美国，从最初的数据库，到 Hadoop 为首的大数据技术，再到今天各种深度学习、AI 等。但我国却又拥有世界上独一无二的“大”数据——最多的人口、最多的移动设备、最活跃的应用市场、最复杂的网络环境……面对这些挑战，我们需要有自己的核心技术，特别是在基础领域的突破和研发。今天，以 Apache Kylin 为首的各种来自中国的先进技术不断涌现，甚至在很多方面都大大超越了来自国外的其他技术，彰显了中国的技术实力。

自 Hadoop 选取大象图标伊始，上百个项目，以动物居之者为多。而其中唯有 Apache Kylin（麒麟）来自中国，在众多项目中分外突出。在全球最大的开源基金会——Apache 软件基金会（Apache Software Foundation，ASF）的 160 多个顶级项目中，Apache Kylin 是唯一一个来自中国的 Apache 顶级开源项目，与 Apache Hadoop、Apache Spark、Apache Kafka、Apache Tomcat、Apache Struts、Apache Maven 等顶级项目一起以“ The Apache Way”构建

开源大数据领域的国际社区，发展新技术并拓展生态系统。

大数据与传统技术的最大区别就在于数据的体量给查询带来的巨大挑战。从最早使用大数据技术来做批量处理，到现在越来越多的人要求大数据平台也能够如传统数据仓库技术一样支持交互式分析，随着数据量的不断膨胀、数据平民化的不断推进，低延迟、高并发地在 Hadoop 之上提供标准 SQL 查询能力成为必须攻破的技术难题。而 Apache Kylin 的诞生正是基于这个背景，并成功地完成了很多人认为不可能实现的突破。Apache Kylin 最初诞生于 eBay 中国研发中心，该中心坐落于上海浦东新区。2013 年 9 月底该研发中心开始进行 POC 测试并组建团队，经过一年的艰苦开发和测试，Apache Kylin 于 2014 年 9 月 30 日正式上线，并在第二天，2014 年 10 月 1 日，正式开源。

在这个过程中，面对使用何种技术、如何设计架构、如何突破那些看似无法完成的挑战等一系列技术难关，整个开发团队和用户一起经历了一个艰难的过程。今天呈现的 Apache Kylin 已经经历了上千亿甚至上万亿规模数据量的分析请求及上百家公司在实际生产环境中的检验，成为各个公司大数据分析平台不可替代的重要组成部分。本书将从 Apache Kylin 的架构和设计、各个模块的使用、与第三方的整合、二次开发以及开源实践等多个方面进行讲解，为读者呈现 Apache Kylin 最核心的设计理念和哲学、算法和技术等。

Apache Kylin 社区的发展来之不易，自 2014 年 10 月开源至今已经有近五年的时间，从最初的几个研发人员发展到今天几十个贡献者、国内外上百家公司正式使用、连续两年获得 InfoWorld Bossie Awards 最佳开源大数据工具奖。来自 Apache Kylin 核心团队、贡献者、用户、导师、基金会等的帮助和无私奉献铸就了今天 Apache Kylin 活跃的社区，也使得此项技术得以在越来越多的场景下发挥作用。现在，由 Apache Kylin 核心团队撰写的本书即将出版，相信能更好地将相关的理论、设计、技术、架构等展现给各位朋友，希望能够让更多的朋友更加充分地理解 Kylin 的优势和适用的场景，更多地挖掘出 Kylin 的潜力。同时希望本书能够鼓励并吸引更多的人参与到 Kylin 项目和开源项目中，能够影响更多的人贡献更多的项目和技术到开源世界中。

此次《Apache Kylin 权威指南》的再版工作，得到了 Kyligence 研发团队的大力支持，他们纷纷自愿参与，本书大部分内容的写作是利用节假日和休息时间完成的，每位参与者都将自己在工作中获得的最佳实践经验总结到了这本书中，他们分别是：史少锋、陈志雄、冯礼、翟娜、汤雪、赵勇杰、周浥尘、龙超、宗正、孙宇婕、周丁倩、李森辉等。在此对他们表示诚挚的感谢！

韩卿

Apache Kylin 联合创建者及项目委员会主席

2019 年 5 月

Contents 目　录

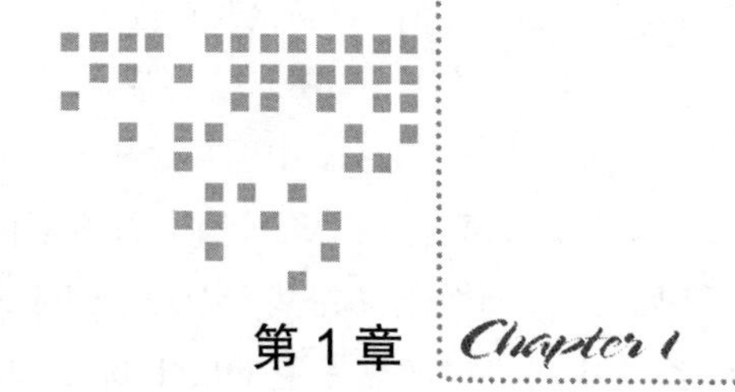

第 1 章 Chapter 1

Apache Kylin 概述

Apache Kylin 是 Hadoop 大数据平台上的一个开源的联机分析处理（Online Analytical Processing，OLAP）引擎。它采用多维立方体预计算技术，将大数据的 SQL 查询速度从之前的分钟乃至小时级别提升到亚秒级别，这种百倍、千倍的速度提升，为超大规模数据集上的交互式大数据分析奠定了基础。

Apache Kylin 也是第一个由中国人主导的 Apache 顶级开源项目，在国际开源社区具有极大的影响力。

本章将对 Apache Kylin 的历史和背景做一个完整的介绍，并从技术角度对 Kylin 做一个概括性的介绍。

1.1 背景和历史

现今，大数据行业发展得如火如荼，新技术层出不穷，整个生态欣欣向荣。作为大数据领域最重要的技术的 Apache Hadoop 最初致力于简单的分布式存储，然后在此基础之上实现大规模并行计算，到如今在实时分析、多维分析、交互式分析、机器学习甚至人工智能等方面有了长足的发展。

2013 年年初，在 eBay 内部使用的传统数据仓库及商业智能平台碰到了"瓶颈"，传统架构只支持垂直扩展，通过在一台计算机上增加 CPU 和内存等资源来提升计算机的数据处理能力。相对于数据指数级的增长，单机扩展很快达到极限，不可避免地遇到了"瓶颈"。此外，Hadoop 大数据平台虽然能存储和批量处理大规模数据，但与 BI 平台的连接技术还不够成熟，无法提供高效的交互式查询。于是，寻找到更好的交互式大数据分析方案成为当务之急。

2013 年年中，eBay 公司启动了一个大数据项目，其中有一部分内容就是 BI on Hadoop 的预研。当时，eBay 中国卓越中心组建了一支很小的团队，他们在分析和测试了多种开源和商业解决方案后，发现没有一种方案能够完全满足当时的需求，即在超大规模数据集上提供秒级的查询性能，并基于 Hadoop 与 BI 平台无缝整合等。在研究了多种可能性后，eBay 最终决定自己来实现一套 OLAP-on-Hadoop 的解决方案，以弥补业界的此类空白。与此同时，eBay 也非常鼓励各个项目开源、回馈社区，在给负责整个技术平台的高级副总裁做汇报的时候，得到的一个反馈就是“从第一天起就做好开源的准备”。

经过一年多的研发，2014 年 9 月底，代号 Kylin 的大数据平台在 eBay 内部正式上线。Kylin 在 Hadoop 上提供标准和友好的 SQL 接口，并且查询速度非常快，原本要几分钟才能完成的查询现在几秒钟就能返回结果，BI 分析的工作效率得到几百倍的提升，获得了公司内部客户、合作伙伴及管理层的高度评价，一上线便吸引了多个种子客户。2014 年 10 月 1 日，Kylin 项目负责人韩卿将 Kylin 的源代码提交到 github.com 并正式开源。当天就得到了业界专家的关注和认可。图 1-1 所示为 Hortonworks 的 CTO 对 Apache Kylin 的 Twitter 评价。

图 1-1 Hortonworks 的 CTO 对 Apache Kylin 的 Twitter 评论

很快，Hadoop 社区的许多朋友都鼓励 eBay 将该项目贡献到 Apache 软件基金会 (ASF)，让它与其他大数据项目一起获得更好的发展，在经过一个月的紧张准备和撰写了无数个版本的项目建议书后，Kylin 项目于 2014 年 11 月正式加入 Apache 孵化器项目，并由多位资深的社区活跃成员做项目导师。

在接下来的一年中，项目组再次做出了极大努力，包括按照 Apache 孵化器要求组建项目管理委员会（PMC）、建立项目网站、整理知识产权并签署必要协议、吸引外部开发者、发展多元化社区、发布多个正式版本等。2015年11月，Apache软件基金会宣布Apache Kylin正式成为顶级项目。

这是第一个完全由中国团队贡献到全球最大的开源软件基金会的顶级项目。项目负责人韩卿成为Apache Kylin项目管理委员会主席，也成为Apache软件基金会160多个顶级项目中的第一个中国人，Apache Kylin创造了历史。正如Kylin的导师，时任Apache孵化器副总裁的Ted Dunning在ASF官方新闻稿中评价的那样："Apache Kylin代表了亚洲国家，特别是中国，在开源社区中越来越高的参与度。"

2016年3月，由Apache Kylin核心开发者组建的创业公司Kyligence正式成立。正如多数成功的开源项目背后都有一家创业公司一样（Hadoop领域有Cloudera、Hortonworks等；Spark有Databricks；Kafka有Confluent等），Kylin也可以通过Kyligence公司的进一步投入保证高速研发，并且Kylin的社区和生态圈也会得到不断的发展和壮大，可以预见这个开源项目将会越来越好。

在业界极具盛名的技术类独立评选中，InfoWorld的Bossie Award每年都会独立挑选和评论相关的技术、应用和产品等。2015年9月，Apache Kylin与Apache Spark、Apache Kafka、H2O、Apache Zeppelin等一同获得了2015年度"最佳开源大数据工具奖"。这是业界对Apache Kylin的充分认可和褒奖。2016年的InfoWorld获奖榜单进一步收窄，获奖者数量较前一年减少一半，一些新兴项目如Google领导的TensorFlow、Apache Beam崭露头角，值得骄傲的是，Apache Kylin再次登上领奖台，蝉联"最佳开源大数据工具奖"。

Apache Kylin在社区开发者的共同努力下进一步发展和完善，先后发布了1.6、2.0 ~ 2.5多个版本，涵盖近实时流、Spark引擎、RDBMS数据源、Cube Planner，支持Hadoop 3.0等众多新功能，还有一些新功能正在进行公开beta测试，如Parquet存储引擎、完全实时流数据等，预计在不远的将来会正式发布。同时，Apache Kylin用户群也在不断发展壮大，跨越亚洲、美洲、欧洲、澳洲等地。据粗略计算，全球已经有超过一千家企业将Apache Kylin用于自身的关键业务分析。

1.2　Apache Kylin的使命

Apache Kylin的使命是实现超高速的大数据OLAP分析，也就是要让大数据分析像使用数据库一样简单迅速，用户的查询请求可以在秒级返回，交互式数据分析以前所未有的速度释放大数据里潜藏的知识和信息，以使我们在面对未来的挑战时占得先机。

1.2.1　为什么要使用Apache Kylin

自2006年Hadoop诞生以来，大数据的存储和批处理问题得到了妥善解决，而如何高速地分析数据也就成为下一个挑战。于是各种“SQL-on-Hadoop”技术应运而生，其中以 Hive 为代表，Impala、Presto、Phoenix、Drill、Spark SQL 等紧随其后，它们的主要技术是“大规模并行处理”（Massively Parallel Processing，MPP）和“列式存储”（Columnar Storage）。

大规模并行处理可以调动多台机器进行并行计算，用线性增加资源来换取计算时间的线性下降。列式存储则将记录按列存放，不仅在访问时可以只读取需要的列，更可以利用存储设备擅长连续读取的特点，大大提高读取的速率。这两项关键技术使得 Hadoop 上的 SQL 查询速度从小时级提高到了分钟级。

然而分钟级别的查询响应仍然与交互式分析的现实需求相差很远。分析师敲入查询指令，按下回车键后，需要去倒杯咖啡，静静地等待结果。得到结果后才能根据情况调整查询，再做下一轮分析。如此反复，一个具体的场景分析常常需要几个小时甚至几天才能完成，数据分析效率低下。

这是因为大规模并行处理和列式存储虽然提高了计算和存储的速度，但并没有改变查询问题本身的时间复杂度，也没有改变查询时间与数据量呈线性增长的关系这一事实。假设查询 1 亿条记录耗时 1 分钟，那么查询 10 亿条记录就需要 10 分钟，查询 100 亿条就至少需要 1 小时 40 分钟。

当然，有很多的优化技术可以缩短查询的时间，比如更快的存储、更高效的压缩算法等，但总体来说，查询性能与数据量呈线性相关这一事实无法改变。虽然大规模并行处理允许十倍或者百倍地扩张计算集群，以期保持分钟级别的查询速度，但购买和部署十倍、百倍的计算集群又很难做到，更何况还需要高昂的硬件运维成本。

另外，对于分析师来说，完备的、经过验证的数据模型比分析性能更加重要，直接访问纷繁复杂的原始数据并进行相关分析其实并不是很美好的体验，特别是在超大规模数据集上，分析师们把更多的精力花费在了等待查询结果上，而不是用在更加重要的建立领域模型上。

1.2.2 Apache Kylin 怎样解决关键问题

Apache Kylin 的初衷就是解决千亿、万亿条记录的秒级查询问题，其中的关键就是打破查询时间随着数据量呈线性增长的这一规律。仔细思考大数据 OLAP，我们可以注意到两个事实。

- 大数据查询要的一般是统计结果，是多条记录经过聚合函数计算后的统计值。原始的记录则不是必需的，或者被访问的频率和概率极低。
- 聚合是按维度进行的，而维度的聚合可能性是有限的，一般不随数据的膨胀而线性增长。

基于以上两点，我们得到一个新的思路——“预计算”。应尽量多地预先计算聚合结果，在查询时刻也尽量使用预计算的结果得出查询结果，从而避免直接扫描可能无限增长的原始记录。

举例来说，要用下面的 SQL 来查询 10 月 1 日那天销量最高的商品。

```
SELECT item, SUM(sell_amount)
FROM sell_details
WHERE sell_date='2016-10-01'
GROUP BY item
ORDER BY SUM(sell_amount) DESC
```

传统的方法需要扫描所有的记录，找到10月1日的销售记录，然后按商品聚合销售额，最后排序返回。假如10月1日有1亿条交易，那么查询必需读取并累计至少1亿条记录，且查询速度会随将来销量的增加而逐步下降，如果日交易量提高至2亿条，那查询执行的时间可能会增加一倍。

而预计算的方法则会事先按维度[sell_date, item]计算SUM(sell_amount)并将其存储下来，在查询时找到10月1日的销售商品就可以直接排序返回了。读取的记录数最大不超过维度[sell_date, item]的组合数。显然这个数字将远远小于实际的销售记录，比如10月1日的1亿条交易包含了100万种商品，那么预计算后就只有100万条记录了，是原来的百分之一。并且这些记录是已经按商品聚合的结果，省去了运行时的聚合运算。从未来的发展来看，查询速度只会随日期和商品数目的增长而变化，与销售记录总数不再有直接联系。假如日交易量提高一倍到2亿，但只要商品总数不变，那么预计算的结果记录总数就不会变，查询的速度也不会变。

"预计算"就是Kylin在"大规模并行处理"和"列式存储"之外，提供给大数据分析的第三个关键技术。

1.3 Apache Kylin 的工作原理

Apache Kylin 的工作原理本质上是 MOLAP（Multidimensional Online Analytical Processing）Cube，也就是多维立方体分析。这是数据分析中相当经典的理论，在关系型数据库年代就有广泛应用，下面对其做简要介绍。

1.3.1 维度和度量简介

在说明MOLAP Cube之前，需要先介绍一下维度（dimension）和度量（measure）这两个概念。

简单来讲，维度就是观察数据的角度。比如电商的销售数据，可以从时间的维度来观察（如图1-2的左图所示），也可以进一步细化从时间和地区的维度来观察（如图1-2的右图所示）。维度一般是一组离散的值，比如时间维度上的每一个独立的日期，或者商品维度上的每一件独立的商品。因此，统计时可以把维度值相同的记录聚合起来，应用聚合函数做累加、平均、去重复计数等聚合计算。

时间（维度）	销售额（度量）
2016 1Q	1.7 M
2016 2Q	2.1 M
2016 3Q	1.6 M
2016 4Q	1.8 M

时间（维度）	地区（维度）	销售额（度量）
2016 1Q	中国	1.0 M
2016 1Q	北美	0.7 M
2016 2Q	中国	1.5 M
2016 2Q	北美	0.6 M
2016 3Q	中国	0.9 M
2016 3Q	北美	0.7 M
2016 4Q	中国	0.9 M
2016 4Q	北美	0.9 M

图 1-2 维度和度量

度量就是被聚合的统计值，也是聚合运算的结果，它一般是连续值，如图 1-2 中的销售额，抑或是销售商品的总件数。通过比较和测算度量，分析师可以对数据进行评估，比如今年的销售额相比去年有多大的增长、增长的速度是否达到预期、不同商品类别的增长比例是否合理等。

1.3.2 Cube 和 Cuboid

了解了维度和度量，就可以对数据表或者数据模型上的所有字段进行分类了，它们要么是维度，要么是度量（可以被聚合）。于是就有了根据维度、度量做预计算的 Cube 理论。

给定一个数据模型，我们可以对其上所有维度进行组合。对于 N 个维度来说，所有组合的可能性有 2^N 种。对每一种维度的组合，将度量做聚合运算，运算的结果保存为一个物化视图，称为 Cuboid。将所有维度组合的 Cuboid 作为一个整体，被称为 Cube。所以简单来说，一个 Cube 就是许多按维度聚合的物化视图的集合。

举一个具体的例子。假定有一个电商的销售数据集，其中维度有时间 (Time)、商品 (Item)、地点 (Location) 和供应商 (Supplier)，度量有销售额 (GMV)。那么，所有维度的组合就有 2^4=16 种（如图 1-3 所示），比如一维度（1D）的组合有 [Time][Item][Location][Supplier] 四种；二维度（2D）的组合有 [Time, Item][Time, Location][Time、Supplier][Item, Location][Item, Supplier][Location, Supplier] 六种；三维度（3D）的组合也有四种；最后，零维度（0D）和四维度（4D）的组合各有一种，共计 16 种组合。

计算 Cuboid，就是按维度来聚合销售额 (GMV)。如果用 SQL 来表达计算 Cuboid [Time, Location]，那就是：

```
select Time, Location, Sum(GMV) as GMV from Sales group by Time, Location
```

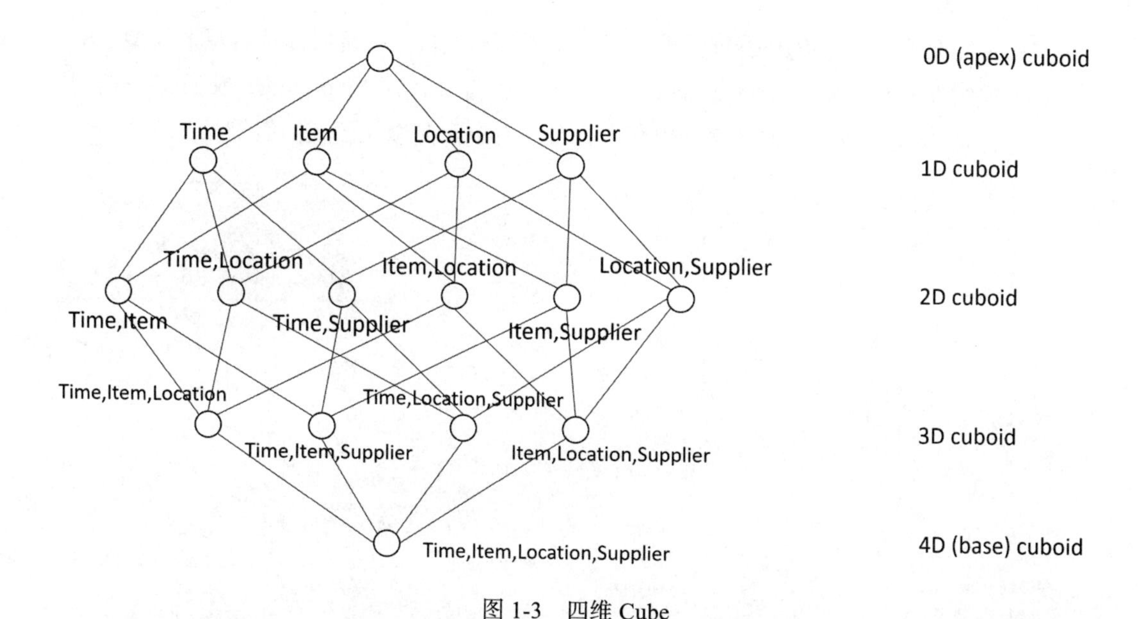

图 1-3　四维 Cube

将计算的结果保存为物化视图，所有 Cuboid 物化视图的总称就是 Cube 了。

1.3.3　工作原理

Apache Kylin 的工作原理就是对数据模型做 Cube 预计算，并利用计算的结果加速查询。过程如下：

（1）指定数据模型，定义维度和度量。

（2）预计算 Cube，计算所有 Cuboid 并将其保存为物化视图。

（3）执行查询时，读取 Cuboid，进行加工运算产生查询结果。

由于 Kylin 的查询过程不会扫描原始记录，而是通过预计算预先完成表的关联、聚合等复杂运算，并利用预计算的结果来执行查询，因此其速度相比非预计算的查询技术一般要快一个到两个数量级。并且在超大数据集上其优势更明显。当数据集达到千亿乃至万亿级别时，Kylin 的速度甚至可以超越其他非预计算技术 1000 倍以上。

1.4　Apache Kylin 的技术架构

Apache Kylin 系统可以分为在线查询和离线构建两部分，其技术架构如图 1-4 所示。在线查询主要由上半区组成，离线构建在下半区。

先看离线构建的部分。从图 1-4 中可以看到，数据源在左侧，目前主要是 Hadoop、Hive、Kafka 和 RDBMS，其中保存着待分析的用户数据。根据元数据定义，下方构建引擎从数据源中抽取数据，并构建 Cube。数据以关系表的形式输入，且必须符合星形模型（Star Schema）或雪花模型（Snowflake Schema）。用户可以选择使用 MapReduce 或 Spark 进行构建。构建后的 Cube 保存在右侧的存储引擎中，目前 HBase 是默认的存储引擎。

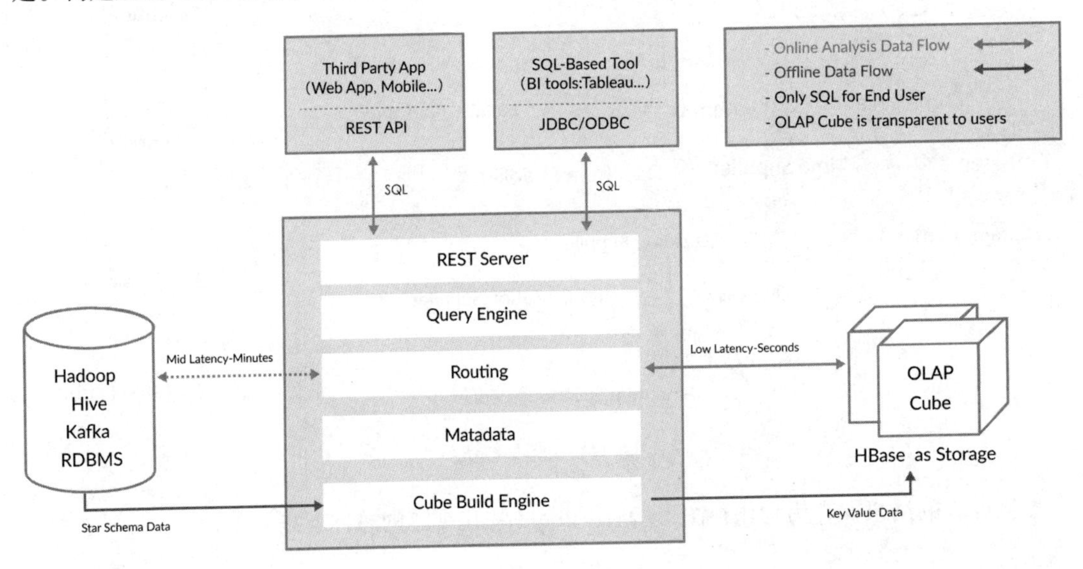

图 1-4　Apache Kylin 技术架构

完成离线构建后，用户可以从上方查询系统发送 SQL 来进行查询分析。Kylin 提供了多样的 REST API、JDBC/ODBC 接口。无论从哪个接口进入，最终 SQL 都会来到 REST 服务层，再转交给查询引擎进行处理。这里需要注意的是，SQL 语句是基于数据源的关系模型书写的，而不是 Cube。Kylin 在设计时刻意对查询用户屏蔽了 Cube 的概念，分析师只需要理解简单的关系模型就可以使用 Kylin，没有额外的学习门槛，传统的 SQL 应用也更容易迁移。查询引擎解析 SQL，生成基于关系表的逻辑执行计划，然后将其转译为基于 Cube 的物理执行计划，最后查询预计算生成的 Cube 产生结果。整个过程不访问原始数据源。

注意　对于查询引擎下方的路由选择，在最初设计时考虑过将 Kylin 不能执行的查询引导到 Hive 中继续执行。但在实践后发现 Hive 与 Kylin 的执行速度差异过大，导致用户无法对查询的速度有一致的期望，大多语句很可能查询几秒就返回了，而有些要等几分钟到几十分钟，用户体验非常糟糕。最后这个路由功能在发行版中默认被关闭。

Apache Kylin v1.5 版本引入了“可扩展架构”的概念。图 1-4 所示为 Rest Server、Cube Build Engine 和数据源表示的抽象层。可扩展是指 Kylin 可以对其三个主要依赖模块——数据源、构建引擎和存储引擎，做任意的扩展和替换。在设计之初，作为 Hadoop 家族的一员，这三者分别是 Hive、MapReduce 和 HBase。但随着 Apache Kylin 的推广和使用的深入，用户发现它们存在不足之处。

比如，实时分析可能会希望从 Kafka 导入数据而不是从 Hive；而 Spark 的迅速崛起，又使我们不得不考虑将 MapReduce 替换为 Spark 以提高 Cube 的构建速度；至于 HBase，它的读性能可能不如 Cassandra 等。可见，是否可以将某种技术替换为另一种技术已成为一个常见的问题。于是，我们对 Apache Kylin v1.5 版本的系统架构进行了重构，将数据源、构建引擎、存储引擎三大主要依赖模块抽象为接口，而 Hive、MapReduce、HBase 只是默认实现。其他实现还有：数据源还可以是 Kafka、Hadoop 或 RDBMS；构建引擎还可以是 Spark、Flink。资深用户可以根据自己的需要做二次开发，将其中的一个或者多个技术替换为更适合自身需要的技术。

这也为 Kylin 技术的与时俱进奠定了基础。如果将来有更先进的分布式计算技术可以取代 MapReduce，或者有更高效的存储系统全面超越了 HBase，Kylin 可以用较小的代价将一个子系统替换掉，从而保证 Kylin 紧跟技术发展的最新潮流，保持最高的技术水平。

可扩展架构也带来了额外的灵活性，比如，它可以允许多个引擎并存。例如，Kylin 可以同时对接 Hive、Kafka 和其他第三方数据源；抑或用户可以为不同的 Cube 指定不同的构建引擎或存储引擎，以期达到极致的性能和功能定制。

1.5 Apache Kylin 的主要特点

Apache Kylin 的主要特点包括支持 SQL 接口、支持超大数据集、秒级响应、可伸缩性、高吞吐率、BI 及可视化工具集成等。

1.5.1 标准 SQL 接口

尽管 Apache Kylin 内部以 Cube 技术为核心，对外却没有选用 MDX（MultiDimensional eXpression）作为接口，而是以标准 SQL 接口作为对外服务的主要接口。MDX 作为 OLAP 查询语言，从学术上来说是更加适合 Kylin 的选择，但实践表明，SQL 是绝大多数分析人员最熟悉的工具，也是大多数应用程序使用的编程接口，它不仅简单易用，也代表了绝大多数用户的第一需求。

SQL 需要以关系模型作为支撑，Kylin 使用的查询模型是数据源中的关系模型表，一般而言也就是指 Hive 表。终端用户只需要像原来查询 Hive 表一样编写 SQL 查询语句，就可以无缝地切换到 Kylin，几乎不需要进行额外的学习，甚至原本的 Hive 查询也因为与 SQL 同源，大多无须修改就能直接在 Kylin 上运行。标准 SQL 接口是 Kylin 能够快速推广的一个关键原因。

当然，Apache Kylin 将来也可能推出 MDX 接口。事实上已经可以通过 MDX 转 SQL 的工具，让 Kylin 也能支持 MDX。

1.5.2 支持超大数据集

Apache Kylin 对大数据的支撑能力可能是目前所有技术中最为先进的。2015 年在 eBay 的生产环境中，Kylin 就能支持百亿条记录的秒级查询，之后在移动应用场景下又有了千亿条记录秒级查询的案例。这些都是实际场景的应用，而非实验室中的理论数据。

因为使用了 Cube 预计算技术，在理论上，Kylin 可以支撑的数据集大小没有上限，仅受限于存储系统和分布式计算系统的承载能力，并且查询速度不会随数据集的增大而减慢。Kylin 在数据集规模上的局限性主要在于维度的个数和基数。它们一般由数据模型决定，不随数据规模的增加而线性增长，也就意味着，Kylin 对未来数据增长有着更强的适应能力。

截至 2019 年 1 月，除了 eBay 作为孵化公司有广泛应用之外，国内外一线的互联网公司几乎都大规模地使用 Apache Kylin，包括美团、百度、网易、京东、唯品会、小米、Strikingly、Expedia、Yahoo！ JAPAN、Cisco 等。此外，在传统行业中也有非常多的实际应用，包括中国移动、中国联通、中国银联、太平洋保险等。

1.5.3 亚秒级响应

Apache Kylin 有优异的查询响应速度，这得益于预计算，很多复杂的计算如连接、聚合，在离线的预计算过程中就已经完成，这大大降低了查询时所需的计算量，提高了查询响应速度。

根据可查询到的公开资料显示，Apache Kylin 在某生产环境中 90% 的查询可以在 3 秒内返回结果。这不是说一部分 SQL 相当快，而是在数万种不同的应用 SQL 的真实生产系统中，绝大部分的查询非常迅速；在另一个真实案例中，对 1000 多亿条数据构建了立方体，90% 的查询性能在 1.18s 以内，可见 Kylin 在超大规模数据集上表现优异。这与一些只在实验室中，只在特定查询情况下，采集的性能数据不可同日而语。

当然，并不是使用 Apache Kylin 就一定能获得最好的性能。针对特定的数据及查询模式，往往需要做进一步的性能调优、配置优化等，性能调优对于充分利用 Apache Kylin 至关重要。

1.5.4 可伸缩性和高吞吐率

在保持高速响应的同时，Kylin 有着良好的可伸缩性和很高的吞吐率。图 1-5 是网易的性能分享。左图是 Apache Kylin 与 Mondrian/Oracle 的查询速度的对比，可以看到在三个测试查询中，Kylin 的查询速度分别比 Mondrian/Oracle 快 147 倍、314 倍和 59 倍。

同时右图展现了 Apache Kylin 的高吞吐率和可伸缩性。在一个 Apache Kylin 实例中，Apache Kylin 每秒可以处理近 70 个查询，已经远远高于每秒 20 个查询的一般水平。更理想的是，随着服务器的增加，其吞吐率也呈线性增加，在存在 4 个实例时达到每秒 230 个查询左右，而这 4 个实例仅部署在一台机器上，理论上添加更多的应用服务器后可以支持更高的并发率。

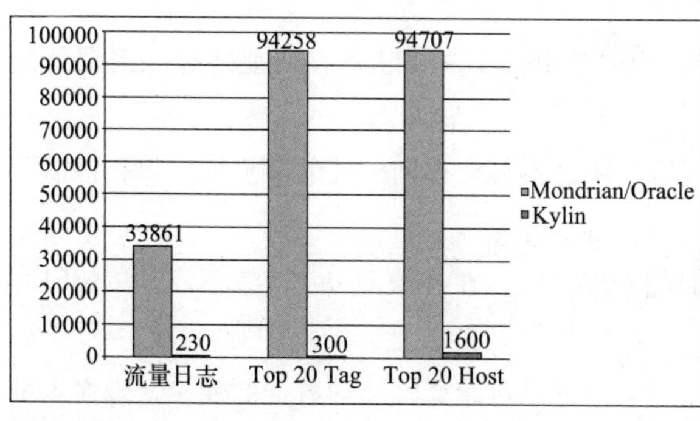

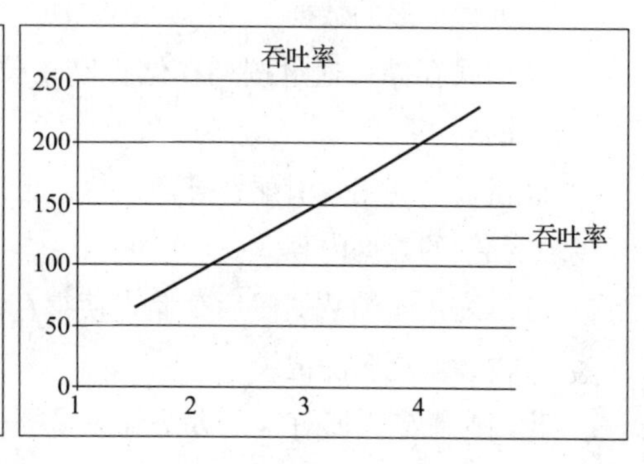

By NetEase:
http://www.bitstech.net/2016/01/04/kylin-olap/

图 1-5　Apache Kylin 的可伸缩性和高吞吐率

这主要还是归功于预计算降低了查询时所需的计算总量，使 Apache Kylin 可以在相同的硬件配置下承载更多的并发查询。

1.5.5　BI 及可视化工具集成

Apache Kylin 提供了丰富的 API 与现有的 BI 工具集成，包括：

- ODBC 接口：与 Tableau、Excel、Power BI 等工具集成。
- JDBC 接口：与 Saiku、BIRT 等 Java 工具集成。
- Rest API：与 JavaScript、Web 网页集成。

分析师可以继续使用他们最熟悉的 BI 工具与 Apache Kylin 一同工作，或者在开放的 API 上做二次开发和深度定制。

另外，Apache Kylin 的核心团队也贡献了 Apache Zeppelin 及 Apache Superset 的插件，Strikingly 的工程师为 Redash 贡献了 Apache Kylin 连接器，用户可以使用 Zeppelin、Superset、Redash 等免费可视化工具来访问 Redash Kylin。

1.6　与其他开源产品的比较

与 Apache Kylin 一样致力于解决大数据查询问题的其他开源产品也有不少，比如 Apache Drill、Apache Impala、Druid、Hive、Presto、SparkSQL 等。本节将 Apache Kylin 与

它们做一个简单的比较。

从底层技术的角度来看，这些开源产品有很大的共性，一些底层技术几乎被所有的产品一致采用，Apache Kylin 也不例外。

- 大规模并行处理 (MPP)：可以通过增加机器的方式来扩容处理速度，在相同的时间内处理更多的数据。
- 列式存储：通过按列存储提高单位时间内数据的 I/O 吞吐率，还能跳过不需要访问的列。
- 索引：利用索引配合查询条件，可以迅速跳过不符合查询条件的数据块，仅扫描需要扫描的数据内容。
- 压缩：压缩数据然后存储，使得存储的密度更高，在有限的 I/O 速率下，在单位时间内读取更多的记录。

我们注意到，所有这些方法都只是提高了单位时间内计算机处理数据的能力，当大家都采用这些技术时，彼此之间的区别将只停留在实现层面的代码细节上。最重要的是，这些技术都不会改变一个事实，那就是处理时间与数据量之间的正比例关系。

当数据量翻倍，在不扩容的前提下，MPP 需要两倍的时间来完成计算；列式存储需要两倍的存储空间；索引下符合条件的记录数也会翻倍；压缩后的数据大小也是之前的两倍。因此，查询速度也会随之变成之前的一半。当数据量十倍百倍地增加时，这些技术的查询速度就会十倍百倍地下降，最终无法完成查询。

Apache Kylin 的特色在于，在上述底层技术之外，另辟蹊径地使用了独特的 Cube 预计算技术。预计算事先将数据按维度组合进行了聚合，将结果保存为物化视图。经过聚合，物化视图的规模就只由维度的基数决定，而不再随数据量的增加呈线性增长。以电商为例，如果业务扩张，交易量增加了 10 倍，只要交易数据的维度不变（供应商 / 商品种类数量不变），聚合后的物化视图依旧是原先的大小，查询的速度也将保持不变。

与同类产品相比，这一底层技术的区别使得 Apache Kylin 从外在功能上呈现出不同的特性，具体如下：

- SQL 接口：除了 Druid 以外，所有的产品都支持 SQL 或类 SQL 接口。巧合的是，Druid 也是除了 Apache Kylin 以外，相对查询性能最好的一个。这除了归功于 Druid 有自己的存储引擎之外，也可能得益于其较为受限的查询能力。
- 大数据支持：大多数产品的查询能力在亿级到十亿级之间，更大的数据量将显著降低其查询性能。而 Apache Kylin 因为采用预计算技术，其查询速度不受数据量限制。有实际案例证明，在数据量达千亿级别时，Apache Kylin 系统仍然能保持秒级别的查询性能。
- 查询速度：如前所述，一般产品的查询速度都不可避免地随数据量的增加而下降。而

Apache Kylin 则更能够在数据量成倍增加的同时保持查询速度不变。而且这个差距将随着数据量的成倍增加而变得愈加明显。

- 吞吐率：根据之前的实验数据，Apache Kylin 的单服务器吞吐量一般在每秒 70 ~ 150 个查询，并且可以线性扩展。而普通的产品因为所有计算都在查询时完成，所以需要调动集群更多的资源才能完成查询，通常极限在每秒 20 个查询左右，而且扩容成本较高，需要扩展整个集群。相对地，Apache Kylin 系统因其"瓶颈"不在于整个集群，而在于 Apache Kylin 服务器，因此只需要增加 Apache Kylin 服务器就能成倍提高吞吐率，扩容成本低廉。

1.7 小结

本章介绍了 Apache Kylin 的背景历史和技术特点。尤其是它基于预计算的大数据查询原理，理论上它可以在任意大的数据规模上达到 $O(1)$ 常数级别的查询速度，这是 Apache Kylin 与传统查询技术的关键区别，如图 1-6 所示。传统技术如大规模并行计算和列式存储的查询速度都在 $O(N)$ 级别，与数据规模呈线性关系。如果数据规模扩大 10 倍，那么 $O(N)$ 的查询速度就下降 1/10，无法满足日益增长的数据分析需求。依靠 Apache Kylin，我们不用再担心查询速度会随数据量的增加而降低，能更有信心面对未来的数据挑战。

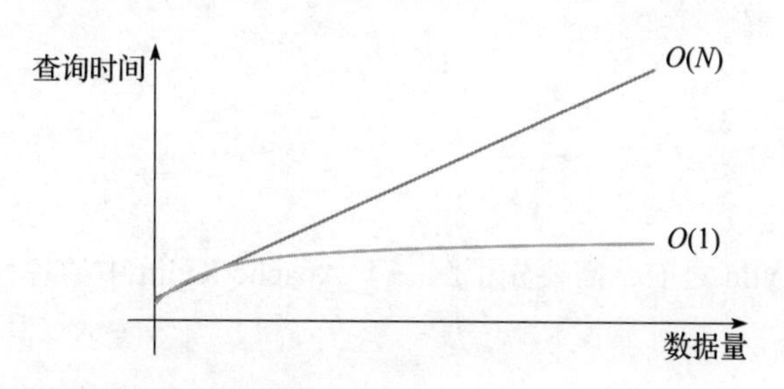

图 1-6　查询时间复杂度 $O(1)$ 与 $O(N)$ 对比

Chapter 2 第2章

快速入门

第1章介绍了Apache Kylin的概况，以及它与其他SQL-on-Hadoop技术的不同，相信读者对Apache Kylin有了一个整体的认识。本章将详细介绍Apache Kylin的一些核心概念，然后带领读者一步步创建Cube，构建Cube，并通过SQL来查询Cube，使读者对Apache Kylin有更为直观的了解。

2.1 核心概念

在使用Apache Kylin之前，需要先了解一下Apache Kylin中的各种概念和术语，为后续章节的学习奠定基础。

2.1.1 数据仓库、OLAP与BI

数据仓库（Data Warehouse）是一种信息系统的资料储存理论，此理论强调的是利用某些特殊资料储存方式，让所包含的资料特别有利于分析处理，从而产生有价值的资讯并依此做决策。

利用数据仓库方式存放的资料，具有一旦存入，便不随时间变化而变动的特性，此外，存入的资料必定包含时间属性，通常，一个数据仓库会含有大量的历史性资料，并且它利用特定分析方式，从中发掘出特定的资讯。

OLAP（Online Analytical Process），即联机分析处理，它可以以多维度的方式分析数据，并且能弹性地提供上卷（Roll-up）、下钻（Drill-down）和透视分析（Pivot）等操作，是呈现集成性决策信息的方法，其主要功能在于方便大规模数据分析及统计计算，多用于决策支持系统、商务智能或数据仓库。与之相区别的是联机交易处理（OLTP），联机交易处理侧重于基本的、日常的事务处理，包括数据的增、删、改、查。

- OLAP 需要以大量历史数据为基础，配合时间点的差异并对多维度及汇整型的信息进行复杂的分析。
- OLAP 需要用户有主观的信息需求定义，因此系统效率较高。

OLAP 的概念，在实际应用中存在广义和狭义两种不同的理解。广义上的理解与字面意思相同，泛指一切不对数据进行更新的分析处理，但更多的情况下 OLAP 被理解为狭义上的含义，即与多维分析相关，是基于立方体（CUBE）计算而进行的分析。

BI（Business Intelligence），即商务智能，是指用现代数据仓库技术、在线分析技术、数据挖掘和数据展现技术进行数据分析以实现商业价值。

如今，许多企业已经建立了自己的数据仓库，用于存放和管理不断增长的数据，这些数据中蕴含着丰富的商业价值，但只有使用分析工具对其进行大量筛选、计算和展示后，数据中蕴含的规律、价值和潜在信息才能被人们所发现与利用。分析人员结合这些信息进行商业决策和市场活动，从而为用户提供更好的服务，为企业创造更大的价值。

2.1.2 维度建模

维度建模用于决策制定，并侧重于业务如何表示和理解数据。基本的维度模型由维度和度量两类对象组成。维度建模尝试以逻辑、可理解的方式呈现数据，以使得数据的访问更加直观。维度设计的重点是简化数据和加快查询。

维度模型是数据仓库的核心。它经过精心设计和优化，可以为数据分析和商业智能(BI)，检索并汇总大量的相关数据。在数据仓库中，数据修改仅定期发生，并且是一次性开销，而读取是经常发生的。对于一个数据检索效率比数据处理效率重要得多的数据结构而言，非标准化的维度模型是一个不错的解决方案。

在数据挖掘中有几种常见的多维数据模型，如星形模型（Star Schema）、雪花模型（Snowflake Schema）、事实星座模型（Fact Constellation）等。

星形模型中有一个事实表，以及零个或多个维度表，事实表与维度表通过主键外键相关联，维度表之间没有关联，就像很多星星围绕在一个恒星周围，故名为星形模型。

如果将星形模型中的某些维度表再做规范，抽取成更细的维度表，让维度表之间也进行关联，那么这种模型称为雪花模型。

事实星座模型是更为复杂的模型，其中包含多个事实表，而维度表是公用的，可以共享。

2.1.3 事实表和维度表

事实表（Fact Table）是指存储事实记录的表，如系统日志、销售记录等，并且是维度模型中的主表，代表着键和度量的集合。事实表的记录会不断地动态增长，所以它的体积通常远大于其他表，通常事实表占据数据仓库中90%或更多的空间。

维度表（Dimension Table），也称维表或查找表（Lookup Table），是与事实表相对应的一种表。维度表的目的是将业务含义和上下文添加到数据仓库中的事实表和度量中。维度表是事实表的入口点，维度表实现了数据仓库的业务接口。它们基本上是事实表中的键引用的查找表。它保存了维度的属性值，可以与事实表做关联，相当于将事实表上经常出现的属性抽取、规范出来用一张表进行管理，常见的维度表有：日期表（存储日期对应的 周、月、季度等属性）、地点表（包含国家、省 / 州、城市等属性）等。使用维度表的好处如下：

- 减小了事实表的大小；
- 便于维度的管理和维护，增加、删除和修改维度的属性时，不必对事实表的大量记录进行改动；
- 维度表可以为多个事实表同时使用，减少重复工作。

2.1.4 维度和度量

维度和度量是数据分析中的两个基本概念。

维度是人们观察数据的特定角度，是考虑问题时的一类属性。它通常是数据记录的一个特征，如时间、地点等。同时，维度具有层级概念，可能存在细节程度不同的描述方面，如日期、月份、季度、年等。

在数据仓库中，可以在数学上求和的事实属性称为度量。例如，可以对度量进行总计、平均、以百分比形式使用等。度量是维度模型的核心。通常，在单个查询中检索数千个或数百万个事实行，其中对结果集执行数学方程。

在一个SQL查询中，Group By的属性通常就是维度，而其所计算的值则是度量，如在下面这个查询中，part_dt和lstg_site_id是维度，sum(price)和count(distinct seller_id)是度量。

```
select part_dt, lstg_site_id, sum(price) as total_selled, count(distinct seller_id)
as sellers from kylin_sales group by part_dt, lstg_site_id
```

2.1.5 Cube、Cuboid和Cube Segment

Cube（或称Data Cube），即数据立方体，是一种常用于数据分析与索引的技术，它可以对原始数据建立多维度索引，大大加快数据的查询效率。

Cuboid特指Apache Kylin中在某一种维度组合下所计算的数据。

Cube Segment 指针对源数据中的某一片段计算出来的 Cube 数据。通常，数据仓库中的数据数量会随时间的增长而增长，而 Cube Segment 也是按时间顺序构建的。

2.2　在 Hive 中准备数据

上一节介绍了 Apache Kylin 中的常见概念。在本节中将介绍准备 Hive 数据时的一些注意事项。需要进行分析的数据必须先保存为 Hive 表的形式，只有这样 Apache Kylin 才能从 Hive 中导入数据、创建 Cube。

Apache Hive 是一个基于 Hadoop 的数据仓库工具，最初由 Facebook 开发并贡献到 Apache 软件基金会。Hive 可以将结构化的数据文件映射为数据库表，并可以将 SQL 语句转换为 MapReduce 或 Tez 任务运行，从而让用户以类 SQL（HiveQL，HQL）的方式管理和查询 Hadoop 上的海量数据。

此外，Hive 提供了多种方式（如命令行、API 和 Web 服务等）供第三方方便地获取和使用元数据并进行查询。今天，Hive 已经成为 Hadoop 数据仓库的首选，是 Hadoop 不可或缺的一个重要组件，很多项目都兼容或集成 Hive。鉴于此，Apache Kylin 选择 Hive 作为原始数据的主要来源。

在 Hive 中准备待分析的数据是使用 Apache Kylin 的前提。将数据导入 Hive 表的方法很多，用户管理数据的技术和工具也多种多样，故其具体步骤不在本书的讨论范围之内，如有需要可以参阅 Hive 的文档。这里着重阐述几个需要注意的事项。

2.2.1　多维数据模型

目前 Apache Kylin 既支持星形数据模型，也支持雪花数据模型，这是基于以下考虑：

- 星形模型与雪花模型是最为常用的数据模型；
- 由于只有一个大表，相比于其他模型更适合大数据处理；
- 其他模型可以通过一定的转换，变为星形模型或雪花模型。

2.2.2　维度表的设计

除了数据模型以外，Apache Kylin 还对维度表有一定的要求，如：

1）要具有数据一致性。主键值必须唯一，Apache Kylin 会进行检查，如果有两行数据的主键相同，则系统就会报错。

2）维度表越小越好。Apache Kylin 支持选择是否将维度表加载到内存中以供查询，过大的表不适合作为维度表，默认的阈值是 300Mb。

3）改变频率低。Apache Kylin 会在每次构建中试图重用维度表快照，如果维度表经常改变的话，重用就会失效，这会导致要经常对维度表创建快照。

4）维度表最好不是 Hive 视图（View），虽然在 Apache Kylin v1.5.3 中加入了对维度表是视图的支持，但每次都需要将视图物化，导致额外的时间成本。

2.2.3 Hive 表分区

Hive 表支持多分区（partition）。简单来说，一个分区就是一个文件目录，存储了特定的数据文件。当有新的数据生成的时候，可以将数据加载到指定的分区，读取数据的时候也可以指定分区。对于 SQL 查询，如果查询中指定了分区列的属性条件，则 Hive 会智能地选择特定分区（目录），从而避免全量数据的扫描，减少读写操作对集群的压力。

下面的一组 SQL 语句，演示了如何使用分区：

```
Hive> create table invites (id int, name string) partitioned by (ds string) row format
delimited fields terminated by 't' stored as textfile;?

Hive> load data local inpath '/user/hadoop/data.txt' overwrite into table invites
partition (ds='2016-08-16');?

Hive> select * from invites where ds ='2016-08-16';?
```

Apache Kylin 支持增量的 Cube 构建，通常是按时间属性来增量地从 Hive 表中抽取数据。如果 Hive 表正好是按此时间属性做分区的话，那么可以利用到 Hive 分区的好处，每次 Hive 构建的时候可以直接跳过不相干日期的数据，节省 Cube 构建的时间。这样的列在 Apache Kylin 里也称为分割时间列（partition time column），通常它应该也是 Hive 表的分区列。

2.2.4 了解维度的基数

维度的基数（Cardinality）指的是该维度在数据集中出现的不同值的个数。例如，“国家”是一个维度，有 200 个不同的值，那么此维度的基数是 200。通常，一个维度的基数为几十到几万，个别维度如“用户 ID”的基数会超过百万甚至千万，基数超过一百万的维度通常被称为超高基数维度（Ultra High Cardinality，UHC），需要引起设计者的注意。

Cube 中所有维度的基数可以体现 Cube 的复杂度，如果一个 Cube 中有多个超高基数维度，那么这个 Cube 膨胀的几率就会很高。在创建 Cube 前对所有维度的基数做一个了解，可以帮助设计合理的 Cube。计算基数有多种途径，最简单的方法就是让 Hive 执行一个 count distinct 的 SQL 查询，同时 Apache Kylin 也提供了计算基数的方法，这部分内容会在 2.4.1 节中进行介绍。

2.2.5 样例数据

如果需要一些简单数据来快速体验 Apache Kylin，也可以使用 Apache Kylin 自带的样例数据。运行“${KYLIN_HOME}/bin/sample.sh”来导入样例数据，然后就能继续按下面的流程创建模型和Cube。下面的示例和配图都是基于样例数据制作的。

2.3 安装和启动Apache Kylin

如果数据已经在Hive中准备好，并已经满足2.2节介绍的条件，那么就可以开始安装和使用Apache Kylin了。本节将介绍Apache Kylin的安装环境及启动方法。

2.3.1 环境准备

众所周知，Apache Kylin依赖于Hadoop集群处理大量数据集。因此在安装Apache Kylin之前必须准备Hadoop环境。由于Apach Hadoop版本管理混乱，推荐安装Cloudera CDH或Hortonworks HDP等商业Hadoop发行版。

2.3.2 必要组件

准备好Hadoop环境之后，还需要安装一些应用以支持Apache Kylin的分析查询，其中必不可少的有YARN、HDFS、MapReduce、Hive、HBase、Zookeeper和其他一系列服务以保证Apache Kylin的运行稳定可靠。

2.3.3 启动Apache Kylin

一切准备就绪之后，就能够启动Apache Kylin了。首先从Apache Kylin下载一个适用Hadoop版本的二进制文件，解压相应的二进制文件，并配置环境变量KYLIN_HOME指向Kylin文件夹。之后运行“$KYLIN_HOME/bin/kylin.sh start”脚本启动Apache Kylin。

Apache Kylin启动后，可以通过浏览器“http://<hostname>:7070/kylin”进行访问。其中，“<hostname>”为具体的机器名、IP地址或域名，默认端口为“7070”，初始用户名和密码为“ADMIN/KYLIN”。服务器启动后，您可以通过查看“$KYLIN_HOME/logs/kylin.log”获得运行日志。

2.4 设计Cube

如果数据已经在Hive中准备好，并已经满足2.3节介绍的条件，那么就可以开始设计和创建Cube了，本节将按常规的步骤介绍Cube是如何创建的。

2.4.1 导入Hive表定义

登录Apache Kylin的Web界面，创建新的或选择一个已有项目后，需要做的就是将

Hive 表的定义导入 Apache Kylin。

点击 Web 界面的“Model”→“Data source”下的“Load Hive Table Metadata”图标，然后输入表的名称（可以一次导入多张表，以逗号分隔表名）（如图 2-1 所示），点击按钮“Sync”，Apache Kylin 就会使用 Hive 的 API 从 Hive 中获取表的属性信息。

导入成功后，表的结构信息会以树状形式显示在页面的左侧，可以点击展开或收缩，如图 2-2 所示。

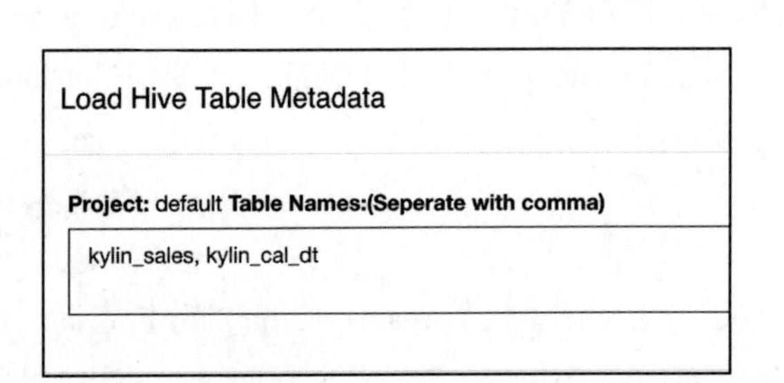

图 2-1　输入 Hive 表名

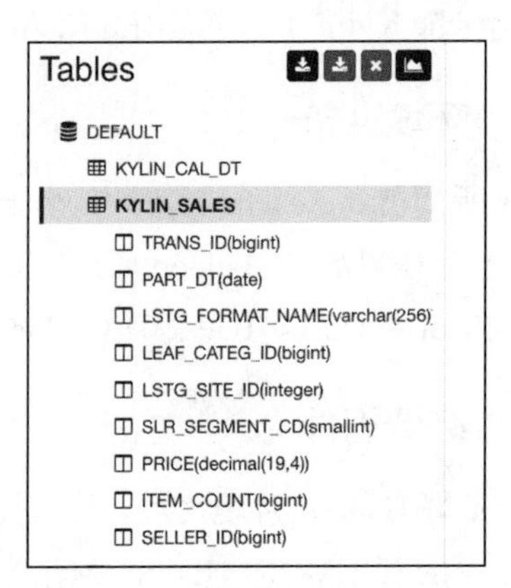

图 2-2　完成导入的 Hive 表

同时，Apache Kylin 会在后台触发一个 MapReduce 任务，计算此表每个列的基数。通常稍过几分钟后刷新页面，就会看到基数信息显示出来，如图 2-3 所示。

ID	Name	Data Type	Cardinality
1	TRANS_ID	bigint	1
2	PART_DT	date	736
3	LSTG_FORMAT_NAME	varchar(256)	5
4	LEAF_CATEG_ID	bigint	136
5	LSTG_SITE_ID	integer	7
6	SLR_SEGMENT_CD	smallint	8
7	PRICE	decimal(19,4)	10000
8	ITEM_COUNT	bigint	1
9	SELLER_ID	bigint	955

图 2-3　计算得到的各列基数

需要注意的是，这里 Apache Kylin 对基数的计算采用的是 HyperLogLog 的近似算法，与精确值略有误差，但作为参考值已经足够。

2.4.2 创建数据模型

有了表信息后，就可以开始创建数据模型了。数据模型（Data Model）是 Cube 的基础，主要根据分析需求进行设计。有了数据模型以后，定义 Cube 的时候就可以直接从此模型定义的表和列中进行选择了，省去了重复指定连接（JOIN）条件的步骤。基于一个数据模型可以创建多个 Cube，方便减少用户的重复性工作。

在 Apache Kylin 界面的“Model”页面，点击“New”→“New Model”命令，开始创建数据模型。给模型输入名称后，选择一个事实表（必需的），然后添加维度表（可选），如图 2-4 所示。

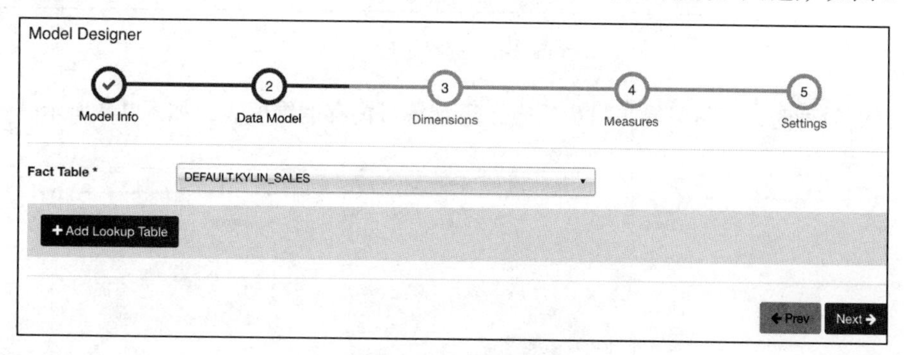

图 2-4 添加事实表

添加维度表的时候，首先选择表之间的连接关系，同时选择表之间的连接类型：是 inner jion 还是 left jion，并为创建的维度表输入别名。同时可以选择是否将其以快照（Snapshot）形式存储到内存中以供查询。当维度表小于 300MB 时，推荐启用维度表以快照形式存储，以简化 Cube 计算和提高系统整体效率。当维度表超过 300MB 上限时，则建议关闭维度表快照，以提升 Cube 构建的稳定性与查询的性能。然后选择连接的主键和外键，这里也支持多主键，如图 2-5 所示。

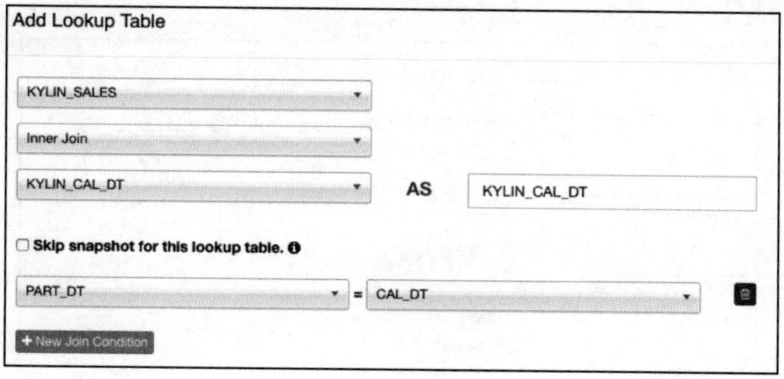

图 2-5 添加维度表

接下来选择用作维度和度量的列。这里只是选择一个范围，不代表这些列将来一定要用作 Cube 的维度或度量，你可以把所有可能会用到的列都选进来，后续创建 Cube 的时候，将只能从这些列中进行选择。

选择维度列时，维度可以来自事实表或维度表，如图 2-6 所示。

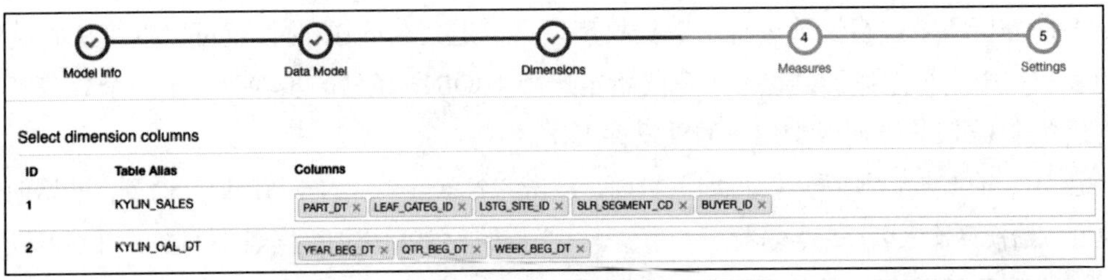

图 2-6　选择维度列

选择度量列时，度量只能来自事实表或不加载进内存的维度表，如图 2-7 所示。

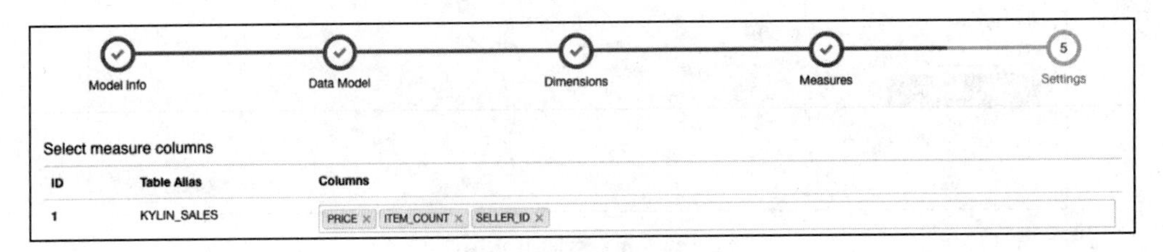

图 2-7　选择度量列

最后一步，是为模型补充分割时间列信息和过滤条件。如果此模型中的事实表记录是按时间增长的，那么可以指定一个日期 / 时间列作为模型的分割时间列，从而可以让 Cube 按此列做增量构建，关于增量构建的具体内容参见第 4 章。

过滤（Filter）条件是指，如果想把一些记录忽略掉，那么这里可以设置一个过滤条件。Apache Kylin 在向 Hive 请求源数据的时候，会带上此过滤条件。如图 2-8 所示，会只保留金额（price）大于 0 的记录。

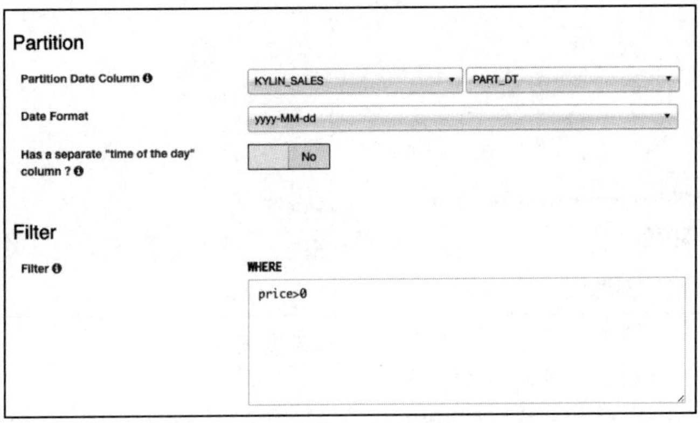

图 2-8　选择分区列和设定过滤条件

最后，点击“Save”保存此数据模型，随后它将出现在“Model”的列表中。

2.4.3 创建 Cube

本节简单介绍了创建 Cube 时的各种配置选项，但是由于篇幅限制，这里没有对 Cube 的配置和优化进行进一步展开介绍。读者可以在后续的章节（如第 3 章“Cube 优化”）中找到关于 Cube 的配置和优化的更详细的介绍。接下来开始 Cube 的创建。点击“New”→“New Cube”命令会开启一个包含若干步骤的向导。

第一步，选择要使用的数据模型，并为此 Cube 输入一个唯一的名称（必需的）和描述（可选）(如图 2-9 所示)；这里还可以输入一个邮件通知列表，以在构建完成或出错时收到通知。如果不想接收在某些状态的通知，可以从“Notification Events”中将其去掉。

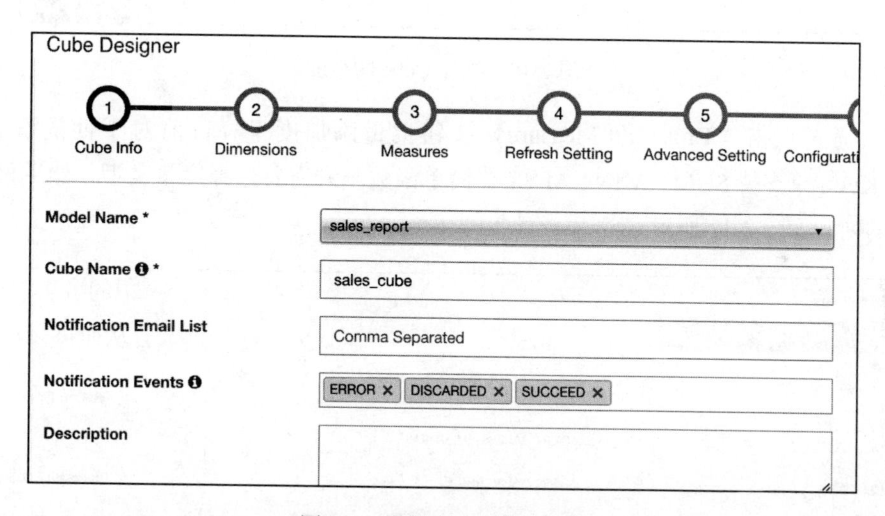

图 2-9 设置 Cube 基本信息

第二步，添加 Cube 的维度。点击“Add Dimension”按钮添加维度，Apache Kylin 会用一个树状结构呈现出所有列，用户只需勾选想要的列即可，同时需要为每个维度输入名字，可以设定是普通维度或是衍生（Derived）维度（如图 2-10 所示）。如果被设定为衍生维度的话，由于这些列值都可以从该维度表的主键值中衍生出来，所以实际上只有主键列会被 Cube 加入计算。而在 Apache Kylin 的具体实现中，往往采用事实表上的外键替代主键进行计算和存储。但是逻辑上可以认为衍生列来自维度表的主键。

第三步，创建度量。Apache Kylin 支持的度量有 SUM、MIN、MAX、COUNT、COUNT_DISTINCT、TOP_N、EXTENDED_COLUMN、PERCENTILE 等。默认 Apache Kylin 会创建一个 Count(1) 度量。

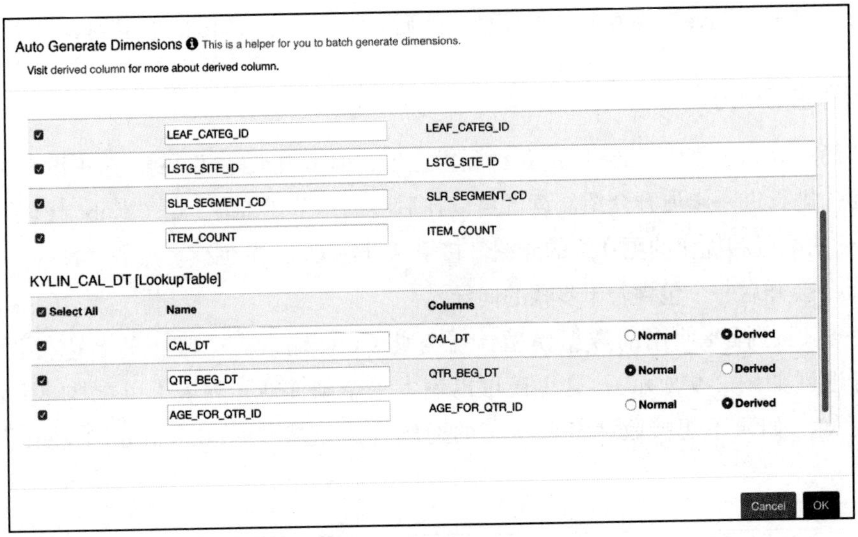

Auto Generate Dimensions This is a helper for you to batch generate dimensions.
Visit derived column for more about derived column.

☑	LEAF_CATEG_ID	LEAF_CATEG_ID
☑	LSTG_SITE_ID	LSTG_SITE_ID
☑	SLR_SEGMENT_CD	SLR_SEGMENT_CD
☑	ITEM_COUNT	ITEM_COUNT

KYLIN_CAL_DT [LookupTable]

Select All	Name	Columns		
☑	CAL_DT	CAL_DT	○ Normal	● Derived
☑	QTR_BEG_DT	QTR_BEG_DT	● Normal	○ Derived
☑	AGE_FOR_QTR_ID	AGE_FOR_QTR_ID	○ Normal	● Derived

Cancel OK

图 2-10　添加 Cube 的维度

可以通过点击“Bulk Add Measure”按钮批量添加度量。目前对于批量添加度量，Apache Kylin 只支持 SUM、MIN、MAX 等简单函数。只需要选择度量类型，然后再选择需要计算的列，如图 2-11 所示。

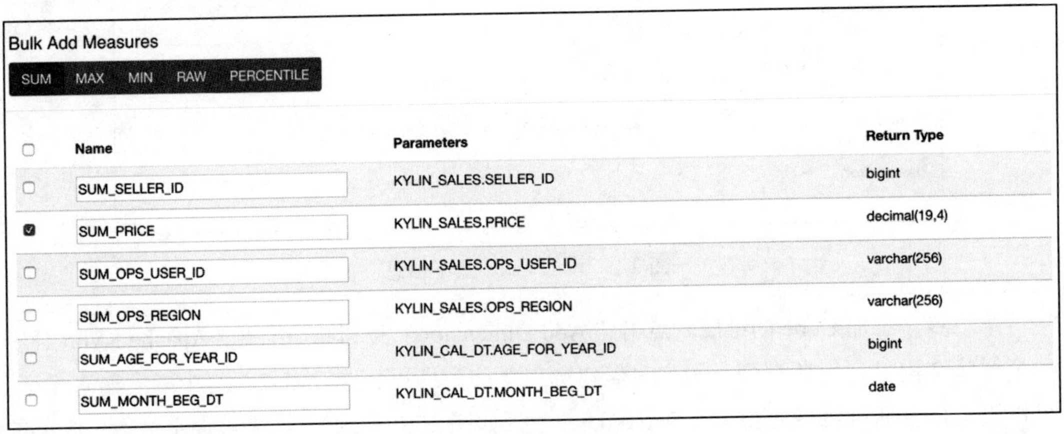

Bulk Add Measures

SUM　MAX　MIN　RAW　PERCENTILE

☐	Name	Parameters	Return Type
☐	SUM_SELLER_ID	KYLIN_SALES.SELLER_ID	bigint
☑	SUM_PRICE	KYLIN_SALES.PRICE	decimal(19,4)
☐	SUM_OPS_USER_ID	KYLIN_SALES.OPS_USER_ID	varchar(256)
☐	SUM_OPS_REGION	KYLIN_SALES.OPS_REGION	varchar(256)
☐	SUM_AGE_FOR_YEAR_ID	KYLIN_CAL_DT.AGE_FOR_YEAR_ID	bigint
☐	SUM_MONTH_BEG_DT	KYLIN_CAL_DT.MONTH_BEG_DT	date

图 2-11　批量添加度量

如果需要添加复杂度量，可以点击“+Measure”按钮来添加新的度量。请选择需要的度量类型，然后再选择适当的参数（通常为列名）。图 2-12 所示为一个 SUM(price) 的示例。

重复以上操作，创建所需要的度量。Apache Kylin 可以支持在一个 Cube 中有上百个的度量，添加完所有度量后，点击“Next”按钮，如图 2-13 所示。

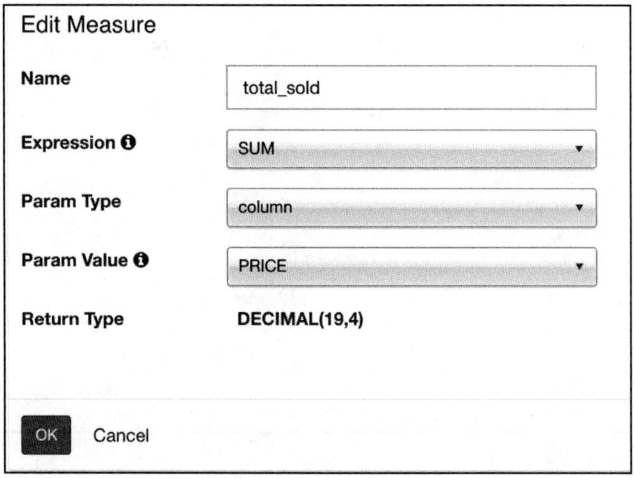

Edit Measure

Name: total_sold

Expression: SUM

Param Type: column

Param Value: PRICE

Return Type: DECIMAL(19,4)

OK　Cancel

图 2-12　添加度量

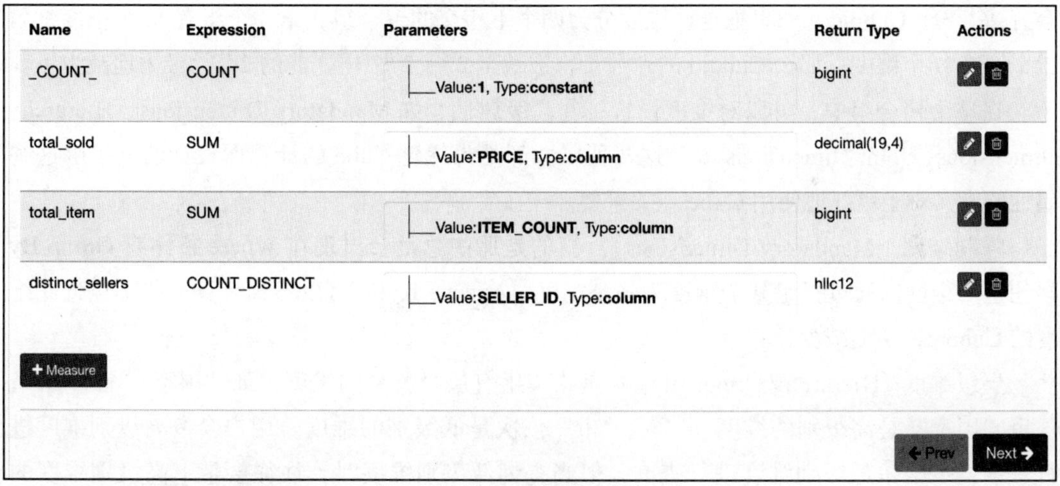

Name	Expression	Parameters	Return Type	Actions
COUNT	COUNT	Value:1, Type:constant	bigint	
total_sold	SUM	Value:PRICE, Type:column	decimal(19,4)	
total_item	SUM	Value:ITEM_COUNT, Type:column	bigint	
distinct_sellers	COUNT_DISTINCT	Value:SELLER_ID, Type:column	hllc12	

+ Measure

← Prev　Next →

图 2-13　度量列表

第四步，进行关于 Cube 数据刷新的设置（如图 2-14 所示）。在这里可以设置自动合并的阈值、自动合并触发时保留的阈值、数据保留的最小时间，以及第一个 Segment 的起点时间（如果 Cube 有分割时间列），详细内容请参考第 4 章。

第五步，高级设置。在此页面可以设置维度聚合组和 Rowkey 属性。

默认 Apache Kylin 会把所有维度放在同一个聚合组（Aggregation Group，也称维度组）中，如果维度数较多（如 >15），建议用户根据查询的习惯和模式，点击“New Aggregation Group+”命令，将维度分布到多个聚合组中。通过使用多个聚合组，可以大大降低 Cube 中的 Cuboid 数量。

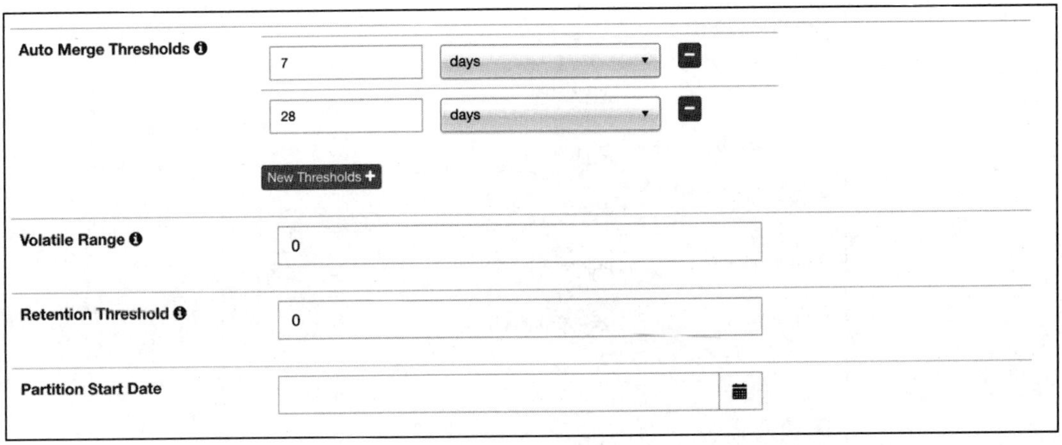

Auto Merge Thresholds
7 days
28 days
New Thresholds +
Volatile Range
0
Retention Threshold
0
Partition Start Date

图 2-14　进行刷新设置

举例说明，一个 Cube 有 (M+N) 个维度，如果把这些维度都放置在一个组里，那么默认会有 $2^{(M+N)}$ 个 Cuboid；如果把这些维度分为两个不相交的聚合组，第一个组有 M 个维度，第二个组有 N 个维度，那么 Cuboid 的总数量将被减至 $2^M + 2^N$，比之前的 $2^{(M+N)}$ 极大地减少了。

在单个聚合组中，可以对维度设置一些高级属性，如 Mandatory Dimensions、Hierarchy Dimensions、Joint Dimensions 等。这几种属性都是为优化 Cube 的计算而设计的，了解这些属性的含义对于更好地使用 Cube 至关重要。

强制维度（Mandatory Dimensions）：指的是那些总是会出现在 Where 条件或 Group By 语句里的维度。通过指定某个维度为强制维度，Apache Kylin 可以不预计算那些不包含此维度的 Cuboid，从而减少计算量。

层级维度（Hierarchy Dimensions）：是指一组有层级关系的维度，如"国家""省""市"，这里"国家"是高级别的维度，"省""市"依次是低级别的维度。用户会按高级别维度进行查询，也会按低级别维度进行查询，但当查询低级别维度时，往往会带上高级别维度的条件，而不会孤立地审视低维度的数据。例如，用户会点击"国家"作为维度来查询汇总数据，也可能点击"国家"+"省"，或者"国家"+"省"+"市"来进行查询，但是不会跨越"国家"直接点击"省"或"市"来进行查询。通过指定层级维度，Apache Kylin 可以略过不满足此模式的 Cuboid。

联合维度（Joint Dimensions）：是将多个维度视作一个维度，在进行组合计算的时候，它们要么一起出现，要么均不出现，通常适用于以下几种情形：

- 总是一起查询的维度；
- 彼此之间有一定映射关系，如 USER_ID 和 EMAIL；
- 基数很低的维度，如性别、布尔类型的属性。

如图 2-15 所示，先通过在“Includes”中选择要添加的维度到本聚合组中，然后根据模型特征和查询模式，设置高级维度属性。“Hierarchy Dimensions”和“Joint Dimensions”可以设置多组，但要注意，一个维度出现在某个属性中后，将不能再设置另一种属性。但是一个维度，可以出现在多个聚合组中。

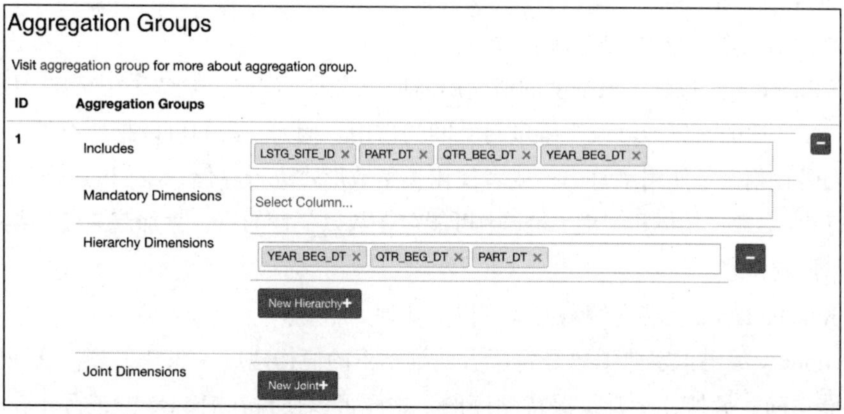
Aggregation Groups
Visit aggregation group for more about aggregation group.
ID
Aggregation Groups
1
Includes
LSTG_SITE_ID
PART_DT
QTR_BEG_DT
YEAR_BEG_DT
Mandatory Dimensions
Select Column...
Hierarchy Dimensions
YEAR_BEG_DT
QTR_BEG_DT
PART_DT
New Hierarchy
Joint Dimensions
New Joint

图 2-15 高级设置

在 Apache Kylin 中是以 Key-Value 的形式将 Cube 的构建结果存储到 Apache HBase 中的。我们知道，HBase 是一种单索引、支持超宽表的数据存储引擎。HBase 的 Rowkey，即行键是用来检索其他列的唯一索引。Apache Kylin 需要按照多个维度来对度量进行检索，因此在存储到 HBase 的时候，需要将多个维度值进行拼接组成 Rowkey。图 2-16 中介绍了 Apache Kylin 将 Cube 存储在 HBase 中的原理。

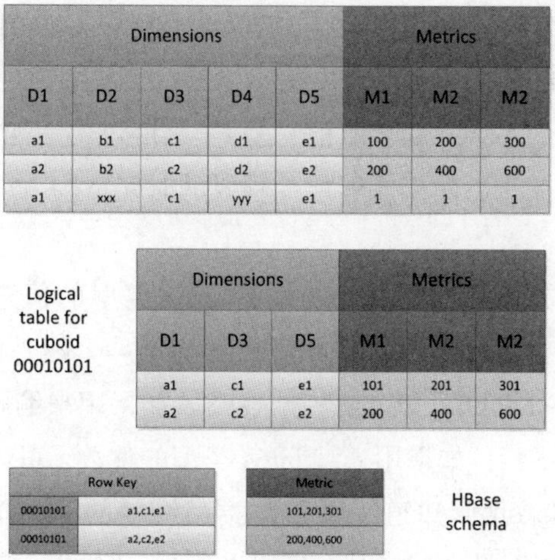
Dimensions
Metrics
D1 D2 D3 D4 D5 M1 M2 M2
a1 b1 c1 d1 e1 100 200 300
a2 b2 c2 d2 e2 200 400 600
a1 xxx c1 yyy e1 1 1 1
Logical table for cuboid 00010101
Dimensions
Metrics
D1 D3 D5 M1 M2 M2
a1 c1 e1 101 201 301
a2 c2 e2 200 400 600
Row Key
Metric
00010101 a1,c1,e1
00010101 a2,c2,e2
101,201,301
200,400,600
HBase schema

图 2-16 Cube 存储到 HBase

由于同一维度中的数值长短不一，如国家名，短的如“中国”，长的如“巴布亚新几内亚”，因此将多个不同列的值进行拼接的时候，要么添加分隔符，要么通过某种编码使各个列所占的宽度固定。Apache Kylin 为了能够在 HBase 上高效地进行存储和检索，会使用第二种方式对维度值进行编码。维度编码的优势如下：

- 压缩信息存储空间；
- 提高扫描效率，减少解析开销。

编码（Encoding）代表了该维度的值使用何种方式进行编码，默认采用字典（Dictionary）编码技术。而合适的编码能够减少维度对空间的占用。例如，我们可以把所有的日期用三个字节进行编码，相比于使用字符串，或者使用长整数形式进行存储，我们的编码方式能够大大减少每行 Cube 数据的体积。而 Cube 中可能存在数以亿计的行，累加起来使用编码节约的空间将是非常庞大的。

目前 Apache Kylin 支持的编码方式有以下几种。

- Dictionary 编码：字典编码是将所有此维度下的值构建成一张映射表，从而大大节约存储空间。另外，字典是保持顺序的，这样可以使得在 HBase 中进行比较查询的时候，依然使用编码后的值，而无须解码。Dictionary 的优势是，产生的编码非常紧凑，尤其在维度的值基数小且长度大的情况下，Dictionary 编码特别节约空间。由于产生的字典在使用时加载进构建引擎和查询引擎，所以在维度的基数大、长度也大的情况下，容易造成构建引擎或者查询引擎的内存溢出。在 Apache Kylin 中，字典编码允许的基数上限默认是 500 万（由其参数“kylin.dictionary.max.cardinality”配置）。
- Date 编码：将日期类型的数据使用三个字节进行编码，支持从 0000-01-01 到 9999-01-01 中的每一个日期。
- Time 编码：仅支持表示从 1970-01-01 00:00:00 到 2038-01-19 03:14:07 的时间，且 Timestamp 类型的维度经过编码和反编码之后，会失去毫秒信息，所以说 Time 编码仅仅支持到秒。但是 Time 编码的优势是每个维度仅使用四个字节，相比普通的长整数编码节约了一半空间。如果能够接受秒级的时间精度，可以选择 Time 来编码代表时间的维度。
- Integer 编码：Integer 编码适合于对 int 或 bigint 类型的值进行编码，它无须额外存储，同时可以支持很大的基数。使用时需要提供一个额外的参数“Length”来代表需要多少个字节。“Length”的长度为 1 ~ 8。如果用来编码 int32 类型的整数，可以将“Length”设为“4”；如果用来编 int64 类型的整数，可以将“Length”设为“8”。在多数情况下，如果我们知道一个整数类型维度的可能值都很小，那么就能使用“Length”为“2”甚至是“1”的 int 编码来存储，这能够有效避免存储空间的浪费。
- Fixed_length 编码：该编码需要提供一个额外的参数“Length”来代表需要多少个字

节。对于基数大、长度也大的维度来说，使用 Dict 可能不能正常执行，于是可以采用一段固定长度的字节来存储代表维度值的字节数组，该数组为字符串形式的维度值的 UTF-8 字节。如果维度值的长度大于预设的 Length，那么超出的部分将会被截断。此编码方式其实只是将原始值截断或补齐成相同长度的一组字节，没有额外的转换，所以空间效率较差，通常只是一种权宜手段。

在未来，Apache Kylin 还有可能为特定场景、特定类型的维度量身定制特别的编码方式，如在很多行业，身份证号码可能是一个重要的维度。但是身份证号码由于其特殊性而不能使用整数类型的编码（身份证号码的最后一位可能是 X），其高基数的特点也决定了其不能使用 Dict 编码，在目前的版本中只能使用 Fixed_length 编码，但显然 Fixed_length 不能充分利用身份证号码中大部分字节是数字的特性来进行深度编码，因此存在一定程度的存储空间的浪费。

同时，各个维度在 Rowkey 中的顺序，也会对查询的性能产生较明显的影响。在这里用户可以根据查询的模式和习惯，通过拖曳的方式调整各个维度在 Rowkey 上的顺序（如图 2-17 所示）。一般原则是，将过滤频率高的列放置在过滤频率低的列之前，将基数高的列放置在基数低的列之前。这样做的好处是，充分利用过滤条件来缩小在 HBase 中扫描的范围，从而提高查询的效率。

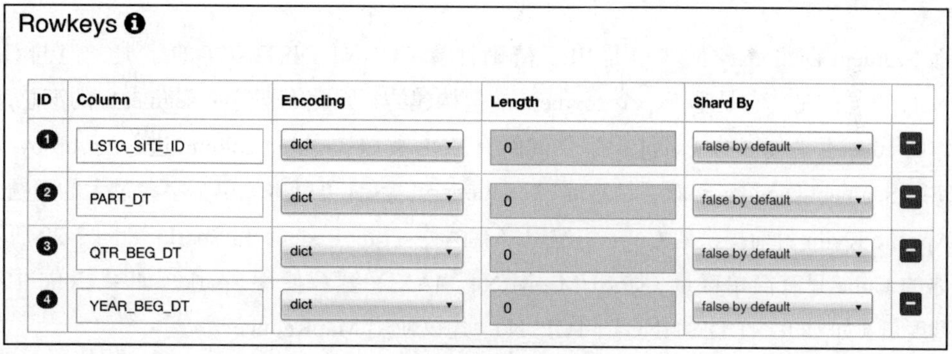

Rowkeys

ID	Column	Encoding	Length	Shard By	
1	LSTG_SITE_ID	dict	0	false by default	
2	PART_DT	dict	0	false by default	
3	QTR_BEG_DT	dict	0	false by default	
4	YEAR_BEG_DT	dict	0	false by default	

图 2-17 Rowkey 设置

在构建 Cube 时，可以通过维度组合白名单（Mandatory Cuboids）确保想要构建的 Cuboid 能被成功构建（如图 2-18 所示）。

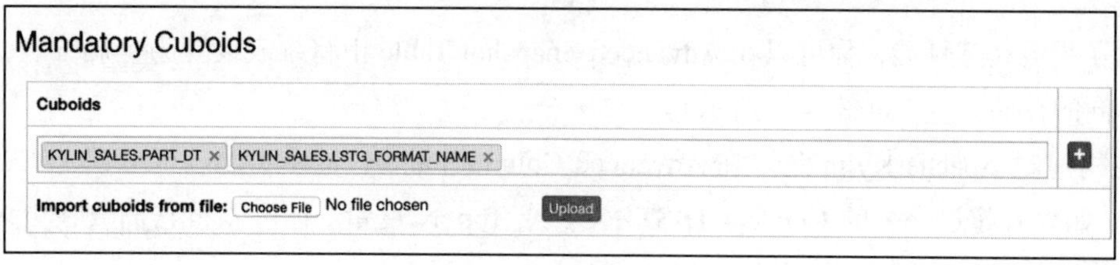

Mandatory Cuboids

Cuboids

KYLIN_SALES.PART_DT × KYLIN_SALES.LSTG_FORMAT_NAME ×

Import cuboids from file: Choose File No file chosen Upload

图 2-18 指定维度组合白名单

Apache Kylin 支持对于复杂的 COUNT DISTINCT 度量进行字典构建，以保证查询性能。目前提供两种字典格式，即 Global Dictionary 和 Segment Dictionary（如图 2-19 所示）。

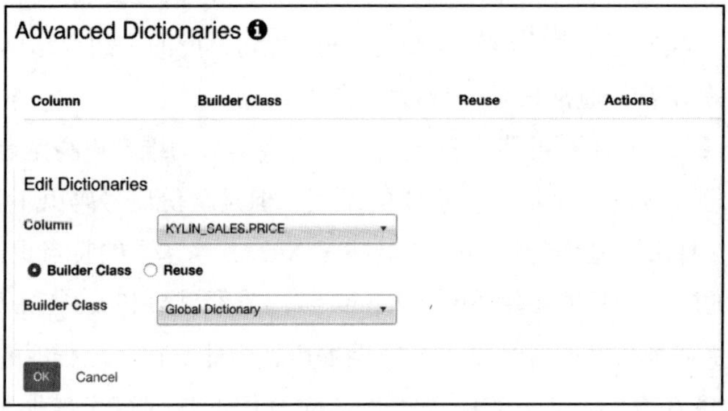

图 2-19　添加高级字典

其中，Global Dictionary 可以将一个非 integer 的值转成 integer 值，以便 bitmap 进行去重，如果你要计算 COUNT DISTINCT 的列本身已经是 integer 类型，那就不需要定义 Global Dictionary。并且 Global Dictionary 会被所有 segment 共享，因此支持跨 segments 做上卷去重操作。

而 Segment Dictionary 虽然也是用于精确计算 COUNT DISTINCT 的字典，但与 Global Dictionary 不同的是，它是基于一个 segment 的值构建的，因此不支持跨 segments 的汇总计算。如果你的 cube 不是分区的或者能保证你的所有 SQL 按照 partition column 进行 group by, 那么最好使用 Segment Dictionary 而不是 Global Dictionary，这样可以避免单个字典过大的问题。

Apache Kylin 目前提供的 Cube 构建引擎有两种：MapReduce 和 Spark(如图 2-20 所示)。如果你的 Cube 只有简单度量（如 SUM、MIN、MAX），建议使用 Spark。如果 Cube 中有复杂类型度量（如 COUNT DISTINCT、TOP_N），建议使用 MapReduce。

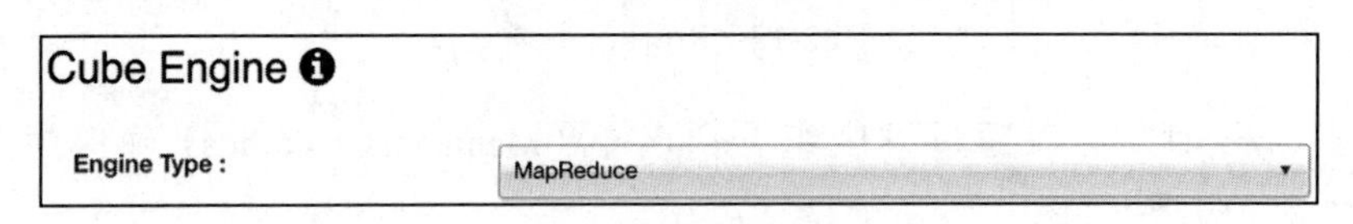

图 2-20　构建引擎设置

为了提升构建性能，你可以在 Advanced Snapshot Table 中将维表设置为全局维表，同时提供不同的存储类型（如图 2-21 所示）。

在构建时 Apache Kylin 允许在 Advanced Column Family 中对度量进行分组（如图 2-22 所示）。如果有超过一个的 COUNT DISTINCT 或 Top_N 度量，你可以将它们放在更多列簇中，以优化与 HBase 的 I/O。

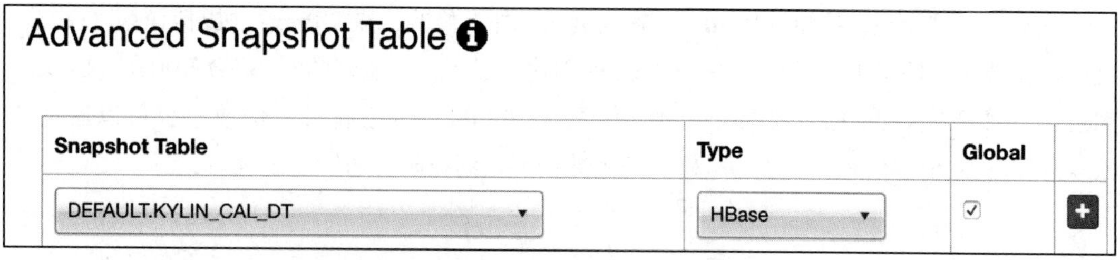

Advanced Snapshot Table

Snapshot Table	Type	Global	
DEFAULT.KYLIN_CAL_DT	HBase	✓	+

图 2-21 全局维表设置

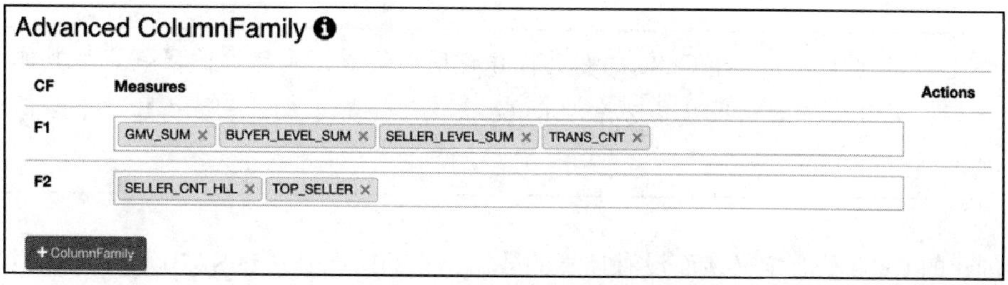

Advanced ColumnFamily

CF	Measures	Actions
F1	GMV_SUM × BUYER_LEVEL_SUM × SELLER_LEVEL_SUM × TRANS_CNT ×	
F2	SELLER_CNT_HLL × TOP_SELLER ×	

+ ColumnFamily

图 2-22 度量分组设置

第五步，为 Cube 配置参数。和其他 Hadoop 工具一样，Apache Kylin 使用了很多配置参数，用户可以根据具体的环境、场景等配置不同的参数进行灵活调优。Apache Kylin 全局的参数值可以在 conf/kylin.properties 文件中进行配置；如果 Cube 需要覆盖全局设置的话，需在此页面指定。点击“+Property”按钮，然后输入参数名和参数值，如图 2-23 所示，指定“kylin.hbase.region.cut”的值为“1”，这样，此 Cube 在存储的时候，Apache Kylin 将会按每个 HTable Region 存储空间为 1GB 来创建 HTable Region。如果用户希望任务从 YARN 中获取更多内存，可以设置 kylin.engine.mr.config-override.mapreduce.map.memory.mb、kylin.engine.mr.config-override.mapreduce.map.java.opts 等 mapreduce 相关参数。如果用户希望 Cube 的构建任务使用不同的 YARN 资源队列，可以设置 kylin.engine.mr.config-override.mapreduce.job.queuename。这些配置均可以在 Cube 级别重写。

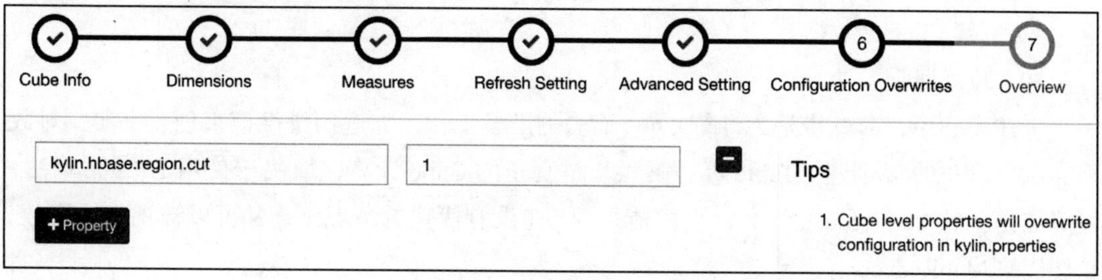

Cube Info Dimensions Measures Refresh Setting Advanced Setting Configuration Overwrites Overview

kylin.hbase.region.cut 1

+ Property

Tips

1. Cube level properties will overwrite configuration in kylin.prperties

图 2-23 覆盖默认参数

然后点击“Next”按钮到最后一个确认页面，如有修改，点“Prev”按钮返回进行修改，最后点“Save”按钮进行保存，一个 Cube 就创建完成了。创建好的 Cube 会显示在“Cubes”列表中，如要对 Cube 的定义进行修改，只需点“Edit”按钮就可以修改。也可以展开此 Cube 行以查看更多信息，如 JSON 格式的元数据、访问权限、通知列表等。

2.5 构建 Cube

说明 本节简单地介绍了构建 Cube 的相关操作说明和设置，受篇幅的限制许多具体内容没有深入展开，读者可以从第 3 章“Cube 优化”和第 4 章“增量构建”中获得更详细的介绍。

新创建的 Cube 只有定义，而没有计算的数据，它的状态是“DISABLED”，是不会被查询引擎挑中的。要想让 Cube 有数据，还需对它进行构建。Cube 的构建方式通常有两种：全量构建和增量构建，两者的构建步骤是完全一样的，区别只在于构建时读取的数据源是全集还是子集。

Cube 的构建包含以下步骤，由任务引擎调度执行：

1）创建临时的 Hive 平表（从 Hive 中读取数据）；

2）计算各维度的不同值，并收集各 Cuboid 的统计数据；

3）创建并保存字典；

4）保存 Cuboid 统计信息；

5）创建 HTable；

6）计算 Cube（一轮或若干轮计算）；

7）将 Cube 计算结果转成 HFile；

8）加载 HFile 到 HBase；

9）更新 Cube 元数据；

10）垃圾回收。

上述步骤中，前五步是为计算 Cube 而做的准备工作，如遍历维度值来创建字典，对数据做统计和估算以创建 HTable 等。第六步是真正的 Cube 计算，取决于使用的 Cube 算法，它可能是一轮 MapReduce 任务，也可能是 N（在没有优化的情况下，N 可以被视作维度数）轮迭代的 MapReduce。

由于 Cube 运算的中间结果是以 SequenceFile 的格式存储在 HDFS 上的，所以为了导入 HBase，还需要进行第七步操作，将这些结果转换成 HFile（HBase 文件存储格式）。第八步通过使用 HBase BulkLoad 工具，将 HFile 导入 HBase 集群，这一步完成后，HTable 就可以查询到数据。第九步更新 Cube 的数据，将此次构建的 Segment 的状态从“NEW”更新为“READY”，表示已经可供查询。最后一步，清理构建过程中生成的临时文件等垃圾，释放集群资源。

Monitor 页面会显示当前项目下近期的构建任务。图 2-24 中显示了一个正在运行的 Cube 构建任务，当前进度 46.67%。

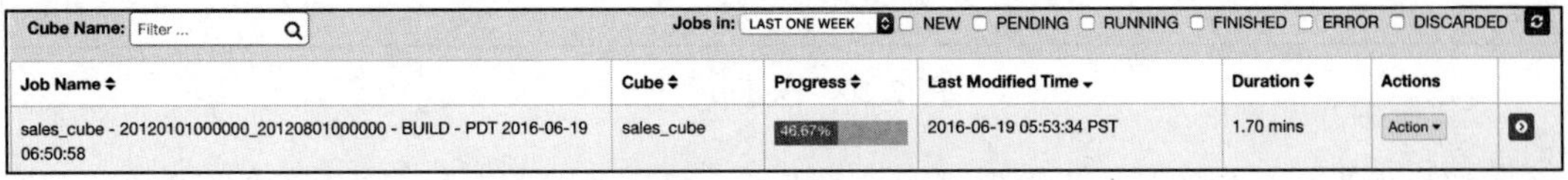

Cube Name: Filter ...　Jobs in: LAST ONE WEEK　NEW　PENDING　RUNNING　FINISHED　ERROR　DISCARDED

Job Name	Cube	Progress	Last Modified Time	Duration	Actions	
sales_cube - 20120101000000_20120801000000 - BUILD - PDT 2016-06-19 06:50:58	sales_cube	46.67%	2016-06-19 05:53:34 PST	1.70 mins	Action	

图 2-24　Cube 构建任务列表

点击任务右边的“>”按钮，可以将其展开得到该任务每一步的详细信息，如图 2-25 所示。

图 2-25　Cube 构建任务步骤列表

如果 Cube 构建任务中的某一步骤是执行 Hadoop 任务的话，会显示 Hadoop 任务的链接，点击即可跳转到 Hadoop 对应的任务监测页面，如图 2-26 所示。

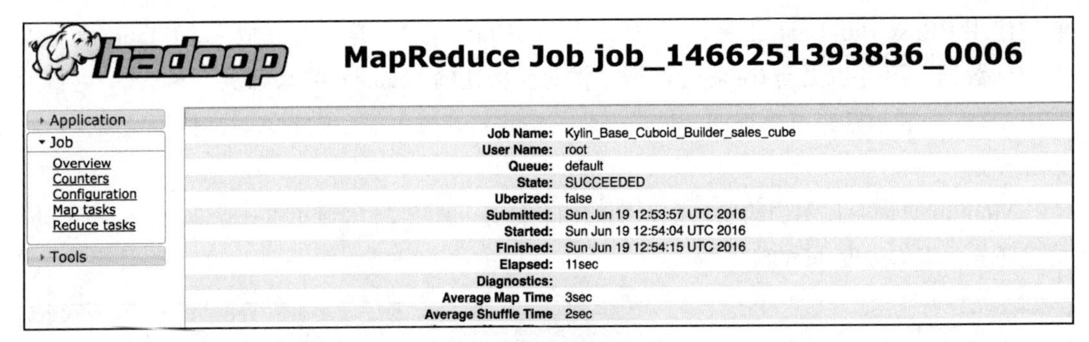

图 2-26 Hadoop 任务

如果任务执行中的某一步骤报错，任务引擎会将任务状态置为“ERROR”并停止后续操作的执行，等待用户排错。在错误排除后，用户可以点击“Resume”从上次报错的位置恢复执行。或者如果需要修改 Cube 或重新开始构建，用户需点击“Discard”来放弃此次构建。

接下来介绍几种不同的构建方式。

2.5.1 全量构建和增量构建

1. 全量构建

对数据模型中没有指定分割时间列信息的 Cube，Apache Kylin 会采用全量构建，即每次都从 Hive 中读取全部的数据来开始构建。通常它适用于以下两种情形：

- 事实表的数据不是按时间增长的；
- 事实表的数据比较小或更新频率很低，全量构建不会造成太大的存储空间浪费。

2. 增量构建

进行增量构建的时候，Apache Kylin 每次都会从 Hive 中读取一个时间范围内的数据，然后对其进行计算，并以一个 Segment 的形式保存。下次构建的时候，自动以上次结束的时间为起点时间，再选择新的终止时间进行构建。经过多次构建后，Cube 中会有多个 Segment 依次按时间顺序进行排列，如 Seg-1，Seg-2，…，Seg-N。进行查询的时候，Apache Kylin 会查询一个或多个 Segment 然后再做聚合计算，以便返回正确的结果给请求者。

使用增量构建的优势是，每次只需要对新增数据进行计算，避免了对历史数据进行重复计算。对于数据量很大的 Cube，使用增量构建是非常有必要的。

图 2-27 所示为构建一个 Segment 的 Cube 的输入框，需要用户选择时间范围。

在从 Hive 中读取源数据的时候，Apache Kylin 会带上此时间条件，如图 2-28 所示。

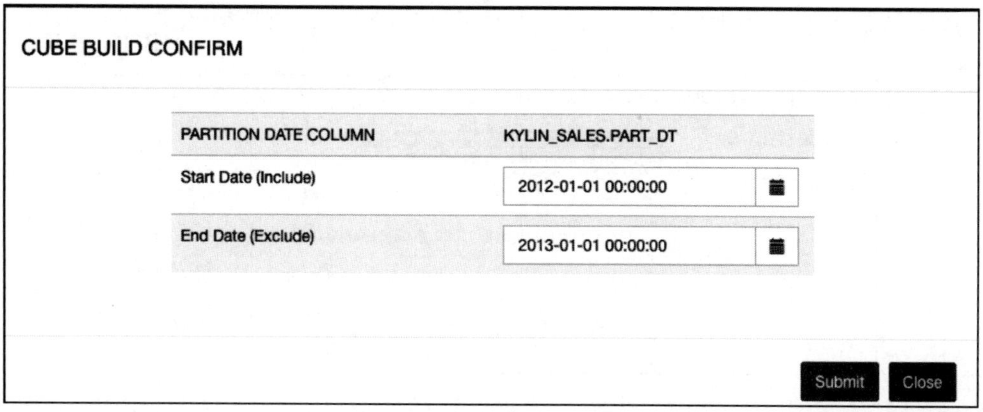

CUBE BUILD CONFIRM

PARTITION DATE COLUMN	KYLIN_SALES.PART_DT
Start Date (Include)	2012-01-01 00:00:00
End Date (Exclude)	2013-01-01 00:00:00

Submit Close

图 2-27 提交增量构建

```
INSERT OVERWRITE TABLE kylin_intermediate_sales_cube_20120101000000_20120801000000 SELECT
KYLIN_SALES.LSTG_SITE_ID
,KYLIN_SALES.PART_DT
,KYLIN_CAL_DT.QTR_BEG_DT
,KYLIN_CAL_DT.YEAR_BEG_DT
,KYLIN_SALES.PRICE
,KYLIN_SALES.ITEM_COUNT
,KYLIN_SALES.SELLER_ID
FROM DEFAULT.KYLIN_SALES as KYLIN_SALES
INNER JOIN DEFAULT.KYLIN_CAL_DT as KYLIN_CAL_DT
ON KYLIN_SALES.PART_DT = KYLIN_CAL_DT.CAL_DT
WHERE (price > 0)  AND (KYLIN_SALES.PART_DT >= '2012-01-01' AND KYLIN_SALES.PART_DT < '2012-08-01')
;
```

图 2-28 增量构建的 SQL 语句

注意 增量构建抽取数据的范围，采用前包后闭原则，也即包含开始时间，但不包含结束时间，从而保证上一个 Segment 的结束时间与下一个 Segment 的起始时间相同，但数据不会重复。

如果使用 Apache Kylin 的 Web GUI 触发，起始时间会被自动填写，用户只需选择结束时间。如果使用 Rest API 触发，用户则需确保时间范围不会与已有的 Segment 重合。

2.5.2 历史数据刷新

Cube 构建完成以后，如果某些历史数据发生了变动，需要针对相应的 Segment 重新进行计算，这种构建称为刷新。刷新通常只针对增量构建的 Cube 而言，因为全量构建的 Cube 只要重新全部构建就可以得到更新；而增量更新的 Cube 因为有多个 Segment，需要先选择要刷新的 Segment，然后再进行刷新。

图 2-29 所示为提交刷新的请求页面，用户需要在下拉列表中选择一个时间区间。

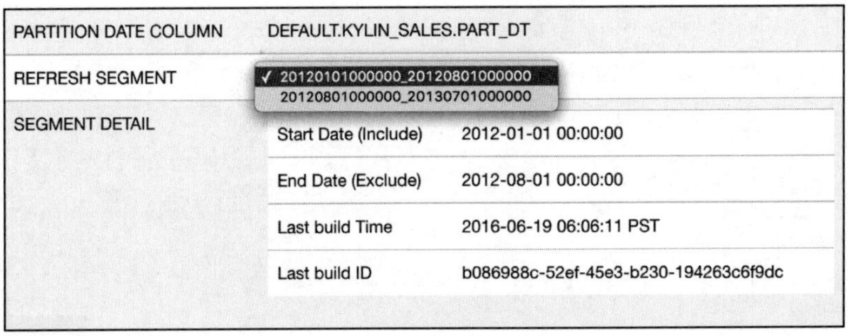

PARTITION DATE COLUMN	DEFAULT.KYLIN_SALES.PART_DT	
REFRESH SEGMENT	✓ 20120101000000_20120801000000 20120801000000_20130701000000	
SEGMENT DETAIL	Start Date (Include)	2012-01-01 00:00:00
	End Date (Exclude)	2012-08-01 00:00:00
	Last build Time	2016-06-19 06:06:11 PST
	Last build ID	b086988c-52ef-45e3-b230-194263c6f9dc

图 2-29 刷新已有的 Segment

提交刷新请求以后，生成的构建任务与最初的构建任务完全相同。

在刷新的同时，Cube 仍然可以被查询，只是返回的是陈旧数据。当 Segment 刷新完毕后，新 Segment 会立即生效，查询开始返回最新的数据。原 Segment 则成为垃圾，等待回收。

2.5.3 合并

随着时间的迁移，Cube 中可能存在较多数量的 Segment，使得查询性能下降，并且会给 HBase 集群管理带来压力。对此，需要适时地做 Segment 的合并，将若干个小 Segment 合并成较大的 Segment。

合并有如下优势：

- 合并相同的 Key，从而减少 Cube 的存储空间；
- 由于 Segment 减少，可以减少查询时的二次聚合，提高了查询性能；
- HTable 数量得以减少，便于集群的管理。

下面来看看合并的操作步骤，图 2-30 中的 Cube 有两个 Segment。

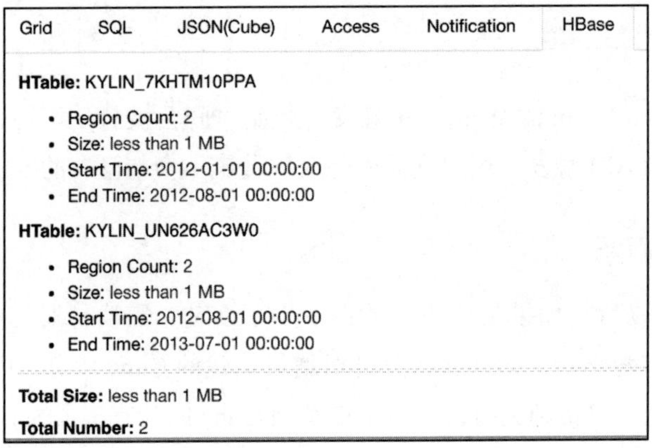

Grid | SQL | JSON(Cube) | Access | Notification | HBase

HTable: KYLIN_7KHTM10PPA

- Region Count: 2
- Size: less than 1 MB
- Start Time: 2012-01-01 00:00:00
- End Time: 2012-08-01 00:00:00

HTable: KYLIN_UN626AC3W0

- Region Count: 2
- Size: less than 1 MB
- Start Time: 2012-08-01 00:00:00
- End Time: 2013-07-01 00:00:00

Total Size: less than 1 MB

Total Number: 2

图 2-30 Cube Segment 列表

现在触发一个合并，点击“Actions”→“Merge”；选择要合并的起始Segment和结束Segment，生成一个合并的任务，如图2-31所示。

PARTITION DATE COLUMN	DEFAULT.KYLIN_SALES.PART_DT	
MERGE START SEGMENT	20120101000000_20120801000000	
MERGE END SEGMENT	20120801000000_20130701000000	
START SEGMENT DETAIL	Start Date (Include)	2012-01-01 00:00:00
	End Date (Exclude)	2012-08-01 00:00:00
	Last build Time	2016-06-19 06:06:11 PST
	Last build ID	b086988c-52ef-45e3-b230-194263c6f9dc
END SEGMENT DETAIL	Start Date (Include)	2012-08-01 00:00:00
	End Date (Exclude)	2013-07-01 00:00:00
	Last build Time	2016-06-19 06:11:09 PST
	Last build ID	0ccd775d-ae31-43d0-be14-9a8cc765fe61

图2-31　提交合并任务

进行合并的时候，Apache Kylin会直接以最初各个Segment构建时生成的Cuboid文件作为输入内容，不需要从Hive中加载原始数据。后续的步骤跟构建时基本一致。直到新的HTable加载完成，Apache Kylin才会卸载原来的HTable，以确保在整个合并过程中，Cube都是可以查询的。

合并完成后，此Cube的Segment减少为1个，如图2-32所示。

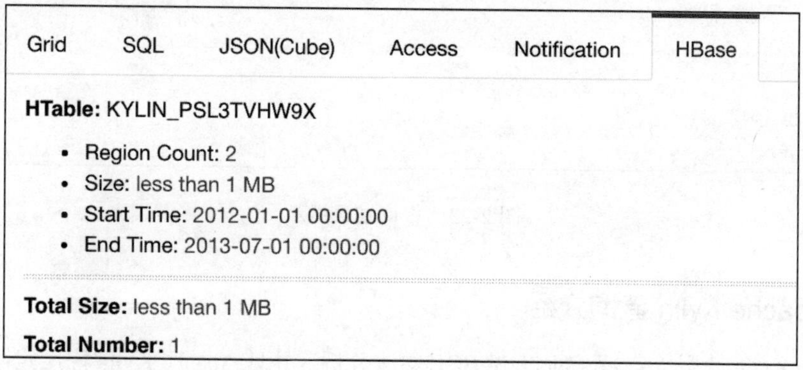

Grid　SQL　JSON(Cube)　Access　Notification　HBase

HTable: KYLIN_PSL3TVHW9X

- **Region Count:** 2
- **Size:** less than 1 MB
- **Start Time:** 2012-01-01 00:00:00
- **End Time:** 2013-07-01 00:00:00

Total Size: less than 1 MB

Total Number: 1

图2-32　合并后的Segment

2.6 查询 Cube

本节简要介绍如何查询 Cube。更多内容请参考后续章节（如第 5 章“查询与可视化”）。

Cube 构建好以后，状态变为“READY”，就可以进行查询了。Apache Kylin 的查询语言是标准 SQL 的 SELECT 语句，这是为了获得与大多数 BI 系统和工具无缝集成的可能性。一般的查询语句类似以下 SQL 语句：

```
SELECT DIM1, DIM2, …, MEASURE1, MEASURE2… FROM FACT_TABLE
     INNER JOIN LOOKUP_1 ON FACT_TABLE.FK1 = LOOKUP_1.PK
     INNER JOIN LOOKUP_2 ON FACT_TABLE.FK2 = LOOKUP_2.PK
WHERE FACT_TABLE.DIMN = '' AND …
      GROUP BY DIM1, DIM2…
```

需要了解的是，只有当查询的模式跟 Cube 定义相匹配的时候，Apache Kylin 才能够使用 Cube 的数据来完成查询。“Group By”的列和“Where”条件里的列，必须是在维度中定义的列，而 SQL 中的度量，应该跟 Cube 中定义的度量一致。

在一个项目下，如果有多个基于同一模型的 Cube，而且它们都满足查询对表、维度和度量的要求，Apache Kylin 会挑选一个“最优的”Cube 来进行查询。这是一种基于成本（cost）的选择，Cube 的成本计算涉及多方面因素，如 Cube 的维度数、度量、数据模型的复杂度等。

如果查询是在 Apache Kylin 的 Web GUI 上进行的，查询结果会以表的形式展现，如图 2-33 所示。所执行的 Cube 名称也会一同显示。用户可以点击“Visualization”按钮生成简单的可视化图形，或点击“Export”按钮下载结果集到本地。

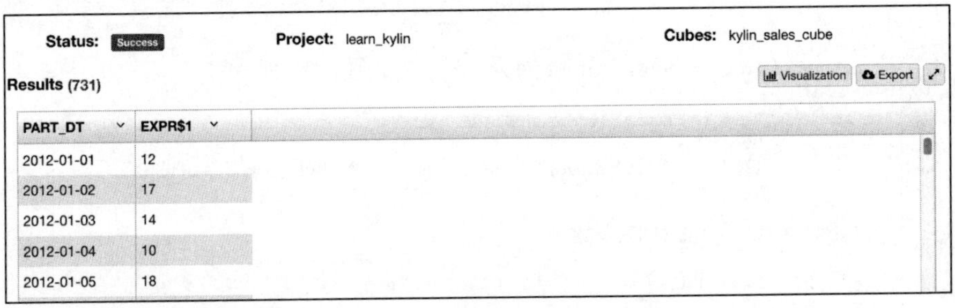

Status: Success　　Project: learn_kylin　　Cubes: kylin_sales_cube

Results (731)　　Visualization　Export

PART_DT	EXPR$1
2012-01-01	12
2012-01-02	17
2012-01-03	14
2012-01-04	10
2012-01-05	18

图 2-33　查询结果展示

2.6.1 Apache Kylin 查询介绍

Apache Kylin 使用 Apache Calcite 做 SQL 语法分析，并且 Apache Kylin 深度定制了 Calcite。Apache Calcite 是一个开源的 SQL 引擎，它提供了标准 SQL 语言解析、多种查询优化和连接各

种数据源的能力。Calcite项目在Hadoop中越来越引人注目，并被众多项目集成为SQL解析器。

在Apache Kylin一条查询的执行过程主要分成四个部分：词法分析、逻辑执行计划、物理执行计划和执行。以如下SQL语句为例：

```
SELECT TEST_CAL_DT.WEEK_BEG_DT, SUM(TEST_KYLIN_FACT.PRICE) FROM TEST_KYLIN_FACT AS FACT
       INNER JOIN EDW.TEST_CAL_DT as DT ON FACT.CAL_DT = DT.CAL_DT
WHERE FACT.CAL_DT > '2017-01-01'
   GROUP TEST_CAL_DT.WEEK_BEG_DT
```

在词法分析阶段，Calcite将该查询拆分成包含关键词识别的字符段，如图2-34所示。

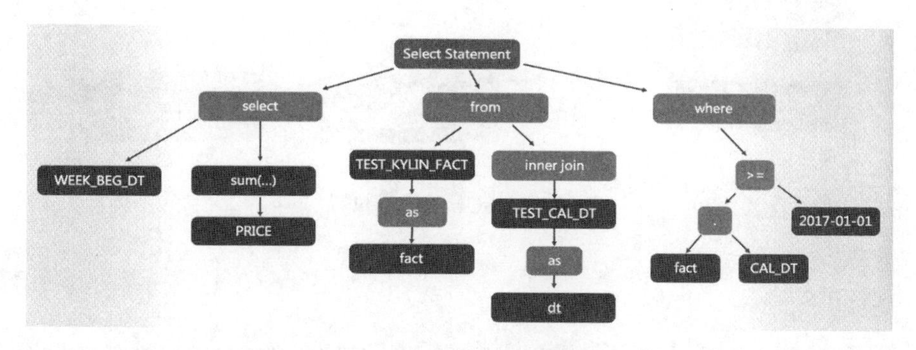

图2-34 词法分析结果展示

之后，Calcite根据词法分析的结果，生成一个逻辑执行计划，如图2-35所示。

之后，Calcite会基于规则对逻辑执行计划进行优化，在优化的过程中根据这些规则将算子转化为对应的物理执行算子。而Apache Kylin则在其中增加了一些优化策略。首先，在每一个优化规则中将对应的物理算子转换成Apache Kylin自己的OLAPxxxRel算子。然后根据每一个算子中保持的信息构造本次查询的上下文OLAPContext。之后再根据本次查询中使用的维度列、度量信息等查询是否有满足本次查询的Cuboid，如果有则将其保存在OLAPContext的realization中，如图2-36所示。

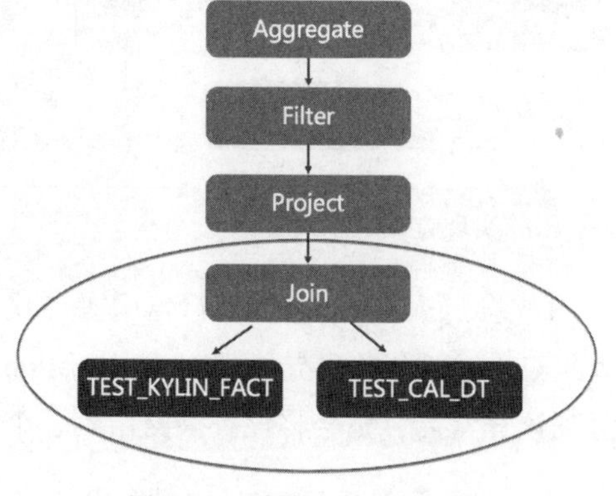

图2-35 逻辑执行计划结果展示

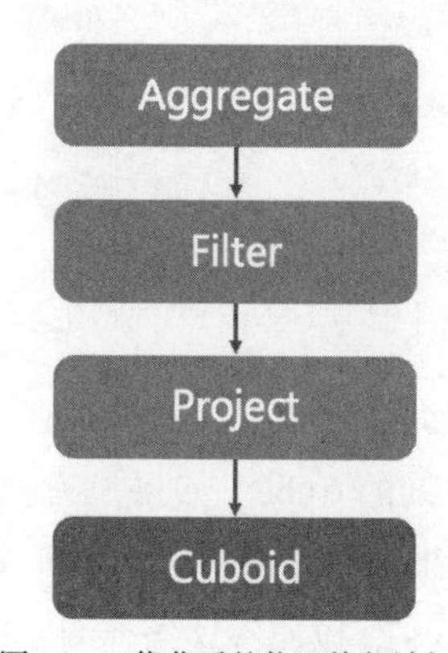

图2-36 优化后的物理执行计划

之后Calcite会根据这个执行计划动态生成执行代码。并且根据之前记录在OLAPContext中的realization信息，到HBase中读取相对应的已经构建好的cuboid数据，用以回答查询，如图2-37所示。

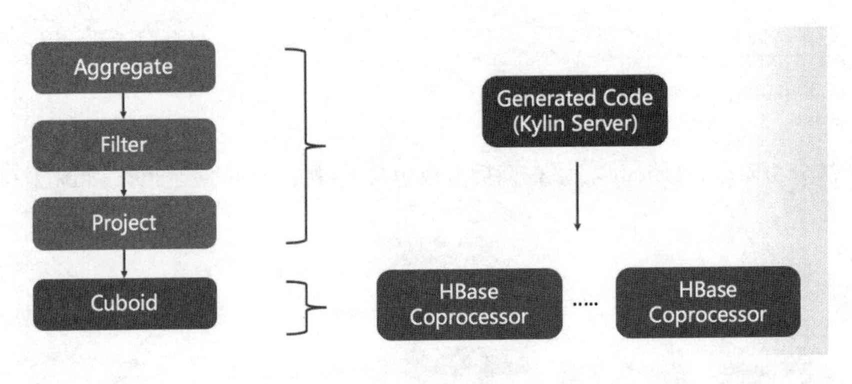

图2-37 SQL的编译执行

2.6.2 查询下压

在Apache Kylin中的查询，只有预先针对查询内的维度和度量进行建模并构建Cube才能够回答查询。因此在Apache Kylin中针对于无法击中Cube的查询，便有了另外一种处理方式即查询下压。查询下压的本质是将无法用Cube回答的查询路由到Hive或Spark这类查询引擎，用以回答该查询。查询下压的实现方式如图2-38所示。

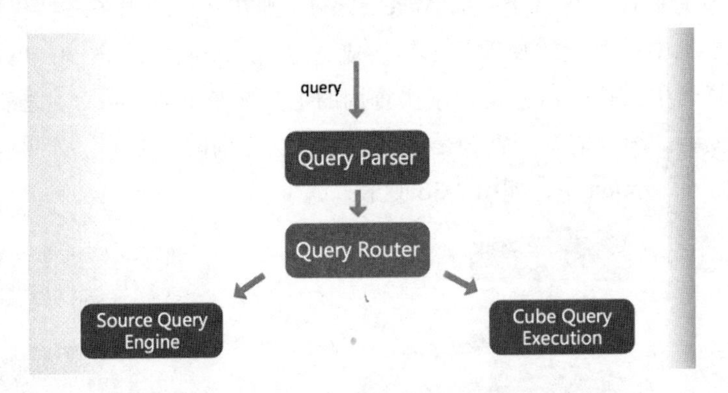

图2-38 查询下压的实现方式展示

一条查询经过解析后，进入查询路由，首先会进入Cube查询执行器中去寻找是否有能够回答该查询的Cube。如果没有找到合适的Cube，则会抛出异常“No realization found.”，并将这个结果抛回查询路由，查询路由检测到该异常后，则会将该查询路由到一个外部查询引擎（如Hive），以回答这条查询。

2.7 SQL参考

Apache Kylin支持标准SQL查询语言，但是SQL有很多变体，Apache Kylin支持的只是SQL所有变体中的一个子集，并不是支持所有现存的SQL语句和语法。用户在使用Apache Kylin之前，需要对Apache Kylin的SQL支持有一个了解，避免走弯路。

首先，Apache Kylin作为OLAP引擎，只支持查询，而不支持其他操作，如插入、更新等，即所有SQL都必须是SELECT语句，否则Apache Kylin会报错。

第二，在Apache Kylin中进行查询时，使用SQL语句中的表名、列名、度量、连接关系等条件，来匹配数据模型和Cube；在设计Cube的时候，就要充分考虑查询的需求，避免遗漏表、列等信息。

第三，进行查询时一条SQL需要首先被Apache Calcite解析，然后才可以被Apache Kylin执行。下面是Calcite中的SELECT语句的语法：

```
SELECT [ STREAM ] [ ALL | DISTINCT ]
         { * | projectItem [, projectItem ]* }
      FROM tableExpression
      [ WHERE booleanExpression ]
      [ GROUP BY { groupItem [, groupItem ]* } ]
      [ HAVING booleanExpression ]
      [ WINDOW windowName AS windowSpec [, windowName AS windowSpec ]* ]

projectItem:
      expression [ [ AS ] columnAlias ]
  |   tableAlias . *

tableExpression:
      tableReference [, tableReference ]*
  |   tableExpression [ NATURAL ] [ LEFT | RIGHT | FULL ] JOIN tableExpression
[ joinCondition ]

joinCondition:
      ON booleanExpression
  |   USING '(' column [, column ]* ')'
```

2.8 小结

本章介绍了使用Apache Kylin前必须了解的基本概念，如星形数据模型、事实表、维表、维度、度量等，并在了解这些基本概念的基础上快速创建了基于Sample Data的模型，构建Cube，最后执行SQL查询。带领读者体验了Apache Kylin的主要使用过程。后续章节将继续展开和探讨这个过程中的一些关键技术，比如增量构建、可视化和Cube优化等。

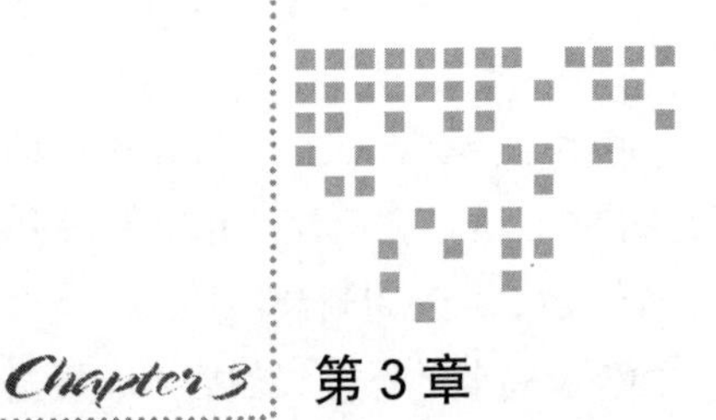

Chapter 3 第3章

Cube优化

Apache Kylin的核心思想是根据用户的数据模型和查询样式对数据进行预计算，并在查询时直接利用预计算结果返回查询结果。

相比普通的大规模并行处理解决方案，Kylin具有响应时间快、查询时资源需求小、吞吐量大等优点。用户的数据模型包括维度、度量、分区列等基本信息，也包括用户通过Cube优化工具赋予其的额外的模型信息。

例如，层级（Hierarchy）是用来描述若干个维度之间存在层级关系的一种优化工具，提供层级信息有助于预计算跳过多余的步骤，减少预计算的工作量，最终减少存储引擎所需要存储的Cube数据的大小。

数据模型是数据固有的属性，除此之外，查询的样式如果相对固定，有助于Cube优化。例如，如果知道客户端的查询总是会带有某个维度上的过滤（Filter）条件，或者总是会按照这个维度进行聚合（Group By），那么所有的不带这个维度的场景下的预计算都可以跳过，因为即使为这些场景进行了预计算，这些预计算结果也不会被用到。

总的来说，在构建Cube之前，Cube的优化手段提供了更多与数据模型或查询样式相关的信息，用于指导构建出体积更小、查询速度更快的Cube。可以看到Cube的优化目标始终有两个大方向：空间优化和查询时间优化。

3.1 Cuboid剪枝优化

3.1.1 维度的组合

由之前的章节可以知道，在没有采取任何优化措施的情况下，Kylin会对每一种维度的组合进行聚合预计算，维度的一种排列组合的预计算结果称为一个Cuboid。如果有4个维度，结合简单的数学知识可知，总共会有2^4=16种维度组合，即最终会有2^4=16个Cuboid需要计算，如图3-1所示。其中，最底端的包含所有维度的Cuboid称为Base Cuboid，它是生成其他Cuboid的基础。

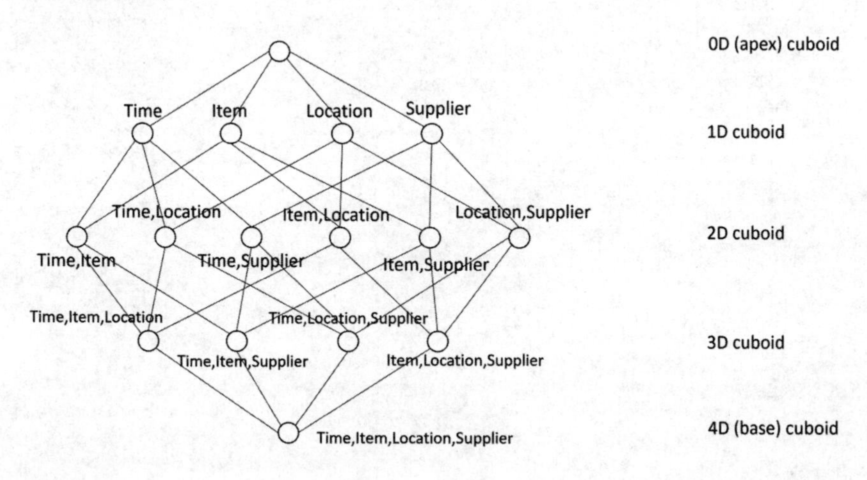

图3-1　四维Cube

在现实应用中，用户的维度数量一般远远大于4个。假设用户有10个维度，那么没做任何优化的Cube总共会存在2^{10}=1024个Cuboid，而如果用户有20个维度，那么Cube中总共会存在2^{20}=1048576个Cuboid！虽然每个Cuboid的大小存在很大差异，但是仅Cuboid的数量就足以让人意识到这样的Cube对构建引擎、存储引擎来说会形成巨大的压力。因此，在构建维度数量较多的Cube时，尤其要注意进行Cube的剪枝优化。

3.1.2　检查Cuboid数量

Apache Kylin提供了一种简单的工具供用户检查Cube中哪些Cuboid最终被预计算了，将其称为被物化（materialized）的Cuboid。同时，这种工具还能给出每个Cuboid所占空间的估计值。该工具需要在Cube构建任务对数据进行一定的处理之后才能估算Cuboid的大小，具体来说，就是在构建任务完成“Save Cuboid Statistics”这一步骤后才可以使用该工具。

由于同一个Cube的不同Segment之间仅是输入数据不同，模型信息和优化策略都是共享的，所以不同的Segment中被物化的Cuboid是相同的。因此，只要Cube中至少有一个Segment完成了“ Save Cuboid Statistics”这一步骤的构建，那么就能使用如下的命令行工具去检查这个Cube中的Cuboid的物化状态：

```
bin/kylin.sh org.apache.kylin.engine.mr.common.CubeStatsReader CUBE_NAME

CUBE_NAME 想要查看的 Cube 的名称
```

该命令的输出如图 3-2 所示。

```
Statistics of test_kylin_cube_with_slr_empty[19700101000000_20150101000000]

Cube statistics hll precision: 14
Total cuboids: 31
Total estimated rows: 181644
Total estimated size(MB): 2.9581427574157715
Sampling percentage:  100
Mapper overlap ratio: 1.0
|---- Cuboid 111111111, est row: 6000, est MB: 0.12
    |---- Cuboid 101111111, est row: 5924, est MB: 0.12, shrink: 98.73%
        |---- Cuboid 100111111, est row: 5980, est MB: 0.09, shrink: 100.95%
            |---- Cuboid 100110111, est row: 5950, est MB: 0.09, shrink: 99.5%
                |---- Cuboid 100100111, est row: 5881, est MB: 0.09, shrink: 98.84%
                    |---- Cuboid 100000111, est row: 5662, est MB: 0.09, shrink: 96.28%
        |---- Cuboid 101110111, est row: 5929, est MB: 0.12, shrink: 100.08%
            |---- Cuboid 101100111, est row: 5871, est MB: 0.11, shrink: 99.02%
                |---- Cuboid 101000111, est row: 5911, est MB: 0.11, shrink: 100.68%
    |---- Cuboid 110111111, est row: 5947, est MB: 0.1, shrink: 99.12%
        |---- Cuboid 110110111, est row: 5942, est MB: 0.1, shrink: 99.92%
            |---- Cuboid 110100111, est row: 5932, est MB: 0.09, shrink: 99.83%
                |---- Cuboid 110000111, est row: 5957, est MB: 0.09, shrink: 100.42%
    |---- Cuboid 111110111, est row: 5967, est MB: 0.12, shrink: 99.45%
        |---- Cuboid 111100111, est row: 5919, est MB: 0.12, shrink: 99.2%
            |---- Cuboid 111000111, est row: 5973, est MB: 0.12, shrink: 100.91%
    |---- Cuboid 111111000, est row: 5968, est MB: 0.1, shrink: 99.47%
        |---- Cuboid 101111000, est row: 5727, est MB: 0.09, shrink: 95.96%
            |---- Cuboid 100111000, est row: 5738, est MB: 0.07, shrink: 100.19%
                |---- Cuboid 100110000, est row: 5625, est MB: 0.07, shrink: 98.03%
                    |---- Cuboid 100100000, est row: 4850, est MB: 0.06, shrink: 86.22%
            |---- Cuboid 101110000, est row: 5740, est MB: 0.09, shrink: 100.23%
                |---- Cuboid 101100000, est row: 5742, est MB: 0.09, shrink: 100.03%
                    |---- Cuboid 101000000, est row: 5786, est MB: 0.09, shrink: 100.77%
        |---- Cuboid 110111000, est row: 5955, est MB: 0.08, shrink: 99.78%
            |---- Cuboid 110110000, est row: 5981, est MB: 0.08, shrink: 100.44%
                |---- Cuboid 110100000, est row: 5927, est MB: 0.07, shrink: 99.1%
                    |---- Cuboid 110000000, est row: 5921, est MB: 0.07, shrink: 99.9%
        |---- Cuboid 111110000, est row: 6017, est MB: 0.1, shrink: 100.82%
            |---- Cuboid 111100000, est row: 6010, est MB: 0.1, shrink: 99.88%
                |---- Cuboid 111000000, est row: 5912, est MB: 0.1, shrink: 98.37%
----------------------------------------------------------------------------
```

图 3-2　CubeStatsReader 的输出

在该命令的输出中，会依次打印出每个 Segment 的分析结果，不同 Segment 的分析结果基本趋同。在上面的例子中 Cube 只有一个 Segment，因此只有一份分析结果。对于该结果，自上而下来看，首先能看到 Segment 的一些整体信息，如估计 Cuboid 大小的精度（hll precision）、Cuboid 的总数、Segment 的总行数估计、Segment 的大小估计等。

Segment 的大小估算是构建引擎自身用来指导后续子步骤的，如决定 mapper 和 reducer 数量、数据分片数量等的依据，虽然有的时候对 Cuboid 的大小的估计存在误差（因为存储引擎对最后的 Cube 数据进行了编码或压缩，所以无法精确预估数据大小），但是整体来说，对于不同 Cuboid 的大小估计可以给出一个比较直观的判断。由于没有编码或压缩时的不确定性因素，因此 Segment 中的行数估计会比大小估计来得更加精确一些。

在分析结果的下半部分可以看到，所有的 Cuboid 及其分析结果以树状的形式打印了出来。在这棵树中，每个节点代表一个 Cuboid，每个 Cuboid 的 ID 都由一连串 1 或 0 的数字组成，数字串的长度等于有效维度的数量，从左到右的每个数字依次代表 Cube 的 Rowkeys 设置中的各个维度。如果数字为 0，则代表这个 Cuboid 中不存在相应的维度，如果数字为 1，则代表这个 Cuboid 中存在相应的维度。

除了最顶端的 Cuboid 之外，每个 Cuboid 都有一个父 Cuboid，且都比父 Cuboid 少了一个“1”。其意义是这个 Cuboid 是由它的父节点减少一个维度聚合得来的（上卷，即 roll up 操作）。最顶端的 Cuboid 称为 Base Cuboid，它直接由源数据计算而来。Base Cuboid 中包含了所有的维度，因此它的数字串中所有的数字均为 1。

每行 Cuboid 的输出除了 0 和 1 的数字串以外，后面还有每个 Cuboid 的具体信息，包括该 Cuboid 行数的估计值、该 Cuboid 大小的估计值，以及该 Cuboid 的行数与其父节点的对比（Shrink）。所有的 Cuboid 的行数的估计值之和应该等于 Segment 的行数估计值。同理，所有的 Cuboid 的大小估计值之和等于该 Segment 的大小估计值。

每个 Cuboid 都是在它的父节点的基础上进一步聚合产生的，因此理论上来说每个 Cuboid 无论是行数还是大小都应该小于它的父 Cuboid。但是，由于这些数值都是估计值，因此偶尔能够看到有些 Cuboid 的行数反而还超过其父节点、Shrink 值大于 100% 的情况。在这棵“树”中，可以观察每个节点的 Shrink 值，如果该值接近 100%，说明这个 Cuboid 虽然比它的父 Cuboid 少了一个维度，但是并没有比它的父 Cuboid 少很多行数据。换言之，即使没有这个 Cuboid，在查询时使用它的父 Cuboid，也不会花费太大的代价。

关于这方面的详细内容将在后续 3.1.4 节中详细展开。

3.1.3 检查 Cube 大小

还有一种更为简单的方法可以帮助我们判断 Cube 是否已经足够优化。在 Web GUI 的“Model”页面中选择一个 READY 状态的 Cube，当把光标移到该 Cube 的“Cube Size”列时，Web GUI 会提示 Cube 的源数据大小，以及当前 Cube 的大小与源数据大小的比例，称之为膨胀率（Expansion Rate），如图 3-3 所示。

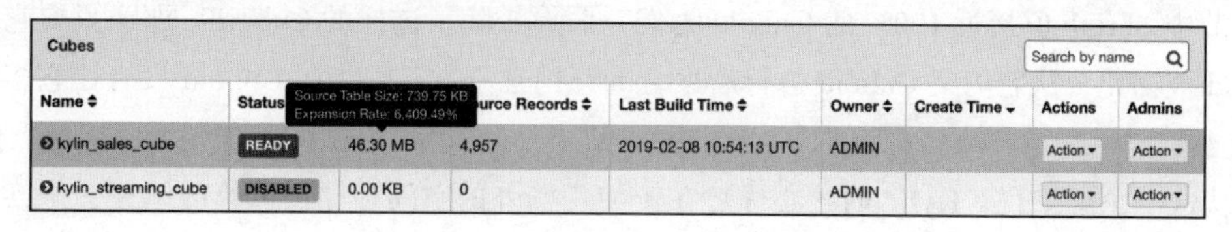

图 3-3 查看 Cube 的膨胀率

一般来说，Cube 的膨胀率应该为 0%~1000%，如果一个 Cube 的膨胀率超过 1000%，Cube 管理员应当开始挖掘其中的原因。通常，膨胀率高有以下几个方面的原因：

- Cube 中的维度数量较多，且没有进行很好的 Cuboid 剪枝优化，导致 Cuboid 数量极多；
- Cube 中存在较高基数的维度，导致包含这类维度的每一个 Cuboid 占用的空间都很大，这些 Cuboid 累积造成整体 Cube 体积过大；
- 存在比较占用空间的度量，如 Count Distinct 这样的度量需要在 Cuboid 的每一行中都保存一个较大的寄存器，最坏的情况会导致 Cuboid 中每一行都有数十千字节，从而造成整个 Cube 的体积过大；

……

因此，遇到 Cube 的膨胀率居高不下的情况，管理员需要结合实际数据进行分析，可灵活地运用本章接下来介绍的优化方法对 Cube 进行优化。

3.1.4 空间与时间的平衡

理论上所有能用 Cuboid 处理的查询请求，都可以使用 Base Cuboid 来处理，就好像所有能用 Base Cuboid 处理的查询请求都能够通过直接读取源数据的方式来处理一样。但是 Kylin 之所以在 Cube 中物化这么多的 Cuboid，就是因为不同的 Cuboid 有各自擅长的查询场景。

面对一个特定的查询，使用精确匹配的 Cuboid 就好像是走了一条捷径，能帮助 Kylin 最快地返回查询结果，因为这个精确匹配的 Cuboid 已经为此查询做了最大程度的预先聚合，查询引擎只需要做很少的运行时聚合就能返回结果。每个 Cuboid 在技术上代表着一种维度的排列组合，在业务上代表着一种查询的样式；为每种查询样式都做好精确匹配是理想状态，但那会导致很高的膨胀率，进而导致很长的构建时间。所以在实际的 Cube 设计中，我们会考虑牺牲一部分查询样式的精确匹配，让它们使用不是完全精确匹配的 Cuboid，在查询进行时再进行后聚合。这个不精确匹配的 Cuboid 可能是 3.1.2 节中提到的 Cuboid 的父 Cuboid，甚至如果它的父 Cuboid 也没有被物化，Kylin 可能会一路追溯到使用 Base Cuboid 来回答查询请求。

使用不精确匹配的 Cuboid 比起使用精确匹配的 Cuboid 需要做更多查询时的后聚合计算，但是如果 Cube 优化得当，查询时的后聚合计算的开销也没有想象中的那么恐怖。以 3.1.2 节中 Shrink 值接近 100% 的 Cuboid 为例，假设排除了这样的 Cuboid，那么只要它的父 Cuboid 被物化，从它的父 Cuboid 进行后聚合的开销也不大，因为父 Cuboid 没有比它多太多行的记录。

从这个角度来说，Kylin 的核心优势在于使用额外的空间存储预计算的结果，来换取查询时间的缩减。而 Cube 的剪枝优化，则是一种试图减少额外空间的方法，使用这种方法的前提是不会明显影响查询时间的缩减。在做剪枝优化的时候，需要选择跳过那些“多余”的Cuboid：有的Cuboid因为查询样式永远不会被查询到，所以显得多余；有的Cuboid的能力和其他Cuboid接近，因此显得多余。但是Cube管理员不是上帝，无法提前甄别每一个Cuboid是否多余，因此Kylin提供了一系列简单工具来帮助完成Cube的剪枝优化。

3.2　剪枝优化工具

3.2.1　使用衍生维度

首先观察下面这个维度表，如图3-4所示。

这是一个常见的时间维度表，里面充斥着各种用途的时间维度，如每个日期对应的星期，每个日期对应的月份等。这些维度可以被分析师用来灵活地进行各个时间粒度上的聚合分析，而不需要进行额外的上卷操作。但是如果为了这个目的一下子引入这么多维度，会导致Cube中Cuboid的总数量呈现爆炸式的增长，往往得不偿失。

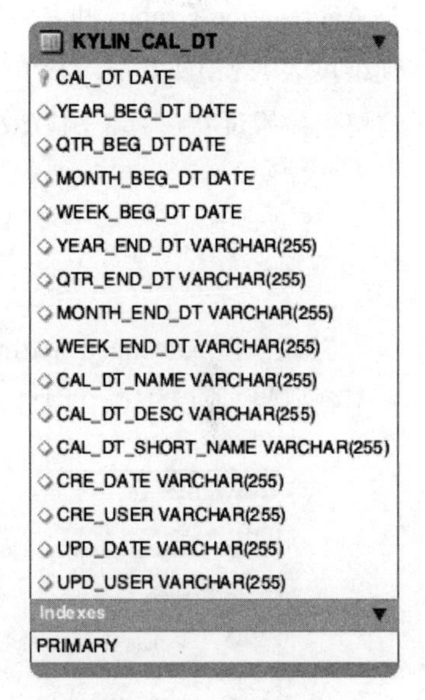

图3-4　一个维度表

在实际使用中，可以在维度中只放入这个维度表的主键（在底层实现中，我们更偏向使用事实表上的外键，因为在Inner Join的情况下，事实表外键和维度表主键是一致的，而在Left Join的情况下事实表外键是维度表主键的超集），也就是只物化按日期（CAL_DT）聚合的Cuboid。当用户需要在更高的粒度如按周、按月来进行聚合时，在查询时会获取按日期聚合的Cuboid数据，并在查询引擎中实时地进行上卷操作，那么就达到了牺牲一部分运行时性能来节省Cube空间占用的目的。

Kylin将这样的理念包装成一个简单的优化工具——衍生维度。将一个维度表上的维度设置为衍生维度，则这个维度不会参与预计算，而是使用维度表的主键（其实是事实表上相应的外键）来替代它。Kylin会在底层记录维度表主键与维度表其他维度之间的映射关系，以便在查询时能够动态地将维度表的主键“翻译”成这些非主键维度，并进行实时聚合。虽然听起来有些复杂，但是使用起来其实非常简单，在创建Cube的Cube designer第二步添加维度的时候，选择“Derived”而非“Normal”，如图3-5所示。

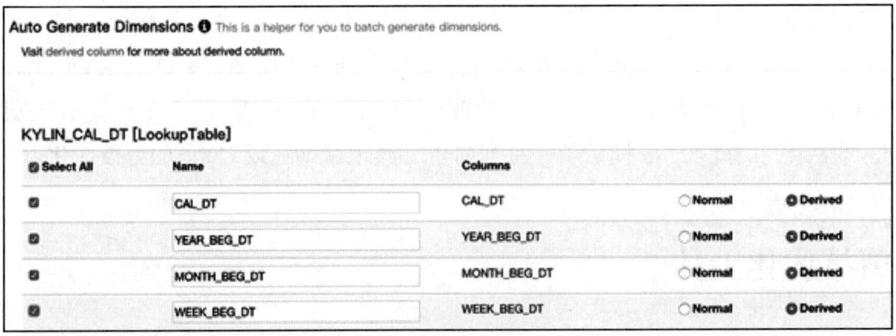

Auto Generate Dimensions This is a helper for you to batch generate dimensions.
Visit derived column for more about derived column.

KYLIN_CAL_DT [LookupTable]

Select All	Name	Columns		
☑	CAL_DT	CAL_DT	Normal	Derived
☑	YEAR_BEG_DT	YEAR_BEG_DT	Normal	Derived
☑	MONTH_BEG_DT	MONTH_BEG_DT	Normal	Derived
☑	WEEK_BEG_DT	WEEK_BEG_DT	Normal	Derived

图 3-5　添加衍生维度

衍生维度在 Cube 中不参加预计算，事实上如果前往 Cube Designer 的 Advanced Setting，在 Aggregation Groups 和 Rowkeys 部分也完全看不到这些衍生维度，甚至在这些地方也找不到维度表 KYLIN_CAL_DT 的主键，因为如前所述，Kylin 实际上是用事实表上的外键作为这些衍生维度背后真正的有效维度的，在前面的例子中，事实表与 KYLIN_CAL_DT 通过以下方式连接：

```
Join Condition:
DEFAULT.KYLIN_SALES.PART_DT = DEFAULT.KYLIN_CAL_DT.CAL_DT
```

因此，在 Advanced Setting 的 Rowkeys 部分就会看到 PART_DT 而看不到 CAL_DT，更看不到那些 KYLIN_CAL_DT 表上的衍生维度，如图 3-6 所示。

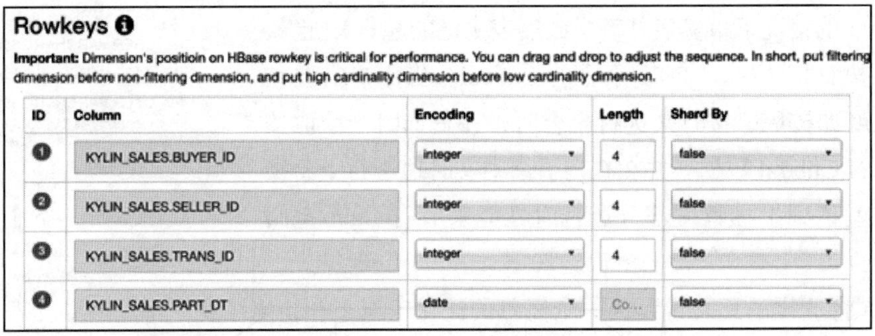

Rowkeys

Important: Dimension's positioin on HBase rowkey is critical for performance. You can drag and drop to adjust the sequence. In short, put filtering dimension before non-filtering dimension, and put high cardinality dimension before low cardinality dimension.

ID	Column	Encoding	Length	Shard By
1	KYLIN_SALES.BUYER_ID	integer	4	false
2	KYLIN_SALES.SELLER_ID	integer	4	false
3	KYLIN_SALES.TRANS_ID	integer	4	false
4	KYLIN_SALES.PART_DT	date	Co...	false

图 3-6　PART_DT 外键在 Rowkeys 中

虽然衍生维度具有非常大的吸引力，但也并不是说所有的维度表上的维度都得变成衍生维度，如果从维度表主键到某个维度表维度所需的聚合工作量非常大，如从 CAT_DT 到 YEAR_BEG_DT 基本上需要 365 : 1 的聚合量，那么将 YERR_BEG_DT 作为一个普通的维度，而不是衍生维度可能是一种更好的选择。这种情况下，YERR_BEG_DT 会参与预计算，也会有一些包含 YERR_BEG_DT 的 Cuboid 被生成。

3.2.2 聚合组

聚合组（Aggregation Group）是一个强大的剪枝工具，可以在 Cube Designer 的 Advanced Settings 里设置不同的聚合组。聚合组将一个 Cube 的所有维度根据业务需求划分成若干组（当然也可以只有一个组），同一个组内的维度更可能同时被同一个查询用到，因此表现出更加紧密的内在关联。不同组之间的维度在绝大多数业务场景里不会用在同一个查询里，因此只有在很少的 Cuboid 里它们才有联系。所以如果一个查询需要同时使用两个聚合组里的维度，一般从一个较大的 Cuboid 在线聚合得到结果，这通常也意味着整个查询会耗时较长。

每个分组的维度集合是 Cube 的所有维度的一个子集，分组之间可能有相同的维度，也可能完全没有相同的维度。每个分组各自独立地根据自身的规则产生一批需要被物化的 Cuboid，所有分组产生的 Cuboid 的并集就形成了 Cube 中全部需要物化的 Cuboid。不同的分组有可能会贡献出相同的 Cuboid，构建引擎会察觉到这点，并且保证每一个 Cuboid 无论在多少个分组中出现，都只会被物化一次，如图 3-7 所示。

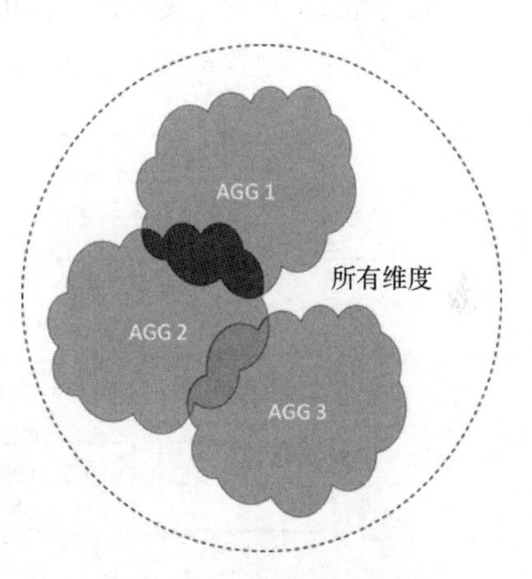

图 3-7 聚合组重叠示意

举例来说，假设有四个维度 A、B、C、D，如果知道业务用户只会进行维度 AB 的组合查询或维度 CD 的组合查询，那么该 Cube 可以被设计成两个聚合组，分别是聚合组 AB 和聚合组 CD。如图 3-8 所示，生成的 Cuboid 的数量从 2^4=16 个缩减成 8 个。

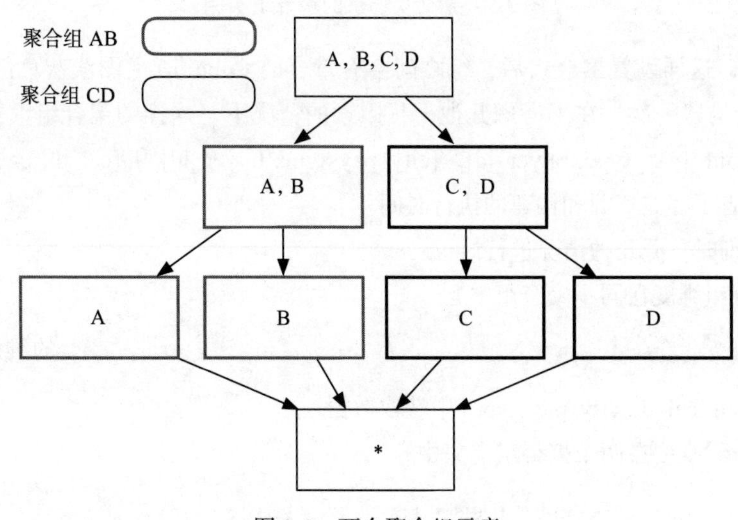

图 3-8 两个聚合组示意

假设创建了一个分析交易数据的 Cube，它包含以下维度：顾客 ID（buyer_id)、交易日期（cal_dt)、付款的方式（pay_type）和买家所在的城市（city)。有时分析师需要通过分组聚合 city 、cal_dt 和 pay_type 来获知不同消费方式在不同城市的情况；有时分析师需要通过聚合 city、cal_dt 和 buyer_id，来查看不同城市的顾客的消费行为。在上述实例中，推荐建立两个聚合组，包含的维度和方式如图 3-9 所示。

聚合组 1：包含维度 [cal_dt, city, pay_type]

聚合组 2：包含维度 [cal_dt, city, buyer_id]

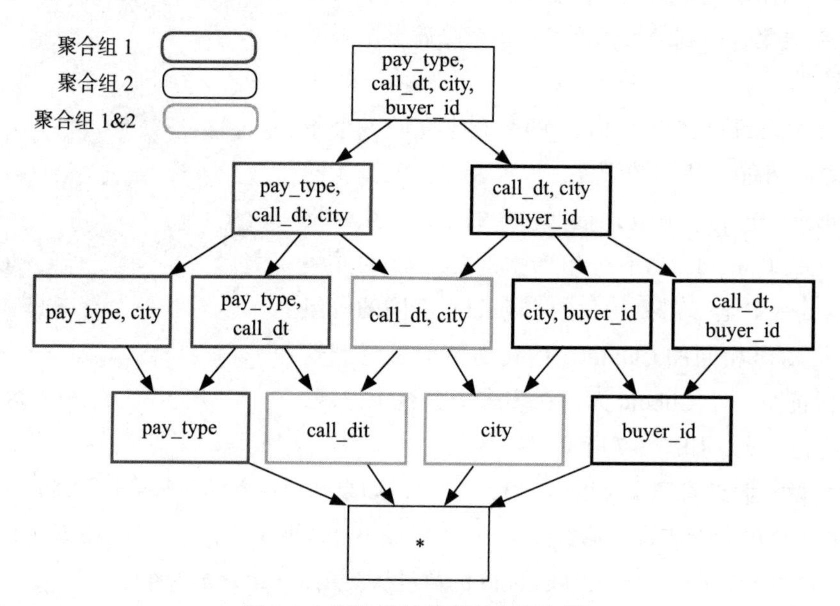

图 3-9　某交易场景的聚合组实例

可以看到，这样设置聚合组后，组之间会有重合的 Cuboid（上图浅灰色部分)，对于这些 Cuboid 只会构建一次。在不考虑其他干扰因素的情况下，这样的聚合组设置将节省不必要 的 3 个 Cuboid: [pay_type, buyer_id]、[city, pay_type, buyer_id] 和 [cal_dt, pay_type, buyer_id]，这样就节省了存储资源和构建的执行时间。

在执行查询时，分几种情况进行讨论：

情况 1（分组维度在同一聚合组中)：

```
SELECT cal_dt, city, pay_type, count(*) FROM table GROUP BY cal_dt, city, pay_type
```

将从 Cuboid [cal_dt, city, pay_type] 中获取数据。

情况 2（分组维度在两个聚合组交集中)：

```
SELECT cal_dt, city count(*) FROM table GROUP BY cal_dt, city
```

将从 Cuboid [cal_dt, city] 中获取数据，可以看到这个 Cuboid 同时属于两个聚合组，这对查询引擎是透明的。

情况 3 如果有一条不常用的查询（分组维度跨越了两个聚合组）：

```
SELECT pay_type, buyer_id, count(*) FROM table GROUP BY pay_type, buyer_id
```

没有现成的完全匹配的 Cuboid，此时，Kylin 会先找到包含这两个维度的最小的 Cuboid，这里是 Base Cuboid [pay_type,cal_dt,city,buyer_id]，通过在线聚合的方式，从 Case Cuboid 中计算出最终结果，但会花费较长的时间，甚至有可能造成查询超时。

3.2.3　必需维度

如果某个维度在所有查询中都会作为 group by 或者 where 中的条件，那么可以把它设置为必需维度（Mandatory），这样在生成 Cube 时会使所有 Cuboid 都必须包含这个维度，Cuboid 的数量将减少一半。

通常而言，日期维度在大多数场景下可以作为必需维度，因为一般进行多维分析时都需要设置日期范围。

再次，如果某个查询不包含必需维度，那么它将基于某个更大的 Cuboid 进行在线计算以得到结果。

3.2.4　层级维度

如果维度之间有层级关系，如国家 – 省 – 市这样的层级，我们可以在 Cube Designer 的 Advanced Settings 里设置层级维度。注意，需要按从大到小的顺序选择维度。

查询时通常不会抛开上级节点单独查询下级节点，如国家 – 省 – 市的维度组合，查询的组合一般是「国家」「国家，省」「国家，省，市」。因为城市会有重名，所以不会出现「国家，市」或者 [市] 这样的组合。因此将国家（Country）、省（Province）、市（City）这三个维度设为层级维度后，就只会保留 Cuboid[Country, Province,City]，[Country, Province]，[Country] 这三个组合，这样能将三个维度的 Cuboid 组合数从 8 个减至 3 个。

层级维度的适用场景主要是一对多的层级关系，如地域层级、机构层级、渠道层级、产品层级。

如果一个查询没有按照设计来进行，如 select Country,City,count(*) from table group by Country,City，那么这里不能回答这个查询的 Cuboid 会从最接近的 Cuboid[Country, Province, City] 进行在线计算。显而易见，由于 [Country, Province, City] 和 [Country, City] 之间相差的记录数不多，这里在线计算的代价会比较小。

3.2.5 联合维度

联合维度（Joint Dimension）一般用在同时查询几个维度的场景，它是一个比较强力的维度剪枝工具，往往能把 Cuboid 的总数降低几个数量级。

举例来说，如果用户的业务场景中总是同时进行 A、B、C 三个维度的查询分析，而不会出现聚合 A、B 或者聚合 C 这些更上卷的维度组合，那么这类场景就是联合维度所适合的。可以将维度 A、B 和 C 定义为联合维度，Kylin 就仅仅会构建 Cuboid [A,B,C]，而 Cuboid [A,B][B,C] [A] 等都不会被生成。最终的 Cube 结果如图 3-10 所示，Cuboid 的数量从 16 个减至 4 个。

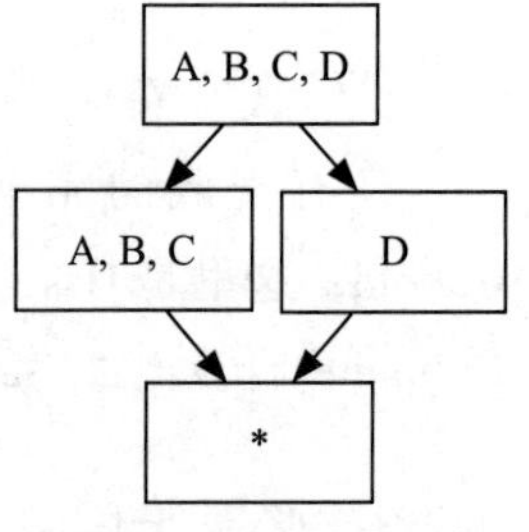

图 3-10 联合维度示例

假设创建一个交易数据的 Cube，它具有很多普通的维度，像是交易日期 cal_dt、交易的城市 city、顾客性别 sex_id 和支付类型 pay_type 等。分析师常用的分析总是同时聚合交易日期 cal_dt、交易的城市 city 和顾客性别 sex_id，有时可能希望根据支付类型进行过滤，有时又希望看到所有支付类型下的结果。那么，在上述实例中，推荐设立一组聚合组，并建立一组联合维度，所包含的维度和组合方式下：

聚合组（Aggregation Group）：[cal_dt, city, sex_id，pay_type]

联合维度（Joint Dimension）：[cal_dt, city, sex_id]

情况 1（查询包含所有的联合维度）：

```
SELECT cal_dt, city, sex_id, count(*) FROM table GROUP BY cal_dt, city, sex_id
```

它将从 Cuboid [cal_dt, city, sex_id] 中直接获取数据。

情况 2（如果有一条不常用的查询，只聚合了部分联合维度）：

```
SELECT cal_dt, city, count(*) FROM table GROUP BY cal_dt, city
```

没有现成的完全匹配的 Cuboid，Kylin 会通过在线计算的方式，从现有的 Cuboid [cal_dt, city, sex_id 中计算出最终结果。

联合维度的适用场景：

- 维度经常同时在查询 where 或 group by 条件中同时出现，甚至本来就是一一对应的，如 customer_id 和 customer_name，将它们组成一个联合维度。
- 将若干个低基数（建议每个维度基数不超过 10，总的基数叉乘结果小于 10000）的维度合并组成一个了联合维度，可以大大减少 Cuboid 的数量，利用在线计算能力，虽然会在查询时多耗费有限的时间，但相比能减少的存储空间和构建时间而言是值得的。
- 必要时可以将两个有强关系的高基维度组成一个联合维度，如合同日期和入账日期。
- 可以将查询时很少使用的若干维度组成一个联合维度，在少数查询场景中承受在线计算的额外时间消耗，但能大大减少存储空间和构建时间。

以上这些维度剪枝操作都可以在 Cube Designer 的 Advanced Setting 中的 Aggregation Groups 区域完成，如图 3-11 所示。

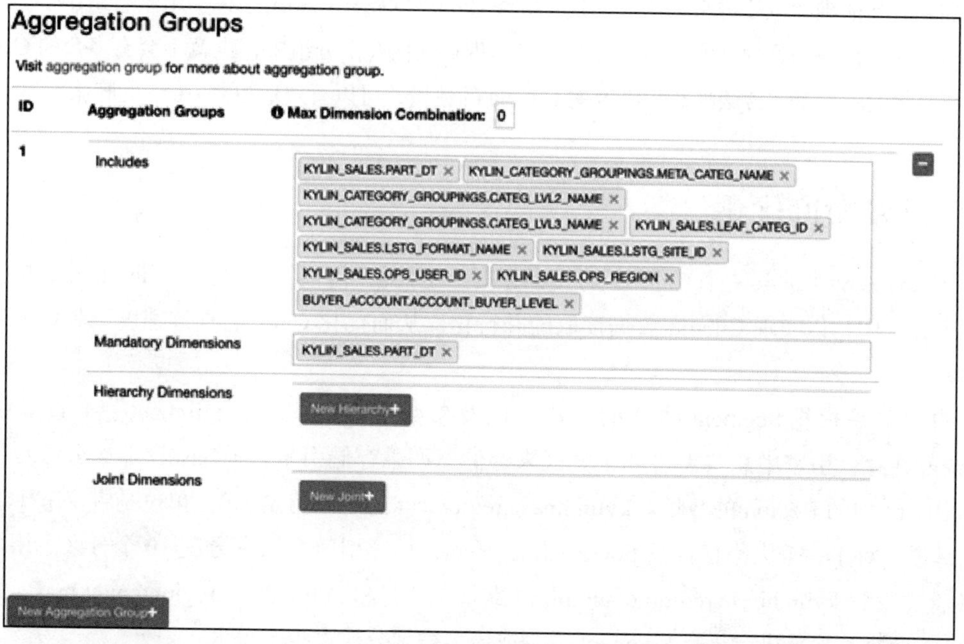

图 3-11 Advanced Settings 中的 Aggregation Groups

从图 3-11 中可以看到，目前 Cube 中只有一个分组，点击左下角的“New Aggregation Group”按钮可以添加一个新的分组。在某一分组内，首先需要指定这个分组包含（Include）哪些维度，然后才可以进行必需维度、层级维度和联合维度的创建。除了“Include”选项，其他三项都是可选的。此外，还可以设置“Max Dimension Combination”（默认为 0，即不加限制），该设置表示对聚合组的查询最多包含几个维度，注意一组层级维度或联合维度计为一个维度。在生成聚合组时会不生成超过“Max Dimension Combination”中设置的数量的 Cuboid，因此可以有效减少 Cuboid 的总数。

聚合组的设计非常灵活，甚至可以用来描述一些极端的设计。假设我们的业务需求非常单一，只需要某几个特定的 Cuboid，那么可以创建多个聚合组，每个聚合组代表一个 Cuboid。具体的方法是在聚合组中先包含某个 Cuboid 所需的所有维度，然后把这些维度都设置为强制维度。这样当前的聚合组就只包含我们想要的那一个 Cuboid 了。

再如，有时我们的 Cube 中有一些基数非常大的维度，如果不做特殊处理，它会和其他维度进行各种组合，从而产生大量包含它的 Cuboid。所有包含高基数维度的 Cuboid 在行数和体积上都会非常庞大，这会导致整个 Cube 的膨胀率过大。如果根据业务需求知道这个高基数的维度只会与若干个维度（而不是所有维度）同时被查询，那么就可以通过聚合组对这个高基数维度做一定的“隔离”。

我们把这个高基数的维度放入一个单独的聚合组，再把所有可能会与这个高基数维度一起被查询到的其他维度也放进来。这样，这个高基数的维度就被“隔离”在一个聚合组中了，所有不会与它一起被查询到的维度都不会和它一起出现在任何一个分组中，也就不会有多余的 Cuboid 产生。这大大减少了包含该高基数维度的 Cuboid 的数量，可以有效地控制 Cube 的膨胀率。

3.3 并发粒度优化

当 Segment 中的某一个 Cuboid 的大小超出一定阈值时，系统会将该 Cuboid 的数据分片到多个分区中，以实现 Cuboid 数据读取的并行化，从而优化 Cube 的查询速度。具体的实现方式如下。

构建引擎根据 Segment 估计的大小，以及参数“kylin.hbase.region.cut”的设置决定 Segment 在存储引擎中总共需要几个分区来存储，如果存储引擎是 HBase，那么分区数量就对应 HBase 中的 Region 的数量。kylin.hbase.region.cut 的默认值是 5.0，单位是吉字节（GB），也就是说，对于一个大小估计是 50GB 的 Segment，构建引擎会给它分配 10 个分区。用户还可以通过设置 kylin.hbase.region.count.min（默认为 1）和 kylin.hbase.region.count.max（默认为 500）两个配置来决定每个 Segment 最少或最多被划分成多少个分区。

由于每个 Cube 的并发粒度控制不尽相同，建议在 Cube Designer 的 Configuration Overwrites 中为每个 Cube 量身定制控制并发粒度的参数。在下面的例子中，将把当前 Cube 的 kylin.hbase.region.count.min 设置为 2，把 kylin.hbase.region.count.max 设置为 100，如图 3-12 所示。这样，无论 Segment 的大小如何变化，它的分区数量最小不会低于 2，最大不会超过 100。相应地，这个 Segment 背后的存储引擎（HBase）为了存储这个 Segment，也不会使用小于 2 个或者超过 100 个分区（Region）。我们将 kylin.hbase.region.cut 调整为 1，这样，50GB 的 Segment 基本上会被分配到 50 个分区，相比默认设置，我们的 Cuboid 可能最多会获得 5 倍的并发量。

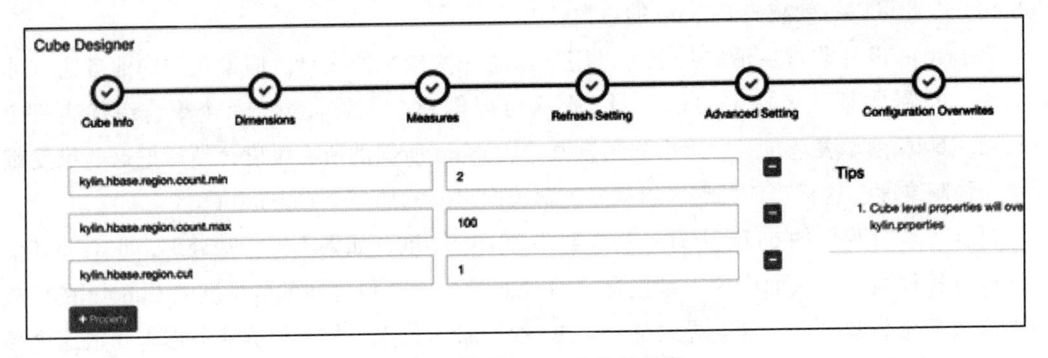

图 3-12 设置 Cube 的并发粒度

3.4 Rowkey优化

前面章节的侧重点是减少Cube中Cuboid的数量，以优化Cube的存储空间和构建性能，统称以减少Cuboid的数量为目的的优化为Cuboid剪枝。在本节中，将重点通过对Cube的Rowkey的设置来优化Cube的查询性能。

Cube的每个Cuboid中都包含大量的行，每个行又分为Rowkey和Measure两个部分。每行Cuboid数据中的Rowkey都包含当前Cuboid中所有维度的值的组合。Rowkey中的各个维度按照Cube Designer → Advanced Setting → RowKeys中设置的顺序和编码进行组织，如图3-13所示。

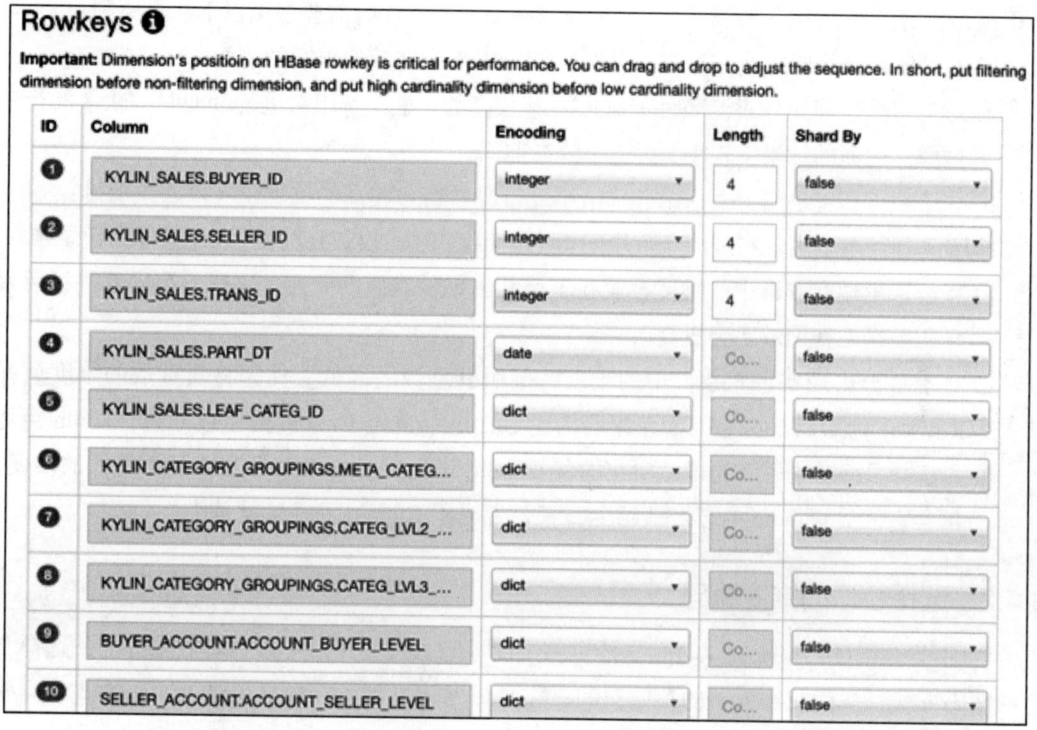

Rowkeys

Important: Dimension's positioin on HBase rowkey is critical for performance. You can drag and drop to adjust the sequence. In short, put filtering dimension before non-filtering dimension, and put high cardinality dimension before low cardinality dimension.

ID	Column	Encoding	Length	Shard By
1	KYLIN_SALES.BUYER_ID	integer	4	false
2	KYLIN_SALES.SELLER_ID	integer	4	false
3	KYLIN_SALES.TRANS_ID	integer	4	false
4	KYLIN_SALES.PART_DT	date	Co...	false
5	KYLIN_SALES.LEAF_CATEG_ID	dict	Co...	false
6	KYLIN_CATEGORY_GROUPINGS.META_CATEG...	dict	Co...	false
7	KYLIN_CATEGORY_GROUPINGS.CATEG_LVL2_...	dict	Co...	false
8	KYLIN_CATEGORY_GROUPINGS.CATEG_LVL3_...	dict	Co...	false
9	BUYER_ACCOUNT.ACCOUNT_BUYER_LEVEL	dict	Co...	false
10	SELLER_ACCOUNT.ACCOUNT_SELLER_LEVEL	dict	Co...	false

图3-13 Rowkey的设置页面

在Rowkeys设置页面中，每个维度都有几项关键的配置，下面将一一道来。

3.4.1 调整Rowkey顺序

在Cube Designer → Advanced Setting → Rowkeys部分，可以上下拖动每一个维度来调节维度在Rowkey中的顺序。这种顺序对于查询非常重要，因为目前在实现中，Kylin会把所有的维度按照显示的顺序黏合成一个完整的Rowkey，并且按照这个Rowkey升序排列

Cuboid中所有的行，参照前一章的图2-16。

不难发现，对排序靠前的维度进行过滤的效果会非常好，比如在图2-16中的Cuboid中，如果对D1进行过滤，它是严格按照顺序进行排列的；如果对D3进行过滤，它仅是在D1相同时在组内顺序排列的。

如果在一个比较靠后的维度进行过滤，那么这个过滤的执行就会非常复杂。以目前的HBase存储引擎为例，Cube的Rowkey就对应HBase中的Rowkey，是一段字节数组。我们目前没有创建单独的每个维度上的倒排索引，因此对于在比较靠后的维度上的过滤条件，只能依靠HBase的Fuzzy Key Filter来执行。尽管HBase做了大量相应的优化，但是在对靠后的字节运用Fuzzy Key Filter时，一旦前面维度的基数很大，Fuzzy Key Filter的寻找代价就会很高，执行效率就会降低。所以，在调整Rowkey的顺序时需要遵循以下几个原则：

- 有可能在查询中被用作过滤条件的维度，应当放在其他维度的前面。

a) 对于多个可能用作过滤条件的维度，基数高的（意味着用它进行过滤时，较多的行被过滤，返回的结果集较小）更适合放在前面；

b) 总体而言，可以用下面这个公式给维度打分，得分越高的维度越应该放在前排：

排序评分 = 维度出现在过滤条件中的概率 * 用该维度进行过滤时可以过滤掉的记录数。

- 将经常出现在查询中的维度，放在不经常出现的维度的前面，这样，在需要进行后聚合的场景中查询效率会更高。
- 对于不会出现在过滤条件中的维度，按照其基数的高低，优先将低基数的维度放在Rowkey的后面。这是因为在逐层构建Cuboid、确定Cuboid的生成树时，Kylin会优先选择Rowkey后面的维度所在的父Cuboid来生成子Cuboid，那么基数越低的维度，包含它的父Cuboid的行数就越少，聚合生成子Cuboid的代价就越小。

3.4.2 选择合适的维度编码

2.4.3节介绍过，Apache Kylin支持多种维度编码方式，用户可以针对数据特征，选择合适的编码方式，从而减小数据的存储空间。在具体使用过程中，如果用错了编码方式，可能会导致构建和查询的一系列问题。这里要注意的事项包括：

- 字典（Dictionary）编码（默认的编码）不适用于高基数维度（基数值在300万以上）。主要原因是，字典需要在单节点内存中构建，并在查询的时候加载到Kylin内存；过大的字典不但会使得构建变慢，还会在查询时占用很多内存，导致查询缓慢或失败，因此应该避免对高基数维度使用字典编码。如果实际中遇到高基数维度，首先思考此维度是否要引入Cube中，是否应该先对其进行泛化（Generalization），使其变成一个低基数维度；其次，如果一定要使用，那么可以使用Fixed_length编码，或Integer（如果这列的值是整型）编码。

- Fixed_length编码是最简单的编码，它通过补上空字符（如果维度值长度小于指定长度））或截断（如果维度值长度大于指定长度），从而将所有值都变成等长，然后拼接到Rowkey中。它比较适合于像身份证号、手机号这样的等长值维度。如果某个维度长度变化区间比较大，那么你需要选择一个合适的长度：长度过短会导致数据截断从而失去准确性，长度过长则导致空间浪费。

3.4.3　按维度分片

在3.3节中介绍过，系统会对Cuboid中的数据在存储时进行分片处理。默认情况下，Cuboid的分片策略是对于所有列进行哈希计算后随机分配的。也就是说，我们无法控制Cuboid的哪些行会被分到同一个分片中。这种默认的方法固然能够提高读取的并发程度，但是它仍然有优化的空间。按维度分片提供了一种更加高效的分片策略，那就是按照某个特定维度进行分片（Shard By Dimension）。简单地说，当你选取了一个维度用于分片后，如果Cuboid中的某两行在该维度上的值相同，那么无论这个Cuboid最终被划分成多少个分片，这两行数据必然会被分配到同一个分片中。

这种分片策略对查询有着极大的好处。我们知道，Cuboid的每个分片会被分配到存储引擎的不同物理机器上。Kylin在读取Cuboid数据的时候会向存储引擎的若干机器发送读取的RPC请求。在RPC请求接收端，存储引擎会读取本机的分片数据，并在进行一定的预处理后发送RPC回应（如图3-14所示）。以HBase存储引擎为例，不同的Region代表不同的Cuboid分片，在读取Cuboid数据的时候，HBase会为每个Region开启一个Coprocessor实例来处理查询引擎的请求。查询引擎将查询条件和分组条件作为请求参数的一部分发送到Coprocessor中，Coprocessor就能够在返回结果之前对当前分片的数据做一定的预聚合（这里的预聚合不是Cube构建的预聚合，是针对特定查询的深度的预聚合）。

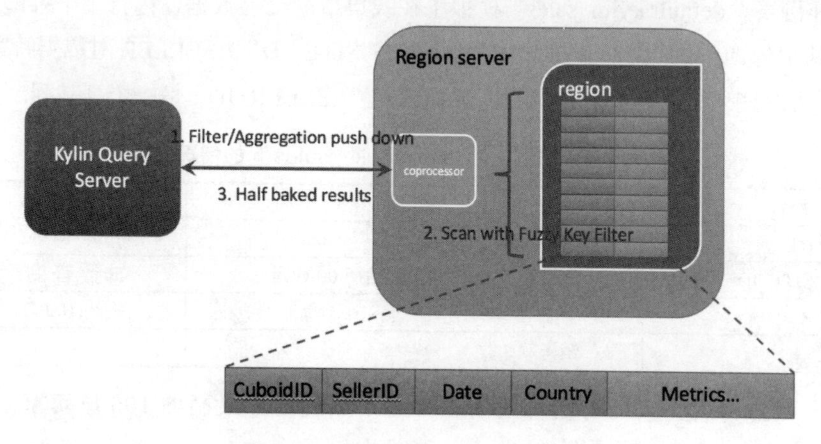

图3-14　存储引擎执行RPC查询

如果按照维度划分分片，假设是按照一个基数比较高的维度 seller_id 进行分片的，那么在这种情况下，每个分片承担一部分 seller_id，各个分片不会有相同的 seller_id。所有按照 seller_id 分组（group by seller_id）的查询都会变得更加高效，因为每个分片预聚合的结果会更加专注于某些 seller_id，使得分片返回结果的数量大大减少，查询引擎端也无须对各个分片的结果做分片间的聚合。按维度分片也能让过滤条件的执行更加高效，因为由于按维度分片，每个分片的数据都更加“整洁”，便于查找和索引。

3.5 Top_N 度量优化

在生活中我们总能看到“世界 500 强公司”“销量最好的十款汽车”等标题的新闻报道，Top_N 分析是数据分析场景中常见的需求。在大数据时代，由于明细数据集越来越大，这种需求越来越明显。在没有预计算的情况下，得到一个分布式大数据集的 Top_N 结果需要很长时间，导致点对点查询的效率很低。

Kylin v1.5 以后的版本中引入了 Top_N 度量，意在进行 Cube 构建的时候预计算好需要的 Top_N，在查询阶段就可以迅速地获取并返回 Top_N 记录。这样，查询性能就远远高于没有 Top_N 预计算结果的 Cube，方便分析师对这类数据进行查询。

注意　这里的 Top_N 度量是一个近似的实现，如你想要了解其近似度，需要在本节之后的内容中更多地了解 Top_N 背后的算法和数据分布结构。

让我们用 Kylin 中通过 sample.sh 生成的项目“learn_kylin”对 Top_N 进行说明。我们将重点使用其中的事实表“kylin_sales”。

这张样例表“default.kylin_sales”模拟了在线集市的交易数据，内含多个维度和度量列。这里仅用其中的四列即可：“PART_DT”“LSTG_SITE_ID”“SELLER_ID”和“PRICE”。表 3-1 所示为这些列的内容和基数简介，显而易见“SELLER_ID”是一个高基列。

表 3-1　样例表“default.kylin_sales”的情况

列名	描述	基数
PART_DT	交易日期	730：两年
LSTG_SITE_ID	交易站点 ID，如美国站用 00 代表	50
SELLER_ID	卖家 ID	大约 100 万
PRICE	销售额	—

假设电商公司需要查询特定时段内，特定站点交易额最高的 100 位卖家。查询语句如下：

```
SELECT SELLER_ID, SUM(PRICE) FROM KYLIN_SALES
 WHERE
   PART_DT >= date'2012-02-18' AND PART_DT < date'2013-03-18'
      AND LSTG_SITE_ID in (0)
   group by SELLER_ID
   order by SUM(PRICE) DESC limit 100
```

方法 1：在不设置 Top_N 度量的情况下，为了支持这个查询，在创建 Cube 时设计如下：定义“PART_DT”“LSTG_SITE_ID”“SELLER_ID”作为维度，同时定义“SUM(PRICE)”作为度量。Cube 构建完成之后，Base Cuboid 如表 3-2 所示。

表 3-2　Cube 的 Base Cuboid 结构

Base Cuboid 的 RowKey	SUM(PRICE)
20120218_00_seller0000001	291.58
20120218_00_seller0000002	365.18
20120218_00_seller0000003	135.29
…	
20120218_00_seller1000000	272.31
20120218_01_seller0000001	172.52
…	

假设这些维度是彼此独立的，则 Base Cuboid 中行数为各维度基数的乘积：730 * 50 * 1 million = 36.5 billion = 365 亿。其他包含“SELLER_ID”字段的 Cuboid 也至少有百万行。由此可知，由“SELLER_ID”作为维度会使得 Cube 的膨胀率很高，如果维度更多或基数更高，则情况更糟。但真正的挑战不止如此。

我们可能还会发现上面那个 SQL 查询并不能正常执行，或者需要花费特别长的时间，原因是这个查询拥有太大的在线计算量。假设你想查 30 天内 site_00 销售额排前 100 名的卖家，则查询引擎会从存储引擎中读取约 3000 万行记录，然后按销售额进行在线排序计算（排序无法用到预计算结果），最终返回排前 100 名的卖家。由于其中的关键步骤没有进行预计算，因此虽然最终结果只有 100 行，但计算耗时非常长，且内存和其中的控制器都在查询时被严重消耗了。

反思以上过程，业务关注的只是销售额最大的那些卖家，而我们存储了所有的（100 万）卖家，且在存储时是根据卖家 ID 而不是业务需要的销售额进行排序的，因此在线计算量非常大，因而此处有很大的优化空间。

方法 2：为了得到同一查询结果。如果在创建 Cube 时，对需要的 Top_N 进行了预计算，则查询会更加高效。如果在创建 Cube 时设计如下：不定义“SELLER_ID”为维度，仅定义“PART_DT”“LSTG_SITE_ID”为维度，同时定义一个 Top_N 度量，如图 3-15 所示。

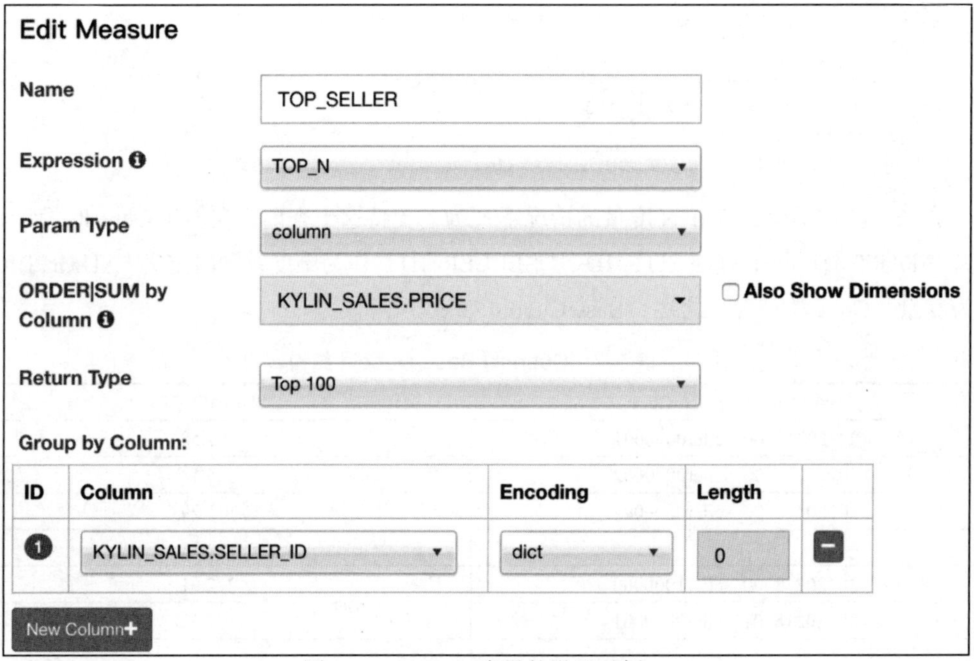

图 3-15　TOP_N 度量的设置示例

注意　“PRICE”定义在“ORDER|SUM by Column”，“SELLER_ID”定义在“Group by Column”。

新 Cube 的 Base Cuboid 如表 3-3 所示，Top_N 度量的单元格中存储了按 seller_id 进行聚合且按 sum(price) 倒序排列的 seller_id 和 sum(price) 的组合。

表 3-3　新 Cube 的 Base Cuboid 结构

base cuboid 的 RowKey	Top_N Measure
20120218_00	seller0010091:1092.21, seller0005002:1090.35, …, seller0001789:891.37
20120218_01	seller0003012:xx.xx seller0004001:xx.xx, …, seller000699: xx.xx
20120218_02	…
…	…
20120218_50	…

（续）

base cuboid 的 RowKey	Top_N Measure
20120219_01	seller0010091:1012.74, seller0005002:1032.63 …, seller0001981:883.57
…	…

现在 Base Cuboid 中只有 730 * 50 = 36500 行。在度量的单元格中，预计算的 Top_N 结果以倒序的方式存储在一个容器中，而序列尾端的记录已经被过滤掉。

现在，对于上面那个 Top_100 seller 的查询语句，只需要从内存中读取 30 行，Kylin 将会从 Top_N Measure 的容器中抽出“SELLER_ID”和“SUM(PRICE)”，然后将其返回客户端（并且是已经完成排序的）。现在查询结果就能以亚秒级返回了。

一般来说，Kylin 在 Top_N 的单元格中会存储 100 倍的 Top_N 定义的返回类型的记录数，如对于 Top100，就存储 10000 条 seller00xxxx:xx.xx 记录。这样一来，对于 Base Cuboid 的 Top_N 查询总是精确的，不精确的情况会出现在对于其他 Cuboid 的查询上。举例来说，对于 Cuboid[PART_DT]，Kylin 会将所有日期相同而站点不同的 TOP_N 单元格进行合并，这个合并后的结果会是近似的，尤其是在各个站点的前几名卖家相差较多的情况下。比如，如果 site_00 中排第 100 名的卖家在其他站点中都排在第 10000 名以后，那么它的 Top_N 记录在其他站点都会被舍去，Kylin 在合并 TOP_N Measure 时发现其他站点里没有这个卖家的值，于是会赋予这个卖家在其他站点中的 sum（price）一个估计值，这个估计值既可能比实际值高，也可能比实际值低，最后它在 Cuboid[PART_DT] 中的 Top_N 单元格中存储的是一个近似值。

3.6 Cube Planner 优化

Kylin 自 v2.3.0 以后的版本引入了 Cube Planner 功能，自动地对 Cube 的结构进行优化。如图 3-16 所示，在用户定义的 Aggregation Group 等手动优化基础上，Cube Planner 能根据每个 Cuboid 的大小和它对整个 Cube 产生的查询增益，结合历史查询数据对 Cuboid 进行进

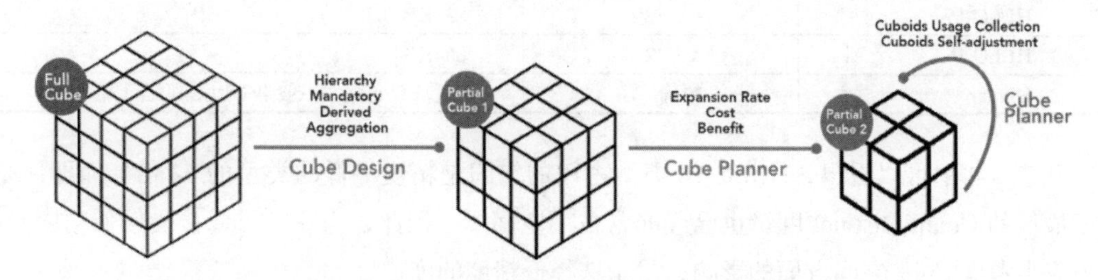

图 3-16 Cube Planner 对 Cube 的进一步优化

一步剪枝。Cube Planner 使用贪心算法和基因算法排除不重要和不必要的 Cuboid，不对这些 Cuboid 进行预计算，从而大大减少计算量、节约存储空间，从而提高查询效率。

Cube Planner 优化分为两个阶段。第一阶段发生在初次构建 Cube 时：Cube Planner 会利用在“Extract Fact Table Distinct Columns”步骤中得到的采样数据，预估每个 Cuboid 的大小，进而计算出每个 Cuboid 的效益比（该 Cuboid 的查询成本 / 对应维度组合物化后对整个 Cube 的所有查询能减少的查询成本）。Cube Planner 只会对那些效益比更高的维度组合进行预计算，而舍弃那些效益比更低的维度组合。第二阶段作用于已经运行一段时间的 Cube。在这一阶段，Cube Planner 会从 System Cube 中获取该 Cube 的查询统计数据，并根据被查询命中的概率给 Cuboid 赋予一定权重。当用户触发对 Cube 的优化操作时，那些几乎不被查询命中的 Cuboid 会被删除，而那些被频繁查询却尚未被预计算出的 Cuboid 则会被计算并更新到 Cube 中。

在 Kylin v2.5.0 及以后的版本中，Cube Planner 默认开启，第一阶段的过程对用户透明，而使用第二阶段则需要事先配置 System Cube 并由用户手动触发优化。关于 Cube Planner 的具体实现原理、使用方法及相关配置会在本书第 6 章中详述。

3.7 其他优化

3.7.1 降低度量精度

有一些度量有多种精度可供选择，但是精度较高的度量往往需要付出额外的代价，这就意味着更大的空间占用和更多的运行及构建成本。以近似值的 Count Distinct 度量为例，Kylin 提供多种精度的选择，让我们选择其中几种进行对比，如表 3-4 所示。

表 3-4　Count Distinct 精度和占用空间列表

Count Distinct 类型	误差概率	每行占用空间
HLLC 10	< 9.75%	1KB
HLLC 12	< 4.88%	4KB
HLLC 14	< 2.44%	16KB
HLLC 15	< 1.72%	32KB
HLLC 16	< 1.22%	64KB
Bitmap	精确	随基数变化，一般是 HLLC 的若干倍

从表 3-4 中可以看出，HLLC 16 类型占用的空间是精度最低的类型的 64 倍！而即使是精度最低的 Count Distinct 度量也已经非常占用空间了。因此，当业务可以接受较低精度时，用户应当考虑 Cube 空间方面的影响，尽量选择低精度的度量。

3.7.2 及时清理无用Segment

第4章提及，随着增量构建出来的Segment慢慢累积，Cube的查询性能将会下降，因为每次跨Segment查询都需要从存储引擎中读取每一个Segment的数据，并且在查询引擎中对不同Segment的数据进行再聚合，这对于查询引擎和存储引擎来说都是巨大的压力。从这个角度来说，及时使用第4章介绍的Segment碎片清理方法，有助于优化Cube的使用效率。

3.8 小结

本章从多个角度介绍了Cube的优化方法：从Cuboid剪枝的角度、从并发粒度控制的角度、从Rowkey设计的角度，还有从度量精度选择的角度。总的来说，Cube优化需要Cube管理员对Kylin有较为深刻的理解和认识，这也无形中提高了使用和管理Kylin的门槛。对此，我们在较新的Kylin版本中通过对数据分布和查询样式的历史进行分析，自动化一部分优化操作，帮助用户更加方便地管理Kylin中的数据，详见第6章。

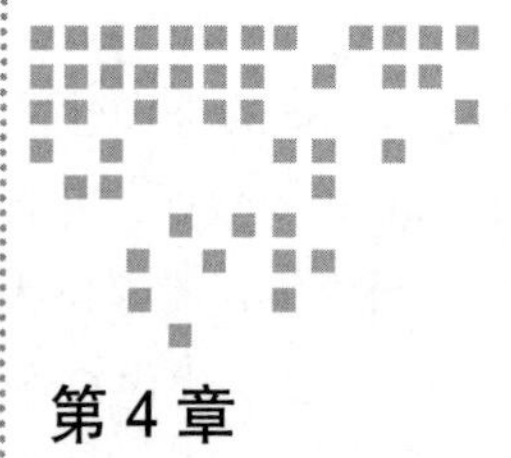

Chapter 4 第4章

增量构建

第3章介绍了如何构建Cube并利用其完成在线多维分析查询。每次构建Cube都会从Hive中批量读取数据，而对于大多数业务场景来说，Hive中的数据处于不断增长的状态。为了使Cube中的数据能够不断更新，且无须重复地为已经处理过的历史数据构建Cube，Apache Kylin引入了增量构建功能。

Apache Kylin中将Cube划分为多个Segment，Segment代表一段时间内源数据的预计算结果，每个Segment都用起始时间和结束时间标记。在大部分情况下（特殊情况见第7章“流式构建”），一个Segment的起始时间等于它前面的Segment的结束时间，同理，它的结束时间等于它后面的Segment的起始时间。同一个Cube下不同的Segment除了背后的源数据不同，其他如结构定义、构建过程、优化方法、存储方式等完全相同。

本章首先介绍如何设计并创建能够增量构建的Cube，然后介绍实际测试或生产环境中触发增量构建的方法，最后介绍如何处理增量构建导致的Segment碎片，以保持Kylin的查询性能。

4.1 为什么要增量构建

全量构建可以看作增量构建的一种特例：在全量构建中，Cube中只存在唯一的一个Segment，该Segment没有分割时间的概念，因此也就没有起始时间和结束时间。全量构建和增量构建各有适用的场景，用户可以根据自己的业务场景灵活切换。全量构建和增量构建的详细对比如表4-1所示。

表 4-1 全量构建和增量构建的对比

全量构建	增量构建
每次更新都需要更新整个数据集	每次更新只对需要更新的时间范围进行更新，离线计算量相对较小
查询时不需要合并不同 Segment 的结果	查询时需要合并不同 Segment 的结果，查询性能会受到影响
不需要后续的 Segment 合并	累计一定 Segment 后，需要进行合并
适合小数据量或全表更新的 Cube	适合大数据量的 Cube

对于全量构建来说，当需要更新 Cube 数据的时候，它不会区分历史数据和新加入的数据，也就是说，进行全量构建时会导入并处理所有的原始数据。而增量构建只会导入新 Segment 指定的时间区间内的原始数据，并只对这部分原始数据进行预计算。

为了验证这个区别，可以到 Kylin 的 “ Monitor “页面观察 Cube 构建的第一步：创建 Hive 中间表（Create Intermediate Flat Hive Table），点击纸张形状的 “ LOG” 按钮观察该步骤的日志信息（样例如下）。

```
Create and distribute table, cmd:
hive -e "USE default;

DROP TABLE IF EXISTS
kylin_intermediate_kylin_sales_cube_02530421_d754_277c_4674_0a0691255665;
CREATE EXTERNAL TABLE IF NOT EXISTS
kylin_intermediate_kylin_sales_cube_02530421_d754_277c_4674_0a0691255665
(
KYLIN_SALES_TRANS_ID bigint
…
,KYLIN_SALES_PRICE decimal(19,4)
)
STORED AS SEQUENCEFILE
LOCATION
'hdfs://sandbox.hortonworks.com:8020/kylin/kylin_metadata/kylin-e29d154a-1de3-6bc5
-cfab-bbfd7270cea5/kylin_intermediate_kylin_sales_cube_02530421_d754_277c_4674_0a0
691255665';
ALTER TABLE
kylin_intermediate_kylin_sales_cube_02530421_d754_277c_4674_0a0691255665 SET
TBLPROPERTIES('auto.purge'='true');
INSERT OVERWRITE TABLE
kylin_intermediate_kylin_sales_cube_02530421_d754_277c_4674_0a0691255665 SELECT
KYLIN_SALES.TRANS_ID as KYLIN_SALES_TRANS_ID
…
INNER JOIN DEFAULT.KYLIN_COUNTRY as SELLER_COUNTRY
ON SELLER_ACCOUNT.ACCOUNT_COUNTRY = SELLER_COUNTRY.COUNTRY
WHERE 1=1 AND (KYLIN_SALES.PART_DT >= '2012-01-16' AND KYLIN_SALES.PART_DT <
 '2012-01-17')
;
…
```

受篇幅所限，这里省去了部分日志。该构建任务对应名为 “ kylin_sales_cube” 的 Cube

构建，其Segment所包含的时间段为从2012-01-16（包含）到2012-01-17（不包含），我们可以看到，在导入数据的Hive命令中带入了包含这两个日期的过滤条件，以此保证后续构建的输入仅包含2012-01-16到2012-01-17这段时间内的数据。这样的过滤能够减少增量构建在后续的预计算中所需处理的数据规模，有利于减少集群的计算量，缩短Segment的构建时间。

此外，增量构建的Cube和全量构建的Cube在查询时也有所不同。对于增量构建的Cube，由于不同时间的数据分布在不同的Segment之中，为了获得完整的数据，查询引擎需要向存储引擎请求读取各个Segment中的数据。当然，查询引擎会根据查询条件自动跳过不符合条件的Segment。对于全量构建的Cube，查询引擎只需要向存储引擎访问单个Segment对应的数据，从存储层返回的数据无须进行Segment之间的聚合。但是这也并非意味着查询全量构建的Cube不需要在查询引擎做任何额外的聚合，为了加强性能，单个Segment的数据也有可能被分片存储到引擎的多个分区上（参见第3章），导致查询引擎可能仍然需要对单个Segment不同分区的数据做进一步的聚合。

当然，整体来说，增量构建的Cube上的查询会比全量构建Cube上的查询做更多的运行时聚合，而这些运行时聚合都发生在单点的查询引擎上，因此，通常来说，增量构建的Cube上的查询会比全量构建的Cube上的查询慢一些。

可以预见，日积月累，增量构建的Cube中Segment的数量越来越多，根据上面的分析可以预测到该Cube的查询性能也会越来越慢，因为有越来越多的运行时聚合需要在单点的查询引擎中完成。为了保证查询性能，Cube的管理员需要定期将某些Segment合并，或者让Cube根据Segment保留策略自动淘汰不会再被查询到的陈旧Segment。关于这部分的详细内容会在4.4.1节中展开。

最后，我们可以得出这样的结论：对于小数据量的Cube或经常需要全表更新的Cube，使用全量构建可以以少量的重复计算降低生产环境中的维护复杂度，减少运维精力。而对于大数据量的Cube，如一个包含两年历史数据的Cube，如果使用全量构建每天更新数据，那么每天为了新数据而重复计算过去两年的数据会严重增加查询成本，在这种情况下需要考虑使用增量构建。

4.2 设计增量Cube

4.2.1 设计增量Cube的条件

并非所有的Cube都适合进行增量构建，Cube的定义必须包含一个时间维度，用来分割不同的Segment，我们将这样的维度称为分割时间列（Partition Date Column）。尽管由于历史原因该命名中存在“date”字样，但是分割时间列可以是Hive中的Date类型、Timestamp类型还可以是 String 类型。无论是哪种类型，Kylin 都要求用户显式地指定分割时间列的数据格式。例如，精确到年月日的 Date 类型（或 String 类型）的数据格式可能是"yyyyMMdd"或"yyyy-MM-dd"，如果是精确到时分秒的 Timestamp 类型（或 String 类型），那么数据格式可能是"YYYY-MM-DD HH:MM:SS"。

在一些场景中，时间由长整数 Unix Time 表示，Kylin 已经在 v1.5.4 及之后的版本支持该类型作为分割时间列。

满足了设计增量 Cube 的条件之后，在进行增量构建时将增量部分的起始时间和结束时间作为增量构建请求的一部分提交给 Kylin 的任务引擎，任务引擎会根据起始时间和结束时间从 Hive 中抽取相应时间的数据，并对这部分数据做预计算处理，然后将预计算的结果封装成新的 Segment，保存相应的信息到元数据和存储引擎中。一般来说，增量部分的起始时间等于 Cube 中最后一个 Segment 的结束时间。

4.2.2 增量 Cube 的创建

创建增量 Cube 的过程和创建普通 Cube 的过程基本类似，只是增量 Cube 会有一些额外的配置要求。

1. Model 层面的设置

每个 Cube 背后都关联着一个 Model，Cube 之于 Model 就好像 Java 中的 Object 之于 Class。如 4.2.1 节所描述，增量构建的 Cube 需要指定分割时间列。同一个 Model 下的不同分割时间列的定义应该是相同的，因此我们将分割时间列的定义放到了 Model 之中。Model 的创建和修改在第 2 章中已经介绍，这里不再赘述，直接进入 Model Designer 的最后一步 Settings 中定义分割时间列（如图 4-1 所示）。

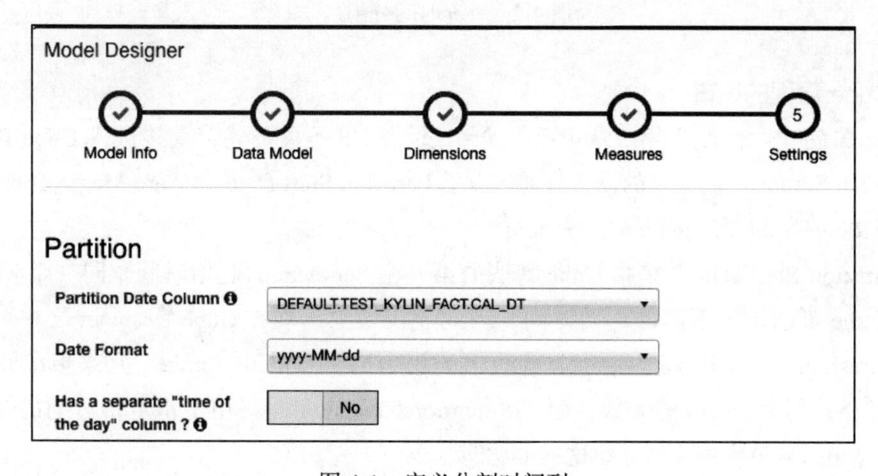

图 4-1 定义分割时间列

目前，分割时间列必须是事实表上的列，且它的格式必须满足 4.2.1 节“设计增量 Cube 的条件”中提出的要求。一般来说，如果年月日已经足够帮助分割不同的 Segment，那么大部分情况下日期列是分割时间列的首选。当用户需要更细的分割粒度时，如用户需要每 6 小时增量构建一个新的 Segment，在这种情况下，需要挑选包含年月日时分秒的列作为分割时间列。

在一些用户场景中，年月日和时分秒并不体现在同一列上，如在用户的事实表上有两个列，分别是“日期”和“时间”，分别保存记录发生的日期（年月日）和时间（时分秒），对于这样的场景，允许用户指定一个额外的分割时间列来指定除了年月日之外的时分秒信息。为了进行区分，我们将之前的分割时间列称为常规分割时间列，将这个额外的列称为补充分割时间列。在设置了“Has a separate‘time of the day’column？”选项之后，用户可以选择一个符合时分秒时间格式的列作为补充分割时间列。由于日期信息已经体现在常规的分割时间列上了，因此补充的分割时间列中不应再具有日期信息。反之，如果这个列中既包含年月日信息，又包含时分秒信息，那么用户应该将它指定为格式是“YYYY-MM-DD HH:MM:SS”的常规分割时间列，而不需要设置“Has a separate‘time of the day"’column？”（如图 4-2 所示）。在大部分场景下用户可以跳过补充时间分割列。

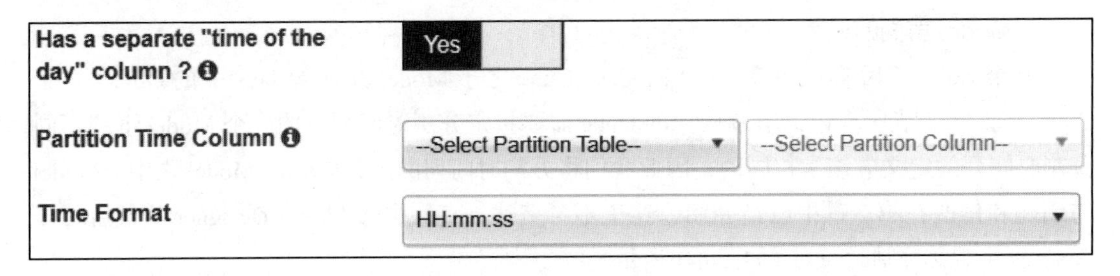

图 4-2　补充时间分割列

2. Cube 层面的设置

Cube 的创建和修改在第 2 章中已经介绍过，这里不再赘述，直接进入 Cube Designer 的“Refresh Settings”。这里的设置目前包含“Partition Start Date”“Auto Merge Thresholds”“Volatile Range”和“Retention Threshold”。

“Partition Start Date”是指 Cube 默认的第一个 Segment 的起始时间。同一个 Model 下不同的 Cube 可以指定不同的起始时间，因此该设置项出现在 Cube Designer 之中。“Auto Merge Thresholds”用于指定 Segment 自动合并的阈值，“Volatile Range”用来指定最近的不需要进行合并的 Segment 的天数，而“Retention Threshold”则用于指定将过期的 Segment 自动舍弃。在 4.4 节中将详细介绍这三个功能。

4.3　触发增量构建

4.3.1　Web GUI 触发

在 Web GUI 上触发 Cube 的增量构建与触发全量构建的方式基本相同。在 Web GUI 的 Model 页面中，选中想要增量构建的 Cube，点击“Action”→“Build”命令。如图 4-3 所示。

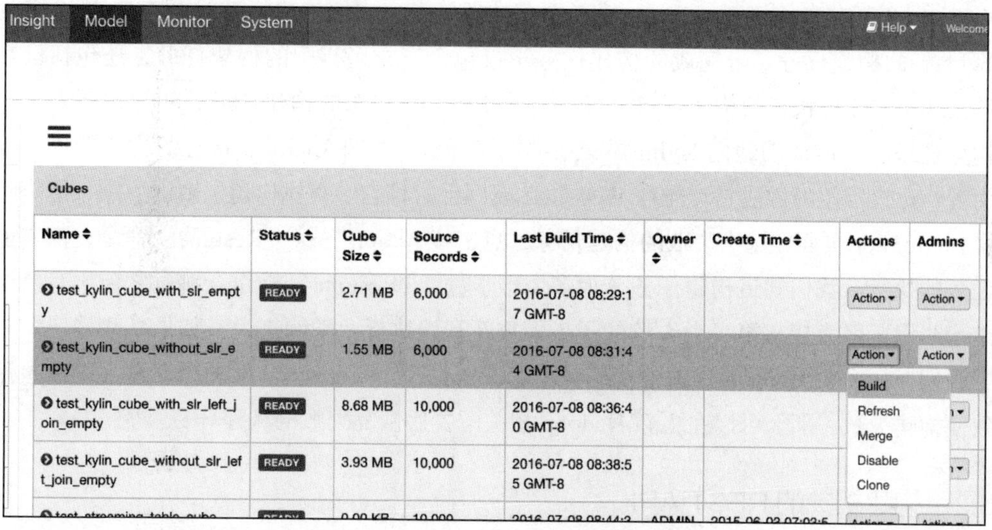

Insight　Model　Monitor　System　　Help　Welcome

Cubes

Name	Status	Cube Size	Source Records	Last Build Time	Owner	Create Time	Actions	Admins
test_kylin_cube_with_slr_empty	READY	2.71 MB	6,000	2016-07-08 08:29:17 GMT-8			Action	Action
test_kylin_cube_without_slr_empty	READY	1.55 MB	6,000	2016-07-08 08:31:44 GMT-8			Action	Action
test_kylin_cube_with_slr_left_join_empty	READY	8.68 MB	10,000	2016-07-08 08:36:40 GMT-8				
test_kylin_cube_without_slr_left_join_empty	READY	3.93 MB	10,000	2016-07-08 08:38:55 GMT-8				
test_streaming_table_cube	READY	0.00 KB	10,000	2016-07-08 08:44:3	ADMIN	2015-06-03 07:03:5	Action	Action

Action menu: Build / Refresh / Merge / Disable / Clone

图 4-3　在 Web GUI 上触发增量构建

不同于全量构建，增量构建的 Cube 会在此时弹出对话框让用户选择“Start Date”和“End Date”（如图 4-4 所示），目前 Kylin 要求增量 Segment 的起始时间等于 Cube 中最后一

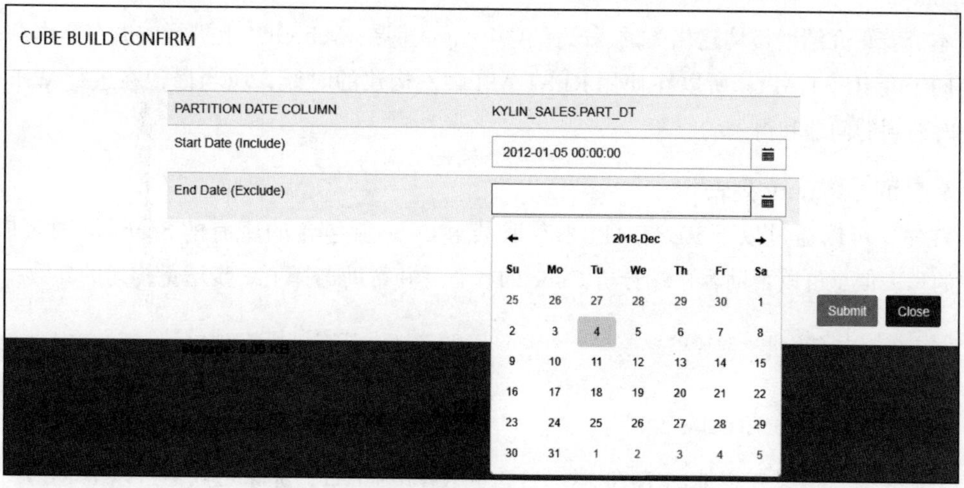

CUBE BUILD CONFIRM

PARTITION DATE COLUMN	KYLIN_SALES.PART_DT
Start Date (Include)	2012-01-05 00:00:00
End Date (Exclude)	

2018-Dec

Su	Mo	Tu	We	Th	Fr	Sa
25	26	27	28	29	30	1
2	3	4	5	6	7	8
9	10	11	12	13	14	15
16	17	18	19	20	21	22
23	24	25	26	27	28	29
30	31	1	2	3	4	5

Submit　Close

图 4-4　选择增量构建的 Cube 的“End Data”

个 Segment 的结束时间，因此当我们为一个已经有 Segment 的 Cube 触发增量构建的时候，“Start Date”的值会由系统给定，但其也可以修改。如果在触发增量构建的时候 Cube 中不存在任何 Segment，“Start Date”的值会被系统设置为“Partition Start Date”的值（参见 4.2.2 节“增量 Cube 的创建”）。

Kylin 在有该 Cube 构建任务运行的情况下，不再接受该 Cube 上新的构建任务。换言之，仅当 Cube 中不存在任何 Segment，或者不存在任何未完成的构建任务时，Kylin 才会接受该 Cube 上新的构建任务。未完成的构建任务不仅包含正在运行中的构建任务，还包括已经出错并处于 ERROR 状态的构建任务。如果存在 ERROR 状态的构建任务，用户需要先处理好该构建任务，才能成功地向 Kylin 提交新的构建任务。处理 ERROR 状态的构建任务的方式有两种：比较常用的做法是首先在 Web GUI 或后台的日志中查找构建失败的原因，解决问题后回到 Monitor 页面，选中失败的构建任务，点击“Action”→“Resume”命令，恢复该构建任务的执行。我们知道构建任务分为多个子步骤，“Resume”操作会跳过之前所有已经成功的子步骤，而直接从第一个失败的子步骤重新开始执行。举例来说，如果某次构建任务失败，我们在后台 Hadoop 的日志中发现是由于 Mapper 和 Reducer 分配的内存过小导致内存溢出致使构建失败，那么可以在更新 Hadoop 相关配置后恢复失败的构建任务。

4.3.2 构建相关的 REST API

Kylin 提供了 REST API 帮助自动化地触发增量构建。该 API 同样适用于非增量构建的 Cube。关于 Kylin 的 API 更详细的介绍可以参见 Kylin 官网：http://kylin.apache.org/docs/howto/howto_build_cube_with_restapi.html 和 http://kylin.apache.org/docs/howto/howto_use_restapi.html

本节着重介绍增量构建相关的 API。事实上，我们在 Web GUI 上进行的所有操作调用的都是同一套 REST API，所以在使用 REST API 触发构建的时候，应当谨记在进行 Web GUI 构建时遇到的问题和得到的经验。

1. 获取 Segment 列表

首先，可以通过以下 REST API 来获取某个 Cube 所包含的所有的 Segment 列表信息。返回的列表信息可以帮助客户端分析 Cube 的状态，并帮助选择下一步增量构建的参数：

```
GET http://hostname:port/kylin/api/cubes?cubeName={CubeName}

Path Variable
CubeName - 必需的，Cube 名称
```

举例来说，假设在本地的 7070 端口启动了 Kylin Server，那么可以通过以下 REST 请求获取名为“kylin_sales_cube”的 Cube 的 Segment 列表：

```
curl -X GET -H "Authorization: Basic QURNSU46S1lMSU4=" -H "Content-Type:
application/json" http://localhost:7070/kylin/api/cubes?cubeName=kylin_sales_cube
```

经过格式化，该请求的返回结果如下：


```
[
    {
        "uuid": "3e45ccfa-33de-28a7-fd62-0d483254c681",
        "last_modified": 1545632754499,
        "version": "2.5.2.20500",
        "name": "kylin_sales_cube",
        "owner": "ADMIN",
        "descriptor": "kylin_sales_cube",
        "display_name": null,
        "cost": 42,
        "status": "READY",
        "segments": [
            {
                "uuid": "20a168e8-1d03-686d-789b-3bc6b2b0c814",
                "name": "20120101000000_20120201000000",
                "storage_location_identifier": "KYLIN_BFJ2GJT1C1",
                "date_range_start": 1325376000000,
                "date_range_end": 1328054400000,
                …
                "dictionaries": {
                    "KYLIN_SALES.SELLER_ID":
"/dict/DEFAULT.KYLIN_SALES/SELLER_ID/128e4733-507f-58a1-f2f0-7bc83a0c9291.dict"…
                },
                "snapshots": null,
                "rowkey_stats": [
                    [
                        "KYLIN_SALES.TRANS_ID",
                        459,
                        2
                    ]
                    …
                ],
                "dimension_range_info_map": {
                    "KYLIN_SALES.PART_DT": {
                        "min": "2012-01-01",
                        "max": "2012-01-31"
                    }
                    …
                }
            }
        ],
        …
    }
]
```


尽管输出有些复杂，但是我们仍然能够迅速观察得知当前“kylin_sales_cube”包含一个 Segment，该 Segment 的分割时间为 2012-01-01 到 2012-02-01。我们还能看到该 Segment 的状态（“status”）为“READY”，表示这个 Segment 背后的构建任务均已完成，并且这个 Segment 已经可以使用。

2. 获取构建任务详情

如果 Segment 的状态显示为“NEW”，这说明该 Segment 背后的构建任务尚未完成，需要提取该构建任务的标识符（JobID），即 Segment 中“last_build_job_id“字段中的值，然后以此为参数向 Kylin 提交以下 REST 请求以获取该构建任务详情：

```
GET http://hostname:port/kylin/api/jobs/{job_uuid}

Path Variable
job_uuid - 必需的，构建任务标识符
```

该请求的返回结果会带上相应的任务步骤清单，步骤中可能包含 MapReduce 作业或其他作业，每一个步骤都有相应的状态信息（step_status）：

- PENDING：表示该步骤处于等待执行的状态。
- RUNNING：表示该步骤处于执行状态。
- ERROR：表示该步骤的执行已经结束且执行失败。
- DISCARDED：表示该步骤由于这个构建任务被取消而处于丢弃状态。
- FINISHED：表示该步骤的执行已经结束且执行成功。

“kylin_sales_cube“的第一个 Segment 的“last_build_job_id“为“2788b094-a79a-54b2-b769-0f3fdb9e1eec”，通过以上 REST 接口可以得到以下结果：


```
{
    "uuid": "2788b094-a79a-54b2-b769-0f3fdb9e1eec",
    "last_modified": 1545639560174,
    "version": "2.5.2.20500",
    "name": "BUILD CUBE - kylin_sales_cube - 20120101000000_20120201000000 - GMT+08:00
2018-12-24 16:14:47",
    "type": "BUILD",
    "duration": 269,
    "related_cube": "kylin_sales_cube",
    "display_cube_name": "kylin_sales_cube",
    "related_segment": "20a168e8-1d03-686d-789b-3bc6b2b0c814",
    "exec_start_time": 0,
    "exec_end_time": 0,
    "exec_interrupt_time": 0,
    "mr_waiting": 115,
    "steps": [
        {
            "interruptCmd": null,
            "id": "2788b094-a79a-54b2-b769-0f3fdb9e1eec-00",
```

```
            "name": "Create Intermediate Flat Hive Table",
            "sequence_id": 0,
            "exec_cmd": null,
            "interrupt_cmd": null,
            "exec_start_time": 1545639290805,
            "exec_end_time": 1545639320104,
            "exec_wait_time": 0,
            "step_status": "FINISHED",
            "cmd_type": "SHELL_CMD_HADOOP",
            "info": {
                "hdfs_bytes_written": "6191",
                "startTime": "1545639290805",
                "endTime": "1545639320104"
            },
            "run_async": false
        },
        {
            "interruptCmd": null,
            "id": "2788b094-a79a-54b2-b769-0f3fdb9e1eec-01",
            "name": "Extract Fact Table Distinct Columns",
            "sequence_id": 1,
            "exec_cmd": " -conf
F:/kylinnewpro/kylin-1/server/../examples/test_case_data/sandbox/kylin_job_conf.xml
-cubename kylin_sales_cube -output
hdfs://sandbox.hortonworks.com:8020/kylin/kylin_metadata_idea/kylin-2788b094-a79a-
54b2-b769-0f3fdb9e1eec/kylin_sales_cube/fact_distinct_columns -segmentid
20a168e8-1d03-686d-789b-3bc6b2b0c814 -statisticsoutput
hdfs://sandbox.hortonworks.com:8020/kylin/kylin_metadata_idea/kylin-2788b094-a79a-
54b2-b769-0f3fdb9e1eec/kylin_sales_cube/fact_distinct_columns/statistics
-statisticssamplingpercent 100 -jobname
Kylin_Fact_Distinct_Columns_kylin_sales_cube_Step -cubingJobId
2788b094-a79a-54b2-b769-0f3fdb9e1eec",
            "interrupt_cmd": null,
            "exec_start_time": 1545639320466,
            "exec_end_time": 1545639369585,
            "exec_wait_time": 18,
            "step_status": "FINISHED",
            "cmd_type": "SHELL_CMD_HADOOP",
            "info": {
                "yarn_application_id": "application_1544152583649_0518",
                "mr_job_id": "job_1544152583649_0518",
                "yarn_application_tracking_url":
"sandbox.hortonworks.com:19888/jobhistory/job/job_1544152583649_0518",
                "hdfs_bytes_written": "25529",
                "sourceSizeBytes": "18459",
                "startTime": "1545639320466",
                "mapReduceWaitTime": "18829",
                "source_records_count": "459",
                "source_records_size": "18459",
                "endTime": "1545639369585",
```

```
                "sourceRecordCount": "459"
            },
            "run_async": false
        },
        …
        {
            "interruptCmd": null,
            "id": "2788b094-a79a-54b2-b769-0f3fdb9e1eec-14",
            "name": "Garbage Collection on HBase",
            "sequence_id": 14,
            "exec_cmd": null,
            "interrupt_cmd": null,
            "exec_start_time": 1545639559772,
            "exec_end_time": 1545639559902,
            "exec_wait_time": 0,
            "step_status": "FINISHED",
            "cmd_type": "SHELL_CMD_HADOOP",
            "info": {
                "startTime": "1545639559772",
                "endTime": "1545639559902"
            },
            "run_async": false
        }
    ],
    "submitter": "ADMIN",
    "job_status": "FINISHED",
    "progress": 100
}
```


受篇幅限制，此处省略了中间 11 个子步骤信息，但是仍然可以看出每个子步骤的信息都描述了该步骤的参数等元信息，同时，每个子步骤都有唯一的字符串标识符“id”，这些信息可以在构建出现问题时帮助我们快速地找到问题所在。

3. 获取构建步骤输出

一般情况下，构建触发的客户端会先获取 Cube 的 Segment 列表，如果所有 Segment 的状态都是“READY”，那么客户端可以开始构建新的 Segment。反之，如果存在状态不是“READY”的 Segment，那么客户端需要获取构建任务详情来观察各个子步骤的状态：如果某个子步骤的状态为“ERROR”，或者长时间 PENDING，或者运行了非常长的时间，那么客户端有必要检查一下该步骤中究竟正在发生什么。Kylin 提供了另外一个 REST 接口允许用户获取构建任务中某个特定子步骤的输出，接口的请求如下：

```
GET http://hostname:port/kylin/api/jobs/{job_uuid}/steps/{step_id}/output

Path Variable
job_uuid - 必需的，构建任务标识符
step_id - 必需的，构建任务子步骤标识符
```

该接口的输出为该步骤的日志，根据输出的结果，用户可以在触发构建的客户端中找到并修复问题，并且可调用以下 RESUME REST 接口重新执行该次构建任务。RESUME 接口会跳过之前所有已经成功的子步骤，直接从第一个失败的子步骤开始重新执行。

```
PUT http://hostname:port/kylin/api/jobs/{job_uuid}/resume

Path Variable
job_uuid - 必需的，构建任务标识符
```

由于自动修复的复杂性，触发构建的客户端也可以选择只向管理员发送邮件通知该次失败。Kylin 服务器中自带的 Web GUI 客户端中暂时没有自动修复的逻辑，在构建失败时，Web GUI 会根据 Cube 层面的配置向不同的人员发送构建失败的消息，并且将整个构建任务置于 ERROR 状态，等待管理人员重新登录 Web GUI 查看详情。关于出错时的通知方式配置可以参考第 12 章。

4. 触发构建

首先介绍一下具体的 API 规范，代码如下：

```
PUT http://hostname:port/kylin/api/cubes/{cube_name}/rebuild
Path Variable
cube_name - 必需的，Cube 名字
Request Body
startTime - 必需的，长整数类型的起始时间，如使用 1388563200000 代表起始时间为 2014-01-01
endTime - 必需的，长整数类型的结束时间
buildType - 必需的，构建类型，可能的值为‘BUILD’，‘MERGE’，‘REFRESH’，分别对应新建 Segment，合并多个 Segment，以及刷新某个 Segment
```

举例来说，假设在本地的 7070 端口启动了 Kylin Server，那么可以通过以下 REST 请求申请名为“kylin_sales_cube”的 Cube，用于增量构建“[2012-02-01, 2012-03-01]”这个时间段的 Segment。

```
curl -X PUT -H "Authorization: Basic QURNSU46S1lMSU4=" -H "Content-Type:
application/json" -d '{"startTime": 1328054400000, "endTime": 1330560000000,
"buildType": "BUILD"}'
http://localhost:7070/kylin/api/cubes/kylin_sales_cube/rebuild
```

如果当前 Cube 不存在任何 Segment，那么可以将“startTime”设置为“0”，这样 Kylin 会自动选择 Cube 的 Partition Start Date（参见 4.2.2 节）作为 startTime。如果当前 Cube 不为空，那么对于 BUILD 类型的构建任务，请求中的 startTime 必须等于最后一个 Segment 的 endTime，否则请求会返回“500”错误。

4.4 管理 Cube 碎片

增量构建的 Cube 每天都可能还有新的增量，这样的 Cube 日积月累最终可能包含上百个 Segment，导致运行时的查询引擎需要聚合多个 Segment 的结果才能返回正确的查询结果，最终会使查询性能受到严重的影响。从存储引擎的角度来说，大量的 Segment 会带来大量的文件，这些文件会充斥系统为 Kylin 所提供的命名空间，给存储空间的多个模块带来巨大的压力，如 Zookeeper、HDFS Namenode 等。在这种情况下，我们有必要采取措施控制 Cube 中 Segment 的数量，如可以自动 / 手动合并 Segment、清理老旧无用的 Segment。

另外，有时候用户场景并不能完美地符合增量构建的要求，由于 ETL 过程存在延迟，数据可能持续更新，用户不得不在增量更新完成后再次刷新过去已经构建好的增量 Segment，对于这些问题，需要在设计 Cube 的时候提前考虑好。

4.4.1 合并 Segment

Kylin 提供了一种简单的机制来控制 Cube 中 Segment 的数量——合并 Segment。在 Web GUI 中选择需要进行 Segment 合并的 Cube，点击“Action → Merge”命令，然后在对话框中选择需要合并的 Segment，可以同时合并多个 Segment，但是这些 Segment 必须是连续的。

完成提交后系统会提交一个类型为“MERGE”的构建任务，它以选中的 Segment 中的数据作为输入，将这些 Segment 的数据合并封装成一个新的 Segment（如图 4-5 所示）。这个新的 Segment 的起始时间为选中的最早的 Segment 的起始时间，它的结束时间为选中的最晚的 Segment 的结束时间。

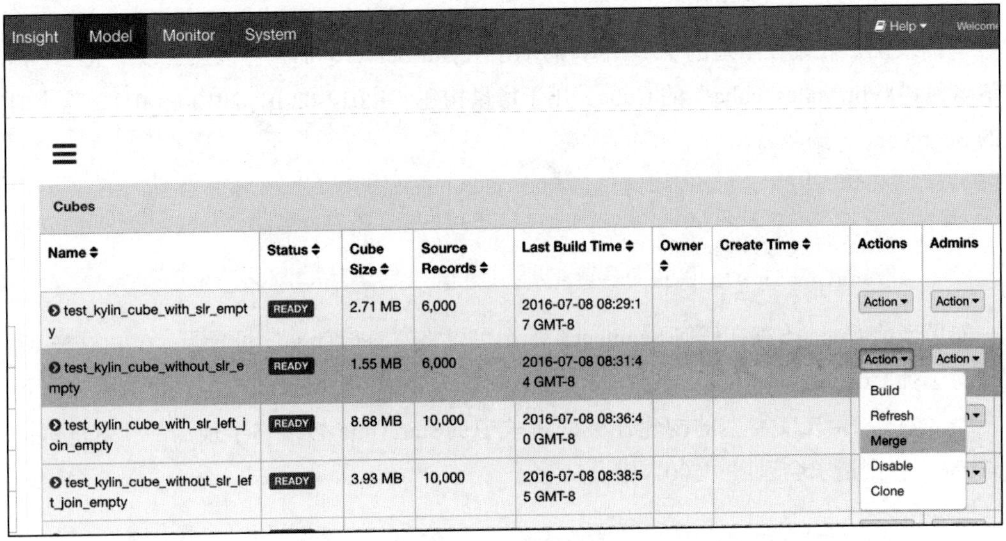

图 4-5　合并 Segment

在MERGE构建完成之前，系统将不允许提交这个Cube上任何类型的其他构建任务。但是在MERGE构建结束之前，所有选中的用来合并的Segment仍然处于可用的状态。当MERGE构建结束的时候，系统将选中合并的Segment替换为新的Segment，而被替换掉的Segment将被回收和清理，以节省系统资源。

用户也可以使用REST接口触发合并Segment，该API在之前的触发增量构建中也已经提到过：

```
PUT http://hostname:port/kylin/api/cubes/{cube_name}/rebuild

Path Variable
cube_name - 必需的，Cube名称
Request Body
startTime - 必需的，长整数类型的起始时间，如使用1388563200000代表起始时间为2014-01-01
endTime - 必需的，长整数类型的结束时间
buildType - 必需的，构建类型，可能的值为'BUILD'，'MERGE'，'REFRESH'，分别对应新建Segment，
合并多个Segment，以及刷新某个Segment
```

我们需要将“buildType”设置为“MERGE”，并且将“startTime”设置为选中的需要合并的最早的Segment的起始时间，将“endTime”设置为选中的需要合并的最晚的Segment的结束时间。

合并Segment非常简单，但是需要Cube管理员不定期地手动触发合并，尤其是当生产环境中存在大量的Cube时，对每一个Cube进行单独触发合并的操作会变得十分烦琐，因此，Kylin也提供了其他的方式来管理Segment碎片。

4.4.2 自动合并

在4.2.2节中曾提到在Cube Designer的“Refresh Settings”的页面中有“Auto Merge Thresholds”“Volatile Range”和“Retention Threshold”三个设置项可以用来帮助管理Segment碎片。虽然这三项设置还不能完美地解决所有业务场景的需要，但是灵活地搭配使用这三项设置可以大大减少对Segment进行管理的工作量。

“Auto Merge Thresholds”允许用户设置几个层级的时间阈值，层级越靠后，时间阈值越大。举例来说，用户可以为一个Cube指定层级（7天、28天），每当Cube中有新的Segment状态变为“READY”的时候，会触发一次系统自动合并的尝试。系统首先会尝试最大一级的时间阈值，结合上面例子中设置的层级（7天、28天），系统会查看是否能把连续的若干个Segment合并成一个超过28天的较大Segment，在挑选连续Segment的过程中，如果有的Segment本身的时间长度已经超过28天，那么系统会跳过该Segment，从它之后的Segment中挑选连续的累计超过28天的Segment。当没有满足条件的连续Segment能够累计超过28天时，系统会使用下一个层级的时间阈值重复此寻找的过程。每当有满足条件的连

续Segment被找到，系统就会触发一次自动合并Segment的构建任务，在构建任务完成后，新的Segment被设置为“READY”状态，自动合并的整个尝试过程则需要重新执行。

举例来说，如果现在有A ~ H八个连续的Segment，它们的时间长度分别为28天（A）、7天（B）、1天（C）、1天（D）、1天（E）、1天（F）、1天（G）、1天（H）。此时第9个Segment I加入，它的时间长度为1天，那么现在Cube中共有9个Segment存在。系统会首先尝试能否将连续的Segment合并到28天这个阈值上，由于Segment A已经超过28天，它会被排除。接下来的B到H加起来不足28天，因此第一级的时间阈值无法满足，系统会退一步尝试第二级的时间阈值，也就是7天。系统重新扫描所有的Segment，发现A和B已经超过7天，因此跳过它们，接下来发现把C到I合并可以达到7天的阈值，因此系统会提交一个合并Segment的构建请求，将C到I合并为一个新的Segment X。X构建完成后，Cube中只有三个Segment，分别是原来的A（28天）、B（7天）和新的X（7天）。X的加入会触发系统重新开始整个合并尝试，但是因为已经没有满足自动合并的条件，既没有连续的满足条件的累积超过28天的Segment，也没有连续的满足条件的累积超过7天的Segment，尝试终止。

再举一个例子，如果现在有A ~ J十个连续的Segment，它们的时间长度分别为28天（A）、7天（B）、7天（C）、7天（D）、1天（E）、1天（F）、1天（G）、1天（H）、1天（I）、1天（J）。此时，第11个Segment K加入，它的时间长度为1天，那么现在Cube中共有11个Segment。系统首先尝试能否将连续的Segment合并到28天这个阈值上，由于Segment A已经超过28天，它会被排除。系统接着从B开始观察，发现若把B至K这十个连续的Segment合并在一起正好可以达到第一级的阈值28天，因此系统会提交一个合并构建任务把B至K合并为一个新的Segment X，最终Cube中存在两个长度均为28天的Segment，依次对应原来的A和新的X。X的加入会触发系统重新开始整个合并尝试，但是因为已经没有满足自动合并的条件，尝试终止。

“Auto Merge Thresholds”的设置非常简单，在Cube Designer的“Refresh Setting”中，点击“Auto Merge Thresholds”右侧的“New Thresholds”命令即可在层级的时间阈值中添加一个新的层级，层级一般按照升序排列（如图4-6所示）。从前面的介绍中不难得知，除非人为地增量构建一个非常大的Segment，自动合并的Cube中的最大的Segment的时间长度等于层级时间阈值中最大的层级。也就是说，如果层级被设置为（7天、28天），那么Cube中最长的Segment也不过28天，不会出现超过半年甚至一年的大Segment。

在一些场景中，用户可能更希望系统能以自然日的周、月、年为单位进行自动合并，这样在只需要查询个别月份的数据时，就能够只访问该月的Segment，而非两个毗邻的28天长度的Segment，目前按自然周、月合并的功能还不支持。

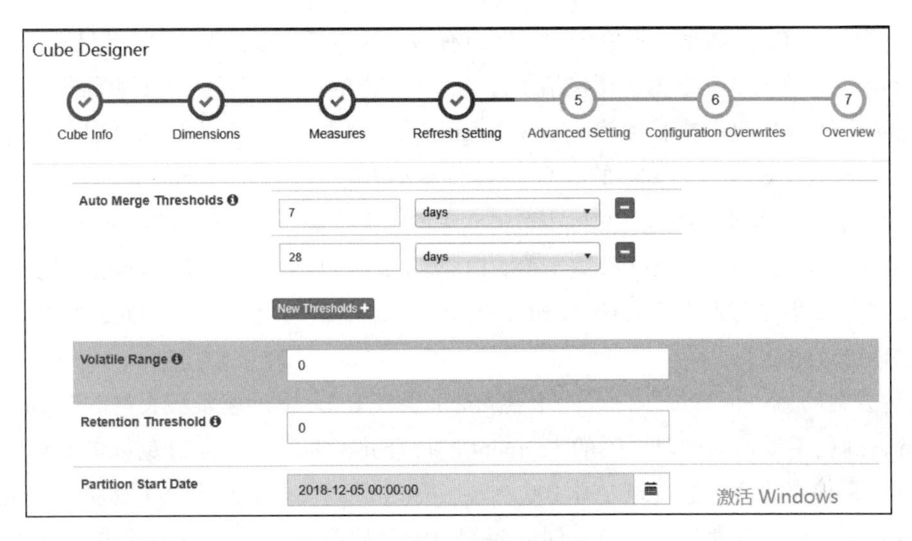

图 4-6 设置自动合并阈值

4.4.3 保留 Segment

从碎片管理的角度来说，自动合并是将多个 Segment 合并为一个 Segment，以达到清理碎片的目的。保留 Segment 从另一个角度帮助实现了碎片管理，那就是及时清理不再使用的 Segment。在许多业务场景中只会对过去一段时间内的数据进行查询，如对于某个只显示过去 1 年数据的报表，支持它的 Cube，事实上，只需要保留过去一年的 Segment。由于数据往往在 Hive 中已经备份，因此无须再在 Kylin 中备份超过一年的历史数据。

在这种情况下，我们可以将“Retention Threshold”设置为“365”。每当有新的 Segment 状态变为“READY”的时候，系统会检查每一个 Segment：如果它的结束时间距离最晚的一个 Segment 的结束时间已经大于“Retention Threshold“，那么这个 Segment 将被视为无须保留，且系统会自动从 Cube 中删除这个 Segment。

如果启用了“Auto Merge Thresholds”，使用“Retention Threshold”的时候需要注意，不能将“Auto Merge Thresholds”的最大层级设置得太高。假设我们将”Auto Merge Thresholds”的最大一级设置为“1000”天，而“Retention Threshold”为“365”天，那么受自动合并的影响，新加入的 Segment 会不断地被自动合并到一个越来越大的 Segment 之中，更糟糕的是，这会不断地更新这个大 Segment 的结束时间，最终导致这个大 Segment 永远不会被释放。因此，推荐自动合并的最大一级的时间不要超过 1 年。

4.4.4 数据持续更新

在实际应用场景中，我们常常遇到这样的问题：由于 ETL 过程的延迟，业务需要每天刷新过去N天的Cube数据。举例来说，客户有一个报表每天都需要更新，但是每天源数据的更新不仅包含当天的新数据，还包括了过去7天数据的补充。一种比较简单的方法是，每天在Cube中增量构建一个长度为一天的Segment，这样过去7天的数据会以7个Segment的形式存在于Cube之中。Cube的管理员除了每天创建一个新的Segment代表当天的新数据（BUILD操作）以外，还需要对代表过去7天的7个Segment进行刷新（REFRESH操作，Web GUI上的操作及REST API参数与BUILD类似，这里不再详细展开）。这样的方法固然有一定的作用，但是每天为每个Cube触发的构建数量太多，容易造成Kylin的任务队列堆积大量未能完成的任务。

上述方案的另一个弊端是每天一个Segment会使Cube中迅速累积大量的Segment，需要Cube管理员手动地对超过7天的Segment进行合并，期间还必须避免将7天的Segment一起合并了。举例来说，假设现在有100个Segment，每个Segment代表过去的一天的数据，Segment按照起始时间排序。在合并时，我们只能挑选前面93个Segment进行合并，如果不小心把第94个Segment也一起合并了，当我们试图刷新过去7天（94~100）的Segment时，会发现为了刷新第94天的数据，不得不将1~93的数据一并重新进行计算，因为此时第94天的数据已经和1 ~ 93这93天的数据糅合在一个Segment之中了，这是一种极大的资源浪费。更糟糕的是，即使使用之前介绍的自动合并的功能，类似的问题也仍然存在，但在Kylin v2.3.0及之后的版本中，增加了一种机制能够阻止自动合并试图合并近期N天的Segment，那就是“Volatile Range”。

“Volatile Range”的设置非常简单，在Cube Designer的“Refresh Setting”中，在“Volatile Range”后面的文本框中输入最近的不想要合并的Segment的天数。举个例子，如果设置“Volatile Range”为“2”，“Auto Merge Thresholds”为“7”，现有01-01到01-08的数据即8个Segment，自动合并不会被开启，直到01-09的数据进来，才会触发自动合并，将01-01到01-07的数据合并为一个Segment。

4.5 小结

增量构建是使用Apache Kylin的关键步骤。因为大多数使用场景中，数据都是逐渐增长的。合理地安排增量构建，保证用户可以在Cube中及时查询到最新的数据，是Apache Kylin运行维护的日常。

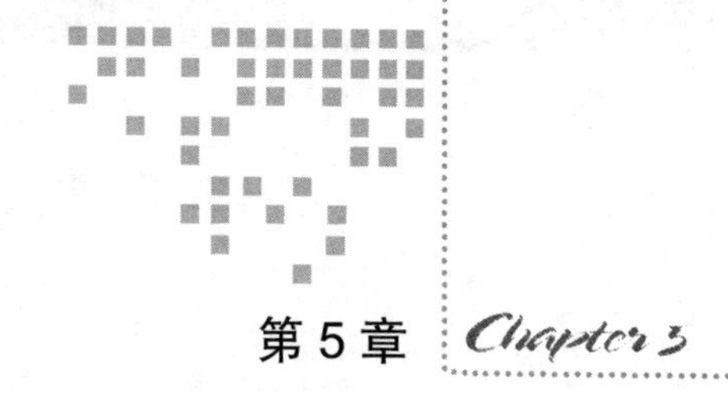

第 5 章　Chapter 5

查询和可视化

通过之前的讲解，相信读者已经创建了自己的模型、Cube，并且顺利对其进行了构建。在构建完成之后，就要回到最初的目标——查询数据，本章会首先讲解 Kylin 的查询页面，再介绍如何通过 REST API、ODBC、JDBC 或其他 BI 工具来访问 Kylin，帮助读者了解 Kylin 的查询和可视化页面，以及如何通过编程接口开发基于 Kylin 的可视化界面。

5.1　Web GUI

Apache Kylin 的 Insight 页面即为查询页面（如图 5-1 所示），点击该页面，所有可以查询的表都会在页面左侧列出来，当然，需要在 Cube 构建好以后这些表才会显示。

图 5-1　Apache Kylin 的 Insight 页面

5.1.1　查询

Insight 页面提供一个 SQL 输入框，点击提交即可查询结果（如图 5-2 所示）。

注意　在输入框的右下角有一个“Limit”字段，用来保证 Kylin 不会返回超大结果集而拖垮浏览器（或其他客户端）。如果 SQL 中没有 Limit 子句，这里默认会拼接上 Limit 50000，如果 SQL 中有 Limit 子句，那么以 SQL 中的设置为准。假如用户想去掉 Limit 限制，只需 SQL 中不加 Limit 的同时右下角的 Limit 输入框也改为 0 即可。

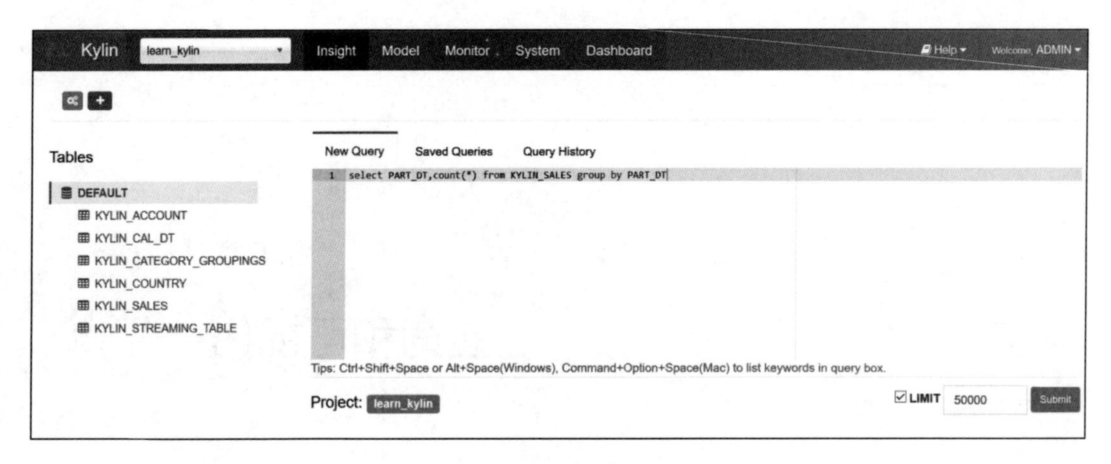

图 5-2 Insight 查询页面

如果 SQL 因为 Limit 限制没有返回所有结果，前台会显示一个“More”按钮，点击后即可追加查询（如图 5-3 所示）。

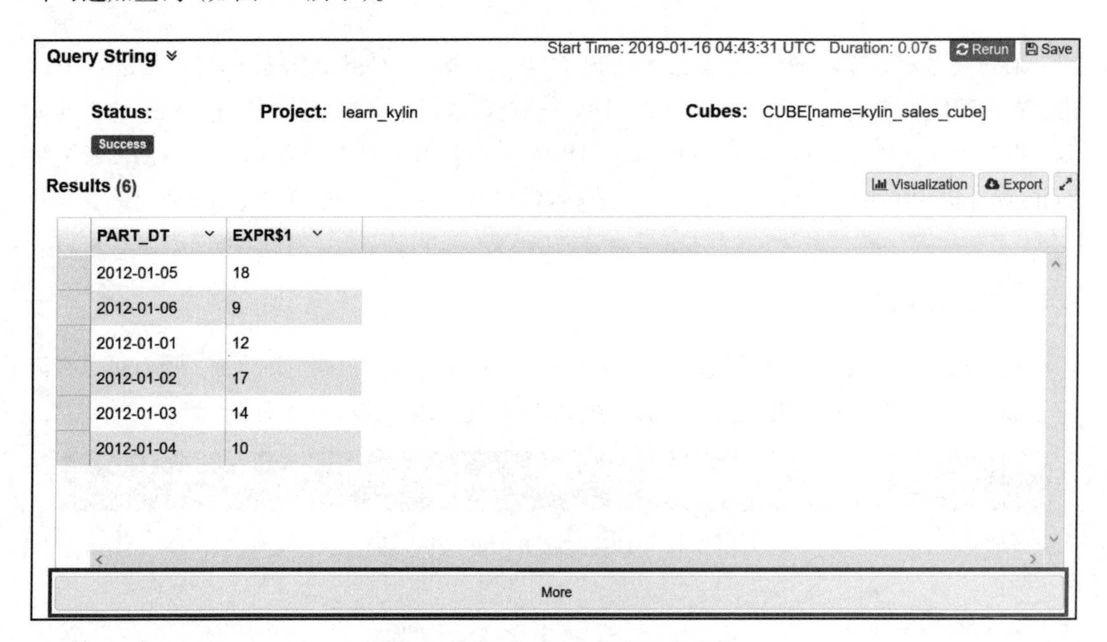

图 5-3 点击“More”按钮追加查询

5.1.2 显示结果

1. 以表格形式显示结果

对于上述查询，默认会以表格的形式显示结果，如果需要以图表形式显示，可以点击表格右上角的“Visualization”按钮进行切换（如图 5-4 所示）。

Results (9)　　Visualization　Export

PART_DT	EXPR$1
2012-01-06	9
2012-01-07	23
2012-01-08	14
2012-01-09	18
2012-01-01	12
2012-01-02	17
2012-01-03	14
2012-01-04	10

图 5-4　以表格显示结果集

2. 图形化显示结果

若以图形化显示结果，前端图形化支持折线图（Line）、柱状图（Bar）、饼图（Pie）三种类型（如图 5-5、图 5-6、图 5-7 所示）。这三种图表是比较常见的数据图表，折线图可以展现数据在不同时间的变化趋势，柱状图可以展示数据在不同维度下的对比，饼图可以较好地展现数据在全局所占的比例大小。

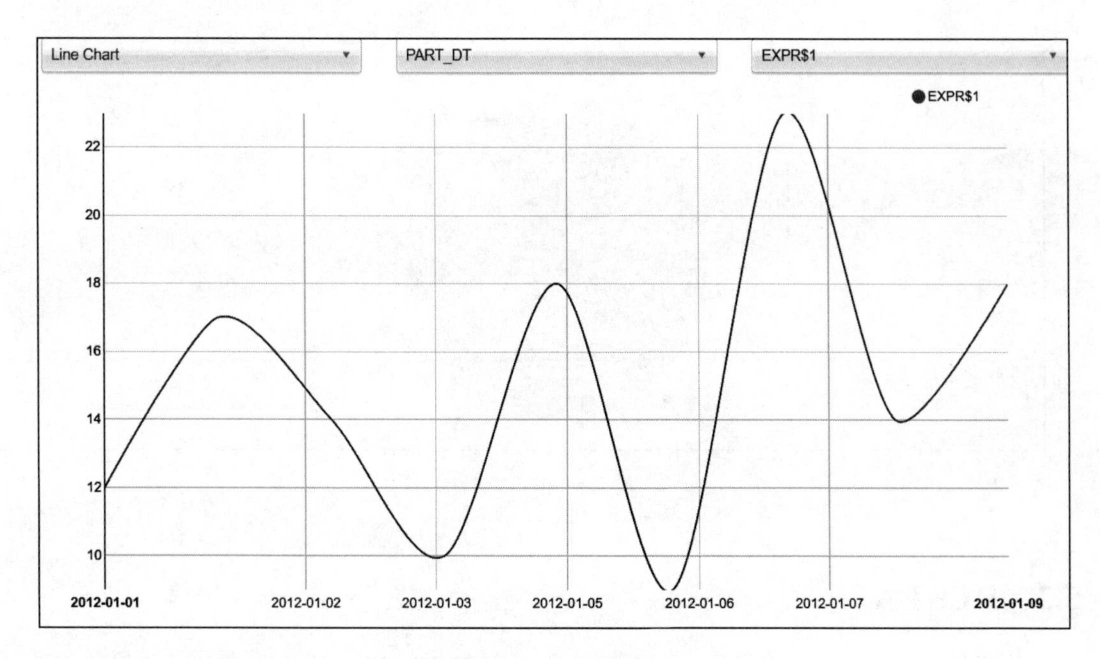

图 5-5　Line 图表

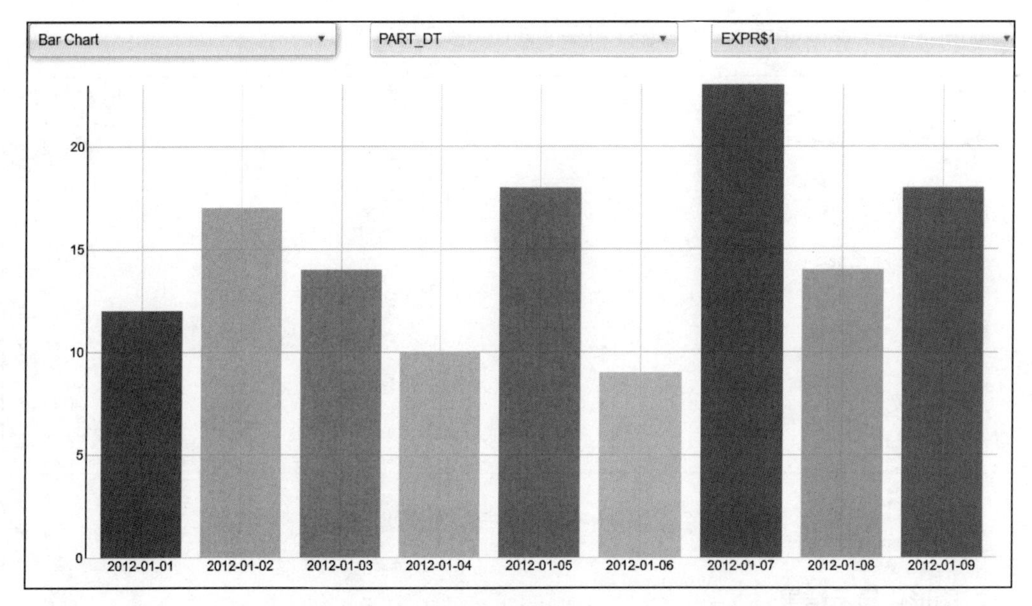

图 5-6　Bar 图表

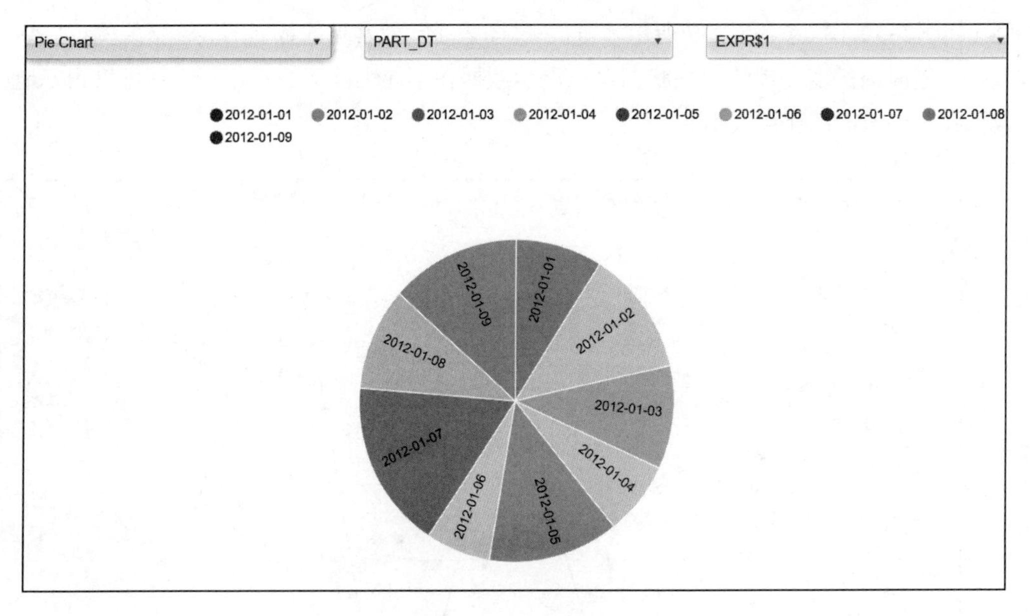

图 5-7　Pie 图表

5.2 REST API

前面说过，Kylin 查询页面主要基于一个查询 REST API，下面详细介绍如何使用该

API，读者了解后可以基于该 API 在各种场景下灵活获取 Apache Kylin 中的数据。

5.2.1 查询认证

Kylin 查询请求对应的 URL 为 “http://<hostname>:<port>/kylin/api/query”，HTTP 的请求方式为 POST。Kylin 所有的 API 都是基于 Basic Authentication 认证机制的，Basic Authentication 是一种简单的访问控制机制，它先将账号密码基于 Base64 编码，然后将其作为请求头添加到 HTTP 请求头中，后端会读取请求头中的账号密码信息以进行认证。以 Kylin 默认的账户密码 ADMIN/KYLIN 为例，对相应的账号密码进行编码后，结果为 “Basic QURNSU46S1lMSU4=”，那么 HTTP 对应的请求头信息则为 “Authorization: Basic QURNSU46S1lMSU4=”。

注意 若要增强认证安全性，可以启用 HTTPS 协议，并将 URL 替换为 “https://”。这样就能保证用户名和密码在传输过程中受到更好的安全保密。

5.2.2 查询请求参数

查询 API 的 Body 部分要求发送一个 JSON 对象，下面对请求对象的各个属性逐一进行说明。注意，描述中的“必填”是指该属性在查询时不能为空，必须加上，“可选”表示查询时这个字段不是必须填的，可根据实际需要决定是否加上该字段。

- sql：必填，字符串类型，请求的 SQL。
- offset：可选，整型，查询默认从第一行返回结果，可以设置该参数决定返回数据从哪一行开始往后返回。
- limit：可选，整型，加上 limit 参数后会从 offset 开始返回对应的行数，返回的数据行数小于 limit，以实际行数为准。
- project：必填，字符串类型，设置为自己要查询的项目。

下面是一个 HTTP 请求内容的完整示例，读者通过这个示例可以明白查询的请求体是什么的结构。

```
{
   "sql":"select count(*) from KYLIN_SALES",
   "offset":0,
   "limit":50000,
   "project":"DEFAULT"
}
```

5.2.3 查询返回结果

查询结果返回的也是一个JSON对象，下面给出返回对象中每一个属性的解释。

- columnMetas：每个列的元数据信息。
- results：返回的结果集。
- cube：这个查询对应使用的CUBE。
- affectedRowCount：这个查询关系到总行数。
- isException：这个查询返回是否异常。
- exceptionMessage：如果查询返回异常，则给出对应的内容。
- duration：查询消耗时间，单位为毫秒。
- totalScanCount：Scan的总行数。
- totalScanBytes：Scan的总字节数。
- hitExceptionCache：是否击中异常缓存。
- storageCacheUsed：是否使用存储缓存。
- traceUrl：跟踪的URL。
- pushDown：是否使用查询下压。
- partial：这个查询结果是否为部分结果，这取决于请求参数中的“acceptPartial”为“true”还是“false”。

下面是一个查询返回格式示例。


```
{
    "columnMetas": [
        {
            "isNullable": 0,
            "displaySize": 19,
            "label": "EXPR$0",
            "name": "EXPR$0",
            "schemaName": null,
            "catelogName": null,
            "tableName": null,
            "precision": 19,
            "scale": 0,
            "columnType": -5,
            "columnTypeName": "BIGINT",
            "writable": false,
            "autoIncrement": false,
            "caseSensitive": true,
            "searchable": false,
            "currency": false,
            "definitelyWritable": false,
            "signed": true,
```

```
            "readOnly": true
        }
    ],
    "results": [
        [
            "492"
        ]
    ],
    "cube": "CUBE[name=kylin_sales_cube]",
    "affectedRowCount": 0,
    "isException": false,
    "exceptionMessage": null,
    "duration": 567,
    "totalScanCount": 33,
    "totalScanBytes": 1627,
    "hitExceptionCache": false,
    "storageCacheUsed": false,
    "traceUrl": null,
    "pushDown": false,
    "partial": false
}
```


5.3 ODBC

Apache Kylin 提供了 32 位和 64 位两种 ODBC 驱动，支持 ODBC 的应用可以基于该驱动访问 Kylin。该驱动程序目前只提供 Windows 版本，且已经在 Tableau 和 Microsoft Excel 上进行了充分的测试。

在安装 Apache Kylin ODBC 驱动之前，需要先安装 Microsoft Visual C++ 2012 Redistributable，可在 Kyligence 官网的 Download 页面下载。此外，由于 ODBC 需要从 REST API 中获取数据，所以在使用之前要确保环境中有正在运行的 Apache Kylin 服务，有可以访问的 REST API 接口。最后，如果以前安装过 Apache Kylin ODBC 驱动，需要先卸载旧版本。

在 Apache Kyligence 官网 Download 页面下载 ODBC 驱动时，上面分别提供了 KylinODBCDriver (x86).exe 和 KylinODBCDriver (x64).exe 两个版本供 32 位和 64 位的操作系统使用。

安装好驱动后，需要先配置 DSN，下面分步骤介绍如何配置 DSN。

第一步，在 Windows 操作系统中打开 ODBC Data Source Administrator，然后配置 DSN，如图 5-8 所示。

这里又涉及两种情况，分别如下：

安装 32 位驱动时，对应打开位置为“C:\Windows\SysWOW64\odbcad32.exe”。

安装 64 位驱动时，依次打开 Windows 的“控制面板”→“管理工具”→“数据源 (ODBC)”。

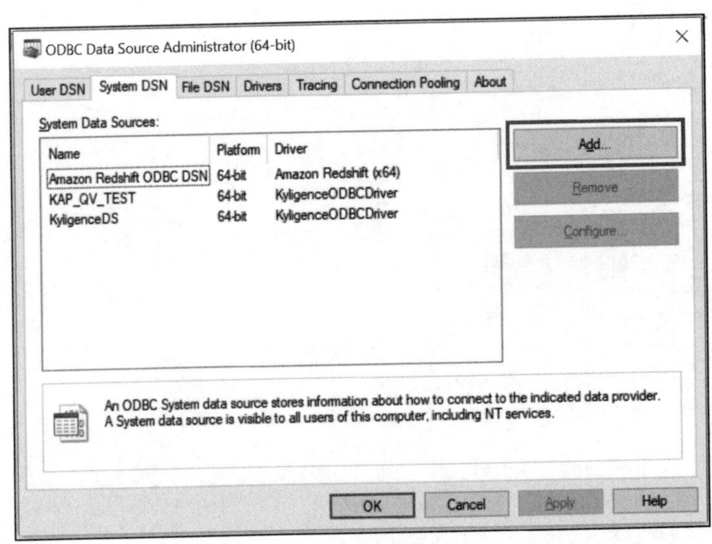

图 5-8　打开 ODBC Data Source Administrator

第二步，打开“System DSN”，点击“Add”按钮，找到“KylinODBCDriver”选项，点击“Finish”按钮继续下一步操作。如图 5-9 所示。

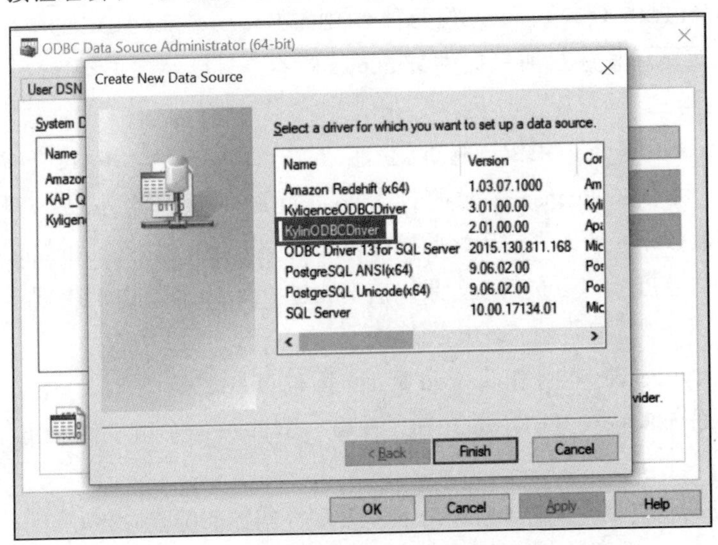

图 5-9　用 KylinODBCDriver 创建新的 Data Source

第三步，在弹出的对话框中，填上对应的信息，服务器地址和端口为对应 REST API 的 IP 和端口（如图 5-10 所示）。

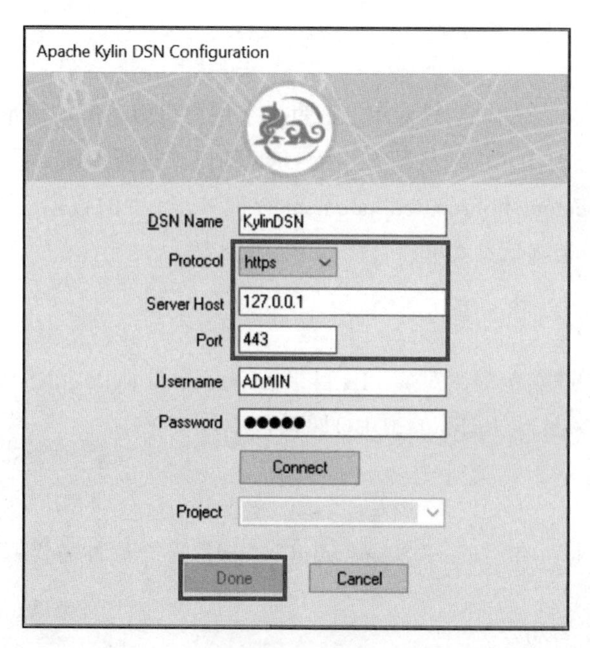

图 5-10　填写 REST API 服务器和端口

> 注意　图示中的端口号为“443”，是启用了 HTTPS 协议的原因。未启用 HTTPS 协议的情况下，默认 REST API 服务端口应该为“7070”。

第四步，点击“Done”按钮后，在系统 DSN 中就可以看到新建的 DSN 了，如图 5-11 所示。

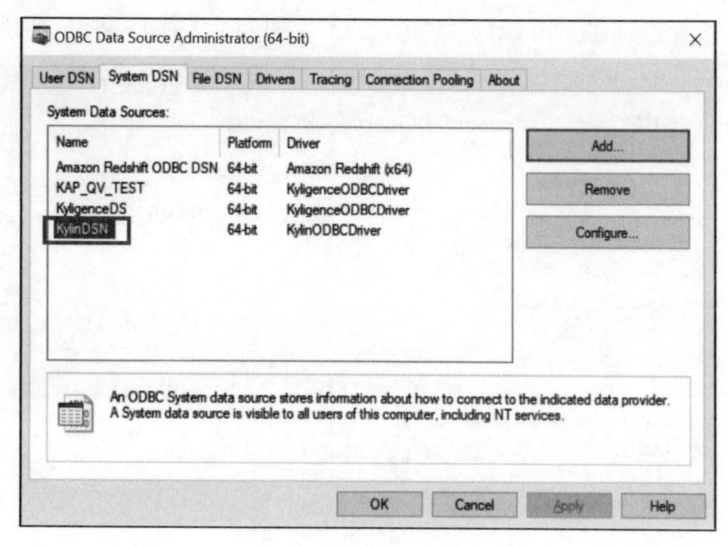

图 5-11　添加 DSN 完成

5.4 JDBC

Kylin 提供了 JDBC 驱动供用户使用，通过本节用户可以了解如何正确使用 Kylin 提供的 JDBC 驱动包。本节会对 JDBC 的认证方式及 URL 的格式进行说明，同时通过示例代码直观地展示如何基于 Statement 和 PreparedStatement 查询 Kylin 中的数据，读者在实际应用环境中修改对应的 URL 及表名信息就可以直接运行示例代码。

5.4.1 获得驱动包

在默认发布的二进制包中，对应 LIB 目录下有名称为 kylin-jdbc-{version}-SNAPSHOT.jar 的 jar 包，这就是 Apache Kylin 的 JDBC 驱动包。

5.4.2 认证

创建 JDBC 连接时，有“user”“password”“ssl”三个属性需要填写，下面分别对每个属性进行说明：

- user：Kylin 用户的名称。
- password：Kylin 用户的密码。
- ssl：其值默认为 false，如果为 true，对其的所有访问都将基于 HTTPS。

5.4.3 URL 格式

JDBC 访问 Kylin 对应的 URL 格式为“jdbc:kylin://<hostname>:<port>/<kylin_project_name>”。URL 中需要填写端口信息，如果 JDBC 连接属性对应的“ssl”设置为“true”，那端口对应 Kylin 服务器的 HTTPS 端口一般为“443”；此外，Apache Kylin 的缺省 HTTP 服务端口是“7070”；“kylin_project_name”是 Apache Kylin 服务端的项目名称，该项目必须存在。

以下是 Kylin JDBC 基于 Statement 的 Query 示例代码。

```
Driver driver = (Driver)
Class.forName("org.apache.kylin.jdbc.Driver").newInstance();
Properties info = new Properties();
info.put("user", "ADMIN");
info.put("password", "KYLIN");
Connection conn =
driver.connect("jdbc:kylin://localhost:7070/kylin_project_name", info);
Statement state = conn.createStatement();
ResultSet resultSet = state.executeQuery("select * from test_table");
while (resultSet.next()) {
    assertEquals("foo", resultSet.getString(1));
    assertEquals("bar", resultSet.getString(2));
    assertEquals("tool", resultSet.getString(3));
}
```

以下是 Kylin JDBC 基于 PreparedStatement 的 Query 示例代码。

```
Driver driver = (Driver)
Class.forName("org.apache.kylin.jdbc.Driver").newInstance();
Properties info = new Properties();
info.put("user", "ADMIN");
info.put("password", "KYLIN");
Connection conn =
driver.connect("jdbc:kylin://localhost:7070/kylin_project_name", info);
PreparedStatement state = conn.prepareStatement("select * from test_table where id=?");
state.setInt(1, 10);
ResultSet resultSet = state.executeQuery();
while (resultSet.next()) {
    assertEquals("foo", resultSet.getString(1));
    assertEquals("bar", resultSet.getString(2));
    assertEquals("tool", resultSet.getString(3));
}
```

5.4.4 获取元数据信息

Kylin JDBC 驱动支持获取元数据信息，我们可以基于 SQL 的一些过滤表达式（如“%”）列出 Catalog、Schema、表和列信息，下面是获取元数据信息的示例代码。

```
Driver driver = (Driver)
Class.forName("org.apache.kylin.jdbc.Driver").newInstance();
Properties info = new Properties();
info.put("user", "ADMIN");
info.put("password", "KYLIN");
Connection conn =
driver.connect("jdbc:kylin://localhost:7070/kylin_project_name", info);
Statement state = conn.createStatement();
ResultSet resultSet = state.executeQuery("select * from test_table");
ResultSet tables = conn.getMetaData().getTables(null, null, "dummy", null);
while (tables.next()) {
    for (int i = 0; i < 10; i++) {
        assertEquals("dummy", tables.getString(i + 1));
    }
}
```

5.5 Tableau 集成

Tableau 是一款应用比较广泛的商业智能工具软件，有着很好的交互能力，可基于拖曳式生成各种可视化图表，相信很多读者已经了解或使用过该产品。本节会讲解如何使用 Tableau 访问 Apache Kylin 中的数据。基于 Apache Kylin 提供的 ODBC 驱动，Tableau 可以很好地对接大数据，让用户以更友好的方式对大数据进行交互式的分析。

本文基于 Tableau v10.5 版本进行讲解。在使用 Tableau 之前，请确保您已经安装 Apache Kylin ODBC 驱动。

5.5.1 连接 Kylin 数据源

通过 ODBC 驱动连接 Kylin 数据源：启动 Tableau v10.5 桌面版，点击左侧面板中的 “Other Databases(ODBC)” 命令，在弹出的窗口中选择 “KylinODBCDriver” 选项（如 5-12 所示）。

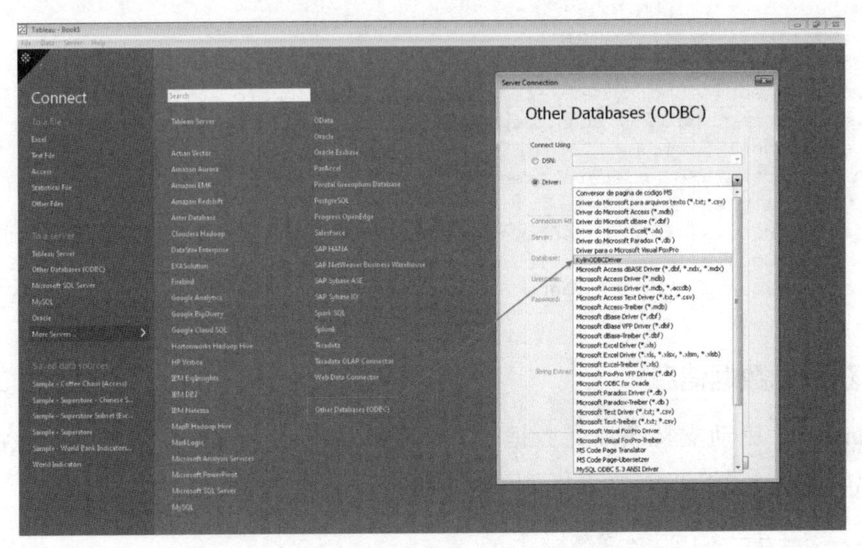

图 5-12　在 Tableau 中选择 Apache Kylin ODBC 驱动

在弹出的驱动连接窗口中填写服务器、认证、项目，点击 “ Connect” 按钮，可看到所有你有权限访问的项目（如图 5-13 所示）。

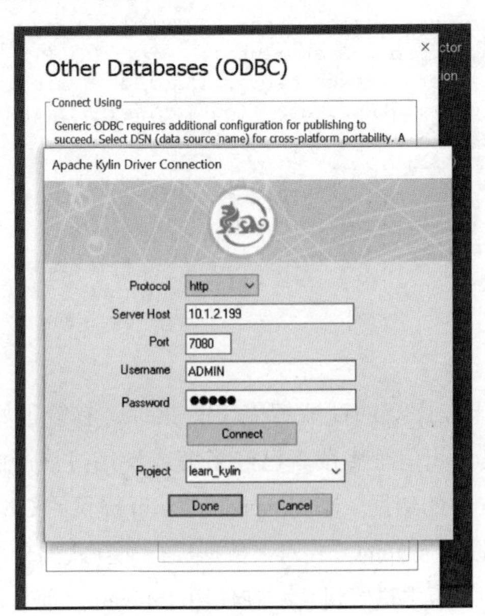

图 5-13　填写 Apache Kylin 连接信息

5.5.2　设计数据模型

在 Tableau 客户端左侧面板中，选择“defaultCatalog”作为数据库，在搜索框中点击“Search”命令将会列出所有的表，可通过拖曳的方式把表拖到右侧面板中，给这些表设置正确的连接方式（如图 5-14 所示）。

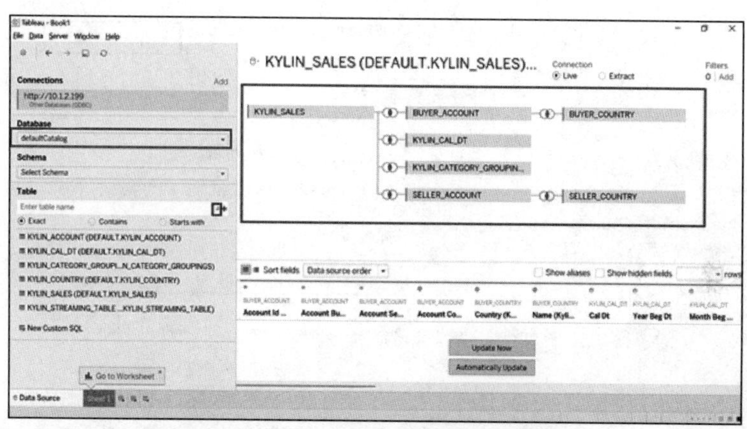

图 5-14　在 Tableau 中设计数据模型

5.5.3　“Live”连接

模型设计完以后，我们需要选择 Tableau 与后端交互的连接方式（如图 5-15 所示）。

Tableau 支持两种连接方式，分别为“Live”和“Extract”。“Extract”模式会把全部数据加载到系统内存，查询的时候直接从内存中获取数据，是非常不适合大数据处理的一种方式，因为大数据无法全部驻留在内存中。“Live”模式会实时发送请求到服务器进行查询，配合 Apache Kylin 亚秒级的查询速度，能很好地实现交互式的大数据可视化分析。因此，请总是以“Live”方式连接 Apache Kylin。

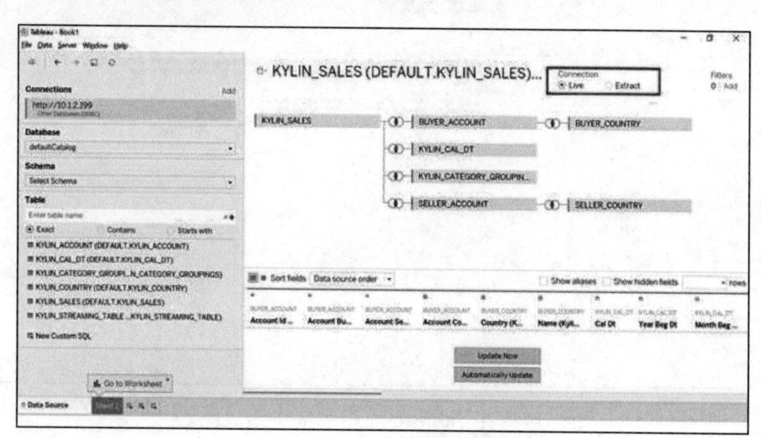

图 5-15　选择连接方式

5.5.4 自定义 SQL

如果用户想通过自定义 SQL 进行交互，勾选左下角的“New Custom SQL”复选框，在弹出的对话框中输入 SQL 即可实现（如图 5-16 所示）。

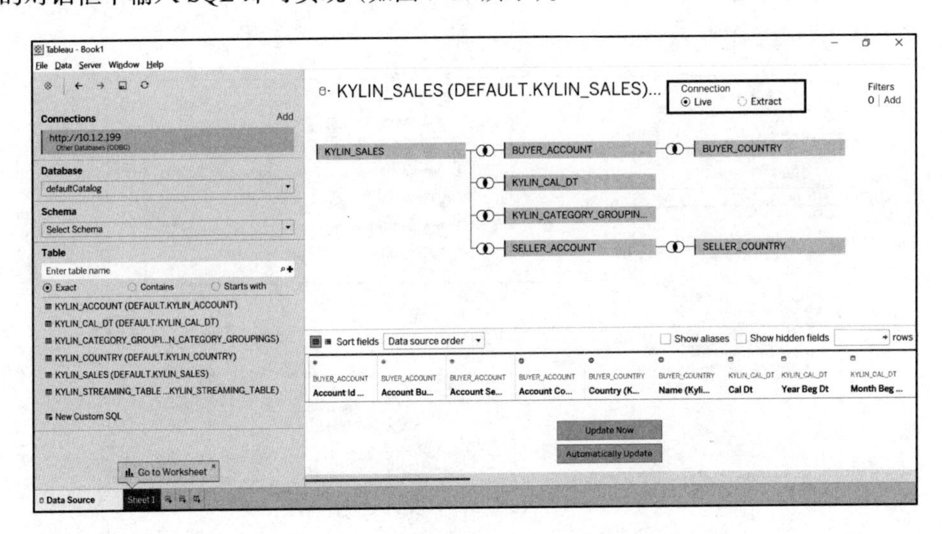

图 5-16 “New Custom SQL”对话框

5.5.5 可视化展现

在 Tableau 的右侧面板中，我们可以看到有列框（Columns）和行框（Rows），把度量拖到列框中，把维度拖到行框中，就可以生成自己的图表了（如图 5-17 所示）。

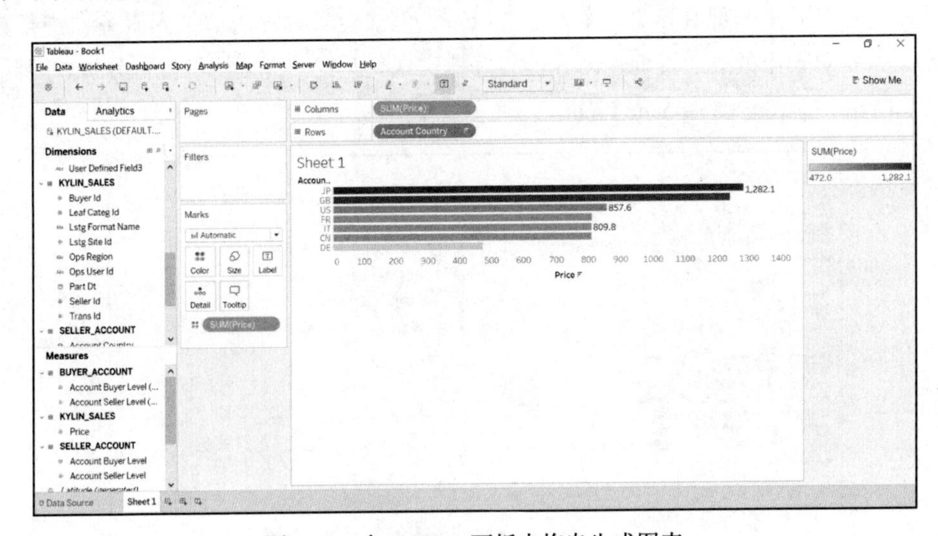

图 5-17 在 Tableau 面板中拖曳生成图表

5.5.6　发布到 Tableau Server

如果您想发布本地 Dashboard 到 Tableau Server，请先在 Tableau Server 所在的环境中安装配置 Apache Kylin ODBC 驱动，具体操作可参考 5.3 节。配置完成后，在 Desktop 的报表页面，点击右上角的"Server"按钮，在下拉菜单中选择"Publish Workbook"命令即可（如图 5-18 所示）。

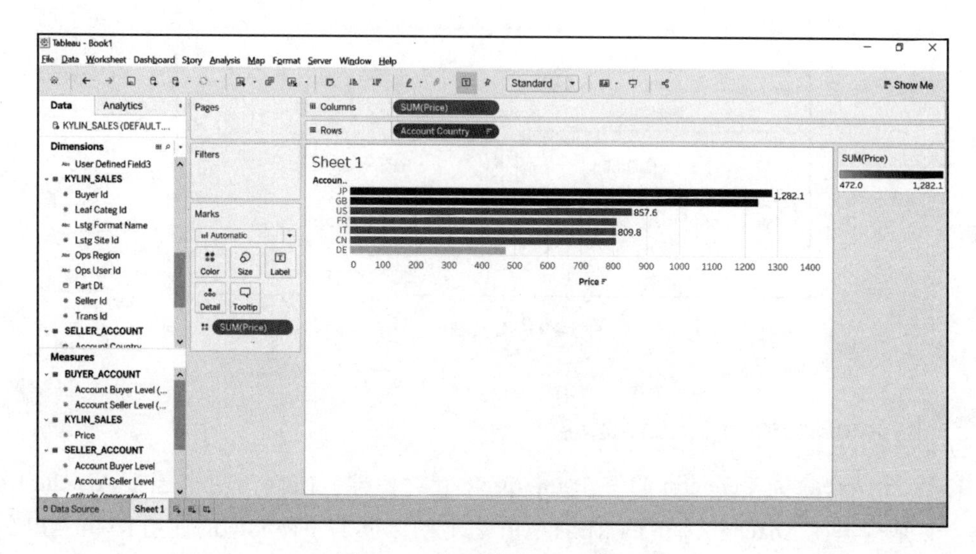

图 5-18　发布到 Tableau Server

5.6　Zeppelin 集成

Apache Zeppelin 是一个开源的数据分析平台，是 Apache 顶级项目。Zeppelin 后端以插件形式支持多种数据处理引擎，如 Spark、Flink、Lens 等，同时它提供了 Notebook 式的 UI 可视化相关操作。为此，Apache Kylin 开发了对应的 Zeppelin 模块，现已经合并到 Zeppelin 主分支中，在 Zeppelin v0.5.6 及后续版本中都可以对接使用 Kylin，从而实现通过 Zeppelin 访问 Kylin 的数据。

5.6.1　Zeppelin 架构简介

如图 5-19 所示，Zeppelin 客户端通过 HTTP Rest 和 Websocket 两种方式与服务端进行交互。在服务端，Zeppelin 支持可插拔的 Interpreter(解释器)。以 Apache Kyin 为例，只需要开发 Kylin 的 Interpreter，并将其集成至 Zeppelin 便可以基于 Zeppelin 客户端与 Kylin 服务端进行通信从而高速访问 Kylin 中的大量数据。

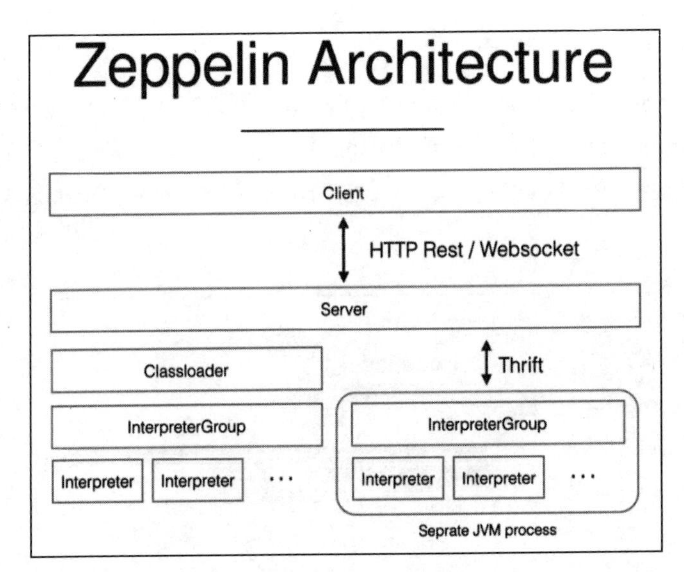

图 5-19 Zeppelin 架构

5.6.2 KylinInterpreter 的工作原理

KylinInterpreter 是 Zeppelin 的一个 Interpreter（解释器）插件，用来连接 Apache Kylin 数据。它是构建在 Apache Kylin 的 REST API 之上的，也是一种典型的使用 Kylin API 的场景。KylinInterpreter 读取 Zeppelin 前端针对 Kylin 配置的 URL、User、Password 等连接信息，再结合每次查询的 SQL、project、limit、offset 等参数，就可以生成 REST API 请求，通过 HTTP POST 方式发送到 Apache Kylin 服务器以获取数据。

Zeppelin 的前端有自己的数据分装格式，所以 KylinInterpreter 需要把 Kylin 返回的数据进行适当的转换以使 Zeppelin 前端能够理解。所以 KylinInterpreter 的主要任务就是拼接参数，完成向 Kylin 服务端发起的 HTTP 请求，然后对返回结果格式化，交给 Zeppelin 前端显示。

5.6.3 如何使用 Zeppelin 访问 Kylin

首先，读者需要到 Zeppelin 官网下载 Zeppelin v0. 8.0 及之后版本的二进制包，然后按照官网的提示进行配置并启动，从而打开 Zeppelin 前端页面（官网有非常详细的介绍，这里不再赘述）。

1. 配置 Interpreter

打开 Zeppelin 配置页面，点击“ Interpreter”页面，进行针对 Kylin 中某个项目或全局的 Interpreter 配置（如图 5-20 所示）。建议不要勾选“kylin.query.ispartial”复选框。

kylin %kylin

Option

The interpreter will be instantiated Globally in shared process

Connect to existing process

Set permission

Globally

Per Note

Properties

name	value	action
kylin.api.password	*****	×
kylin.api.url	http://<host>:<port>/kylin/api/query	×
kylin.api.user	ADMIN	×
kylin.query.ispartial	☑	×
kylin.query.limit	5000	×
kylin.query.offset	0	×
kylin.query.project	sqlpro	×
		textarea +

Dependencies

These dependencies will be added to classpath when interpreter process starts.

artifact	exclude	action
groupId:artifactId:version or local file path	(Optional) comma separated groupId:artifactId list	+

Save　Cancel

图 5-20　进行 Kylin Intepreter 配置

2. 查询

打开 Notebook 创建一个新的 Note，在 Note 中输入 SQL。注意，针对 Kylin 的查询需要在 SQL 前面加上“% kylin”，后面写上要查询的项目，如“(learn_kylin)”，Zeppelin 后端需要知道用哪个对应的 Interpreter 去处理查询。

效果如图 5-21 所示，可以拖曳维度和度量灵活地获取自己想要的结果。

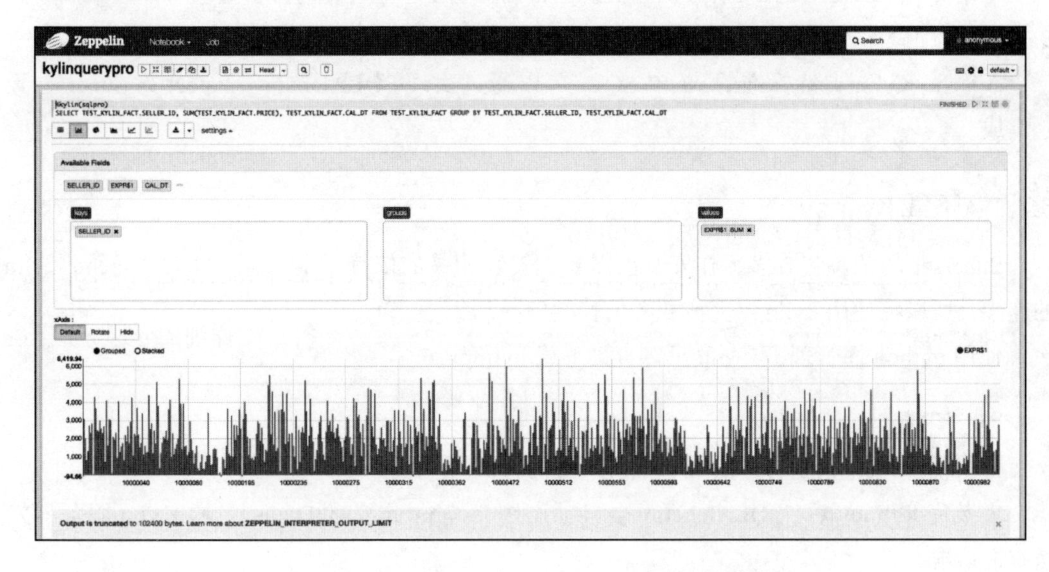

图 5-21　Zeppelin 显示 Apache Kylin 的返回数据

3. Zeppelin 的发布功能

对于 Zeppelin 中的任何一个查询，你都可以创建一个链接，并且将该链接分享给其他人，从而分享你的分析工作取得的成果。感兴趣的读者可以到 Zeppelin 官网“ http://zeppelin.apache.org/”中了解更多特性。

5.7 Superset 集成

Apache Superset (incubating) (以下简称 Superset) 起源于 2015 年年初黑客马拉松项目，曾经使用“ Caravel”和“ Panoramix”作为项目名称。作为 Apache 软件基金会孵化项目，Superset 的目标是要做成数据可视化平台，现在经过 3 年多的发展，Superset 已经成为一个集合了数据可视化、数据自助分析、数据探索的企业级应用。

Superset 提供了两种分析方式：

- 数据探索提供单表直连方式查询多种数据源，包括 Presto、Hive、Impala、SparkSQL、MySQL、Postgres、Oracle、Redshift、SQL Server、Druid 等。后续内容会详细介绍 Superset 如何链接 Kylin 数据源。
- 一个 SQL IDE (SQLLab) 允许高级分析师通过手写 SQL 完成数据源建模 , 而后该模型还可以实例化成一个 Superset 数据源 , 进而在自助分析中再次做交互式分析。

Superset 服务器端基于 Python 开发，使用 Flask、Pandas、SqlAlchemy 等成熟的基础库提供完善的权限管理、丰富的认证登录方式。Superset 客户端基于 React 与 D3 技术栈开发可视化组件 , 可以使用近 50 款可视化工具做自助分析 , 并且不同的分析报表可以放入同一个 Dashboard 中做深入的交互式分析。

Apache Kylin 支持标准的 ANSI-SQL, 可以通过实现 SQLAlchemy Dialect 与 Superset 无缝集成。

5.7.1 下载 Kylinpy

Superset 的依赖包较多，在安装前需要先安装相关的依赖，本书主要针对 Apache Kylin 的连接，所以将使用 kylinpy 完成相关依赖的安装。

使用 python 库管理工具 pip 可以直接下载 kylinpy。

```
pip install kylinpy
```

kylinpy 无其他第三方库依赖 , 支持 Python v2.7、Python v3.6。

安装完 kylinpy 后 , SQLAlchemy 会自动调用 kylinpy 定义的 Dialect，向 Kylin 服务器发送查询请求。

5.7.2　安装 Superset

通过 pip 仓库来安装 superset stable 版本。

```
pip install superset
```

初始化 superset 元数据库。

```
superset db upgrade
  superset init
```

创建一个超级管理员用户，用户名、密码分别为“admin”“admin”。

```
fabmanager create-admin --app superset --username admin --password admin
--firstname admin --lastname admin --email admin@fab.org
```

如果一切顺利，现在已经可以运行 Superset，superset 默认绑定 5000 端口，可使用以下代码启动 superset。

```
superset run
```

在启动 superset 后，我们可以通过使用“ http://localhost:5000”来访问 web 界面 (如图 5-22 所示)。

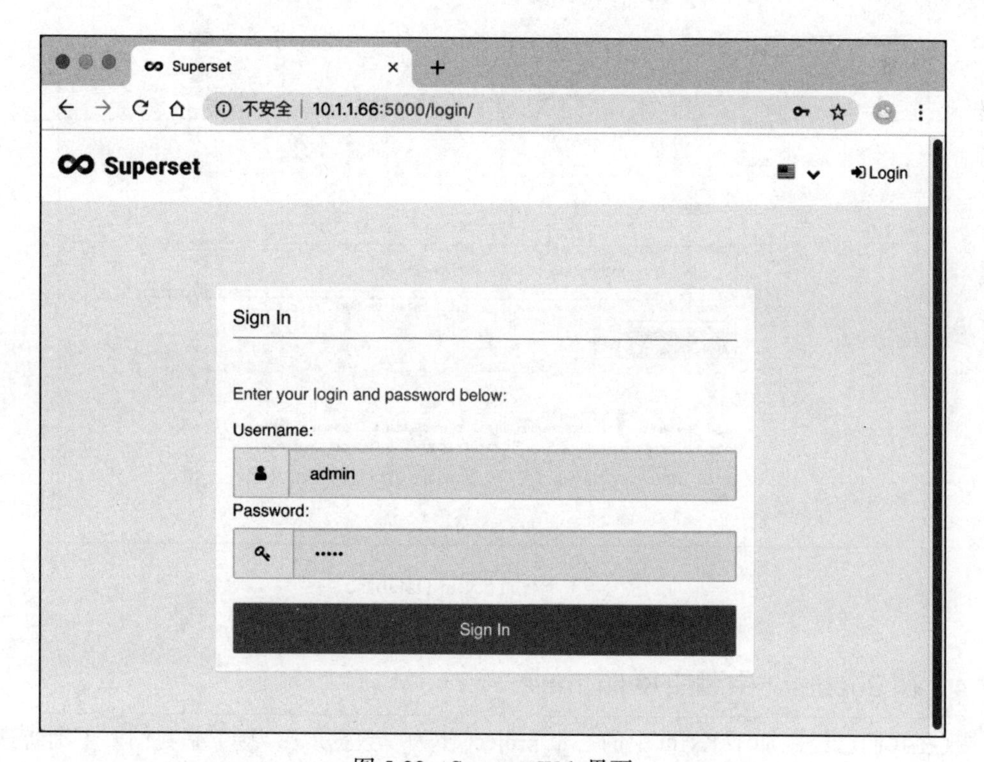

图 5-22　Superset Web 界面

> **注意** 2018 年 12 月以后的 Superset 只支持 Python v3.6 及以上的版本，所以您要留意您的 Python 和 pip 版本，确保是 Python v3.6 及以上版本。

5.7.3 在 Superset 中添加 Kylin Database

我们登录 Superset (使用用户名 “admin” 密码 “admin” 登录), 现在尝试添加一个 Kylin Project 作为 Superset 的 database，点击 “Source” → “Datasource” 命令，进行以下配置（如图 5-23 所示）:

1) SQLAlchemy URI 格式为 : kylin://<username>:<password>@<hostname>:<port>/<project_name>。

2) 确保 “Expose in SQL Lab” 复选框已勾选，勾选该复选框后该 Kylin project 可以在 SQL Lab 中查询到。

3) 点击 “Test Connection” 按钮可以测试链接是否已成功。

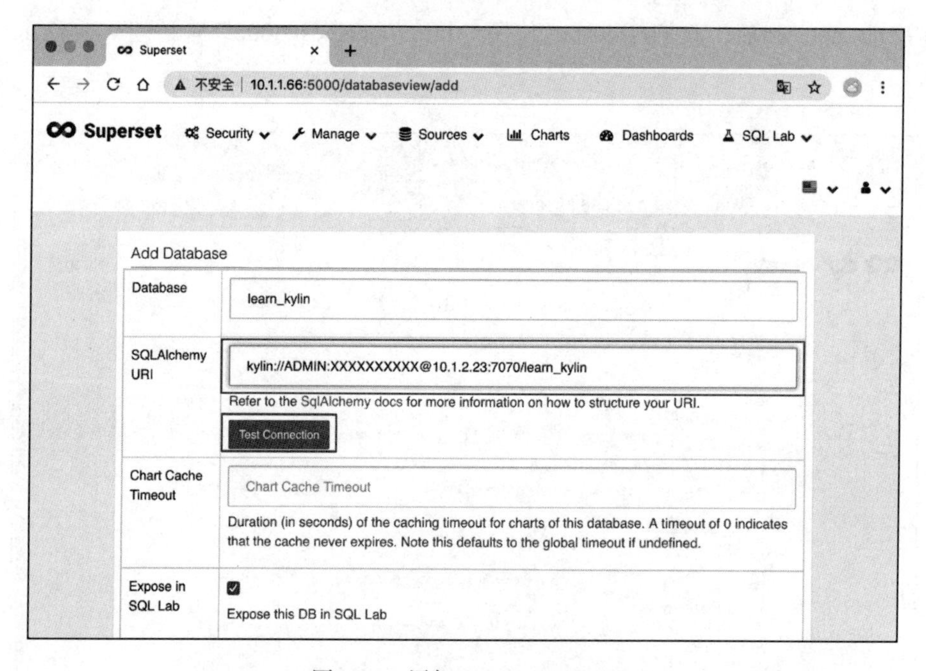

图 5-23　添加 Kylin Database

5.7.4 在 Superset 中添加 Kylin Table

现在我们已经添加了 Kylin 中的一个 project 作为“数据库”，接下来我们要手动将这个 project 中的表填到 Superset 的数据源中，操作步骤如下：

1）点击“Sources”→“Tables”命令（如图 5-24 所示）。

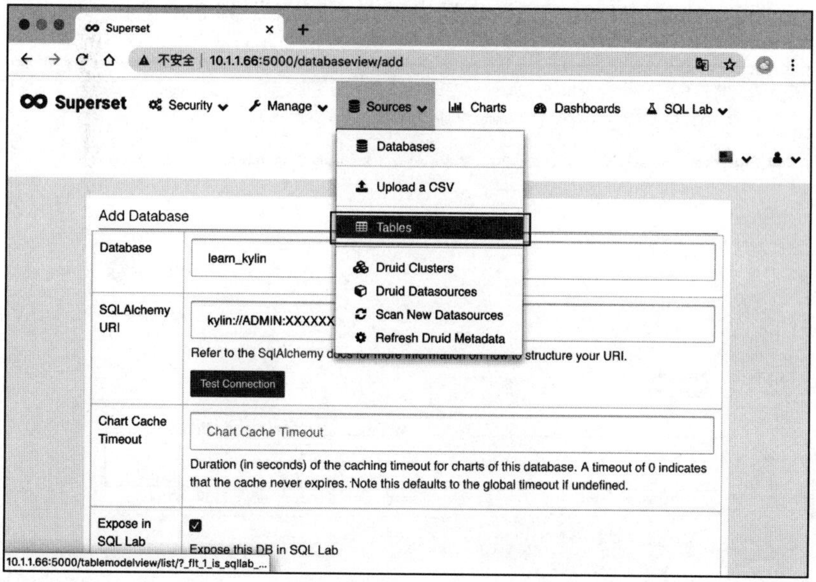

图 5-24　添加 Kylin Table

2）在打开的面板中，填入对应的 Schema，名为“learn_kylin”的 Database 的默认“Schema”值为“DEFAULT”，注意，这里是要区分大小写的。

3）填入对应的 Table Name，同样要注意区分大小写（如图 5-25 所示）。

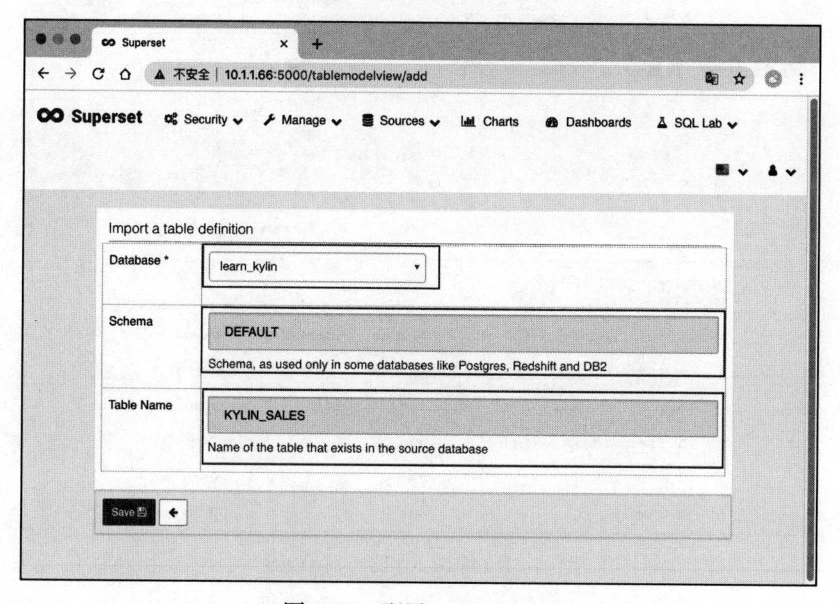

图 5-25　配置 Kylin Tables

4）点击“Save”按钮，系统会自动把“KYLIN_SALES”这个表添加到“Table”列表中。如图 5-26 所示“KYLIN_SALES”已经出现在“Table”列表中了。

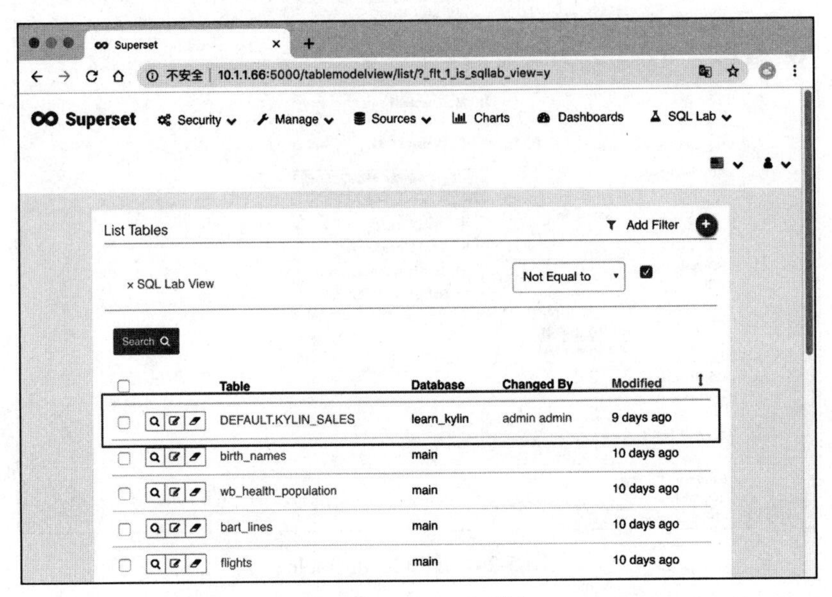

图 5-26 “Table”列表

接下来，我们可以点击列表前端的编辑图标，编辑 Table 详情（如图 5-27 所示）。

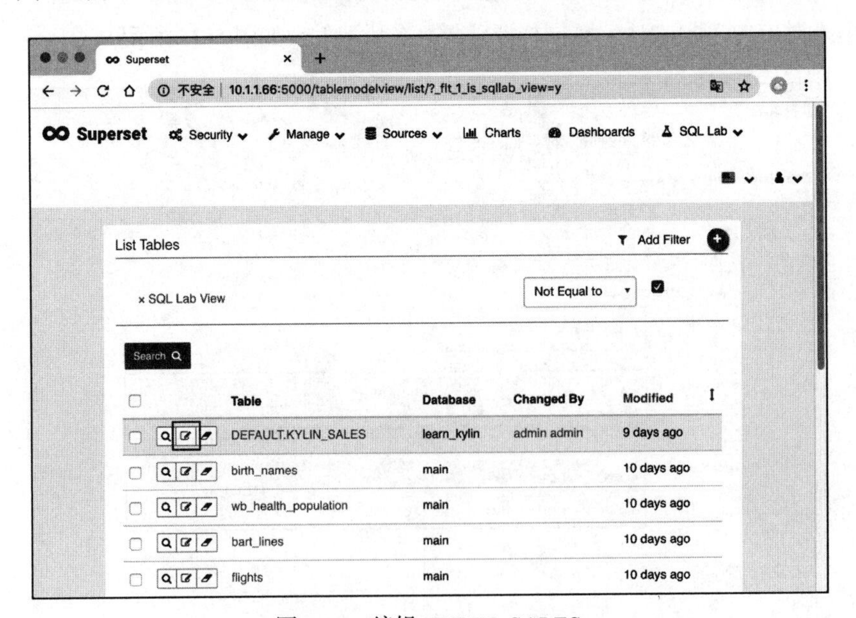

图 5-27 编辑 KYLIN_SALES

编辑页面中会展示 Table 详情，如维度和度量等（如图 5-28 所示）。

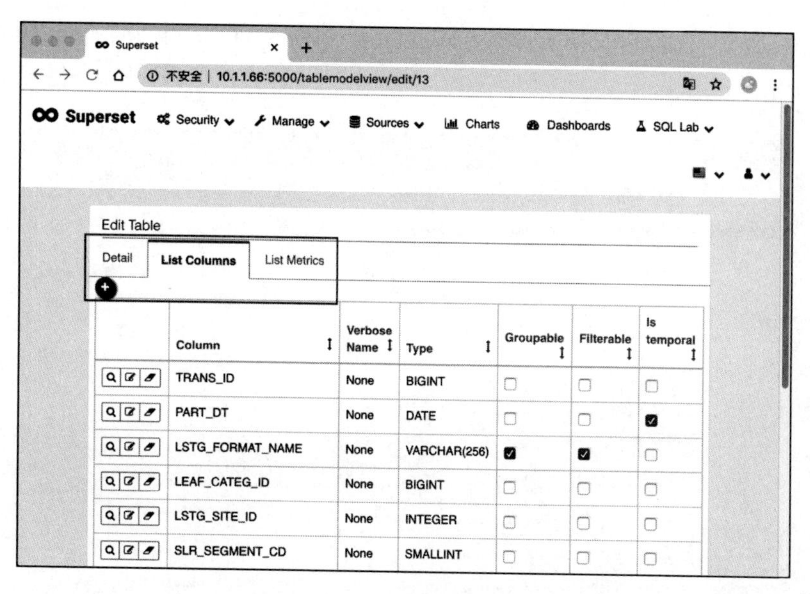

图 5-28　Table 详情

由 Table 自动同步来的维度（列）列表，系统会自动为其在“List Metrics”项目中创建一个 count 聚合度量，同时这里还可以自己创建相应的聚合函数（如图 5-29 所示）。

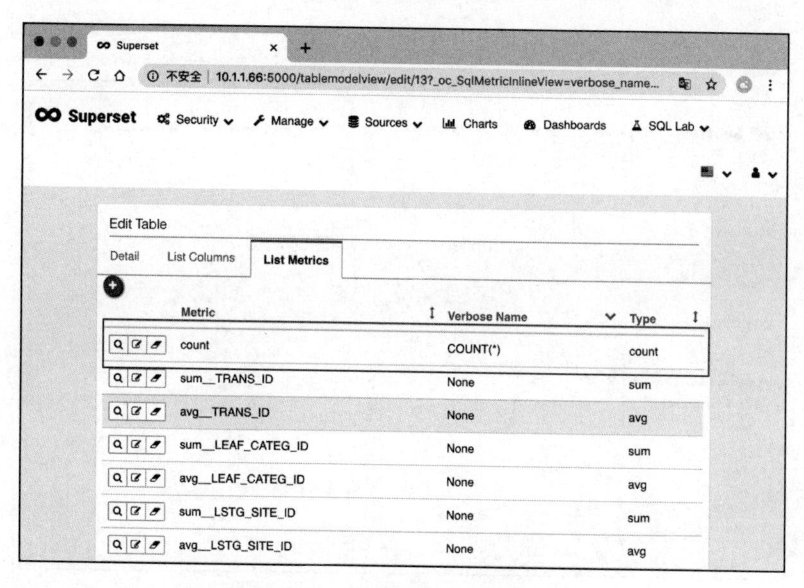

图 5-29　创建 count 聚合度量

5.7.5　在 Superset 中创建图表

添加完表格后，我们就可以直接进行可视化分析了，在“Table”列表页，点击 table 名称，可以直接进入自助分析页面（如图5-30所示），系统会自动跳转到相应的图表编辑页面（如图5-31所示）。

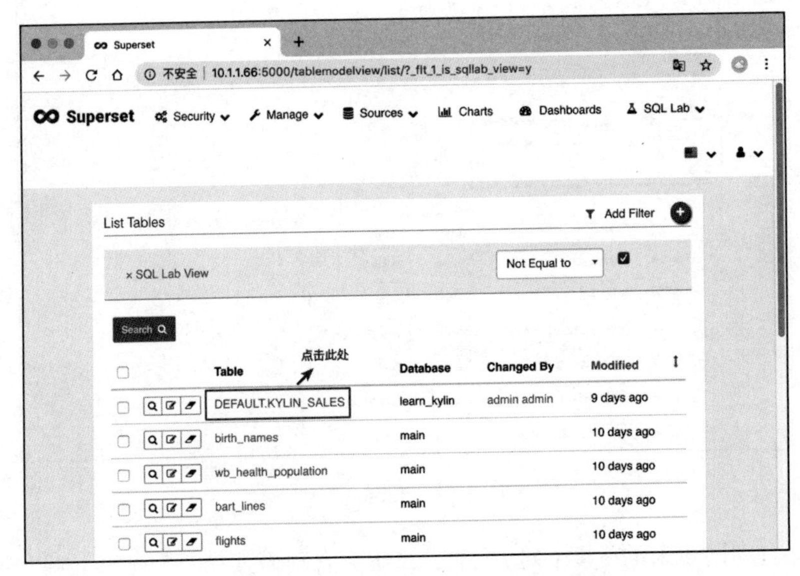

图5-30　点击Table名称打开自助分析页面

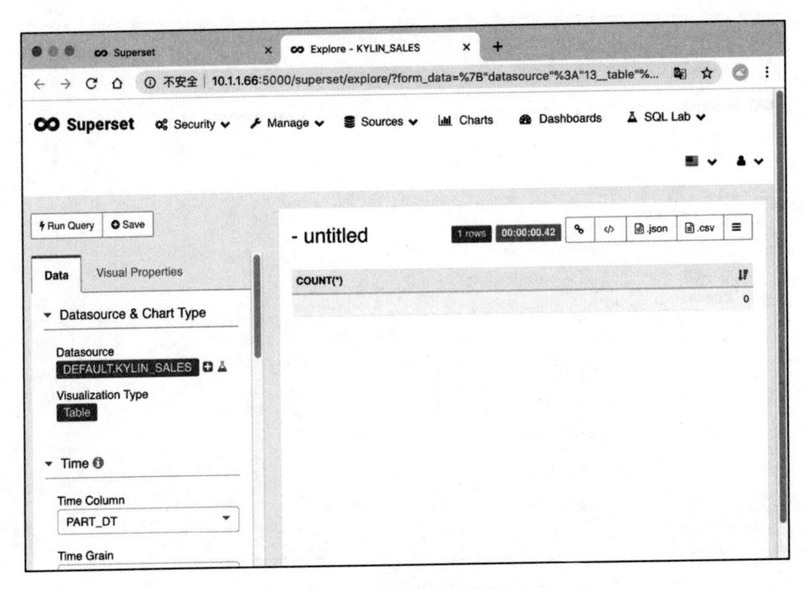

图5-31　图表编辑页面

注意　首次进入自助分析页面，时间范围默认设置为最近一周，如果最近一周没有数据，那么结果集中是没有数据的。

5.7.6　在 Superset 中通过 SQL Lab 探索 Kylin

自助分析功能可以通过点选维度、度量、过滤器快速做出可视化图表，但是灵活性不如直接手写 SQL，Superset 同时提供一个具有高度灵活性的 SQL IDE 功能，操作步骤如下：

1）点击菜单上的“SQL Lab”→“SQL Editor”命令（如图 5-32 所示）打开 SQL 编辑器。

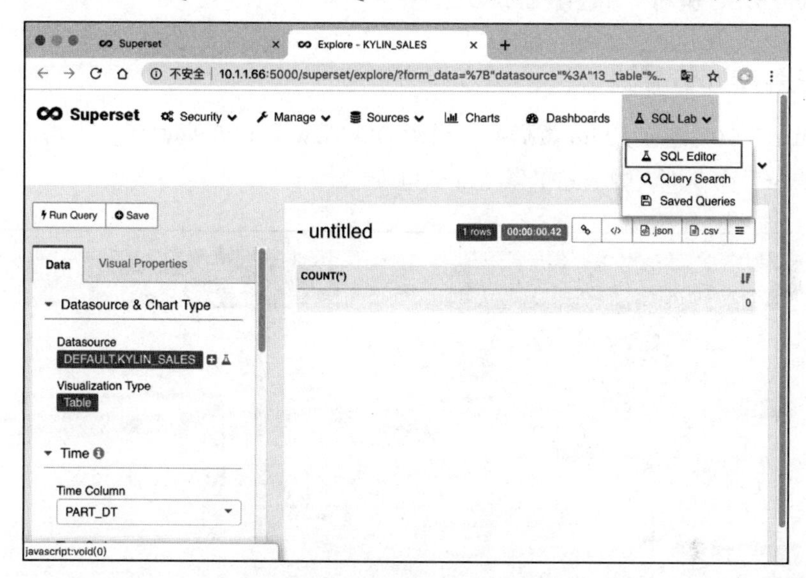

图 5-32　打开 SQL 编辑器

2）在跳转后的页面左侧的下拉列表中选择相应的 Database，在 Schema 下拉列表中选择相应的 Schema，即可在页面右侧的 SQL 编写区域开始手写 SQL（如图 5-33 所示）探索 Kylin。

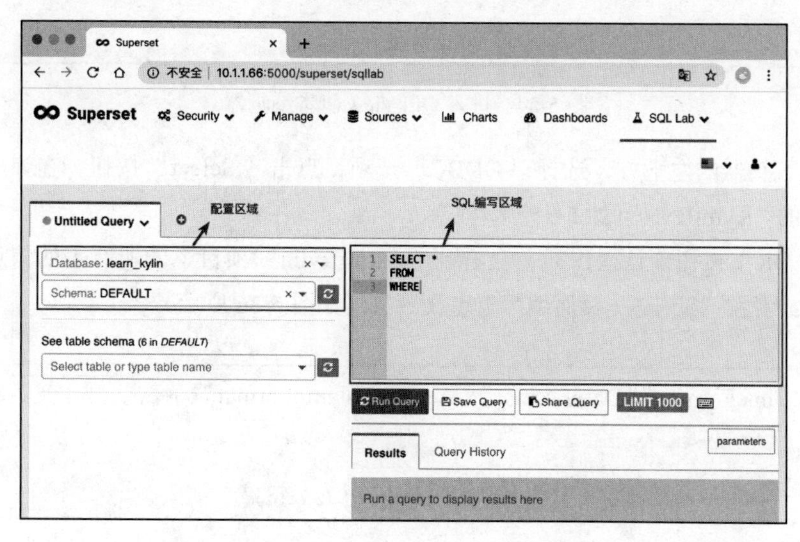

图 5-33　在 Superset 中通过 SQLLab 探索 Kylin

5.8 QlikView 集成

QlikView 是一款业务发现平台，也是一个智能 BI 工具，可用于业务数据分析和探索。

本文将基于 QlikView v11.20 版本进行讲解，在使用 QlikView 之前，请确保您已经安装 Apache Kylin ODBC 驱动，并已配置了 DSN。

5.8.1 连接 Kylin 数据源

通过 ODBC 驱动连接 Kylin 数据源：启动 QlikView v11.20 桌面版，点击启动页左上方的“Edit Script”命令进入脚本编辑器（如 5-34 所示）。

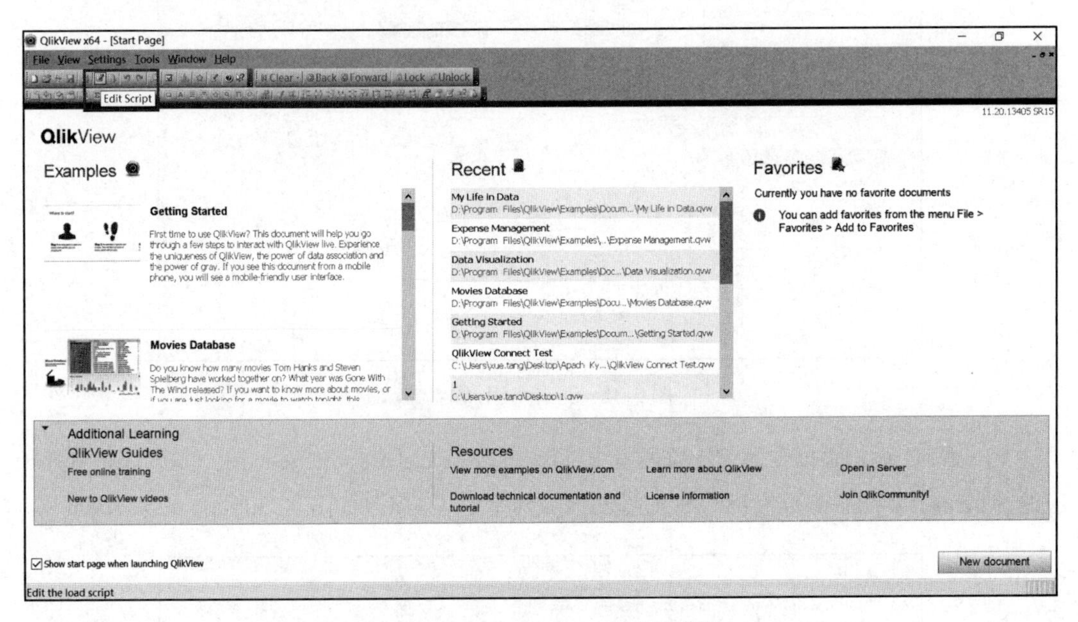

图 5-34 进入 QlikView 脚本编辑器

在脚本编辑器的左下方，选择“ODBC”选项，点击“Select”按钮，在弹出的窗口中选择已创建的“KylinDSN”（如 5-35 所示）。

点击“OK”按钮确认操作后，会看到“learn_kylin”项目下的所有表的信息，可单击选择单表，或者在“Script”页面编写自定义 SQL（如图 5-36 所示）。

注意 将“TimeFormat”“DateFormat”和“TimestampFormat”的默认脚本更改为：

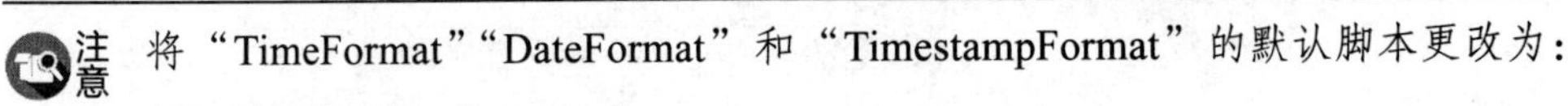

```
SET TimeFormat='h:mm:ss';
SET DateFormat='YYYY-MM-DD';
SET TimestampFormat='YYYY-MM-DD h:mm:ss[.fff]';
```

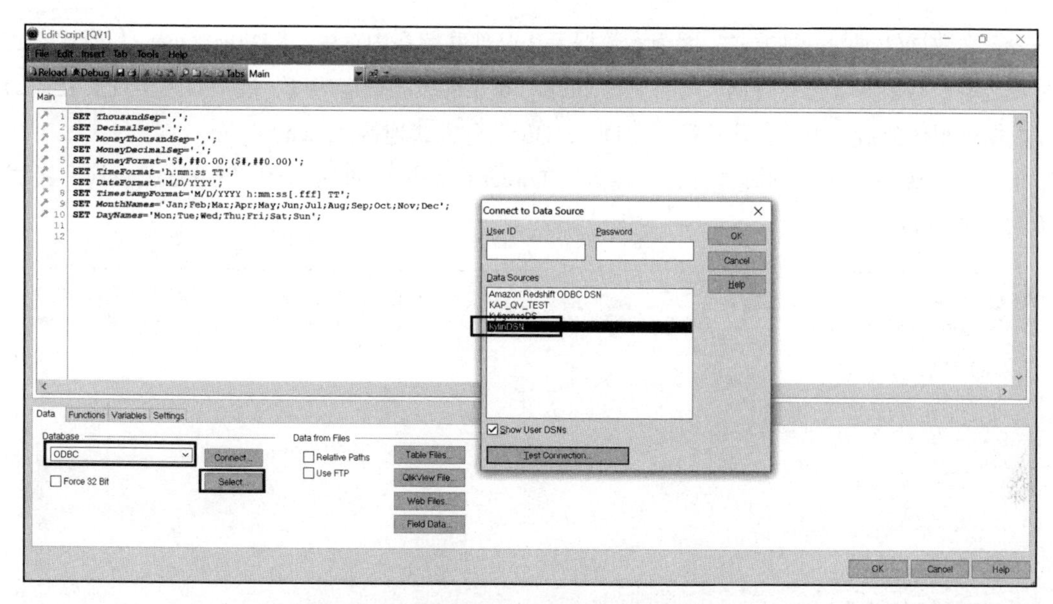

图 5-35　在 QlikView 中选择“KylinDSN”

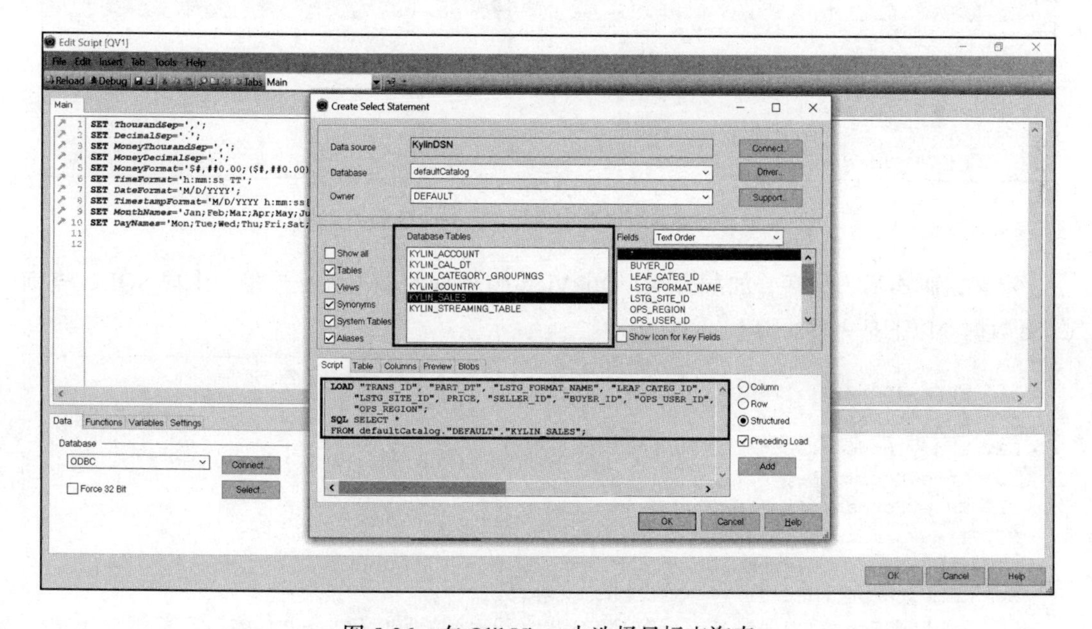

图 5-36　在 QlikView 中选择目标查询表

5.8.2 “Direct Query”连接

和 Tableau 相似，QlikView 也支持两种连接方式，分别为“Direct Query”和“In-memory”。“In-memory”模式会把全部数据加载到系统内存，查询的时候直接从内存中获取数据，是非常不适合大数据处理的一种方式，因为大数据无法全部驻留在内存中。“Direct Query”模式会实时发送请求到服务器进行查询，配合Apache Kylin亚秒级的查询速度，能很好地实现交互式的大数据可视化分析。因此，请总是以“Direct Query”方式连接Apache Kylin。

在脚本编辑器中查询脚本首行，输入“Direct Query”，即可启用“Direct Query”模式（如图5-37所示）。

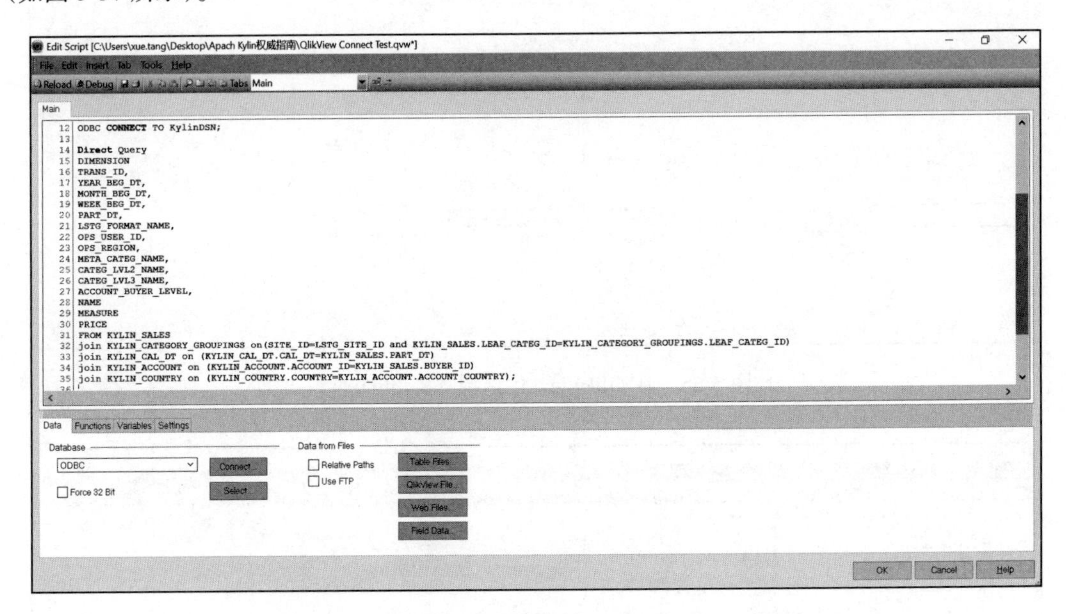

图5-37　在脚本编辑器中启用“Direct Query”模式

定义完脚本后，保存、加载脚本，QlikView将依据此脚本验证连接、生成SQL、查询Cube数据。以下是完整的脚本：

```
SET ThousandSep=',';
SET DecimalSep='.';
SET MoneyThousandSep=',';
SET MoneyDecimalSep='.';
SET MoneyFormat='$#,##0.00;($#,##0.00)';
SET TimeFormat='h:mm:ss';
SET DateFormat='YYYY-MM-DD';
SET TimestampFormat='YYYY-MM-DD h:mm:ss[.fff]';
SET MonthNames='Jan;Feb;Mar;Apr;May;Jun;Jul;Aug;Sep;Oct;Nov;Dec';
SET DayNames='Mon;Tue;Wed;Thu;Fri;Sat;Sun';
ODBC CONNECT TO KylinDSN;
Direct Query
DIMENSION
TRANS_ID,
YEAR_BEG_DT,
MONTH_BEG_DT,
```

```
WEEK_BEG_DT,
PART_DT,
LSTG_FORMAT_NAME,
OPS_USER_ID,
OPS_REGION,
META_CATEG_NAME,
CATEG_LVL2_NAME,
CATEG_LVL3_NAME,
ACCOUNT_BUYER_LEVEL,
NAME
MEASURE
PRICE
FROM KYLIN_SALES
join KYLIN_CATEGORY_GROUPINGS on(SITE_ID=LSTG_SITE_ID and
KYLIN_SALES.LEAF_CATEG_ID=KYLIN_CATEGORY_GROUPINGS.LEAF_CATEG_ID)
join KYLIN_CAL_DT on (KYLIN_CAL_DT.CAL_DT=KYLIN_SALES.PART_DT)
join KYLIN_ACCOUNT on (KYLIN_ACCOUNT.ACCOUNT_ID=KYLIN_SALES.BUYER_ID)
join KYLIN_COUNTRY on (KYLIN_COUNTRY.COUNTRY=KYLIN_ACCOUNT.ACCOUNT_COUNTRY);
```

注意，请确保将脚本“ ODBC CONNECT TO KylinDSN;”中的 DSN 名称修改成您创建的本地 DSN 名称。

5.8.3　创建可视化

点击界面上方的“Create Chart”按钮，在弹出的窗口中选择图表类型、维度，添加计算度量，即可生成图表（如图 5-38 所示）。

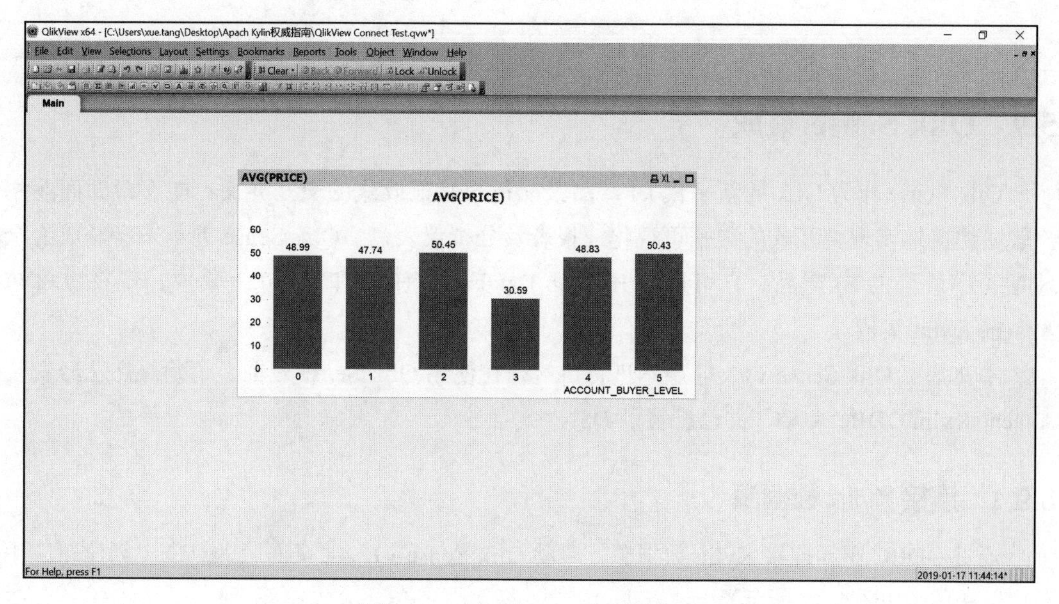

图 5-38　在 QlikView 中创建报告

5.8.4 发布到 QlikView Server

发布之前，要确保 QlikView Server 上已安装配置了 Apche Kylin 的 ODBC 驱动，具体操作可参考 5.3 节。

安装配置完成后，将已创建好的 QlikView Dashboard 拷贝至 QlikView Server 的报表发布目录进行发布，发布完成之后，可在浏览器中通过 QlikView Access Point 查看，如图 5-39 所示。

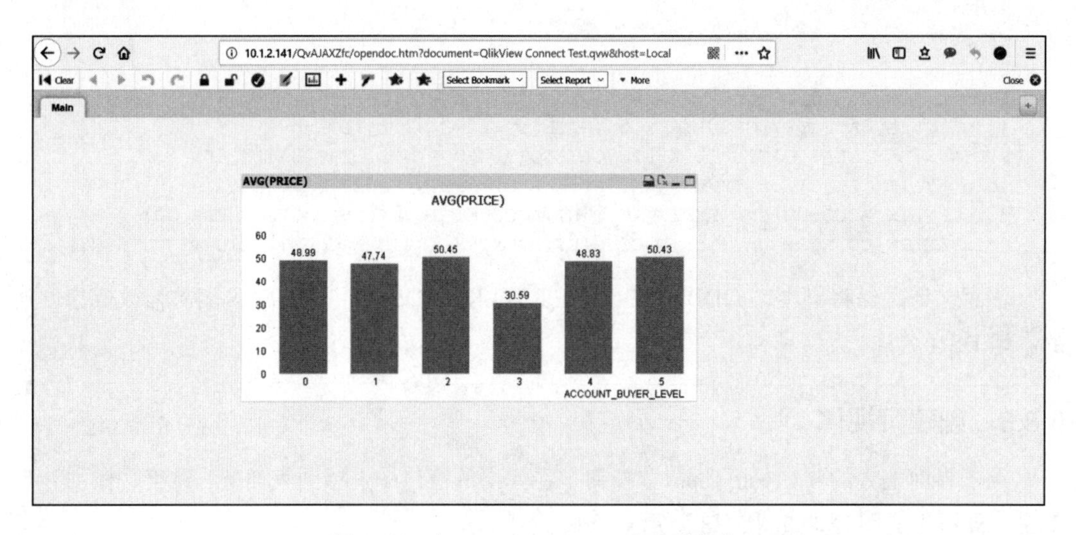

图 5-39 在 QlikView Server 中查看报告

5.9 Qlik Sense 集成

Qlik Sense 作为 Qlik 的新一代 BI 产品，配备简易拖放式的交互界面，能够帮助商业用户轻松快捷地实现交互式的数据可视化、报表及分析仪表盘。Qlik Sense 近年来已经成为全球增长率最快的 BI 产品。它可以与 Hadoop Database（Hive 和 Impala）集成，现在也可与 Apache Kylin 集成。

本文基于 Qlik Sense v12.44 版本进行讲解，在使用 Qlik Sense 之前，请确保您已经安装 Apache Kylin ODBC 驱动，并已配置了 DSN。

5.9.1 连接 Kylin 数据源

通过 ODBC 驱动连接 Kylin 数据源：启动 Qlik Sense v12.44 桌面版，点击“创建新应用程序”按钮（如图 5-40 所示）。

图 5-40　创建 Qlik Sense 应用程序

选择“脚本编辑器”选项，进入 Qlik Sense 脚本编辑页面（如图 5-41 所示）。

图 5-41　进入 Qlik Sense 脚本编辑器

点击页面右上方的“创建新连接”按钮，创建 ODBC 连接，在弹出的窗口中选择已创建的“KylinDSN”（如图 5-42 所示）。

连接创建完成后，点击右上方的“选择数据”按钮，可看到“learn_kylin”项目下所有表的信息，可单击选择单表，或者在“Script”页面编写自定义 SQL（如图 5-43 所示）。

图 5-42　在 Qlik Sense 中选择“kylin DSN”

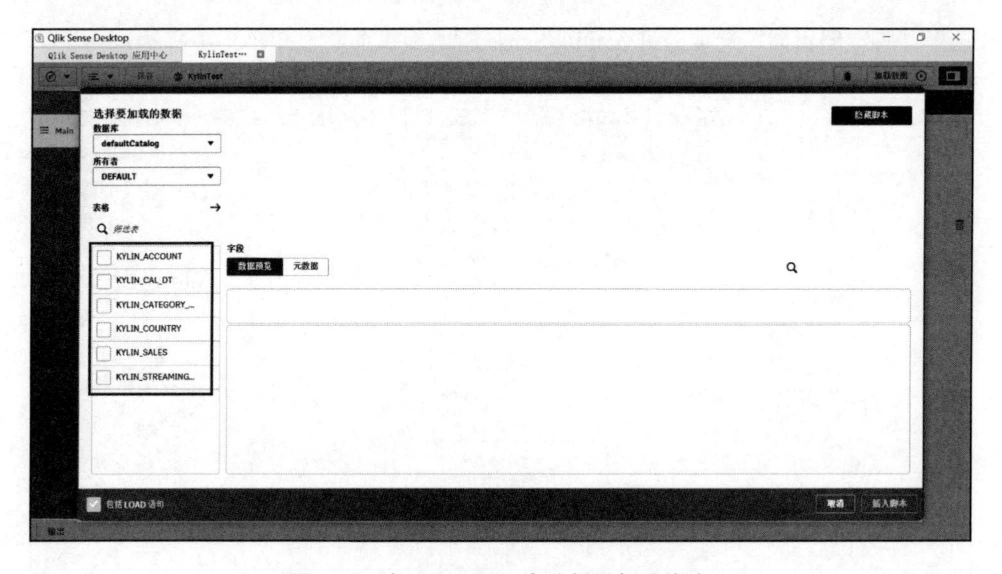

图 5-43　在 Qlik Sense 中选择目标查询表

5.9.2 “Direct Query”连接

和 QlikView 一样，Qlik Sense 也支持两种连接方式，分别为“Direct Query”和“In-memory”。大数据场景下，请总是以“Direct Query”方式连接 Apache Kylin。

在脚本编辑器中查询脚本首行，输入“Direct Query”即可启用“Direct Query”模式（如图 5-44 所示）。

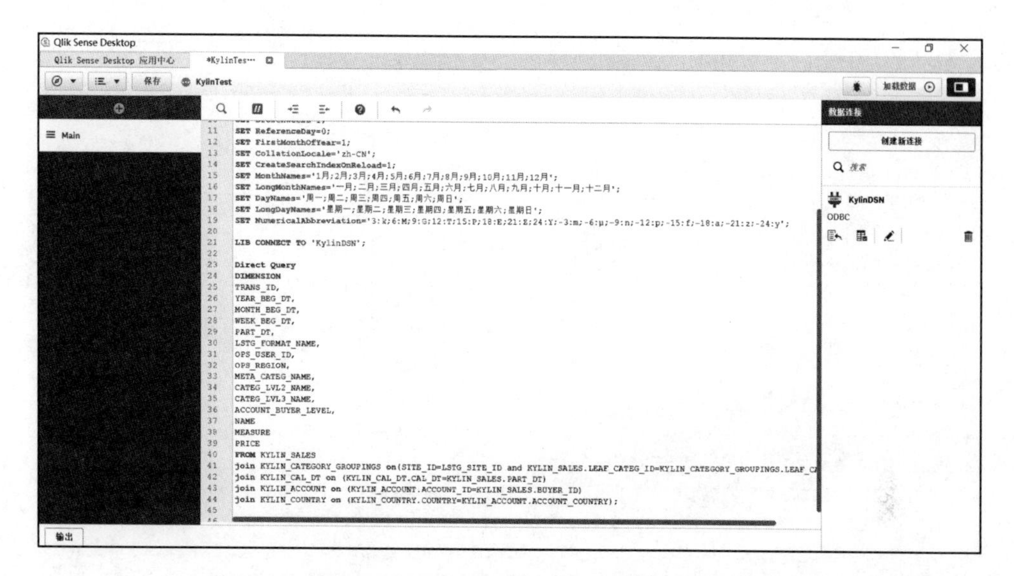

图 5-44　在 Qlik Sense 中通过“Direct Query”连接 Kylin

定义完脚本后，保存、加载脚本，Qlik Sense 将依据此脚本验证连接、生成 SQL、查询 Cube 数据，以下是完整的脚本：

```
SET ThousandSep=',';
SET DecimalSep='.';
SET MoneyThousandSep=',';
SET MoneyDecimalSep='.';
SET MoneyFormat='?#,##0.00;-?#,##0.00';
SET TimeFormat='h:mm:ss';
SET DateFormat='YYYY-MM-DD';
SET TimestampFormat='YYYY-MM-DD h:mm:ss[.fff]';
SET FirstWeekDay=6;
SET BrokenWeeks=1;
SET ReferenceDay=0;
SET FirstMonthOfYear=1;
SET CollationLocale='zh-CN';
SET CreateSearchIndexOnReload=1;
SET MonthNames='1 月 ;2 月 ;3 月 ;4 月 ;5 月 ;6 月 ;7 月 ;8 月 ;9 月 ;10 月 ;11 月 ;12 月 ';
SET LongMonthNames=' 一月 ; 二月 ; 三月 ; 四月 ; 五月 ; 六月 ; 七月 ; 八月 ; 九月 ; 十月 ; 十一月 ; 十二月 ';
SET DayNames=' 周一 ; 周二 ; 周三 ; 周四 ; 周五 ; 周六 ; 周日 ';
SET LongDayNames=' 星期一 ; 星期二 ; 星期三 ; 星期四 ; 星期五 ; 星期六 ; 星期日 ';
SET NumericalAbbreviation='3:k;6:M;9:G;12:T;15:P;18:E;21:Z;24:Y;-3:m;-6:μ;
-9:n;-12:p;-15:f;-18:a;-21:z;-24:y';

LIB CONNECT TO 'KylinDSN';

Direct Query
DIMENSION
TRANS_ID,
```

```
YEAR_BEG_DT,
MONTH_BEG_DT,
WEEK_BEG_DT,
PART_DT,
LSTG_FORMAT_NAME,
OPS_USER_ID,
OPS_REGION,
META_CATEG_NAME,
CATEG_LVL2_NAME,
CATEG_LVL3_NAME,
ACCOUNT_BUYER_LEVEL,
NAME
MEASURE
PRICE
FROM KYLIN_SALES
join KYLIN_CATEGORY_GROUPINGS on(SITE_ID=LSTG_SITE_ID and
KYLIN_SALES.LEAF_CATEG_ID=KYLIN_CATEGORY_GROUPINGS.LEAF_CATEG_ID)
join KYLIN_CAL_DT on (KYLIN_CAL_DT.CAL_DT=KYLIN_SALES.PART_DT)
join KYLIN_ACCOUNT on (KYLIN_ACCOUNT.ACCOUNT_ID=KYLIN_SALES.BUYER_ID)
join KYLIN_COUNTRY on (KYLIN_COUNTRY.COUNTRY=KYLIN_ACCOUNT.ACCOUNT_COUNTRY);
```

注意　请确保将脚本“LIB CONNECT TO‘KylinDSN’”中的DSN名称修改成您创建的本地DSN名称。

5.9.3　创建可视化

在界面左上方选择“应用程序视图”命令，点击“创建新工作表”按钮，选择需要的图表类型，并根据需要添加维度和度量项，即可生成图表（如图5-45所示）。

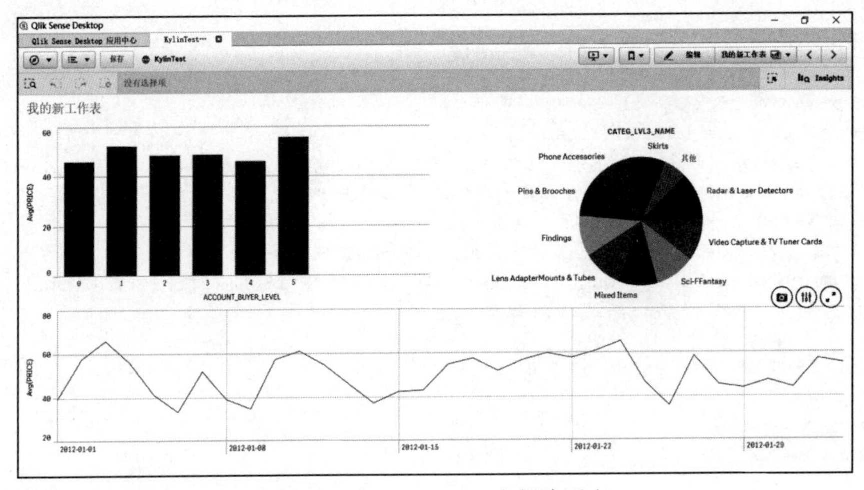

图5-45　在Qlik Sense中创建图表

5.9.4 发布到Qlik Sense Hub

发布之前，请确保部署Qlik Sense Hub的服务器上已安装了Apache Kylin ODBC驱动，并已配置了DSN。

1）从浏览器进入Qlik Management Console(QMC)，选择“License and tokens”模块（如图5-46所示）。

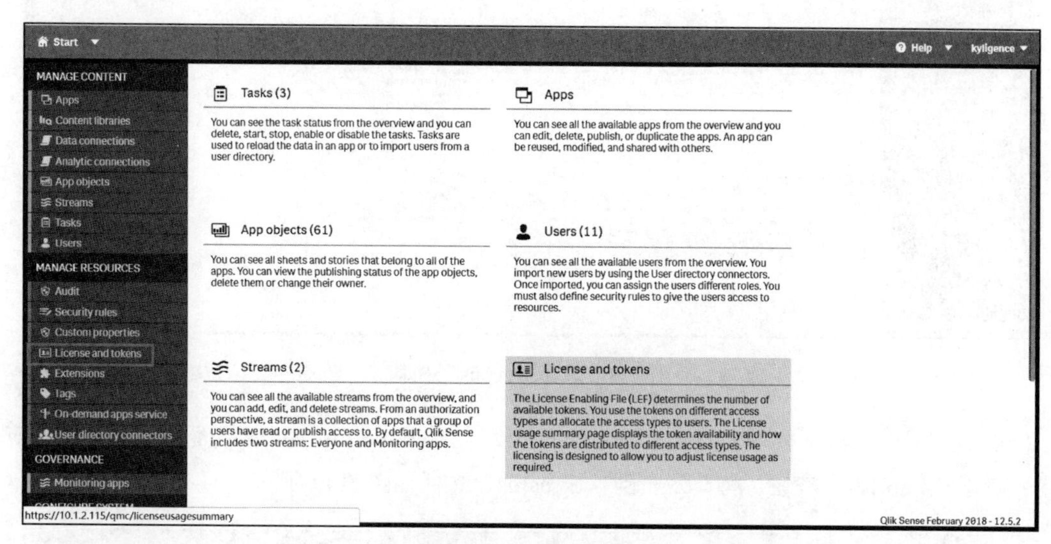

图5-46 进入QMC

2）在“QMC”→“License and tokens”→“User access allocations”中点击“Allocate”按钮，为当前用户分配Qlik Sense Hub使用权限（如图5-47所示）。

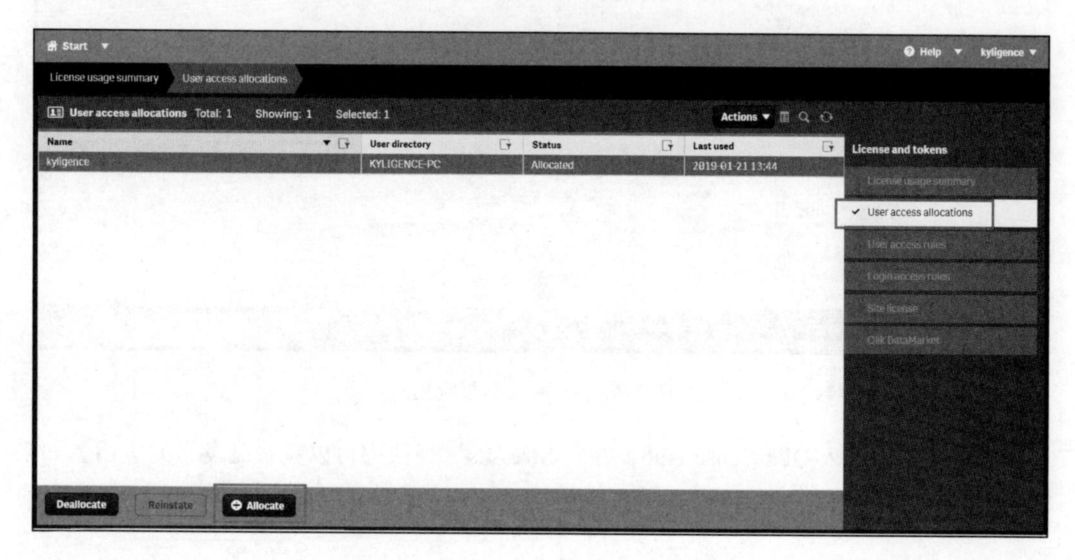

图5-47 分配Qlik Sense Hub使用权限

3）在 QMC 中选择“Apps”模块（如图 5-48 所示）。

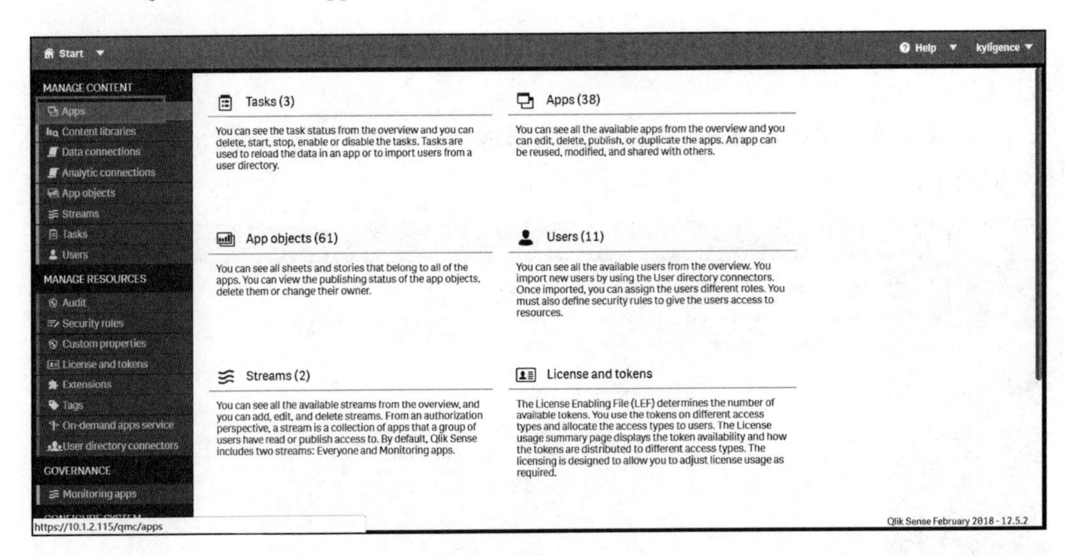

图 5-48 选择“Apps”模块

4）进入“Apps”模块，点击“Import”按钮，导入由 Qlik Sense 桌面版创建的本地应用，点击“Publish”按钮，将其发布到“Streams”中（如图 5-49 所示）。

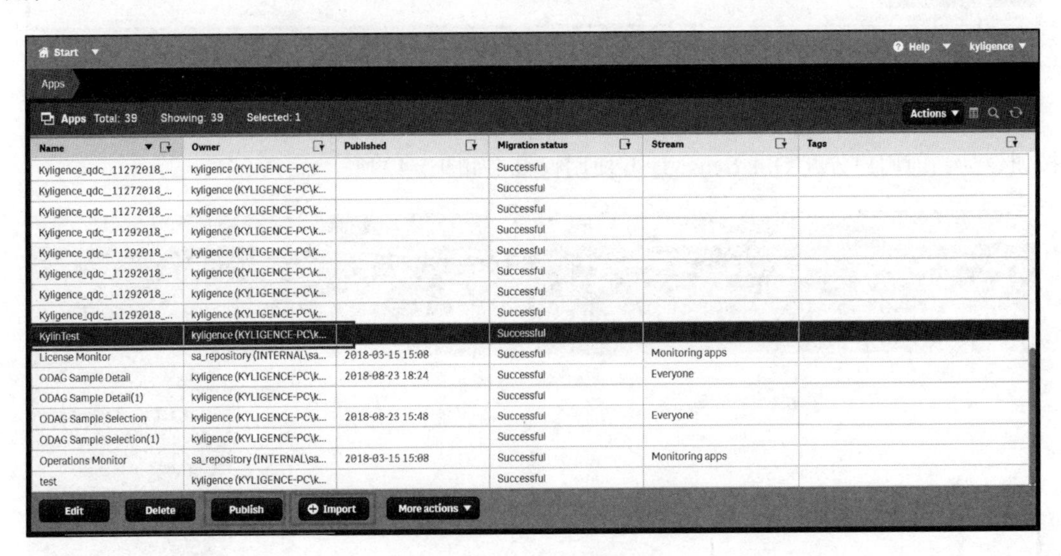

Name	Owner	Published	Migration status	Stream	Tags
Kyligence_qdc_11272018_...	kyligence (KYLIGENCE-PC\k...		Successful		
Kyligence_qdc_11272018_...	kyligence (KYLIGENCE-PC\k...		Successful		
Kyligence_qdc_11272018_...	kyligence (KYLIGENCE-PC\k...		Successful		
Kyligence_qdc_11292018_...	kyligence (KYLIGENCE-PC\k...		Successful		
Kyligence_qdc_11292018_...	kyligence (KYLIGENCE-PC\k...		Successful		
Kyligence_qdc_11292018_...	kyligence (KYLIGENCE-PC\k...		Successful		
Kyligence_qdc_11292018_...	kyligence (KYLIGENCE-PC\k...		Successful		
Kyligence_qdc_11292018_...	kyligence (KYLIGENCE-PC\k...		Successful		
KylinTest	kyligence (KYLIGENCE-PC\k...		Successful		
License Monitor	sa_repository (INTERNAL\sa...	2018-03-15 15:08	Successful	Monitoring apps	
ODAG Sample Detail	kyligence (KYLIGENCE-PC\k...	2018-08-23 18:24	Successful	Everyone	
ODAG Sample Detail(1)	kyligence (KYLIGENCE-PC\k...		Successful		
ODAG Sample Selection	kyligence (KYLIGENCE-PC\k...	2018-08-23 15:48	Successful	Everyone	
ODAG Sample Selection(1)	kyligence (KYLIGENCE-PC\k...		Successful		
Operations Monitor	sa_repository (INTERNAL\sa...	2018-03-15 15:08	Successful	Monitoring apps	
test	kyligence (KYLIGENCE-PC\k...		Successful		

图 5-49 导入、发布应用

5）从浏览器进入 Qlik Sense Hub，在“Streams”模块中可以查看已发布的应用。如果只是导入了应用而没有发布的话，应用则存在于“Personal”模块中（如图 5-50 所示）。

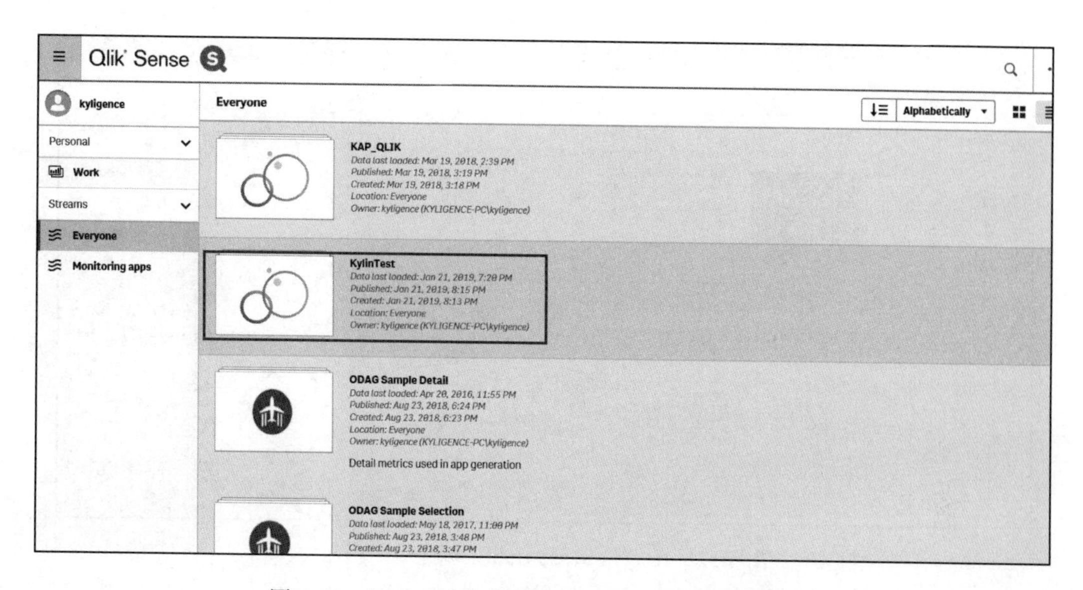

图 5-50 “Personal”模块中的已导入且未发布的应用

6）点击“KylinTest”命令，查看报告，如图 5-51 所示。

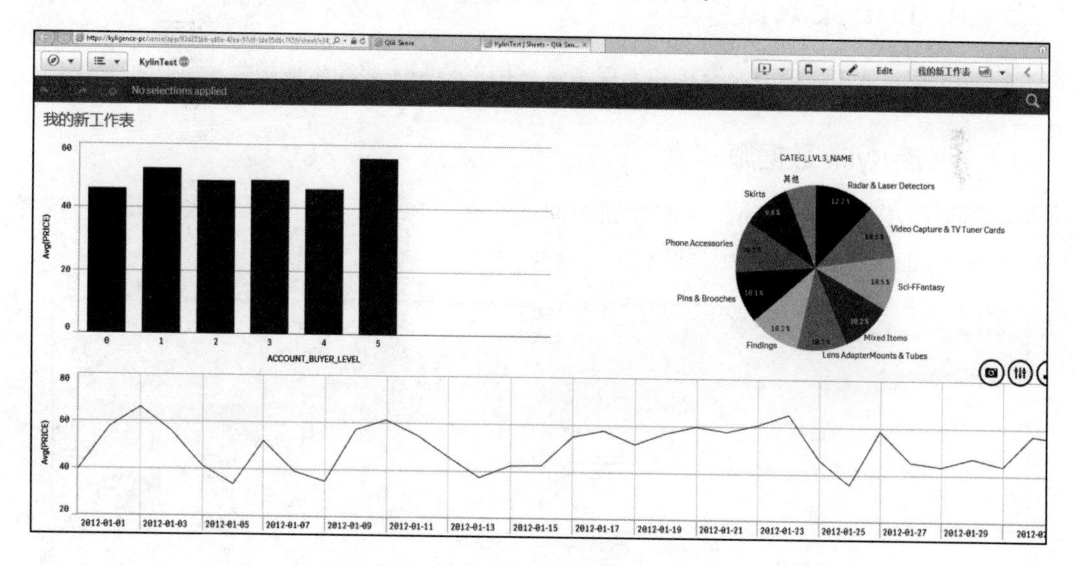

图 5-51 查看报告

5.9.5 在 Qlik Sense Hub 中连接 Kylin 数据源

在 Qlik Sense Hub 中新建应用，进入脚本编辑器，连接 Kylin 数据源，操作步骤和 Qlik Sense 桌面版大致相同，请参考上一章节，这里不再赘述（如图 5-52 所示）。

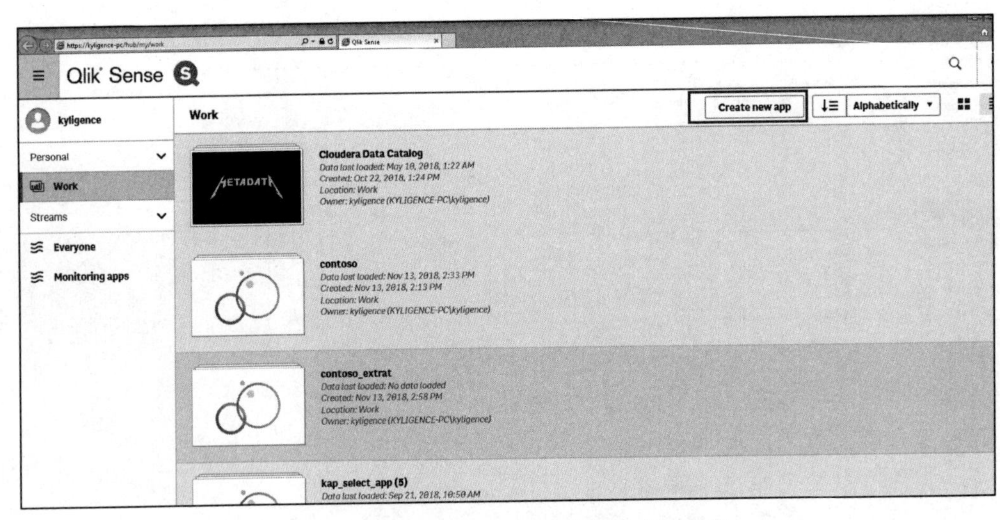

图 5-52 在 Qlik Sense Hub 中创建应用程序

5.10 Redash 集成

Redash 是一款出色的开源分析和展现工具，用于绘制图表和生成报告。

5.10.1 连接 Kylin 数据源

从浏览器中进入 Redash，点击界面中间的橙色“Redash”图标，进入主页面，选择“connect to a data source”选项（如图 5-53 所示）。

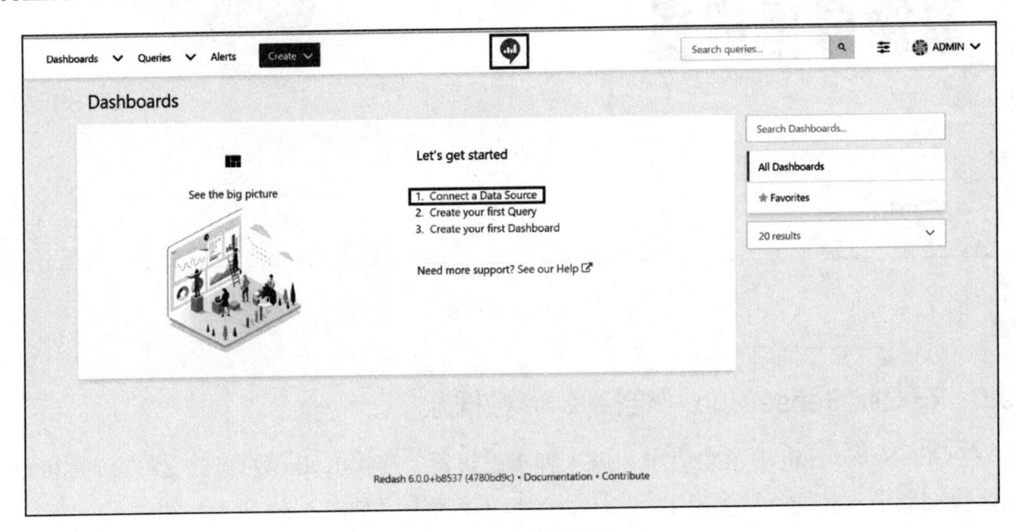

图 5-53 连接数据源

在弹出的页面中，选择“Kylin”选项，新建数据源（如图 5-54 所示）。

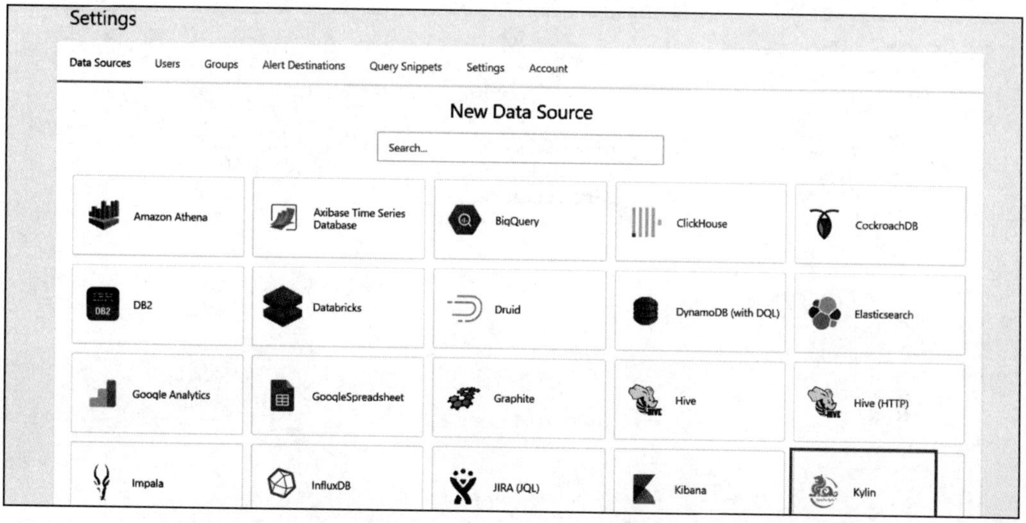

图 5-54　新建 Kylin 数据源

填写 Kylin 数据源的连接信息，点击“Save”按钮进行保存，然后点击“Test Connection”测试连通性，没问题的话，会弹出“Success”的提示信息（如图 5-55 所示）。

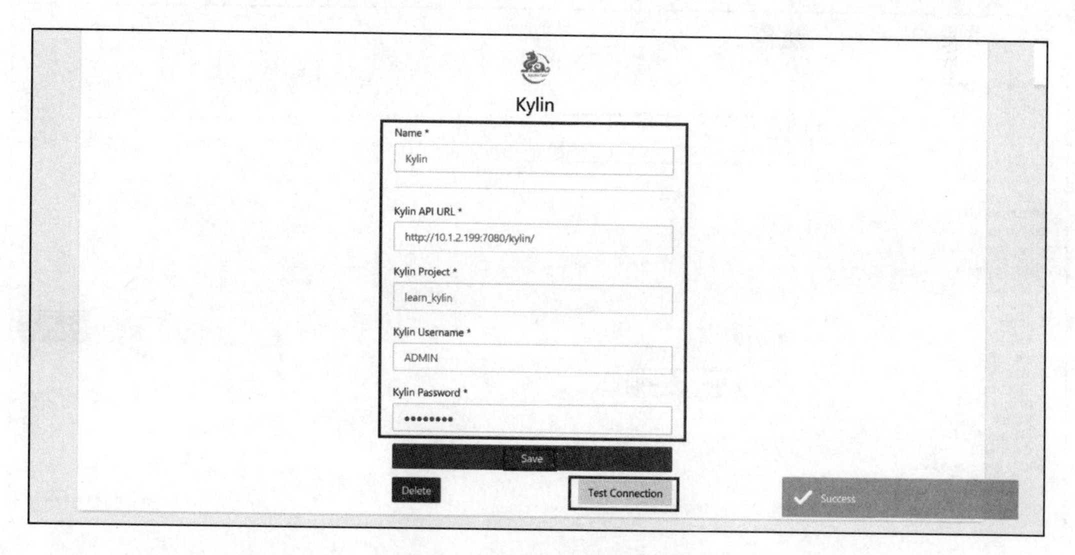

图 5-55　填写数据源连接信息

5.10.2　新建查询

新建 Kylin 数据源并成功连接后，回到主页面，选择“Create your first query”选项，新建查询（如图 5-56 所示）。

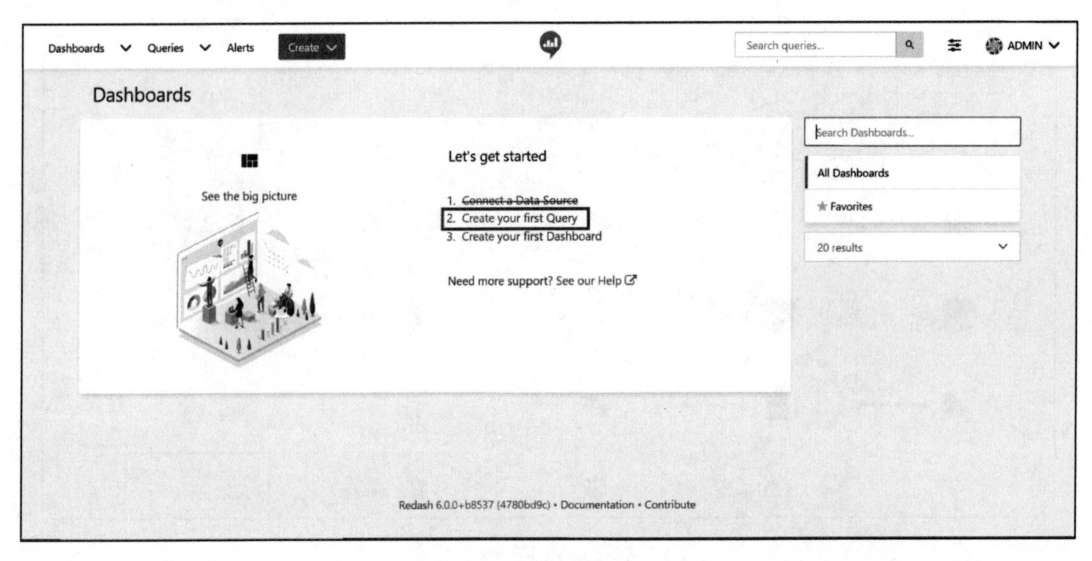

图 5-56　创建查询

在弹出的页面中，输入查询 SQL，如图 5-57 所示。

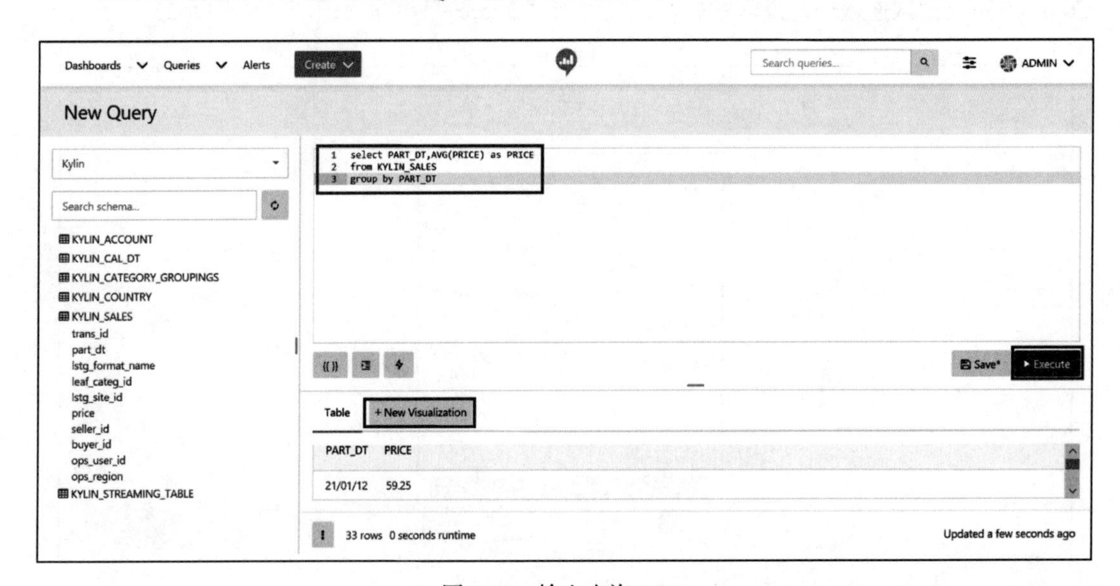

图 5-57　输入查询 SQL

在查询结果区域，点击“New Visualization”按钮，可针对该查询创建可视化图表，效果如图 5-58 所示。

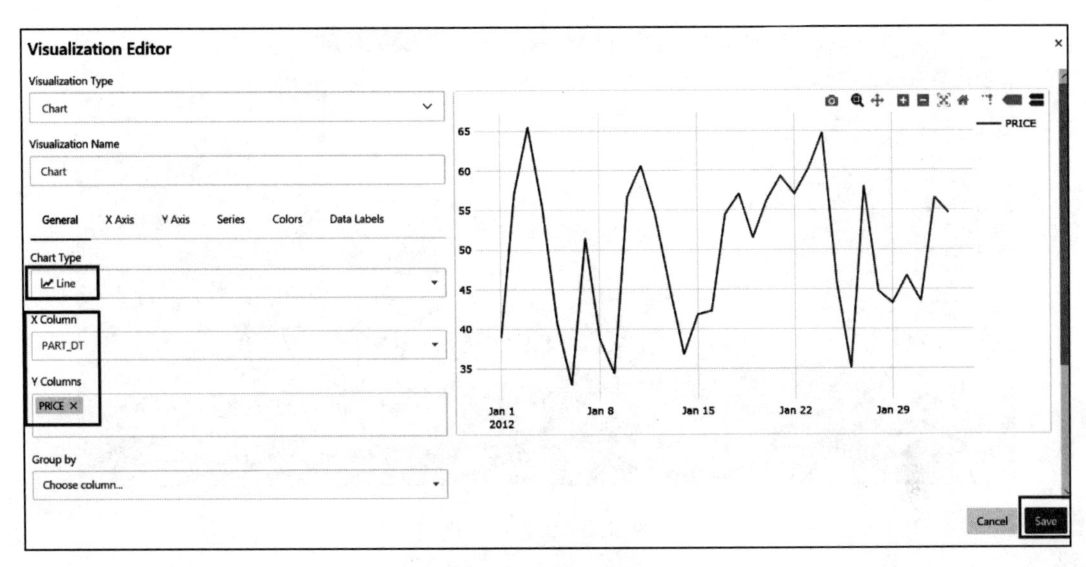

图 5-58　可视化图表

5.10.3　新建仪表盘

在主页面 选择“Create your first Dashboard”选项创建仪表盘（如图 5-59 所示）。

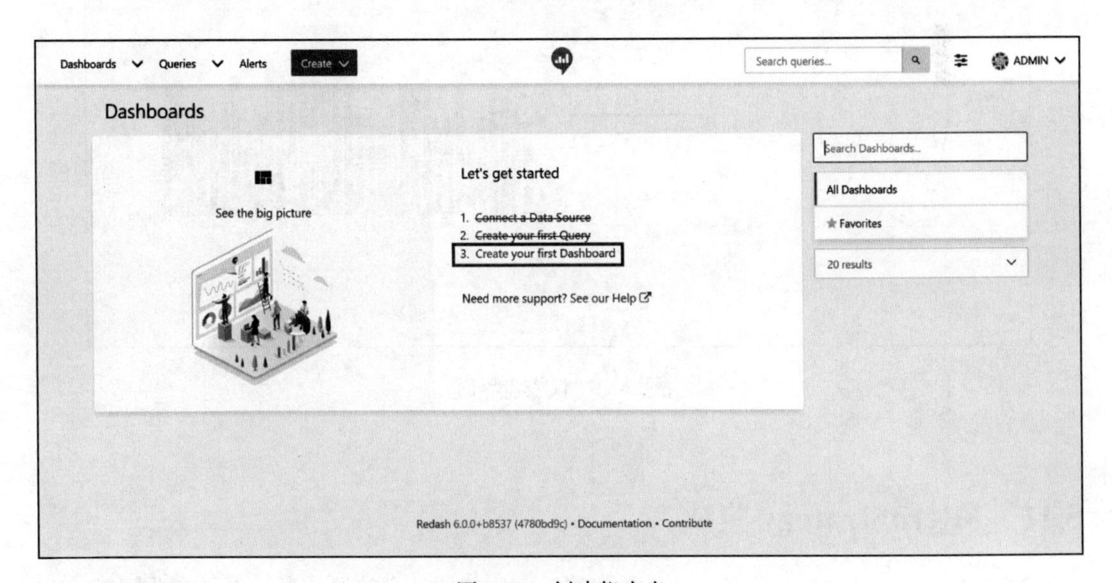

图 5-59　创建仪表盘

在仪表盘编辑页面，点击“ Add Widget”按钮，添加上一步创建的可视化，如图 5-60 所示。

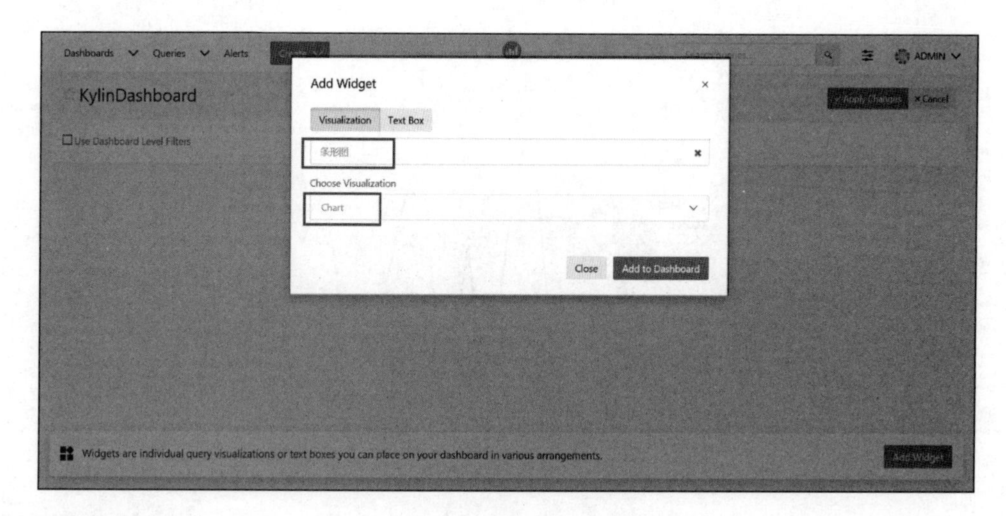

图 5-60　添加可视化

仪表盘创建成功，图 5-61 所示为仪表盘界面。

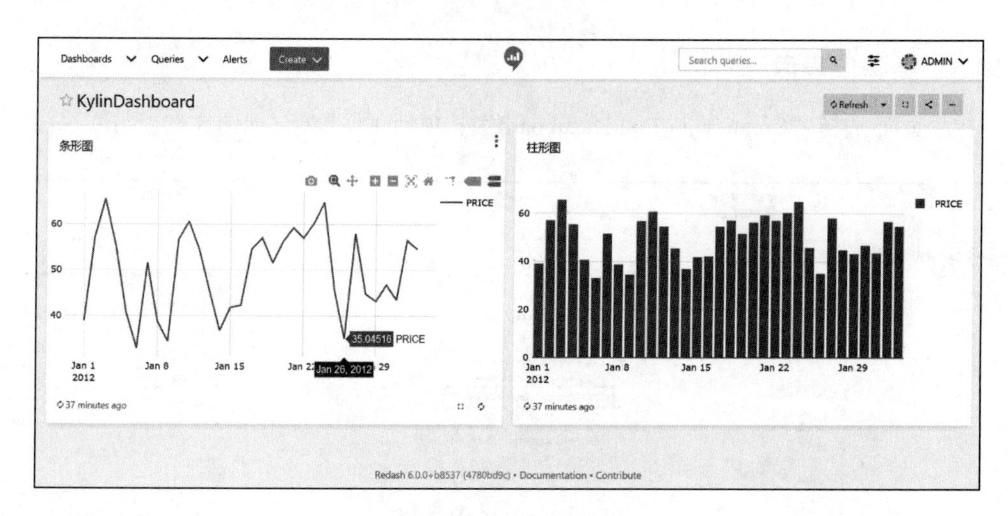

图 5-61　仪表盘界面

5.11　MicroStrategy 集成

MicroStrategy (MSTR) 是企业级分析与移动应用软件的全球领导者，也是商业智能 (BI) 和分析领域的先驱。

本节将基于 MicroStrategy v10.8 版本进行讲解，在使用 MicroStrategy 之前，请确保您已经安装 ODBC 驱动，并已配置了 DSN。

5.11.1　创建数据库实例

打开您的 MicroStrategy Developer 并连接到项目源，使用管理员账户登录，通过“Administration”→“Configuration manager”→“Database Instance”命令，创建数据库实例（如图 5-62 所示）。

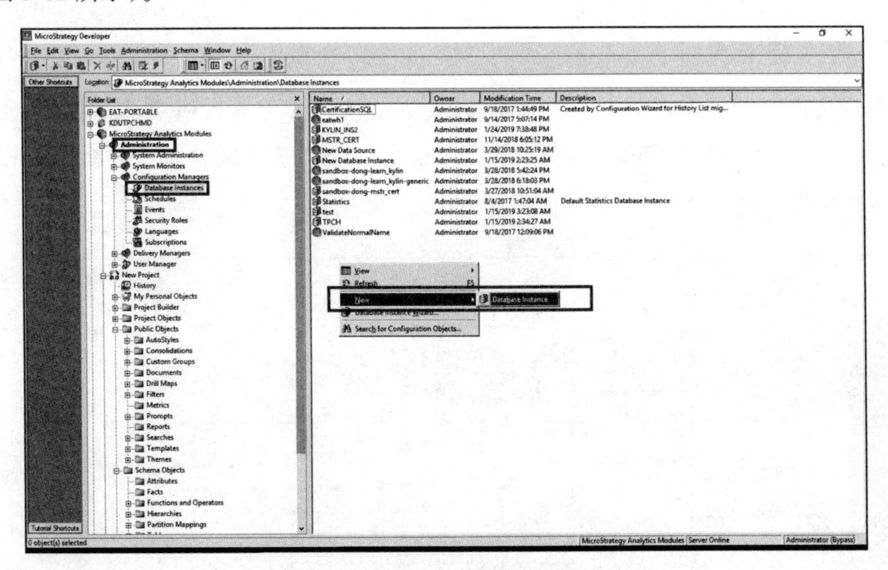

图 5-62　创建 Kylin 数据库实例

创建数据库实例时，请选择“Generic DBMS”数据库连接类型，接下来新建一个数据库连接，选择已创建的“KylinDSN”（如图 5-63 所示）。

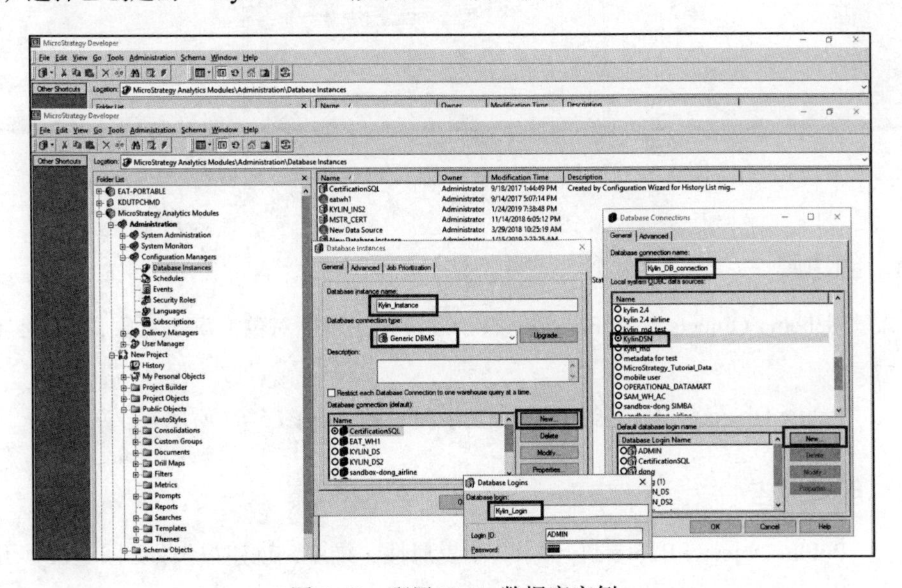

图 5-63　配置 Kylin 数据库实例

根据您的业务场景，您可能需要创建一个新项目并将 Kylin 数据库实例设置为主数据库实例，或者对于现有项目，请将 Kylin 数据库实例设置为主数据库实例或非主数据库实例之一。您可以右键单击项目，进入“project configuration”→“database instance”界面进行配置。

5.11.2 导入逻辑表

打开项目，进入“schema”→“warehouse catalog”界面导入您需要的表格（如图 5-64 所示）。在“Warehouse Catalog”选项中将“Read Setting”选项设置为“Use standard ODBC calls to obtain the database catalog”。

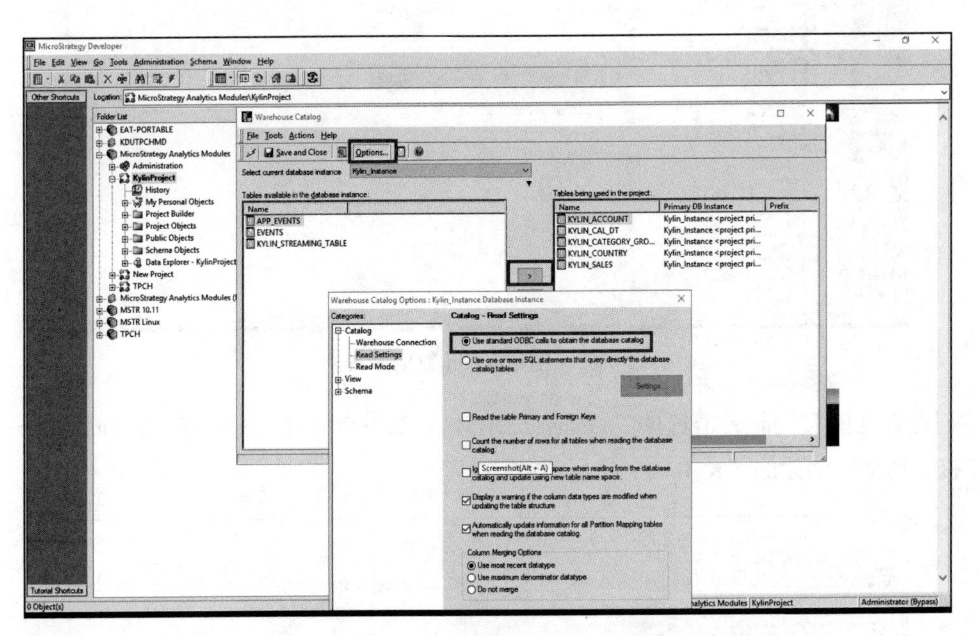

图 5-64 在 MicroStrategy Developer 中导入逻辑表

5.11.3 创建属性、事实和度量

进入“Schema Objects- Attributes/Facts”目录创建属性对象、事实对象，如图 5-65、图 5-66 所示。

进入“Public Objects- Metrics”目录创建度量对象，如图 5-67 所示。

5.11.4 创建报告

进入“Public Objects- Reports”目录，拖曳属性、维度，创建报告（如图 5-68 所示）。

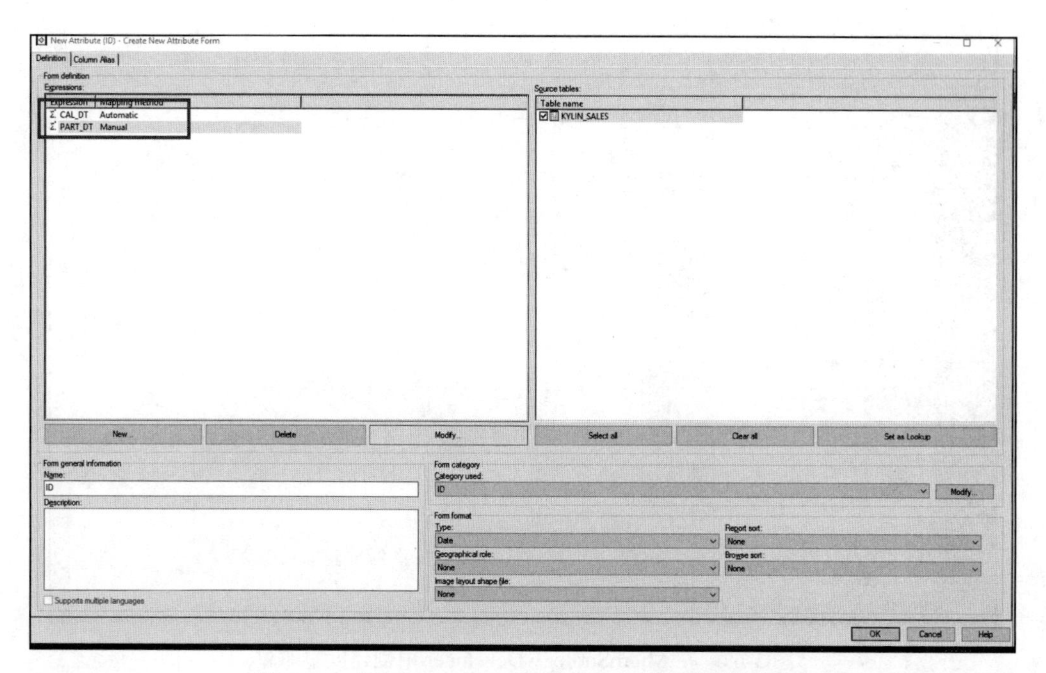

图 5-65　在 MicroStrategy Developer 中创建属性对象

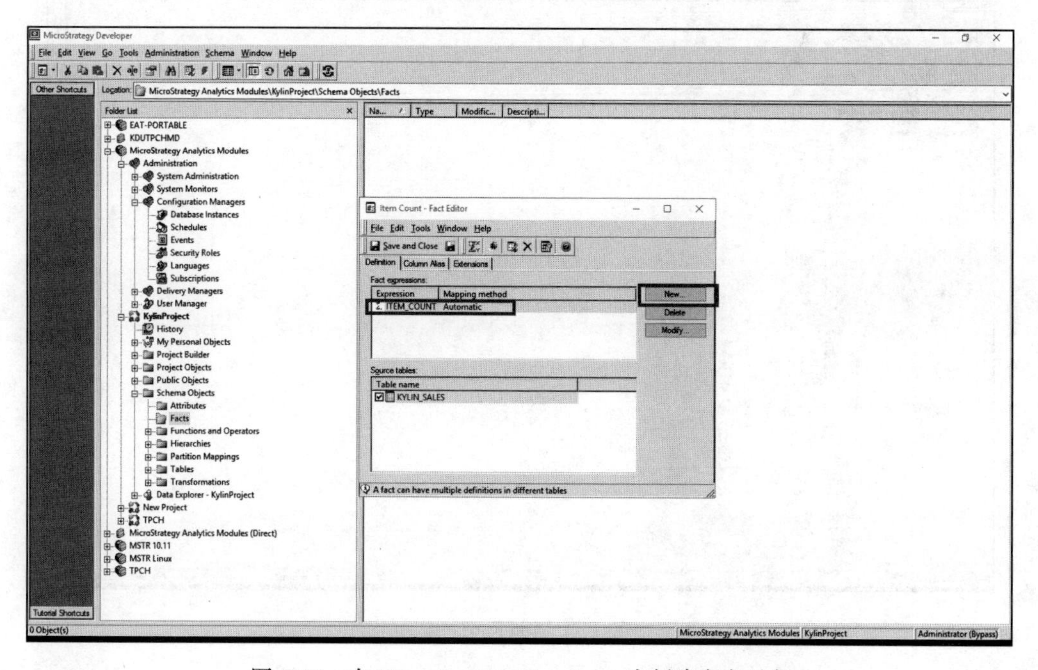

图 5-66　在 MicroStrategy Developer 中创建事实对象

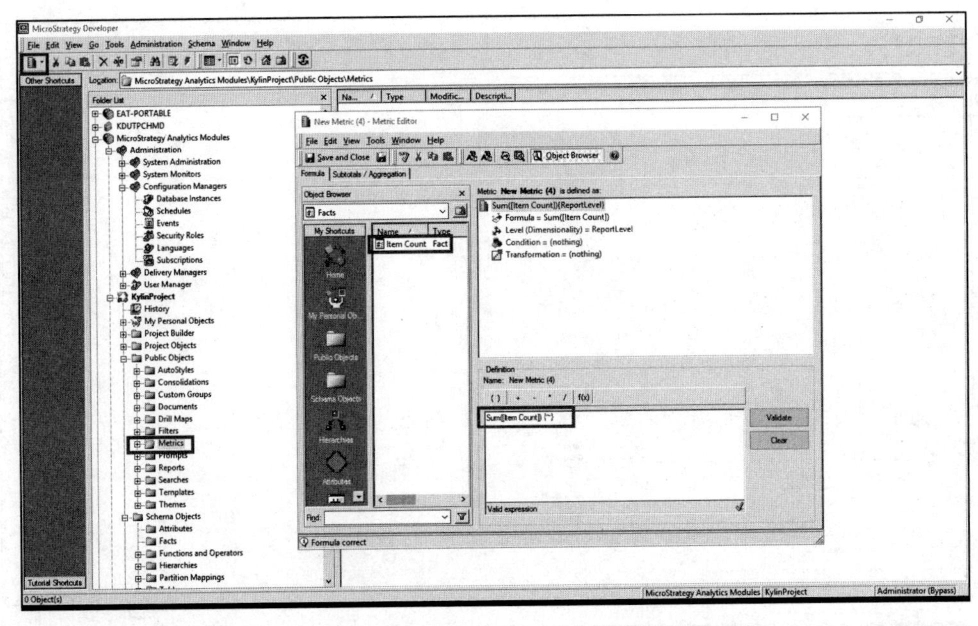

图 5-67　在 MicroStrategy Developer 中创建度量对象

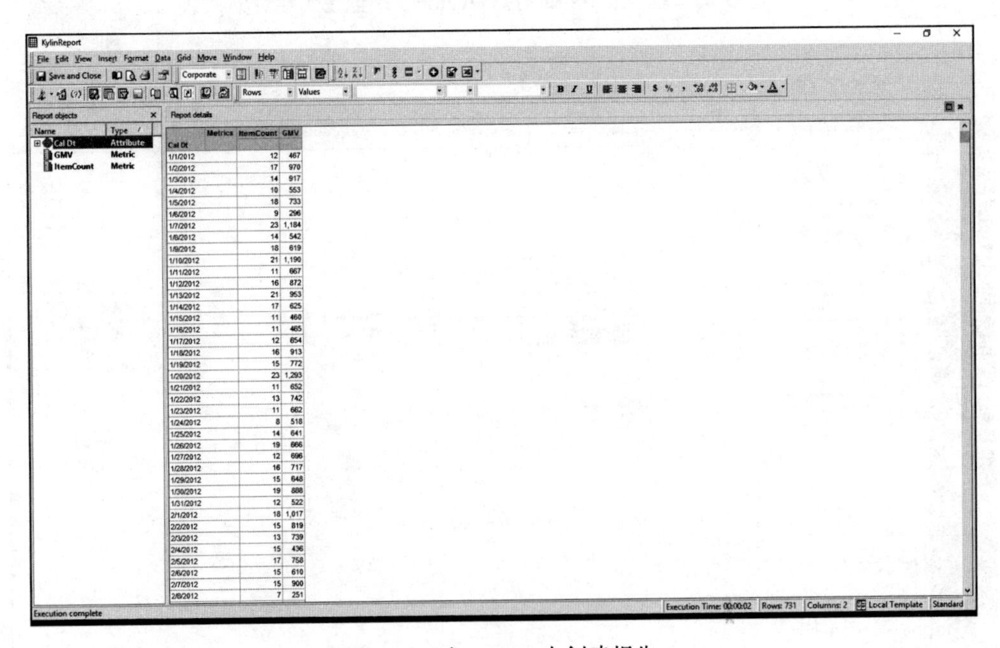

Cal Dt	ItemCount	GMV
1/1/2012	12	467
1/2/2012	17	970
1/3/2012	14	917
1/4/2012	10	553
1/5/2012	18	733
1/6/2012	9	296
1/7/2012	23	1,184
1/8/2012	14	542
1/9/2012	18	619
1/10/2012	21	1,190
1/11/2012	11	667
1/12/2012	16	872
1/13/2012	21	953
1/14/2012	17	625
1/15/2012	11	460
1/16/2012	11	465
1/17/2012	12	654
1/18/2012	16	913
1/19/2012	15	772
1/20/2012	23	1,293
1/21/2012	11	652
1/22/2012	13	742
1/23/2012	11	662
1/24/2012	8	518
1/25/2012	14	641
1/26/2012	19	666
1/27/2012	12	696
1/28/2012	16	717
1/29/2012	15	648
1/30/2012	19	888
1/31/2012	12	522
2/1/2012	18	1,017
2/2/2012	15	819
2/3/2012	13	739
2/4/2012	15	436
2/5/2012	17	758
2/6/2012	15	610
2/7/2012	15	900
2/8/2012	7	251

图 5-68　在 MSTR 中创建报告

5.11.5 MicroStrategy 连接 Kylin 最佳实践

- Kylin 目前不支持多个 SQL 传递，因此建议将报表的中间表类型设置为衍生

(Derived)，您可以使用“Data”→“VLDB property”→“Tables”命令在报表级别设置“Intermediate Table Type”为“Derived”。

- 避免在MicroStrategy中使用以下功能，因为使用这些功能会生成多个无法靠配置VLDB属性绕过的SQL传递：
  - 创建数据集市（Data Mart）；
  - 查询分区表（Partition Table）；
  - 包含自定义组（Custom Group）的报告。
- 使用Kylin关键字命名表和列将导致SQL输出错误。您可以在此处找到Kylin关键字（https://calcite.apache.org/docs/reference.html#keywords），注意避免将表或列命名为Kylin关键字，如表名为Kylin关键字“Year”。尤其是当您使用MicroStrategy作为前端BI工具时，据我们所知，MicroStrategy中没有可以转义关键字的设置。
- 如果Kylin定义了左连接数据模型，为了使Microstrategy中生成相同的左连接SQL，请按照以下MicroStrategy Tech Note修改VLDB属性：

  https://community.microstrategy.com/s/article/ka1440000009GrQAAU/KB17514-Using-the-Preserve-all-final-pass-result-elements-VLDB
- 默认情况下，MicroStrategy以“mm/dd/yyyy”等格式生成带有日期过滤器的SQL查询。此格式可能与Kylin的日期格式不同，如果是这样，查询将会出错。您可以按照以下步骤更改MicroStrategy以生成与Kylin相同的日期格式SQL：

  1）依次点击“Instance”→“Administration”→“Configuration Manager”→“Database Instance”命令进入数据库界面；

  2）右键单击数据库，选择“VLDB”属性；

  3）在顶部菜单中选择“Tools”→“show Advanced Settings”命令；

  4）选择“select/insert”→“date format”命令；

  5）更改日期格式以遵循Kylin中的日期格式，如“yyyy-mm-dd”；

  6）重新启动MicroStrategy Intelligence Server，以使更改生效。

5.12　小结

Apache Kylin提供了灵活的前端连接方式，包括REST API、JDBC和ODBC。用户可以根据需要使用已有的BI工具（如Tableau）查询Apache Kylin中的数据，也可以开发定制应用程序，通过这些API访问Apache Kylin数据。

此外，通过REST API用户还可以读取元数据，触发Cube构建、查询构建进度，甚至实现自动创建Cube等高级功能。

Chapter 6 第6章

Cube Planner 及仪表盘

6.1 Cube Planner

在前面的章节中介绍了 Cube 优化的重要性，我们知道，好的优化能够使 Cube 的体积更小、查询速度更快。Kylin 2.3.0 及以后的版本引入的 Cube Planner 功能便是 Cube 优化一个非常有利的武器。Cube Planner 功能通过计算不同 Cuboid 的构建成本和收益，并结合用户查询的统计数据挑选出更精简、更高效的维度组合，从而减少构建 Cube 耗费的时间和空间，提高查询效率。

6.1.1 为什么要引入 Cube Planner

我们知道，在没有采取任何优化措施的情况下，Kylin 会对每一种维度的组合进行预计算，每种维度组合的预计算结果被称为 Cuboid，这些 Cuboid 组成了 Cube。假设数据有 10 个维度，那么没有经过任何剪枝优化的 Cube 就会有 2^{10}=1024 个 Cuboid；如果有 20 个维度，那么未经剪枝优化的 Cube 就会有超过一百万个 Cuboid。

毫无疑问，数量如此庞大的 Cuboid 会给计算和存储带来极大的压力，所以 Kylin 设置了“kylin.cube.aggrgroup.max-combination”参数来限制 Cuboid 的数量，以前这个参数默认为“4096”。也就是说，如用户定义的 Cube 包含了超过 4096 个 Cuboid 就无法保存，需要手动优化后才能继续。在维度量大的场景下，这种限制使用户操作起来很不方便，且增加了用户的工作量。另外，在很多规模较大的机构里，数据提供者和使用者不在同一部门，数据提供者对数据的查询模式并不是特别熟悉，而数据分析师为了掌握优化 Cube 的技巧则需要花费更多的学习成本。

6.1.2　Cube Planner 算法介绍

Cube Planner 本质上就是从 2^N 种维度组合中挑选出部分添加到推荐列表中以进行后续的构建。问题的关键在于剪枝的标准，对于某种可能的维度组合只有两种结果：被预计算和不被预计算，这取决于加入这个 Cuboid 产生的收益与成本之比（效益比）。

Cuboid 的成本主要包含如下两个方面。

- ❑ 构建成本：取决于该维度组合的数据行数。
- ❑ 查询成本：取决于查询该 Cuboid 需要扫描的行数。

由于构建往往是一次性的，而查询是重复性的，因此这里忽略构建成本，只使用查询成本来计算。

Cuboid 的效益：即预计算出这个 Cuboid，相比没有这个 Cuboid 对整个 Cube 的所有查询所能减少的查询成本。

下面分别通过贪心算法和基因算法，更直观地展示 Cube Planner 的选择过程。

1. 贪心算法

贪心算法使用多轮迭代，每次选出当前状态下最优的一种维度组合并将其加入推荐列表。假设有一个 Cube，它有如图 6-1 所示的维度组合。

各个维度组合之间的层级关系如图 6-2 所示，括号里的数字表示：该维度组合的行数和查询该维度组合的成本

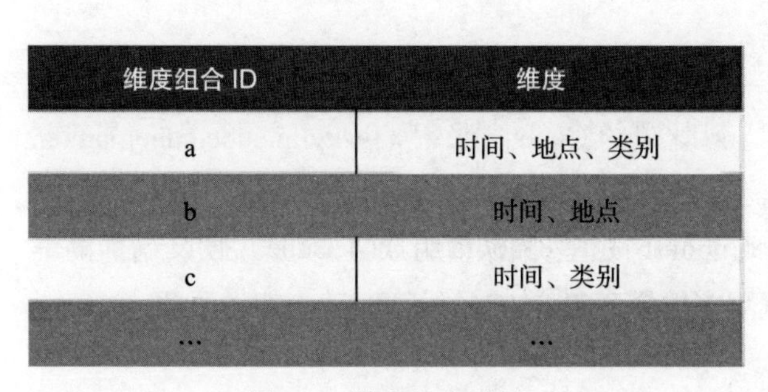

维度组合 ID	维度
a	时间、地点、类别
b	时间、地点
c	时间、类别
…	…

图 6-1　维度组合示例

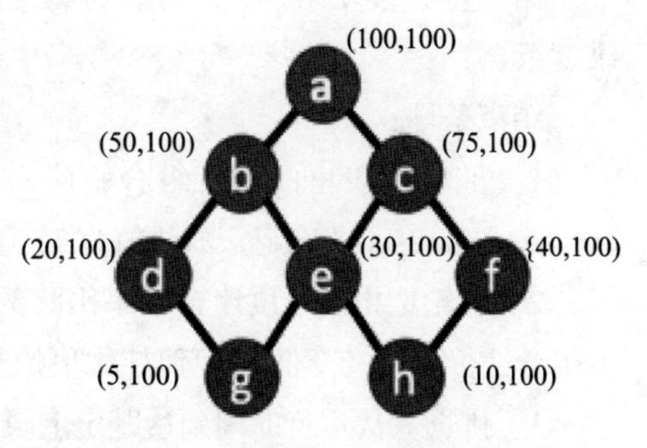

图 6-2　各维度组合间的层级关系

算法步骤如下：

第一步，因为维度组合 a 是 Base Cuboid，默认一定会被预计算，所以将 a 加入推荐列表。在当前只有 a 被计算的情况下，查询剩余所有维度组合的数据都只能通过它们的祖先 a，成本均为 100（扫描 a 所需的行数）。

第二步，估算 b 的收益比。如果预计算 b，那么对 b 和其子孙 d、e、g、h 这 5 种维度组合的查询都可以通过扫描 50 行的 b Cuboid 来得到。相比直接扫描 a，查询成本从 100 减至 50，因此预计算 b 对整个 Cube 的增益为 (100–50)*5，而效益比就是增益再除以 b 的行数：(100–50)*5/50=5。如图 6-3 所示。

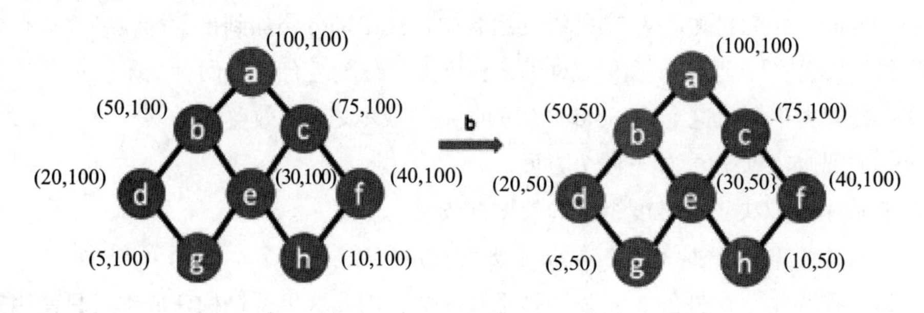

图 6-3　估算物化 b 的收益

第三步，按第二步的方法依次计算 c、d、e、f、g、h 的效益比（如图 6-4 所示）。

```
C:(100-75)*5/75=1.67
D:(100-20)*2/20=8
E:(100-30)*3/30=7
F:(100-40)*2/30=3
G: (100-5)*1/5=19
H:(100-10)*1/10=9
```

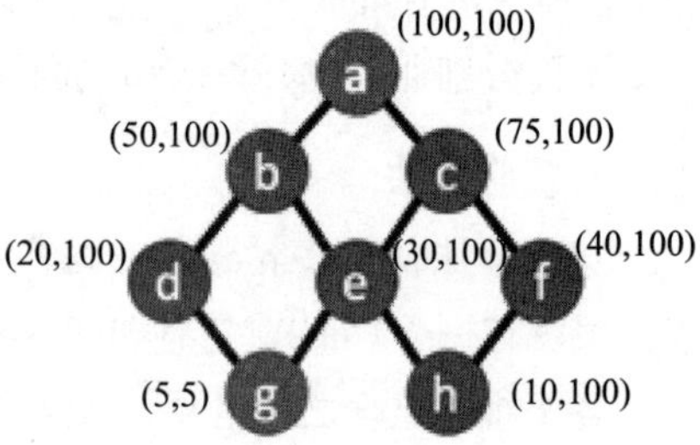

图 6-4　第一轮迭代后结果

可见 g 是效益比最高的维度组合，因此第一轮将维度组合 g 加入推荐列表中。

第四步，重复第二、三步，每轮迭代都加入一种维度组合。

结束条件：

1）推荐列表里的维度组合膨胀率达到既定的 Cube 膨胀率（由 kylin.cube.cubeplanner.expansion-threshold 决定，默认值为 15）。

2）本轮选中的维度组合效率比低于既定最小阈值（默认值为 0.01）。这说明新增加的维度组合性价比已经降低了，不需要再挑选更多的维度组合。

3）挑选算法运行时间到达既定上限。

2. 基因算法

基因算法的核心思想是交叉变异，优胜劣汰，主要步骤包括“选择”→“交叉”→“变异”。假设每个 Cuboid 都是一个基因，一种 Cuboid 组合是一个染色体，染色体用 01 字符串表示，其中 1 表示该 Cuboid 在这个 Cube 里出现，0 表示不出现。例如：Cuboid Set{O1, O2, O3, O4, O5, O6, O7, O8, O9, O10}，染色体 {0110011001} 表示这个 Cube 包含了 { O2, O3, O6,

O7, O10} 这 5 个 Cuboid。每个染色体的 Fitness 计算方法与贪心算法类似。

在这个例子中，Cuboid 组合 {a, g} 的 Total Benefit 如下：

```
(100*8-(100+100+100+100+100+100+5+100))=95
```

再考虑 Cuboid 的成本，加入惩罚函数后 Fitness 的表达式如下：

```
Fitness=totalBenfit*min(1,baseCuboidSpaceCost*expansionRate/totalSpaceCost)
```

算法步骤如下：

第一步，初始化种群

随机生成一些 01 字符串作为初始种群，代表一些可能的 Cuboid 组合。

第二步，选择（selection）

采用轮盘赌选择算法（roulette wheel selection）挑选出两个染色体，某个染色体被选中的概率和它的 Fitness 成正比。

第三步，交叉（crossover）

两个父染色体以一定的规则交换部分基因，生成新的染色体。下面以最简单的单点交叉为例进行说明。

```
11001 011 + 11011 111
=>11001111 11011011
```

第四步，变异（mutation）

在交叉得到的结果中以一定比例随机选择某一位进行反转，并将结果加入种群。

```
11001111 => 11001011
```

终止条件：

1）后代数量达到上限。

2）前后两代 Fitness 差异度很小。

达到上述条件之一，即可终止迭代。

3.6 节中提到，Cube Planner 优化分为两个阶段。在第一阶段中，由于缺少查询统计数据，以上两种算法在计算收益时会假设所有的查询请求都均匀地分布在每一种维度组合内；第二阶段在计算收益时会根据查询命中的概率给每个维度组合加上不同的权重。

6.1.3　使用 Cube Planner

Cube Planner 会根据优化前的维度组合数量来选择是使用贪心算法还是基因算法。默认情况下，有 2^{23} 以上个维度组合的 Cube 使用基因算法进行优化；维度组合数量为 2^8 ~ 2^{23} 个的 Cube 使用贪心算法进行优化，维度组合数量少于 2^8=256 的则不做优化。上述阈值由“kylin.cube.cubeplanner.algorithm-threshold-greedy”和“kylin.cube.cubeplanner.algorithm-threshold-genetic”这两个参数共同决定。

在开启 kylin.cube.cubeplanner.enabled=true 之后，Cube Planner 会在以下两个阶段产生作用。

第一阶段（适用于初次构建的 Cube）

在物化 Cube 之前，Kylin 会利用 Extract Fact Table Distinct Columns 步骤中得到的采样数据，预估每个 Cuboid 的大小。如果开启了 Cube Planner，并且是第一次构建，那么 Kylin 会基于用户初步剪枝的 Cube，根据上文中提到的算法生成推荐列表并记录下来，随后用 MapReduce 或 Spark 引擎进行构建。在这之后的 segment 也会使用同样的推荐列表进行构建；由于新创建的 Cube 没有查询统计数据，因此在第一阶段中会假设查询每个维度组合的概率相同。

图 6-5 是开启 Cube Planner 前后 Cube sunburst 的对比图。同样是四百多万条数据，未开启时用了 512 个 Cuboid 来构建，占用空间 9.12GB。而右边开启 Cube Planner 后 Cuboid 数量减至 152 个，占用空间 2.91GB，减少了约 70%，另外构建时间也大幅缩短。

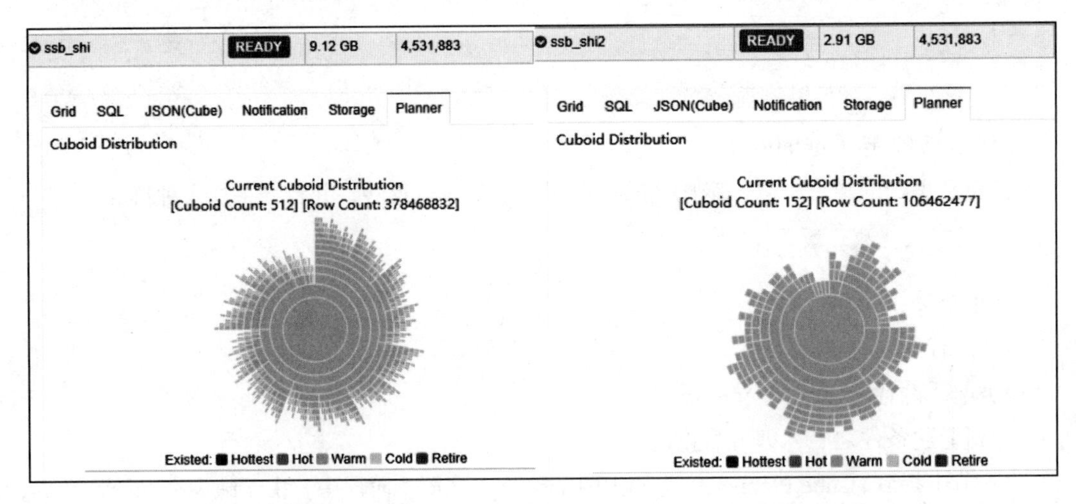

图 6-5 开启 Cube Planner 前后的 Cube sunburst 图对比（第一阶段）

第二阶段（适用于已运行一段时间的 Cube）

与第一阶段不同的是，第二阶段需要首先建立 System Cube 来收集 Cube 查询的统计数据，具体步骤参照 6.2 节，也可以用 $KYLIN_HOME/bin/system-cube.sh 脚本自动设定和构建。

第二阶段发生在 Cube 构建完成并使用一段时间之后，这时 Kylin 的 Metrics 积累了一些查询统计数据。用户在 Kylin 的 Web UI 通过点击 Cube 的 Planner 标签页查看 Cube 的 sunburst 图可以了解 Cuboid 的冷热状况（前提是 System Cube 已经收集到 Metrics 数据），并通过点击“ Optimize”按钮来触发优化。Cube Planner 从 System Cube 中读取这些统计信息，作为上文描述的算法中的 Cuboid 效益的权重，重新规划和构建 Cuboid。图 6-6 所示为开启 Cube Planner 前后第二阶段的 Cube sunburst 对比图。

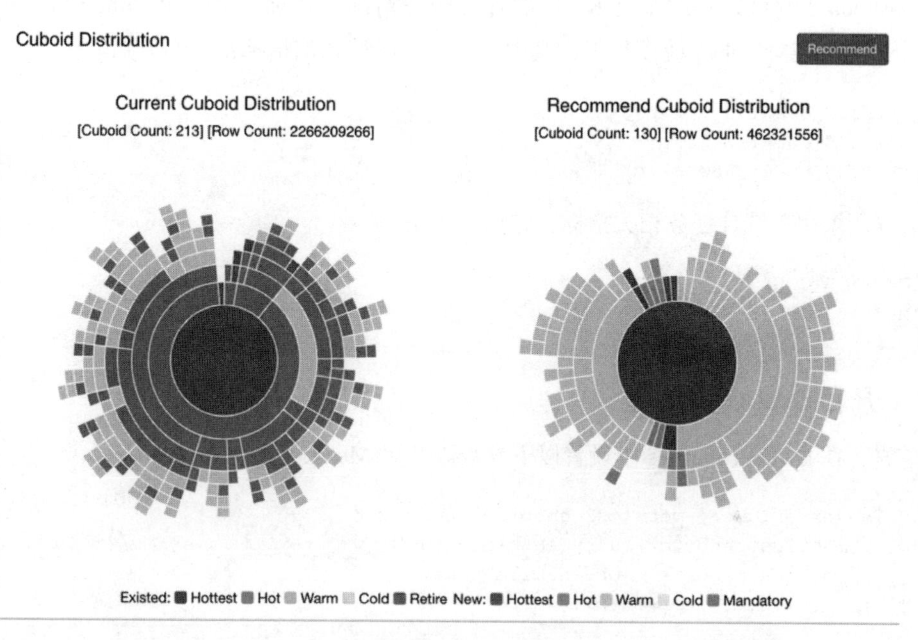

图 6-6　Cube Planner 优化前后的 Cube sunburst 图对比（第二阶段）

为了使得在重新构建 Cube 的过程中仍然可以继续查询原有 Cube，Kylin 采用了 OptimizeJob 和 CheckpointJobs 这两个专有任务，这样既保证了优化过程的并发度，又保证了优化后数据切换的原子性。OptimizeJob 不会重新计算所有推荐的维度组合，它只会计算那些推荐维度组合集里新增的组合，然后重用那些在原来的 Cube 里已经预计算出来的 Cuboid，这样可以在很大程度上节省优化的资源成本。此外，用户还可以通过下方的“ Export”按钮来导出最常用的 Cuboid。导出的 Cuboid 组合为 json 文件，下次创建 Cube 时可以在 Advanced Setting 步骤中作为 Mandatory Group 导入。

Cube Planner 功能在 Kylin v2.3.0 版本中引入，并在 Kylin v2.5.0 版本中默认开启。在 Kylin v2.5.0 版本中，kylin.cube.aggrgroup.max-combination 的默认值由 4096 提至 32768，这意味着用户可以定义出拥有更多维度的 Cube，而把剪枝优化的工作留给 Cube Planner。Cube Planner 有两个优化阶段，第一阶段使用门槛低，用户可以很快看到效果；第二阶段需要统计、收集查询历史，可以更加准确地进行优化，效果更佳。

6.2 System Cube

为了更好地监控 Kylin 的运行，Apache Kylin 自 v2.3.0 版本引入了 System Cube 来收集运行时的各种指标数据。System Cube 中存储着各种指标数据，通过这些指标我们可以了解每个查询服务器的使用情况，每个项目的查询总次数、查询失败率、查询时延等查询信息，配合 Dashboard 就可以实时掌握 Kylin 的查询服务情况。目前共有 5 个 Cube 被收录在名为“KYLIN_SYSTEM”的系统项目下，其中三个用于统计查询指标，它们分别是：

```
"METRICS_QUERY"
"METRICS_QUERY_CUBE"
"METRICS_QUERY_RPC"
```

另外两个用于统计任务相关指标，它们分别是：

```
"METRICS_JOB"
"METRICS_JOB_EXCEPTION"
```

6.2.1 开启 System Cube

首先，在 kylin.properties 中设置以下参数以开启 Metrics 功能：

```
kylin.server.query-metrics2-enabled=true
kylin.metrics.reporter-query-enabled=true
kylin.metrics.reporter-job-enabled=true
kylin.metrics.monitor-enabled=true
```

然后按以下步骤开启 System Cube。

1. 生成 Metadata

创建一个 SCSinkTools.json 文件，如下：

```
[
  [
    "org.apache.kylin.tool.metrics.systemcube.util.HiveSinkTool",
    {
      "storage_type": 2,
      "cube_desc_override_properties": [
        "java.util.HashMap",
        {
          "kylin.cube.algorithm": "INMEM",
          "kylin.cube.max-building-segments": "1"
        }
      ]
    }
  ]
]
```

其中，org.apache.kylin.tool.metrics.systemcube.util.HiveSinkTool这个类用于将本地的Metrics数据收集到Hive表中。

在KYLIN_HOME目录中运行以下命令来生成相关的metadata到<output_forder>中：

```
./bin/kylin.sh org.apache.kylin.tool.metrics.systemcube.SCCreator \
-inputConfig SCSinkTools.json \
-output <output_forder>
```

2. 设置数据源

```
hive -f <output_forder>/create_hive_tables_for_system_cubes.sql
```

这条命令在Hive中创建了以下5张表。示例中kylin.env=QA，所以表名以“QA”为后缀。

```
KYLIN_HIVE_METRICS_QUERY_QA
KYLIN_HIVE_METRICS_QUERY_CUBE_QA
KYLIN_HIVE_METRICS_QUERY_RPC_QA
KYLIN_HIVE_METRICS_JOB_QA
KYLIN_HIVE_METRICS_JOB_EXCEPTION_QA
```

3. 上传System Cube的metadata

通过以下命令将System Cube的本地metadata上传至Hbase：

```
./bin/metastore.sh restore <output_forder>
```

4. 重新加载metadata

在Kylin Web UI中点击“reload metadata”按钮，在project栏下拉菜单中选择“KYLIN_SYSTEM”命令，就能看到新创建的System Cube了。

6.2.2 构建和更新System Cube

接下来介绍如何构建System Cube。用户可以选择在Web UI中手动触发构建，也可以将构建任务注册到crontab中进行定期构建。

如果不想自己定义定期构建任务，包含以上步骤的默认配置脚本在$KYLIN_HOME/bin/system-cube.sh脚本中已经提供，用户只需在kylin.properties开启Metrics之后运行下面两条命令即可：

```
./bin/system-cube.sh setup
./bin/system-cube.sh build
```

6.3 仪表盘

为了更好地管理项目，分析人员一定需要了解Cube使用过程中的各项指标，如某个

Cube 每一天的查询数量、平均查询延迟及每 GB 源数据的平均构建时间等。所有这些重要的 Cube 使用数据都可以在 Kylin 仪表盘（Dashboard）中找到。

为使仪表盘在 Web UI 中生效，首先需要进行以下设置：

在“kylin.properties”中设置“kylin.web.dashboard-enabled=true”；

重启 Kylin 之后，在首页的“Dashboard”标签页，就可以看到如图 6-7 所示的仪表盘。

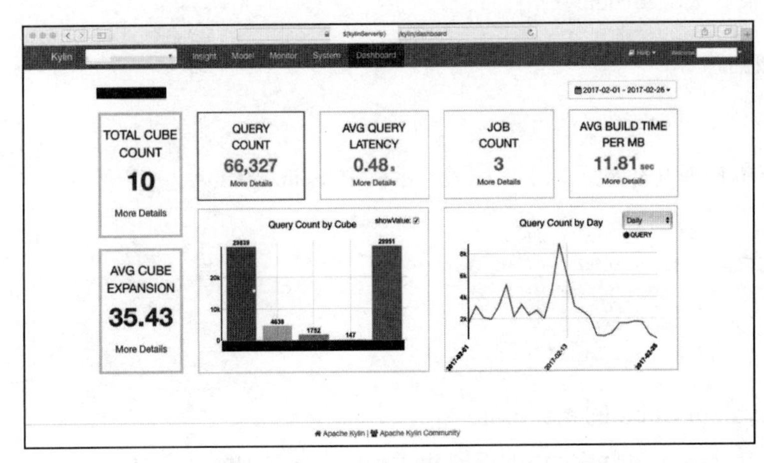

图 6-7　仪表盘界面

步骤 1

在标签栏中点击“Dashboard”按钮。此页面中有 9 个不同的属性，分别是：

- ❑ Time Period：时间范围。
- ❑ Total Cube Count：总 Cube 数。
- ❑ Avg Cube Expansion：平均膨胀率。
- ❑ Query Count：查询次数。
- ❑ Average Query Latency：平均查询延迟。
- ❑ Job Count：任务数。
- ❑ Average Build Time per MB：平均每 MB 数据构建时间。
- ❑ Data grouped by Project：按项目汇总的数据。
- ❑ Data grouped by Time：按时间汇总的数据。

步骤 2

点击“日历”修改时间范围，默认为过去 7 天。

这里有两种方式修改时间范围：一种是使用预设的时间范围；而另一种是自己定义时间范围。

1）如果要使用预设的时间范围，点击“Last 7 Days”选项只选择过去 7 天的数据，或点击“This Month”选项选择这个月的数据，或点击“Last Month”选项选择上个月的数据。

2）如果想要自己定义时间范围，点击“ Custom Range”选项，然后在文本框中输入日期，或者从日历中选择日期。

如果想要在文本框输入日期，请确保两个日期都有效。

如果想要从日历中选择日期，请确保点击了两个具体的日期。

修改了 time period 后，点击“Apply”按钮使更改生效。

步骤 3

现在数据分析将会在同一个页面中更改和展示，“ Total Cube Count”和“ Avg Cube Expansion”的数量是蓝色的。在这两个框中点击“ More Details”后将会被引导至“ Model”页面。

“Query Count”“Average Query Latency”“Job Count”和“Average Build Timeper MB”的数量是绿色的。点击这个四个矩形可获得关于你所选的数据的详细信息。详细信息将以图表的形式展示在“Data grouped by Project”和“Data grouped by Time”框中。

步骤 4

此为高级操作：“ Data grouped by Project”和“ Data grouped by Time”以图表的形式显示数据。在“ Data grouped by Project”中有一个称为“ showValue”的单选按钮，用户可以选择在图表中显示数字。还有一个单选的下拉列表“ Data grouped by Time”用于在不同的时间线中显示图表。

6.4　小结

System Cube 可将收集到的数据整理并存储起来，是用户对 Cube 进行管理和监控的一个非常有用的工具。仪表盘为指标数据提供了一个可视化的展示平台，能让用户更直观地了解 Cube 的使用历史状态。Cube Planner 能够利用 System Cube 中收集的数据，帮助我们找到更重要的 Cuboid，提高资源利用率和查询效率。同时，它也能降低设计 Cube 的门槛，帮助更多的人更轻松地使用 Kylin。

Chapter 7 第7章

流式构建

第4章中介绍了增量构建。增量构建用于满足业务的数据更新需求。增量构建和全量构建一样，都需要从Hive中抽取数据，在经过若干轮的MapReduce或Spark作业后，才能对源数据进行预计算，最后将预计算得到的结果适配成存储引擎所需的格式，并导入存储引擎中。在现实中，企业处理的数据除了一部分是通过定时的批处理任务加载进Hive仓库以外，还有很多数据是24*7小时不间断地产生并以流的方式传输和处理的。通常，企业会使用像Apache Kafka这样的分布式消息队列来缓存流数据，随后使用Apache Storm、Apache Spark、Apache Flink等技术对流消息进行计算和处理。流处理技术被广泛应用在监控、推荐等场景中。如果Kylin能够直接对接和消费Kafka消息流，而不需要使用Hive，一方面可扩大Kylin的适用场景、简化ETL的过程；另一方面可以将数据从产生到被分析的延迟大大缩短。

在Kylin v1.5版本中，团队第一次尝试了对接Kafka消息流，并取得了一定成果。它的主要原理是使用独立的Java进程以定时微批次的方式对Kafka消息进行消费并将其加工成Cube。但是在长时间运行后，该设计暴露出了运维难的问题，如无法自动扩展以支持更大的消息流、无法保证晚到的消息被消费等。在Kylin v1.6版本中，团队针对v1.5版本中流式构建暴露出的问题进行了整改，甚至重新设计，以使Kylin的流数据源可以利用Hadoop进行处理，从而更易于扩展和运维；并且抽象了Kylin中Segment之间分区的概念，允许它们使用Kafka offset做分区，但在时间上可以有重叠，这样晚到的消息也会被构建。在后来的v2.4版本中，Kylin进一步支持Kafka消息（作为事实表）与Hive中的维度表进行join，丰富了它的使用场景。本章将基于v2.5版本的实现对此功能进行介绍。

7.1　为什么要进行流式构建

实时数据更新是一种普遍的需求，快速更新的数据分析能够帮助分析师快速地判断业务的变化趋势，从而在风险仍然可控的阶段做出决策。在监控领域，通常需要非常实时的数据更新来抓捕异常的数据特征，这样一来，对数据的延迟需求可能是秒级甚至是毫秒级别的。Kylin擅长的在线多维分析领域不同于监控领域，虽然普遍存在准实时的更新需求，但是分钟级别的更新与秒级的更新在业务决策、趋势判断方面的功能已经接近。市场上也已经有其他秒级的在线多维分析产品可以选择，如Druid（http://druid.io/），但是为了支撑秒级的更新需求，该类产品不得不在内存中维护复杂的数据结构以接受实时数据更新（如Druid中的Incremental Index）。这种结构需要系统全局地处理该结构的高可用性和持久化的问题等，这会造成系统的易用性下降。更大的问题是在内存中维护所有的数据会对可处理数据量造成明显的限制。为了明确自身的定位，保持系统整体的简单易用性，我们认为，Kylin瞄准分钟级的更新需求就已经能够满足大部分的实时在线多维分析需求。

由于Kylin不打算自己在内存中维护数据结构来保障实时数据更新，因此Kylin本身无须像Druid一样处理复杂的集群资源调度、容灾容错、数据扩容等问题。无论是全量构建、增量构建还是流式处理，都有计算引擎的可扩展问题，但由于Kylin自身并不维护数据，因此其核心部分可以只关注预计算的优化、查询的优化等核心问题，而将计算的可扩展性委托给其他的计算框架如MapReduce、Spark等，而将存储的高可用性问题、扩容问题交给其他的存储框架如HBase等来解决。换言之，Kylin可以更好地复用用户生产环境中已经广泛部署的其他组件，更好地融入Hadoop、Spark这样的生态圈之中。这不仅减少了用户在基础设施上的投入，也节约了运维管理成本，最主要的是也让Kylin产品本身非常灵活、更易部署。

7.2　准备流式数据

7.2.1　数据格式

Kylin假设在流式构建中数据以消息流的形式传递给流式构建引擎。消息流中的每条消息都需要包含以下内容：

- 维度信息。
- 度量信息。
- 业务时间戳。

在消息流中，每条消息的数据结构都应该相同，并且可以用同一个分析器实例将每条消息中的维度、度量及时间戳信息提取出来。目前默认的分析器为org.apache.kylin.source.

kafka.TimedJsonStreamParser，该分析器会假设每条消息为一个单独的 JSON，所有的信息以键值对形式保存在该 JSON 之中。它还假设键值对中存在一个特殊的键值代表消息的业务时间，我们将该键值称为业务时间戳。该键值的键名是可配的，其值为长整数的 Unix Time 时间类型（时间是自 1970-01-01 00:00:00 开始的毫秒数，也称 Unix Epoch time）。

业务时间戳的粒度对于在线多维分析而言可能过高，无法在时间维度上完成深度的聚合。因此，Kylin 允许用户挑选一些从业务时间戳上衍生出来的时间维度（Derived Time Dimension），具体来说有以下几种。

- minute_start：业务时间戳所在分钟起始时间，类型为 Timestamp（yyyy-MM-dd HH:mm:ss）。
- hour_start：业务时间戳所在的小时起始时间，类型为 Timestamp（yyyy-MM-dd HH:mm:ss）。
- day_start：业务时间戳所在的天起始时间，类型为 Date（yyyy-MM-dd）。
- week_start：业务时间戳所在的周起始时间，类型为 Date（yyyy-MM-dd）。
- month_start：业务时间戳所在的月起始时间，类型为 Date（yyyy-MM-dd）。
- quarter_start：业务时间戳所在的季度起始时间，类型为 Date（yyyy-MM-dd）。
- year_start：业务时间戳所在的年起始时间，类型为 Date（yyyy-MM-dd）。

这些衍生时间维度都是可选的，如果用户选择了这些衍生维度，那么在对应的时间粒度上进行聚合时就能够获得更好的查询性能，一般来说不推荐把原始的业务时间戳选择成一个单独的维度，因为该列的基数一般很大，使用更粗粒度的时间如“minute_start”，“hour_start”作为维度，可以获得更高的聚合，从而减少 cube 大小。

7.2.2 消息队列

由于 Kafka（http://kafka.apache.org/）的性能表现出色，且具有高可用性和可扩展性，因此被广泛地选择为实时消息队列。尽管 Kafka 之于 Kylin 是一个类似于 Hive 的可扩展组件，理论上也存在一些其他消息队列可作为流式构建的数据源，但是基于 Kafka 的流行程度，它已经成为 Kylin 事实上的流式构建消息队列标准。Kafka 提供两套读取访问接口：高层读取接口（High Level Consumer API）和底层读取接口（Simple Consumer API），由于需要直接控制读取的队列偏移量（Offset），因此这里选择了底层的读取接口。

流式构建的用户需要使用 Kafka 的 Producer 将数据源源不断地加入某个 Topic 中，并且将 Kafka 的一些基本信息（如 Broker 节点信息和 Topic 名称）告知流式构建任务。流式构建任务在启动时会启动 Kafka 客户端，然后根据配置向 Kafka 集群读取相应的 Topic 中的消息，并进行预处理计算。

7.2.3　创建 Schema

由于 Kylin 对查询客户端暴露的是 ANSI SQL 接口，因此用户最终将以 SQL 接口来查询流式构建的数据。对于全量构建和增量构建，它们的源数据是 Hive 中的某些表，因此 Kylin 可以从 Hive 中导入这些表的 Schema，用户查询的时候也可以像直接查询 Hive 表一样使用相应的 SQL 语法。但是进行流式构建的问题是，数据是以键值对或文本的形式传入消息队列的，并不像 Hive 一样存在可以用来导入的表定义。但是由于消息队列中的键值对是基本固定的，甚至包括衍生时间维度一经选择也已经是固定的，因此可以创造出一个虚拟的表，用表中的各个列来对应消息队列中的维度、度量及衍生时间维度。在查询时，用户会直接对这张虚拟的表发起各种 SQL 查询，就好像这张表真实存在一样。

在 Kylin 的 Web GUI 上选择 Model 页面，点击 “ Data Source ” 命令，可以找到 “ Add Streaming Table ” 按钮，它就是用来为流式构建创造虚拟表的入口，如图 7-1 所示。

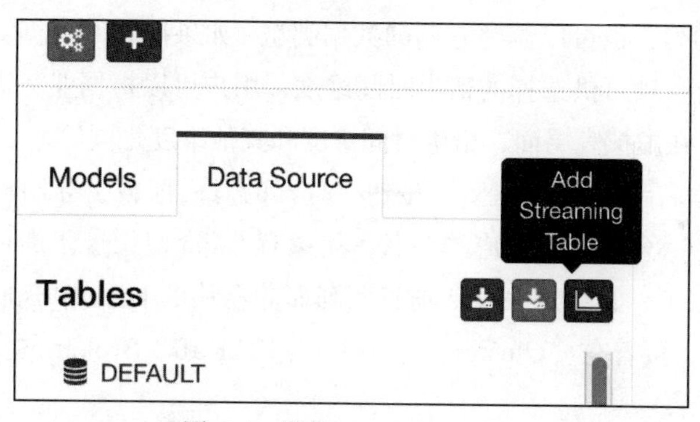

图 7-1　添加 Streaming Table

此时，Web GUI 会弹出向导对话框帮助用户完成虚拟表的创建，如图 7-2 所示。

{"country":"CANADA","amount":7.373260479863031,"qty":8,"currency":"USD","order_time":1548665818702,"category":"TOY","device":"Andriod","user":{"gender":"Male","id":"a990f223-db74-9575-7af2-3f33da708f9b","first_name":"unknown","age":13}}

Table Name*　STREAMING_SALES_TABLE

	Column	Column Type	Comment
☑	country	varchar(256)	
☑	amount	decimal	
☑	qty	int	
☑	currency	varchar(256)	
☑	order_time	timestamp	timestamp
☑	category	varchar(256)	

图 7-2　创建 Streaming Table

在图 7-2 左侧的数据框中，我们需要输入一段消息队列中的数据样本，数据样本可以是用户消息队列中的任意一条，但是要保证想要被收录进虚拟表的键值对全部出现在该数据样本之中。例如，输入一段随意的样本：

```
{"country":"CANADA","amount":7.373260479863031,"qty":8,"currency":"USD","order_time":1548665818702,"category":"TOY","device":"Andriod","user":{"gender":"Male","id":"a990f223-db74-9575-7af2-3f33da708f9b","first_name":"unknown","age":13}}
```

点击图 7-2 中间的“>>”按钮，系统会自动地分析 JSON 中的键值对，将它们转化成虚拟表中的列。在右侧的虚拟表区域，用户首先需要给虚拟表输入一个名称，这个名称将在后续的 SQL 查询中使用到。表名的下方是表中各个可能的列名称及类型。虚拟表必须有至少一个 Timestamp 类型的列，而且该列必须是长整数类型（Unix Epoch time）。如果虚拟表中有多个 Timestamp 类型的列，那也没有问题，后续的向导会要求从中选择一个作为真正的业务时间戳。JSON 中其他的键值对会被视为维度和度量自动加入虚拟表中，用户可以通过勾选去掉分析中不会用到的列，也可以调整它们的数据类型（如果推荐的数据类型不准确）。最后，在虚拟表的最下方有各种可供选择的衍生时间维度，用户可以根据业务需求选择有用的时间维度放入虚拟表中。在虚拟表层面，衍生时间维度和其他维度是同等的。

点击向导对话框右下方的“Next”按钮，打开的对话框会引导用户输入与这个虚拟表相关联的 Kafka 消息队列。有了相应的关联，后续有 Cube 使用这张虚拟表的时候，就知道数据需要从哪里获取了，它会从 Kafka 消息队列而非默认的 Hive 中获取。在对话框中输入 Kafka 的 Topic 名称，接着在“Cluster”选项卡中添加 Kafka Broker 的主机名和端口即可实现关联（如图 7-3 所示）。

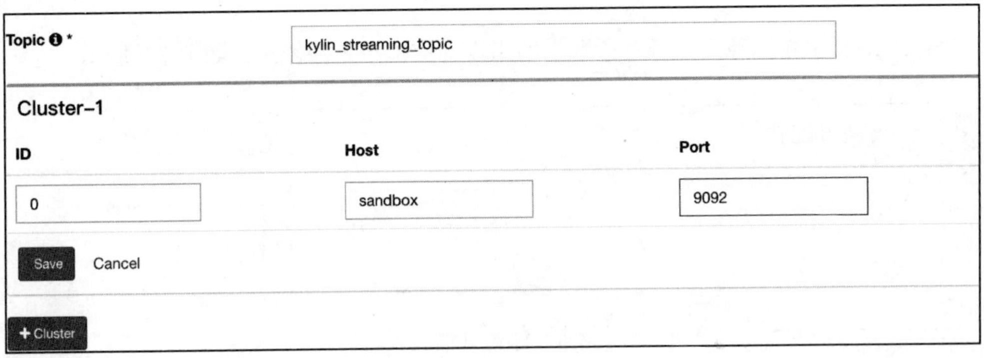

Topic *　kylin_streaming_topic

Cluster-1

ID	Host	Port
0	sandbox	9092

Save　Cancel

+ Cluster

图 7-3　关联 Kafka Topic

分析器设置中允许用户对消息解析器（Parser）做一定的配置，用户可以定制自己的分析器。一般情况下，如果你的消息是 JSON 格式的，默认的 TimedJsonStreamParser 分析器已经够用，否则的话，可以自己开发一个 org.apache.kylin.source.kafka.StreamingParser 的子类，实现其 parse() 方法，将其放到 Kylin 的 class path 上（“lib/”“ext/”等目录），然后在这里填入实现类的全名。

如果虚拟表中存在多个 Timestamp 类型的列，那么用户需要告诉分析器使用哪个 Timestamp 列作为业务时间戳。打开第二项的下拉菜单即可完成选择（如图 7-4 所示）。默认情况下，Kylin 会认为此时间戳列的格式是 long 类型的 Unix Epoch time。

Parser Setting

Parser Name * org.apache.kylin.source.kafka.TimedJsonStreamParser

Parser Timestamp Column * order_time

Parser Properties * tsColName=order_time

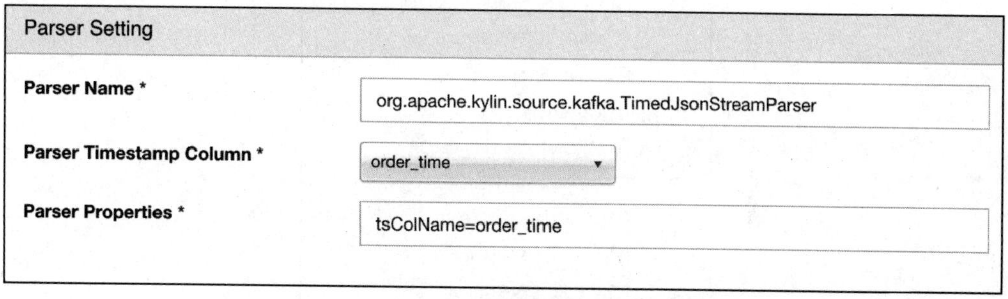

图 7-4 配置消息分析器

如果 Timestamp 列不是 Unix Epoch time 的话，用户需要额外指定时间戳解析器（通过参数“tsParser”），以帮助 Kylin 正确解析时间。Kylin 内置了对普通 String 类型的日期时间戳的解析器，类名为“org.apache.kylin.source.kafka.DateTimeParser”，它需要一个额外的“tsPattern”参数，以了解时间戳在 String 中的格式。例如，时间戳的样本值为“Nov 3, 2016 7:53:41 AM”，那么这里的“Parser Properties”应该配置为：

```
    tsParser=org.apache.kylin.source.kafka.DateTimeParser;tsPattern=MMM dd, yyyy
hh:mm:ss aa
```

同一对话框下方的高级设置中（如图 7-5 所示），Timeout 参数可供配置，默认情况下无须修改。

Timeout 是可配置的，指 Kafka 客户端读取的超时时间。

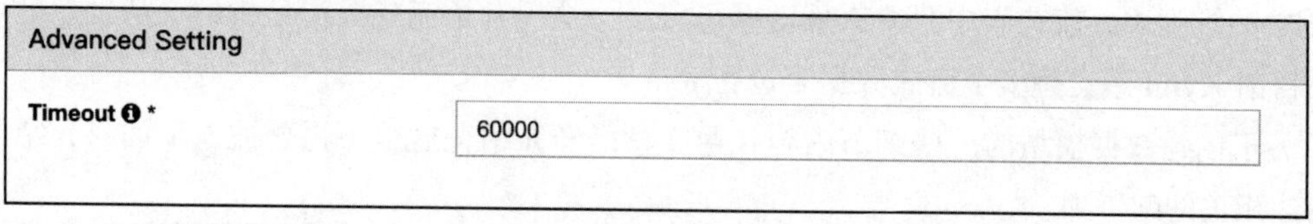

Advanced Setting

Timeout * 60000

图 7-5 Kafka 高级设置

最后，点击“Submit”按钮，一个与 Kafka 消息队列数据源关联成功的流式虚拟表就创建成功了。我们可以像查看从 Hive 中导入的表一样，到“Model”→“Data Source”中查看这个虚拟表，如图 7-6 所示。

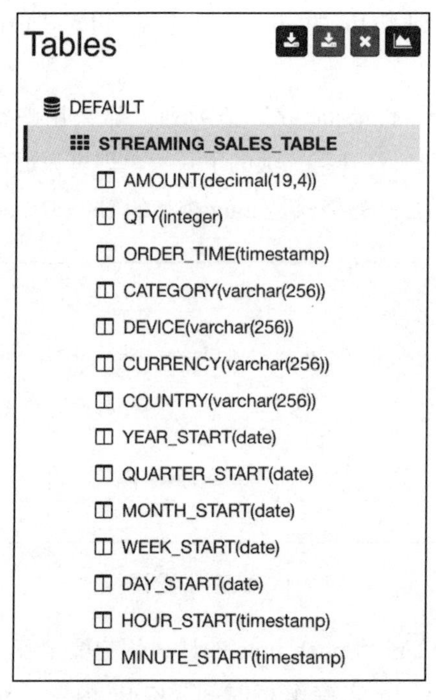

图 7-6 查看 Kafka 虚拟表

7.3 设计流式 Cube

7.3.1 创建 Model

和增量构建的流程一样，我们也要为流式构建的 Cube 创建数据模型（Model）。在 Kylin v2.4 之前的版本，对于流式数据源，模型只支持一张表，也就是所有字段都需要从流式表中来；在 Kylin v2.4 及以后的版本中，支持了流式数据表与 Hive 表进行 join，也就是说可以用 Hive 中的维度表，流式表中只要有外键就可以了，这提升了流式数据分析的灵活性。但请注意，目前 Kylin 不支持多个流式数据表进行 join。

关于创建数据模型的一些细节内容在第 2 章已经介绍，这里不再赘述，下面只介绍与流式构建相关的配置项。

在创建 Model 对话框的第三步（如图 7-7 所示）进行维度选择时，我们既可以选择普通的维度，也可以选择衍生时间维度如 minute_start、hour_start 等，因为这些衍生维度在进行数据解析的时候，Kylin 会自动将其计算出来，性质等同于其他维度。注意，一般不推荐直接选择原始业务时间戳作为维度，因为业务时间戳的粒度往往是到秒级甚至是毫秒级，使用它作为一个维度就失去了聚合的意义，也会让整个 Cube 的体积非常庞大，原始的时间戳如

order_time，甚至可以不出现在维度中。我们建议使用规整的衍生时间维度做分析，具体粒度如分钟、小时等可以根据具体的场景需求来决定。

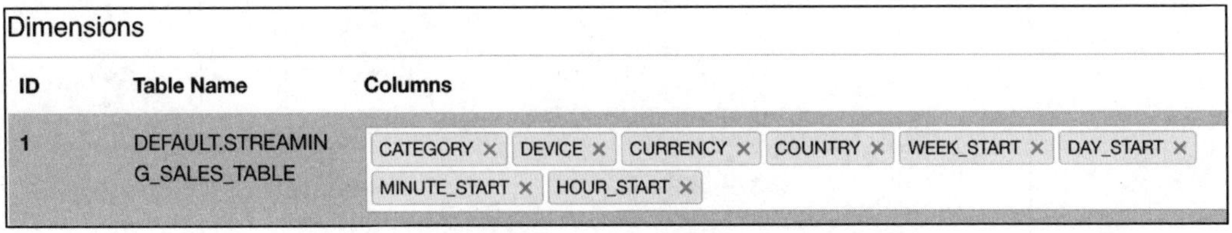

Dimensions

ID	Table Name	Columns
1	DEFAULT.STREAMING_SALES_TABLE	CATEGORY × DEVICE × CURRENCY × COUNTRY × WEEK_START × DAY_START × MINUTE_START × HOUR_START ×

图 7-7　创建 Model 对话框的第三步：选择维度

在创建 Model 对话框的第五步设置中，一般选择最小粒度的衍生时间维度作为分区时间列，这样可减少 Segment 之间的时间重叠（对于流式构建，因为 Segment 之间使用 Kafka offset 做物理分区，所以时间范围允许有重叠）。在这里为进行演示，选择 MINUTE_START，它的数据格式前文中也已经介绍过，即 yyyy-MM-dd HH:mm:ss。其余设置保持默认状态（如图 7-8 所示）。

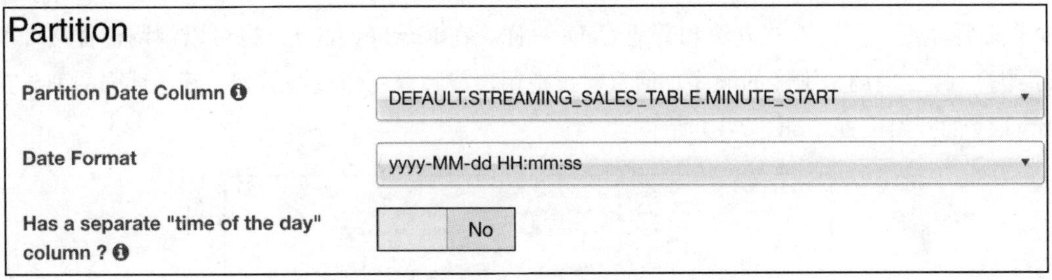

Partition

Partition Date Column	DEFAULT.STREAMING_SALES_TABLE.MINUTE_START
Date Format	yyyy-MM-dd HH:mm:ss
Has a separate "time of the day" column ?	No

图 7-8　创建 Model 的第五步：配置时间分割列

最终，单击“Save”按钮，保存所创建的数据模型。当看到成功提示时，就表示数据模型创建成功了。

7.3.2　创建 Cube

接下来，基于创建好的数据模型开始在 Kylin 中创建流式 Cube。创建 Cube 的说明在第 2 章中也已经介绍过，这里不再赘述，只介绍与流式构建相关的部分。

创建 Cube 的第四步是设置 Cube 的自动合并时间。因为流式构建需要频繁地构建较小的 Segment，为了不给存储器造成太大压力，也为了获取较好的查询性能，需要通过自动合并将已有的多个小 Segment 合并成一个较大的 Segment。所以，这里设置一个层级的自动合并时间：0.5 小时、4 小时、1 天、7 天、28 天。此外，由于在很多流式场景中，用户只关心过去一段时间的热数据，因此可以设置保留时间，如 30 天，这样 30 天之前的 Segment 数据就可以被 Kylin 自动舍弃（如图 7-9 所示）。

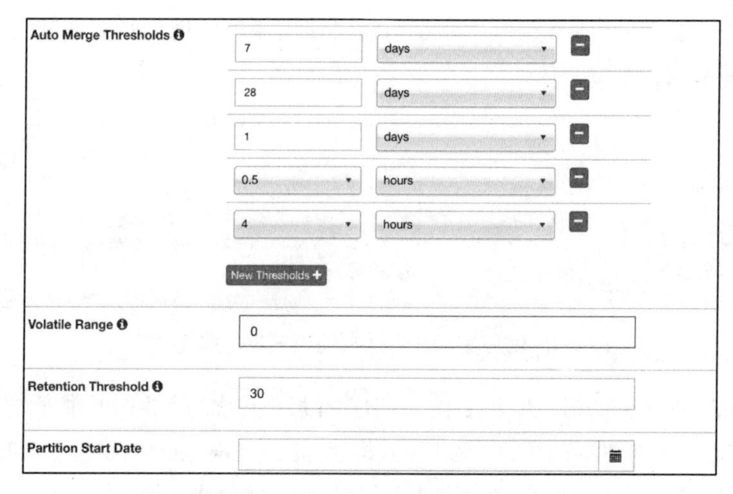

图 7-9 设置 Cube 的自动合并时间

在第五步的 Aggregation Groups 设置中，可以把衍生时间维度设置为 Hierarchy 关系，减少非必要计算，其设置的方法和普通 Cube 一样。在 Rowkey 部分，也可以像调整普通维度的顺序一样合理调整维度的顺序，通常建议把用户最频繁用作过滤的列、筛选性强的列放在 Rowkey 的开始位置（如图 7-10 所示）。

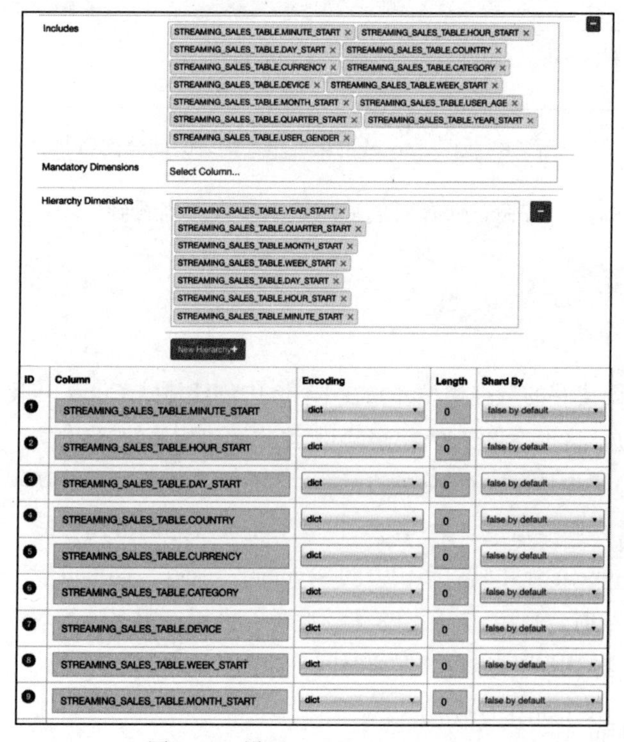

图 7-10 设置 Aggregation Group

对于构建引擎，可以选择MapReduce或Spark，它们均支持流数据。最终，单击“Save”按钮保存Cube，当看到成功提示时，一个流式构建的Cube就创建完成了。

7.4 流式构建原理

Kylin v1.6版本引入的流式构建是基于Kylin v1.5版本的可插拔架构而实现的，在此架构中，Kylin的构建引擎、查询引擎与数据源之间通过抽象接口来完成数据调用，数据源对于构建和存储是透明的。这样的设计可以大大降低增加一个数据源的难度：开发者只需要实现特定接口即可，后续构建过程可以重用已有的代码和逻辑。这样的架构对于维护Kylin这样一个多依赖的系统来说尤为重要，否则每增加一个构建引擎或查询引擎，每个数据源都要改动一番，尤其痛苦。

前文中提过，在Kylin v1.5的第一版流式构建中，没有利用Hadoop进行资源的分配和调度，导致方案不能很好地进行水平扩展，给运维管理带来很大挑战；另外，也不能充分利用Kylin在处理Hive数据上积累的各种优化经验，造成代码维护困难。因此，在设计第二版的时候，我们决定利用Hadoop来完成流数据处理，保持Kylin架构上的简单和统一。如图7-11所示，Kylin将Hive和Kafka看作对等的数据源，通过对应的适配器，每次构建的时候都将增量数据抽取到Hadoop/HDFS中，然后使用MapReduce或Spark等引擎对增量数据进行后续处理。虽然将数据从Kafka写到Hadoop上会花费额外的时间，但是可以带来很多好处，如可扩展性、稳定性、容错恢复等都有所保证，相对来说是值得去做的。

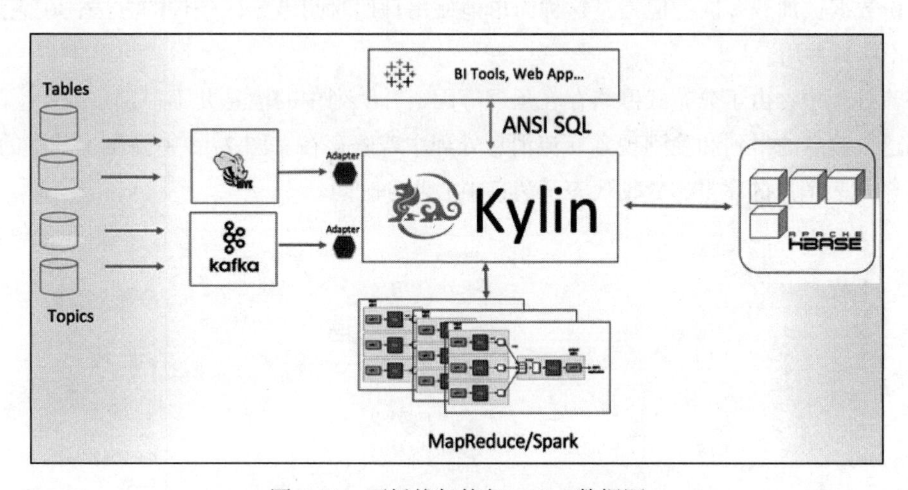

图7-11 可插拔架构与Kafka数据源

回顾前文，Kylin对于Hive表的构建，会启动一个hive命令，创建一张临时外表，然后将需要的字段和时间范围的数据，抽取到特定的HDFS目录下。同样地，对于Kafka数据源，Kylin 也可以启动一个在 YARN 上的任务，将 Kafka topic 中特定范围的数据以期望的格式（默认为 sequence 文件格式）写到特定的 HDFS 目录中。考虑到 Kafka topic 通常分为多个分区（partition），因此 Kylin 可以启动多个 mapper，每个 mapper 消费一个 partition 上对应的消息区间，并行地读取数据，从而加快处理速度，如图 7-12 所示。

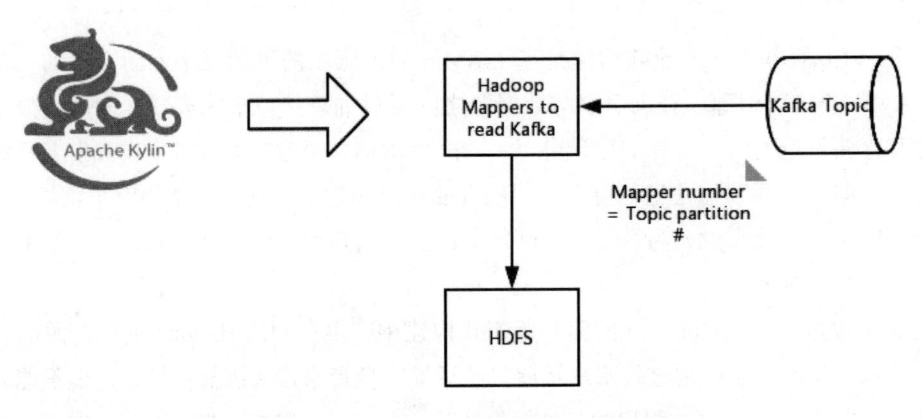

图 7-12　Kylin 从 Kafka 中并行消费数据

解决了流数据的并行消费问题后，Kylin 还需解决如何界定 segment 之间的数据界限问题。熟悉 Hive 构建的读者都知道，Kylin 的 Cube 通常有一个时间分区列，会被用作条件从 Hive 中抽取数据；两次构建之间的时间范围不允许有重叠，如某个 Segment 的时间从 2018-01-01（包含）到 2018-02-01（不包含），那么下次构建的起始时间不能早于 2018-02-01，以避免同一份数据被加载多次。但是，这种简单地使用日期时间做分区条件的方法，在流消息处理中却不能再使用。

在流处理中，由于分布式网络存在延迟等因素，队列中的消息并不一定按照产生的时间依次到达，消息的早到和晚到现象在流消息处理中普遍存在。图 7-13 中描绘了基本的情况，其中 X 轴代表消息的序号，Y 轴代表了消息中的业务时间。

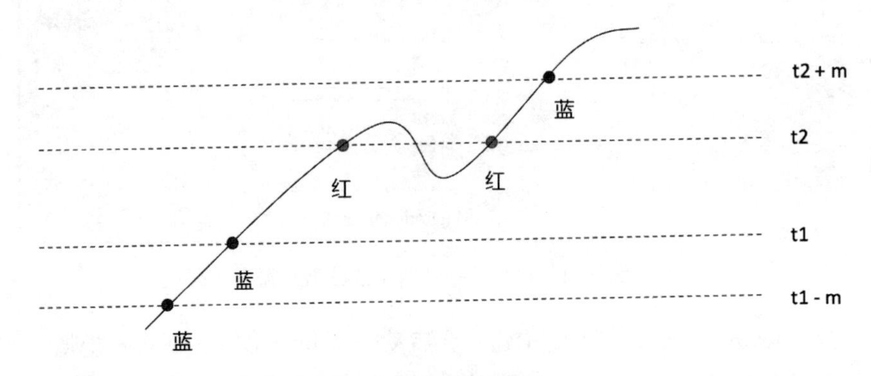

图 7-13　消息的时序情况

通常情况下，如果要按照时间范围进行处理的话，会额外读取一段时间范围的数据（称为 margin），以尽可能补全数据，如图 7-13 所示，为了读取到 t1 到 t2 范围的数据，实际会从 t1 - m 扫描到 t2 + m。然而，即便有 margin 的存在，也不能完全避免在极限情况下个别消息被遗漏，导致统计上的误差。为了彻底解决这个问题，经过再三考虑，我们决定对 Kylin 的 Segment 划分进行重构，让它可以支持非时间类型的切分。在 Kafka 中，虽然消息不是严格按时间顺序增长的，但是每个消息都有唯一的 offset 值（long 类型），这个值是消费消息的主要索引，是只增且不可修改的。考虑到一个 topic 虽然可以有多个 partition，但每个 partition 的 offset 是独立的，那么 Kylin 可以将一次消费的各个 partition 的起点 offset 加和，作为此 Segment 的起点符号，将此次消费的各 partition 的终点 offset 加和，作为此 Segment 的终点符号。当然，Kylin 也会记录下每个 partition 上消费的 offset，以便作为下次构建的起点。这样可以保证消息不重不漏，实现统计计算的精确。

在创建模型时选择的时间分区列已经成为逻辑上的索引，在流式 Cube 中，Kylin 允许两个 segment 之间的时间范围有重叠（当然 offset 不能重叠），用于在查询时快速定位 segment。图 7-14 所示的示例是，三个 segment 分别消费了三段 Kafka 消息：[0-100] [100-400] 和 [400-2000] 分别是 offset 的范围，对应的时间范围有少量重叠。对于重叠的时间点如 1:10，Kylin 检查到它存在于第二个和第三个 segment 中，因此会分别扫描这两个 segment；对于非重叠的时间如 1:03，则只会扫描第一个 segment，兼顾了效率和正确性。

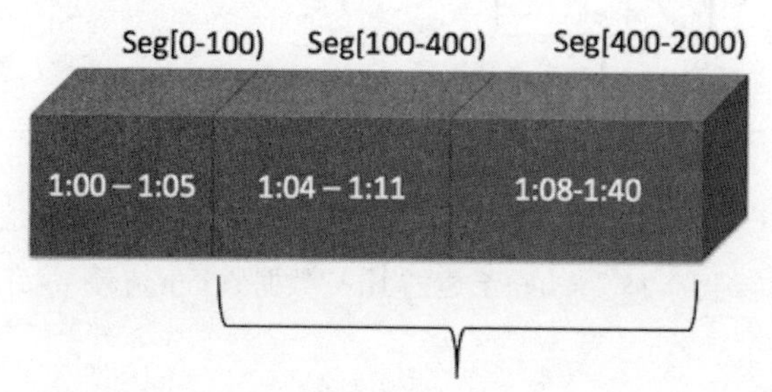

图 7-14 按 offset 切分的 segment

在解决了上述两个主要问题之后，第三个问题是如何解决 Kafka 消息和 Hive 表的 join 需求。针对这种情况，为了简单，把 Kafka 消息写到 HDFS 后，Kylin 将它描述成一张临时的 Hive 表，然后使用 HiveQL 将它与同在 Hive 中的维度表进行 join 操作，类似于对普通 Hive 数据源的处理。处理流程如图 7-15 所示。

至此，准实时的流式构建就实现了利用 Hadoop 进行并行处理，同时也实现了消息的不重不丢，以及和 Hive 表的连接。此外，其他特性也在流式场景下得到了支持，如 Spark 的构建引擎、未来的 Parquet 列式存储等。对于系统管理员来说，几乎不用区分 Hive 数据源和 Kafka 数据源，它们的区别只体现在构建频率上。

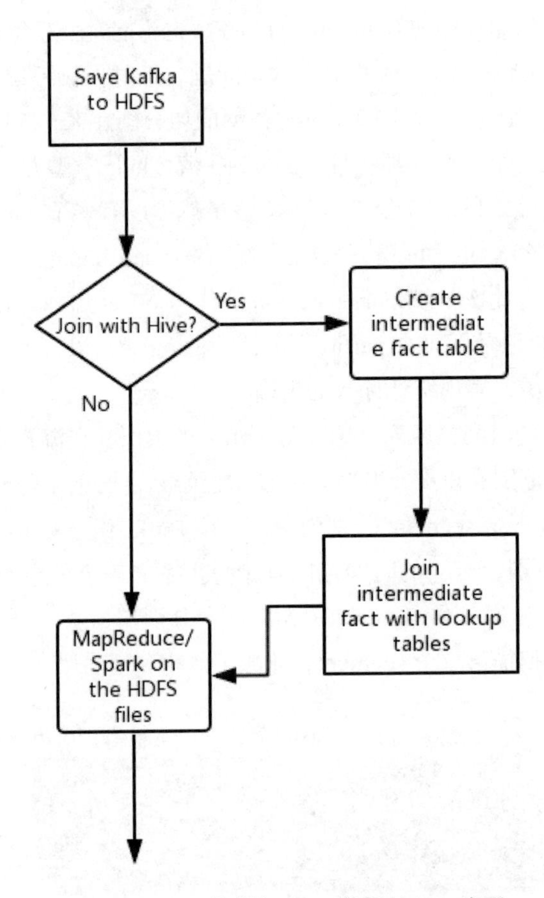

图 7-15 Kafka 数据与 Hive 数据的 join 流程

7.5 触发流式构建

将 Kafka topic 用作数据源，第一次触发 Cube 构建的时候，Kylin 会自动从 Kafka 集群获取该 topic 最早的 offset 和当下最新的 offset，随后启动任务消费这个范围内的数据。当触发下次构建时，Kylin 会从上次构建的结束位置开始，消费到当下的最新 offset。因此，用户几乎不用关心构建的范围，就仿佛点击一个按钮，告诉 Kylin“请帮我把截至目前的新消息构建进 Cube”一样。用户只需要掌握触发构建的时间点即可，如是每 1 小时构建一次，还是每 15 分钟构建一次。此外，构建的频率也是可以随时调整的，如在白天业务人员需要及时看到数据的时候，每 15 分钟构建一次，在夜晚和周末的时候降至小时级别。

7.5.1 单次触发构建

与 Hive 数据源一样，用户可以在 Web GUI 上，通过点击“Build”按钮来触发一次构建。由于 Kafka offset 不具备业务含义，所以 Kylin 在这里不要求用户在界面中输入 offset 的范围，它会通过后台自动获取要构建的 offset 范围。

用户还可以通过 Rest API 来触发构建，示例如下：

```
curl -X PUT --user ADMIN:KYLIN -H "Content-Type: application/json;charset=
utf-8" -d '{ "sourceOffsetStart": 0, "sourceOffsetEnd": 9223372036854775807,
"buildType": "BUILD"}' http://localhost:7070/kylin/api/cubes/{cube_name}/build2
```

其中的说明如下。

- cube_name：所构建 Cube 的名称。
- sourceOffsetStart：此次流式构建的起始 offset，0 代表从前一个 segment 的终点 offset 开始，如果这是第一次构建（没有前序 segment），则从 Kafka topic 的最早时间点开始构建。
- sourceOffsetEnd：此次流式构建的终止 offset，9223372036854775807 是 long 类型的最大值，这里具有特殊含义，代表构建到当下 Kafka topic 的最新 offset，即最后一条消息。

触发构建后，Kylin 会自动获取 offset 范围，生成一个新的 segment，并开始执行构建任务，如图 7-16 所示。

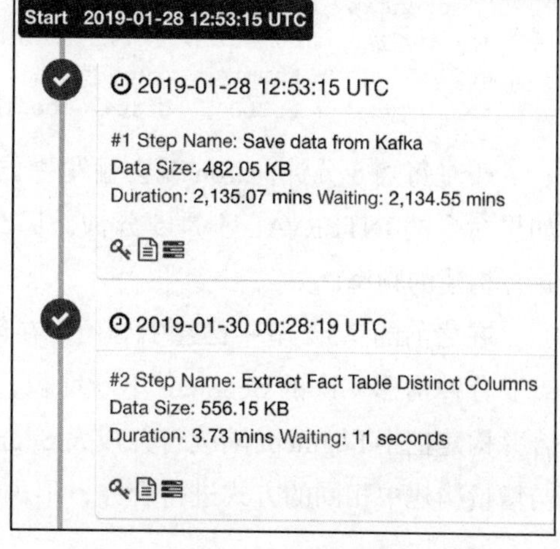

图 7-16 Kylin 自动获取 offset 范围

此次消费的 Kafka 消息的 offset 范围，包括每个 partition 的起始 offset、结束 offset 等，都会被自动记录在 segment 的元数据中。例如：

```
"segments": [
  {
    "uuid": "27b140c0-989f-b227-ae37-e1926878cd43",
    "name": "0_26325",
    "storage_location_identifier": "KYLIN_3W4H4F4GEK",
    "date_range_start": 1548663360000,
    "date_range_end": 1548665760001,
    "source_offset_start": 0,
    "source_offset_end": 26325,
    "source_partition_offset_start": {
      "0": 0,
      "1": 0,
      "2": 0
```

```
        },
        "source_partition_offset_end": {
          "0": 8807,
          "1": 8784,
          "2": 8734
        },
...
}
]
```

7.5.2 自动化多次触发

如果流式构建频繁，比如每五分钟构建一次，那么一天就要构建数百次，这样一来，每次都进行手动触发显然就不切实际了。由于单次触发可以通过 API 的方式执行，因此用户可以结合自己喜欢的调度工具来完成自动化的触发。在这里介绍基于 Cron Job 的一种方案，在某个 Linux 服务器上添加一个 Cron Job，运行脚本如下：

```
    crontab -e
*/5 * * * * curl -X PUT --user ADMIN:KYLIN -H "Content-Type: application/json;charset=
utf-8" -d '{ "sourceOffsetStart": 0, "sourceOffsetEnd": 9223372036854775807,
"buildType": "BUILD"}' http://localhost:7070/kylin/api/cubes/{your_cube_name}/build2
```

于是每隔 5 分钟，Cron 就会触发一个流式构建引擎实例来构建一段新的 Segment。注意，如果命令的 INTERVAL 不是 5 分钟，那么 Cron Job 的定义也需要做相应的调整，可以自由选择构建的频率。

在之前的 7.3.2 节中已经引导用户在创建流式构建 Cube 的时候就设置好自动合并了。随着 5 分钟构建一次的 Segment 不断堆积，自动合并也会被触发，Kylin 会使用增量构建中的合并构建把小 Segment 陆续合并成大 Segment，以保证查询性能。对于合并操作，Kylin 使用与增量构建中相同的方式进行合并，不再依赖于特殊的流式构建引擎。

7.5.3 初始化构建起点

通常情况下，上面的构建 API 已经足够使用；如果用户想从某个特定 offset 点开始构建，也可以通过调用 Rest API 指定每个 partition 的 offset 起点来完成。考虑到 Kafka offset 对用户透明，一般这样的场景并不多。如果用户的 Kafka 上暂存的数据量很大，不想进行全量构建，那么可以使用另一个 API 把 Kylin 构建的起点从 topic 的最早时间点移动到当下时间点：

```
curl -X PUT --user ADMIN:KYLIN -H "Content-Type: application/json;charset=utf-8" -d
'{ "sourceOffsetStart": 0, "sourceOffsetEnd": 9223372036854775807, "buildType":
"BUILD"}' http://localhost:7070/kylin/api/cubes/{your_cube_name}/init_start_offsets
```

该 API 会返回获取并更新到 Cube 的起始 offset：

```
{
    "result": "success",
    "offsets": "{0=246059529, 1=253547684, 2=253023895}"
}
```

7.5.4 其他操作

流式构建中，往往前一个 segment 还没有构建完成，后一个 segment 就已经开始构建了；如果前一个构建任务失败，并且因为种种原因被用户舍弃，那么它对应的 segment 就会被舍弃，从而在连续的 segment 中间会留下一个没有数据的 offset 区间，我们将这个没有数据的 offset 区间称为空洞。为了方便用户填上数据空洞，Kylin 提供了额外的 REST API 来检查空洞和补洞。

检查空洞 API 的运行脚本如下：

```
curl -X GET --user ADMIN:KYLIN -H "Content-Type: application/json;charset=utf-8"
http://localhost:7070/kylin/api/cubes/{your_cube_name}/holes
```

如果此 API 返回为空，代表没有空洞，否则返回一个 segment 数组，每个 segment 代表一个数据空洞。

补洞 API 的运行脚本如下：

```
curl -X PUT --user ADMIN:KYLIN -H "Content-Type: application/json;charset=utf-8"
http://localhost:7070/kylin/api/cubes/{your_cube_name}/holes
```

此 API 会自动为每个数据空洞触发一个构建任务，返回任务数组；如果没有数据空洞，则返回为空。

7.5.5 出错处理

1. 单次构建出错

新版的流式构建，因为使用了统一的架构设计，因此其错误处理跟普通 Hive 数据源的错误处理差异不大，主要区别在第一步的获取 Kafka 数据上。如果出现 Kafka 读取出错等情况，用户可以重试此任务；如果错误依旧，用户需要进入对应的 Hadoop 日志或 Kylin 日志中进行排查。常见的错误有以下几种。

- Kafka 版本不匹配：从 Kylin 2.5 版本以后，要求 Kafka 版本为 1.0.0 或以上；
- Kafka broker 配置有误：在配置数据源表的时候，用户需要输入 Kafka broker 信息，包括 broker 机器名、端口等；需确保此机器名和端口是能够从 Hadoop 集群的各个节点访问到 Kafka broker 的，否则会获取数据失败。

2. 合并出错

如果自动合并构建出错，会导致新产生的 Segment 迅速堆积，Cube 的查询性能也会下降。因此，每当合并构建出错时，管理员需要及时查看合并失败的原因，排除故障并在 Web GUI 中恢复该合并构建。合并构建的失败往往与流式构建本身没有直接的关系，因为合并不是流式构建引擎的专有功能。出错的原因往往和增量构建一样，问题出在 Hadoop 集群本身。

7.6 小结

总体来说，目前的流式构建基于增量构建的整体框架，流式构建和增量构建大体相同，主要区别之处在于数据源不同，前者的数据源是 Kafka 这样的消息队列，而后者的数据源是 Hive 这样的数据仓库。尽管使用 Hadoop MapReduce 构建流式数据在效率上未必最佳，但是胜在稳定性和可靠性上。如果对 Kylin 了解比较多，可以将 In-mem cubing 或 Spark cubing 应用到流场景中，进一步加快数据的处理速度。在一些典型场景中，可以做到每 10 分钟构建一次，单次构建时间控制在 3 分钟左右，已能满足很多实时性要求中等的场景。

接下来，实现完全实时的流式数据处理和查询将是 Apache Kylin 的发展目标，为了达到这一目的，将会发展和引入不同的计算和存储技术，敬请期待。

第 8 章 Chapter 8

使用 Spark

第 7 章中介绍了流式构建，它是一种围绕实时数据更新需求的解决方案，确切地说是一种准实时的方案，因为 Kylin 的核心部分是预计算，所以只需关心预计算和查询的优化等核心问题即可。说到预计算的优化，就离不开计算引擎的优化，我们知道目前无论是全量构建、增量构建还是流式构建，默认的计算引擎都是 MapReduce，但是针对 MapReduce 进行的优化是有限的，我们需要寻找更高效的计算引擎。Apache Spark 作为新一代的分布式计算框架近年来快速发展壮大，性能日趋稳定，已经基本上可以完全取代 MapReduce，因此 Kylin 从 v2.0 版本开始引入 Spark 作为 Cube 的计算引擎。

8.1 为什么要引入 Apache Spark

在 Kylin v2.0 之前的版本，Apache Kylin 使用 MapReduce 作为在庞大的数据集上构建 Cube 的计算框架，因为 MapReduce 框架相对简单、稳定，可以满足 Kylin 的需求。不过由于 MapReduce 框架的设计具有局限性，一轮 MapReduce 任务只能处理一个 Map 任务和一个 Reduce 任务，中间结果需要保存到磁盘以供下一轮任务使用，如果有多轮任务的话，必然需要消耗大量的网络传输和磁盘 I/O，而这些都是非常耗时的操作，导致 MapReduce 构建 Cube 的性能不佳。因此为了获得更好的性能，Kylin 在 v1.5 版本中引入了 “Fast Cubing” 算法，尝试在 Map 端的内存中进行尽可能多的聚合，以减少磁盘和网络 I/O，但并非所有数据模型都能从中受益。

在 Kylin v2.0 版本中，我们引入 Apache Spark 作为 Cube 的计算引擎。Apache Spark 是

一个开源的分布式计算框架，它提供了一个集群的分布式内存抽象（RDD），以及基于 RDD 的一系列灵活的应用程序编程接口。Spark 是基于内存的迭代计算框架，不依赖 Hadoop MapReduce 的两阶段范式，由 RDD 组成有向无环图（DAG），RDD 的转换操作会生成新的 RDD，新的 RDD 的数据依赖父 RDD 保存在内存中的数据，这使得对于在重复访问相同数据的场景下，重复访问的次数越多、访问的数据量越大，引入 Apache Spark 作为 Cube 计算引擎的收益也就越大。由于这种在内存中迭代计算的设计非常符合 Cube 分层构建算法，加上受益于 Kylin 的可插拔架构，我们扩展 Spark 作为 Kylin 构建 Cube 的计算引擎。

8.2 Spark 构建原理

在介绍 Spark 构建之前，先来看一下 Kylin 是怎么使用 MapReduce 进行构建的。如图 8-1 所示，我们使用分层构建算法构建一个包含 4 个维度的 Cube，第一轮 MR 任务从源数据聚合得到 4 维的 Cuboid，也就是 Base Cuboid，第二轮 MR 任务由 4 维的 Cuboid 聚合得到 3 维的 Cuboid，以此类推，在经过 N+1 轮 MR 任务后，所有的 Cuboid 都被计算出来。

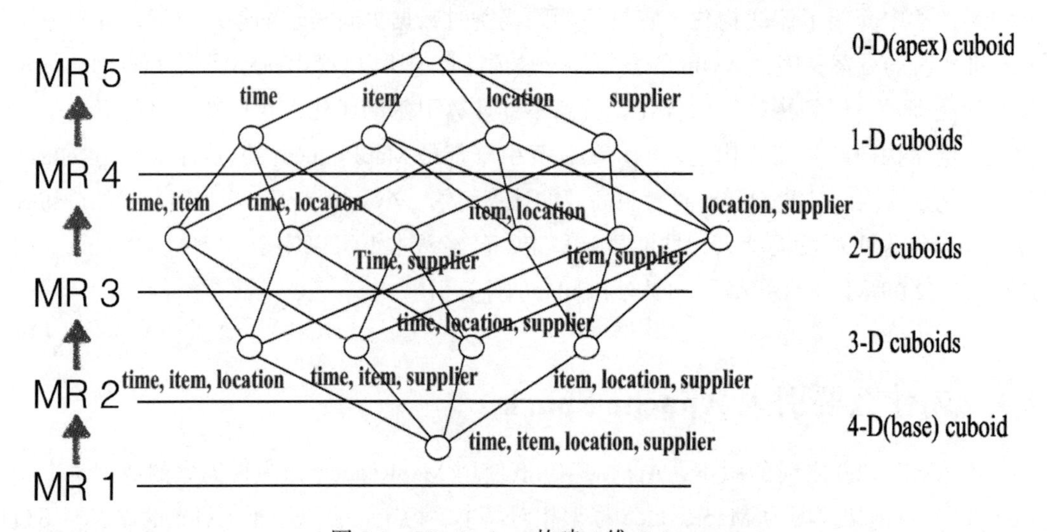

图 8-1 MapReduce 构建 4 维 Cube

MapReduce 使用了“分层”算法进行构建，分层构建算法的思想就是把一个大的构建任务分成多个步骤来完成，并且每个步骤都是在上一步骤输出的基础上进行的，这样不但可以重用上一步骤的计算结果，而且如果当前步骤计算出错的话，整个计算任务不用从头开始，只需要基于上一步骤开始就可以了。因此可以看出分层构建的算法是可“依赖”的算法，由于 Spark 中的 RDD 也是可依赖的，新的 RDD 的数据依赖于父 RDD 保存在内存中的数据，因此我们在 Spark 中构建 Cube 时依然使用分层构建算法。

如图8-2所示，第N层N维的Cuboid可以看作一个RDD，那么一个有N个维度的Cube就会生成N+1个RDD，这些RDD是父子关系，N维的RDD由N-1维的RDD生成，并且父RDD是缓存在内存中的RDD.persist(StorageLevel)，这使得Spark构建会比MR构建更加高效，因为进行MR构建的时候，父层数据是存储在磁盘上的，为了最大化地利用Spark的内存，父RDD在生成子RDD后需要从内存中释放RDD.unpersist()，而且每一层的RDD都会通过Spark提供的API持久化保存到HDFS上。这样经过N+1层的迭代，就完成了所有Cuboid的计算。

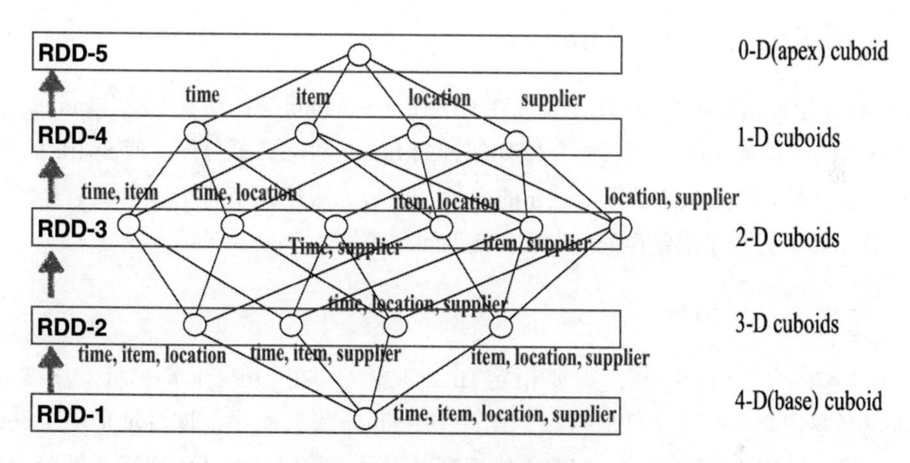

图8-2 Spark构建4维Cube

图8-3所示是在用Spark构建Cube时的DAG（有向无环图），图中详细地说明了Spark构建Cube的过程：在“Stage 5”中，Kylin使用HiveContext读取中间临时表，然后执行map操作，

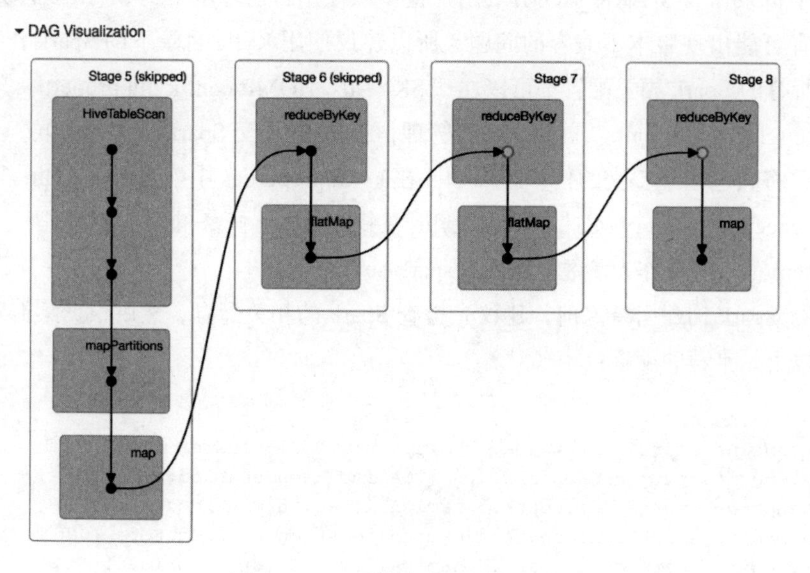

图8-3 Spark构建Cube的DAG

这是一对一的映射，将原始值编码为KV类型，key是维度值经编码后组成的rowkey，value是度量编码后的二进制数据，这步操作完成后，Kylin将获得一个编码后的中间RDD。在“Stage 6”中，对中间RDD进行reduceByKey操作，聚合后得到RDD-1，也就是Base Cuboid。接下来，在RDD-1的基础上执行“flatMap”算子，这是一对多的操作，因为Base Cuboid中有N个子Cuboid。然后循环执行这两个操作，直到把所有层的RDD全部计算完成。

8.3 使用Spark构建Cube

本节将介绍如何配置Spark引擎，并在HDP 2.4 Sandbox VM环境中使用sample cube演示如何使用新的构建引擎；然后会介绍如何开启Spark动态资源分配，使Spark根据Kylin的负载情况动态地增加或减少executor的数量，以最大限度地节省资源；最后介绍在使用Spark构建引擎的过程中的错误处理方法和常见问题的排查方法。

8.3.1 配置Spark引擎

要在YARN上运行Spark，需要指定HADOOP_CONF_DIR环境变量，该变量是包含Hadoop（客户端）配置文件的目录。在许多Hadoop发行版中，该目录是“/etc/hadoop/conf”，Kylin可以自动从Hadoop配置中检测到此文件夹，因此默认情况下不需要设置此属性，如果配置文件不在默认文件夹中，请明确设置此属性。

Kylin内嵌了一个解压后的Spark二进制包在“$KYLIN_HOME/spark”目录下，并且默认把这个目录作为SPARK_HOME，用户也可以使用自己环境中的SPARK_HOME环境变量，但是有可能出现版本不兼容的问题，所以建议使用Kylin目录下的Spark作为SPARK_HOME。所有的Spark相关配置都可以在“$KYLIN_HOME/conf/kylin.properties”文件中使用“kylin.engine.spark-conf.”前缀来进行管理，Kylin在提交Spark任务的时候，会提取这些配置属性并将其应用于提交的任务。例如，在kylin.properties中配置了“kylin.engine.spark-conf.spark.executor.memory=4G”，那么Kylin在提交Spark任务的时候就会把“-conf.spark.executor.memory=4G”作为参数传送给“spark-submit”脚本。

在运行Spark构建引擎之前，建议先检查Spark的相关配置，然后根据集群资源情况进行调整，以下是推荐的配置：

```
kylin.engine.spark-conf.spark.master=yarn
kylin.engine.spark-conf.spark.submit.deployMode=cluster
kylin.engine.spark-conf.spark.dynamicAllocation.enabled=true
kylin.engine.spark-conf.spark.dynamicAllocation.minExecutors=1
kylin.engine.spark-conf.spark.dynamicAllocation.maxExecutors=1000
kylin.engine.spark-conf.spark.dynamicAllocation.executorIdleTimeout=300
```

```
kylin.engine.spark-conf.spark.yarn.queue=default
kylin.engine.spark-conf.spark.driver.memory=2G
kylin.engine.spark-conf.spark.executor.memory=4G
kylin.engine.spark-conf.spark.yarn.executor.memoryOverhead=1024
kylin.engine.spark-conf.spark.executor.cores=1
kylin.engine.spark-conf.spark.network.timeout=600
kylin.engine.spark-conf.spark.shuffle.service.enabled=true
#kylin.engine.spark-conf.spark.executor.instances=1
kylin.engine.spark-conf.spark.eventLog.enabled=true
kylin.engine.spark-conf.spark.hadoop.dfs.replication=2
kylin.engine.spark-conf.spark.hadoop.mapreduce.output.fileoutputformat.compress=true
kylin.engine.spark-conf.spark.hadoop.mapreduce.output.fileoutputformat.
compress.codec=org.apache.hadoop.io.compress.DefaultCodec
kylin.engine.spark-conf.spark.io.compression.codec=org.apache.spark.
io.SnappyCompressionCodec
kylin.engine.spark-conf.spark.eventLog.dir=hdfs\:///kylin/spark-history
kylin.engine.spark-conf.spark.history.fs.logDirectory=hdfs\:///kylin/spark-history

## uncomment for HDP
#kylin.engine.spark-conf.spark.driver.extraJavaOptions=-Dhdp.version=current
#kylin.engine.spark-conf.spark.yarn.am.extraJavaOptions=-Dhdp.version=current
#kylin.engine.spark-conf.spark.executor.extraJavaOptions=-Dhdp.version=current
```

如果您的Kylin是运行在Hortonworks平台上，那么需要为YARN容器指定hdp.version作为JVM选项参数，因此需要在kylin.properties中打开后三行的注释，并将其中的HDP版本号替换为您自己的相应版本。

此外，为了避免重复将Spark JAR上传到YARN，可以手动配置JAR在HDFS中的位置，注意HDFS的位置需要用完全限定的名称。示例如下：

```
jar cv0f spark-libs.jar -C $KYLIN_HOME/spark/jars/ .
hadoop fs -mkdir -p /kylin/spark/
hadoop fs -put spark-libs.jar /kylin/spark/
```

这样，kylin.properties中的配置将变成以下格式：

```
kylin.engine.spark-conf.spark.yarn.archive=hdfs://sandbox.hortonworks.com:8020/
kylin/spark/spark-libs.jar
kylin.engine.spark-conf.spark.driver.extraJavaOptions=-Dhdp.version=2.4.0.0-169
kylin.engine.spark-conf.spark.yarn.am.extraJavaOptions=-Dhdp.
version=2.4.0.0-169
kylin.engine.spark-conf.spark.executor.extraJavaOptions=-Dhdp.
version=2.4.0.0-169
```

并且所有的kylin.engine.spark-conf.参数均可在Cube级别或项目级别被替换，用户可以灵活、方便地使用。

接下来，以sample cube为例，演示如何使用Spark构建引擎。首先运行sample.sh创建sample cube，然后启动Kylin。示例如下：

```
$KYLIN_HOME/bin/sample.sh
$KYLIN_HOME/bin/kylin.sh start
```

Kylin 成功启动之后，进入 Kylin 的 web 界面，编辑“kylin_sales”这个 cube，在“Advanced Setting”页面中把“Cube Engine”由“MapReduce”更改为“Spark”，如图 8-4 所示，这样就完成了把构建引擎指定为 Spark 的操作。

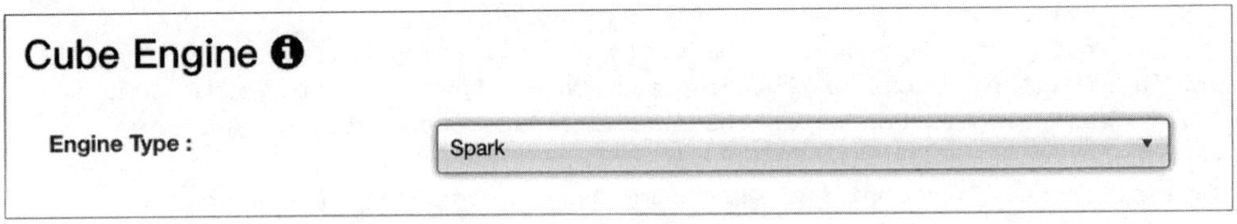

Cube Engine

Engine Type : Spark

图 8-4 设置 Cube Engine

点击“Next”按钮进入“Configuration Overwrites”页面，在这个页面中我们可以添加一些参数覆盖，通过点击“+Property”按钮来进行参数覆盖配置，如图 8-5 所示。

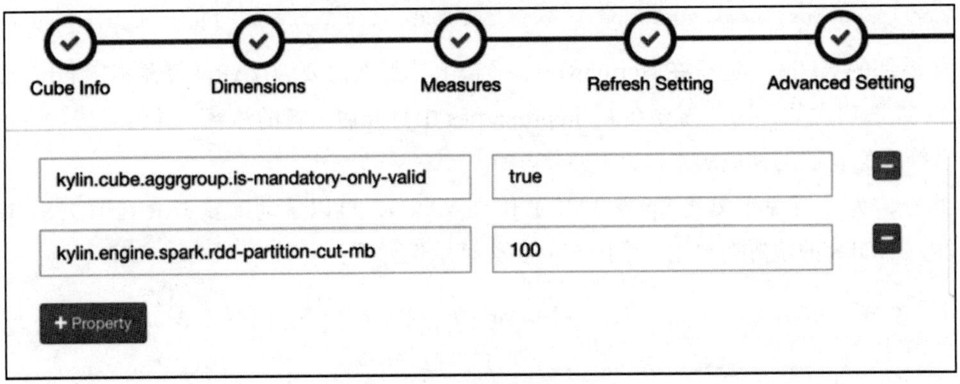

Cube Info　Dimensions　Measures　Refresh Setting　Advanced Setting

kylin.cube.aggrgroup.is-mandatory-only-valid　true

kylin.engine.spark.rdd-partition-cut-mb　100

+ Property

图 8-5 添加参数覆盖

然后点击“Next”→“Save”按钮完成 Spark 构建引擎配置。

返回 Cube 页面，点击“Build”按钮，然后选择想要构建的时间段，这样就启动了一次新的构建任务，在“Monitor”页面点击这个任务查看它的完成进度和状态，可以看到“Build Cube with Spark”的步骤（如图 8-6 所示），该步骤使用 Spark 进行 Cube 的构建。不仅是这个步骤使用了 Spark，在 Kylin v2.5 版本中实现了“All in Spark”，也就是把构建过程中所有 MapReduce 的步骤都用 Spark 来完成，包括“Extract Fact Table Distinct Columns”“Convert Cuboid Data to HFile”等，这样可以极大地提高构建的速度。

当所有步骤都完成以后，这个 Cube 就变成了“Ready”状态，我们就可以对这个 Cube 进行正常的查询了。

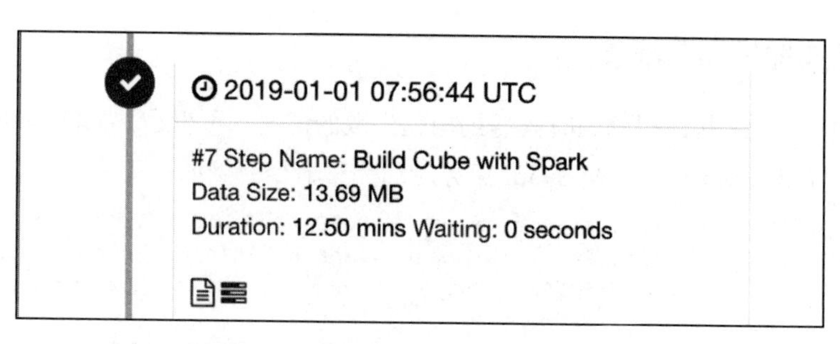

图 8-6　查看构建任务的完成进度和状态

8.3.2　开启 Spark 动态资源分配

在 Spark 中，所谓资源单位一般指的是 executor，和 YARN 中的容器一样，在 Spark On YARN 模式下，通常使用“num-executors”来指定应用程序使用的 executor 的数量，而 executor-memory 和 executor-cores 分别用于指定每个 executor 所使用的内存和虚拟 CPU 核数。

以 Spark Cubing 这一步骤为例，如果使用的是固定的资源分配策略，在提交任务的时候指定“num-executors”为“3”，那么 YARN 会为这个 Spark 任务分配 4 个容器（一个固定用于 application master，3 个用于 executor），这就出现了一个问题：不管构建的数据量多大，都会使用相同的资源，这样在数据量较小的时候就会出现资源浪费的情况，除非在每次构建前就知道这次构建的数据量大小，然后在 Cube 级别重写 Spark 任务相关的配置，这会很麻烦并且很多情况下用户并不知道数据量的大小。但是，如果把资源分配策略设置成动态分配的话，那么，Spark 可以根据任务的负载情况动态地增加和减少 executor 的数量以减少资源的浪费。

配置 Spark 动态资源分配需要在 Spark 的配置文件中添加一些配置项以开启该服务。由于在 Kylin 中可以通过在 kylin.properties 中进行配置来直接覆盖 Spark 中的配置，因此只需要在 kylin.properties 中进行以下配置：

```
kylin.engine.spark-conf.spark.dynamicAllocation.enabled=true
kylin.engine.spark-conf.spark.executor.instances=0
kylin.engine.spark-conf.spark.dynamicAllocation.minExecutors=1
kylin.engine.spark-conf.spark.dynamicAllocation.maxExecutors=5
kylin.engine.spark-conf.spark.dynamicAllocation.initialExecutors=3
kylin.engine.spark-conf.spark.shuffle.service.enabled=true
```

以上配置只是一个示例，具体配置的值可以根据实际情况进行调整。更多的配置项可以参考 Spark 相关文档。

8.3.3 出错处理和问题排查

如果在使用 Spark 构建引擎的时候遇到构建失败的情况，可以在“$KYLIN_HOEM/logs/kylin.long”文件里找到 Kylin 提交 Spark 任务时的完整命令。例如：

```
spark.SparkExecutable:121 : cmd:export HADOOP_CONF_DIR=/etc/hadoop/conf &&
/usr/local/apache-kylin-2.4.0-bin-hbase1x/spark/bin/spark-submit --class
org.apache.kylin.common.util.SparkEntry  --conf spark.executor.instances=1  --conf
spark.yarn.queue=default  --conf
spark.yarn.am.extraJavaOptions=-Dhdp.version=current  --conf
spark.history.fs.logDirectory=hdfs:///kylin/spark-history--conf
spark.driver.extraJavaOptions=-Dhdp.version=current--conf spark.master=yarn
--conf spark.executor.extraJavaOptions=-Dhdp.version=current--conf
spark.executor.memory=1G  --conf spark.eventLog.enabled=true  --conf
spark.eventLog.dir=hdfs:///kylin/spark-history  --confspark.executor.cores=2
--conf spark.submit.deployMode=cluster --files
/etc/hbase/2.4.0.0-169/0/hbase-site.xml
/usr/local/apache-kylin-2.4.0-bin-hbase1x/lib/kylin-job-2.4.0.jar -className
org.apache.kylin.engine.spark.SparkCubingByLayer -hiveTable
kylin_intermediate_kylin_sales_cube_555c4d32_40bb_457d_909a_1bb017bf2d9e -segmentId
555c4d32-40bb-457d-909a-1bb017bf2d9e -confPath
/usr/local/apache-kylin-2.4.0-bin-hbase1x/conf -output
hdfs:///kylin/kylin_metadata/kylin-2d5c1178-c6f6-4b50-8937-8e5e3b39227e/kylin_sales
_cube/cuboid/ -cubename kylin_sales_cube
```

可以手动复制这个命令到命令行里，并且可以调整一下参数，然后运行这个命令，在执行过程中，你可以进入 YARN resource manager 检查运行任务的状态，如果这个任务执行完成，也可以进入 Spark history server 中检查这个任务的日志和信息。

默认情况下，Kylin 会把 Spark history 信息输出到“hdfs:///kylin/spark-history”目录下，你需要在该目录中启动“Spark history server”，或者使用已经启动好了的 Spark history server，然后在“$KYLIN_HOME/conf/kylin.properties”中把参数“kylin.engine.spark-conf.spark.eventLog.dir”和“kylin.engine.spark-conf.spark.history.fs.logDirectory”的值指定为这个 history server 监听的目录。

你可以运行以下命令来启动一个 Spark history server，并且指定输出目录。在运行之前请确保停止了已经存在的 Spark history server 任务。

```
$KYLIN_HOME/spark/sbin/start-history-server.sh
hdfs://sandbox.hortonworks.com:8020/kylin/spark-history
```

启动 Spark history server 之后在浏览器中访问“http://<hostname>:18080”即可查看 Spark 的历史任务信息，如图 8-7 所示。

点击具体的任务名称即可查看任务运行时的详细信息，这些信息在进行问题排查和性能调优时是非常有帮助的。

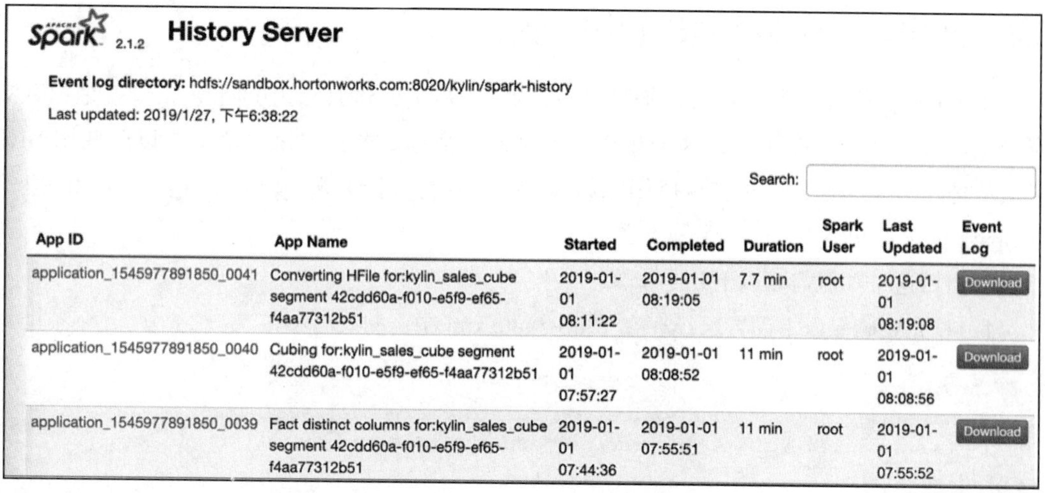

Spark 2.1.2 History Server

Event log directory: hdfs://sandbox.hortonworks.com:8020/kylin/spark-history

Last updated: 2019/1/27, 下午6:38:22

Search:

App ID	App Name	Started	Completed	Duration	Spark User	Last Updated	Event Log
application_1545977891850_0041	Converting HFile for:kylin_sales_cube segment 42cdd60a-f010-e5f9-ef65-f4aa77312b51	2019-01-01 08:11:22	2019-01-01 08:19:05	7.7 min	root	2019-01-01 08:19:08	Download
application_1545977891850_0040	Cubing for:kylin_sales_cube segment 42cdd60a-f010-e5f9-ef65-f4aa77312b51	2019-01-01 07:57:27	2019-01-01 08:08:52	11 min	root	2019-01-01 08:08:56	Download
application_1545977891850_0039	Fact distinct columns for:kylin_sales_cube segment 42cdd60a-f010-e5f9-ef65-f4aa77312b51	2019-01-01 07:44:36	2019-01-01 07:55:51	11 min	root	2019-01-01 07:55:52	Download

图 8-7　查看 Spark 历史任务信息

比如，在某些 Hadoop 的发行版本上，你可能会在“ Convert Cuboid Data to HFile”这个步骤遇到类似以下错误：

```
Caused by: java.lang.RuntimeException: Could not create  interface
org.apache.hadoop.hbase.regionserver.MetricsRegionServerSourceFactory Is the hadoop
compatibility jar on the classpath?
    at org.apache.hadoop.hbase.CompatibilitySingletonFactory.getInstance
    (CompatibilitySingletonFactory.java:73)
    at org.apache.hadoop.hbase.io.MetricsIO.<init>(MetricsIO.java:31)
    at org.apache.hadoop.hbase.io.hfile.HFile.<clinit>(HFile.java:192)
    ... 15 more
Caused by: java.util.NoSuchElementException
    at java.util.ServiceLoader$LazyIterator.nextService(ServiceLoader.java:365)
    at java.util.ServiceLoader$LazyIterator.next(ServiceLoader.java:404)
    at java.util.ServiceLoader$1.next(ServiceLoader.java:480)
    at org.apache.hadoop.hbase.CompatibilitySingletonFactory.getInstance(Compati
bilitySingletonFactory.java:59)
    ... 17 more
```

该错误是由于 Spark 任务在运行时使用的 HBase 相关的 jar 包不正确导致的，解决这个问题的方法是复制 hbase-hadoop2-compat-*.jar 和 hbase-hadoop-compat-*.jar 到“ $KYLIN_HOME/spark/jars”目录下，这两个 jar 包可以在 HBase 的 lib 目录下找到，然后重新提交运行失败的任务，这个任务最终应该会执行成功。此问题相关的 issue 是 KYLIN-3607，已经被修复。可见，Spark 任务运行时的信息非常重要，如果在使用 Spark 构建引擎过程中出现错误，这些信息可以帮助你找到出现问题的根本原因。

8.4 使用 Spark SQL 创建中间平表

Kylin 默认的数据源是 Hive，构建 Cube 的第一步是创建 Hive 中间平表，也就是把事实表和维度表连接成一张平表，这个步骤是通过调用数据源的接口来完成的。以前使用 Hive 来执行构建平表的 SQL，现在可以用 Spark-SQL 来执行。接下来，将介绍如何在 Kylin 里使用 Spark SQL 来创建平表。

要启用这个功能需要以下几个步骤。

1）首先要确保以下配置已经存在于 hive-site.xml 中：

```
<property>
  <name>hive.security.authorization.sqlstd.confwhitelist</name>
  <value>mapred.*|hive.*|mapreduce.*|spark.*</value>
</property>

<property>
  <name>hive.security.authorization.sqlstd.confwhitelist.append</name>
  <value>mapred.*|hive.*|mapreduce.*|spark.*</value>
</property>
```

2）然后把 Hive 的执行引擎（hive.execution.engine）改成 MapReduce。

3）hive-site.xml 复制到“$SPARK_HOME/conf”目录下，并且确保环境变量“HADOOP_CONF_DIR”已经设置完毕。

4）使用“sbin/start-thriftserver.sh --master spark://<sparkmaster-host>:<port>”命令来启动 thriftserver，通常端口是 7077。

5）通过修改“$KYLIN_HOME/conf/kylin.properties”设置参数：

```
kylin.source.hive.enable-sparksql-for-table-ops=true
kylin.source.hive.sparksql-beeline-shell=/path/to/spark-client/bin/beeline
kylin.source.hive.sparksql-beeline-params=-n root -u
'jdbc:hive2://thriftserverip:thriftserverport'
```

配置完成之后，重启 Kylin 使配置生效，这样 Kylin 在创建中间平表的时候就会使用 Spark SQL 来完成。如果想要关闭这个功能，只需要把“kylin.source.hive.enable-sparksql-for-table-ops”重新设为“false”就可以了。

8.5 小结

Kylin v2.0 版本中引入了 Spark 作为 Cube 的构建引擎，并且在 Kylin v2.5 版本中实现了完全使用 Spark，显著提高了 Kylin 的构建速度，也为 Kylin 完整地运行于非 Hadoop 环境（如 Spark on Kubernetes）提供了可能。本章主要介绍了 Spark 的构建原理和如何配置

Spark 构建引擎，以及如何进行出错处理和问题排查等。推荐开启 Spark 的动态资源分配，让 Spark 根据负载自动增加或减少构建资源，因为 Spark 的性能主要依赖集群的 Memory 和 CPU 资源，假设要构建一个数据量很大又有复杂数据模型的 Cube，如果没有给这个构建任务足够的资源，那么 Spark executors 很可能会出现“ OutOfMemorry”异常。对于那些有 UHC 维度，并且有很多维度组合，同时又包含非常占用内存的度量（如 Count Distinct、Top_N）的 Cube，建议使用 MapReduce 引擎进行构建，这会相对比较稳定。对于简单的 Cube 模型，如所有的度量都是“ SUM/MIN/MAX/COUNT”且拥有中等规模的数据量，那么使用 Spark 构建引擎是一个很好的选择。

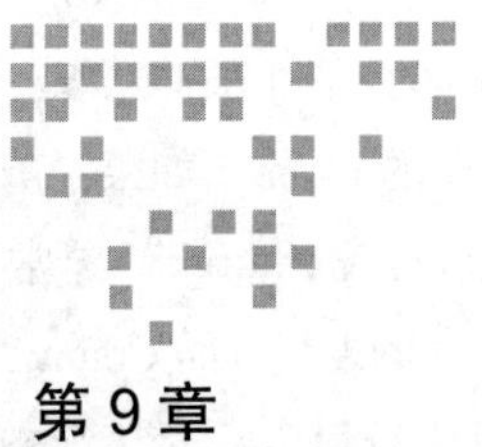

Chapter 9 第9章

应用案例分析

前面章节中已经介绍了Apache Kylin的基本工作原理，包括如何准备数据、如何根据业务需求设计星形数据模型、如何基于数据模型设计和优化Cube，以及不同的Cube构建算法、SQL查询和可视化的多种接口。本章将结合应用案例介绍Apache Kylin在真实场景中发挥的作用，以期对需要实现自己业务需求的读者有所帮助。

9.1 小米集团

> 注意 本案例节选自《小米大数据：借助Apache Kylin打造高效、易用的一站式OLAP解决方案》，作者：小米大数据团队。

9.1.1 背景

如今的小米不仅是一家手机公司，更是一家大数据与人工智能公司。随着公司各项业务的快速发展，数据中的商业价值也越发凸显。而与此同时，各业务团队在数据查询、分析等方面的压力也与日俱增。因此，为帮助公司各业务线解决数据方面的挑战，小米大数据团队不断地尝试通过不同的技术手段打造新的大数据解决方案。

2012年小米大数据团队成立之后，数据平台、用户画像等通用性技术体系相继在公司内部建立起来。然而随着业务需求的快速变化，新的挑战不断随之出现，比如在多维数据分析及 OLAP 需求中遇到的诸多困难就是其中的典型。

OLAP 的价值可体现在实现精细化运营、提升数据处理效率、改善数据可视化效果等多个方面。但小米公司内部的业务种类异常繁杂，各业务团队为了具备多维数据分析能力而各自建立了独立的 OLAP 分析系统。这些 OLAP 引擎大多采用指标数据先进入 MySQL，再在前端展示的方法，而这样一来就会面临以下问题：

1）基于 MySQL 的架构，在大数据上的查询效率低下；

2）业务间 OLAP 引擎不统一，数据管道冗长，数据复用率极低，开发工作周期变长，维护成本增加；

3）缺乏统一的维表和事实表，同主题下的数据统计口径不一致；

4）新增业务需要投入较大的成本才能获得基础的 OLAP 能力。

经过充分的内部沟通，小米大数据团队发现各业务团队的基础需求主要包括以下四点：

1）报表能力；

2）提供 OLAP 查询接口，支持各种即席分析；

3）尽可能降低使用门槛（ETL 及查询的门槛）；

4）初级阶段只需支持离线分析需求即可。

举例来说，其中最常见的一类需求是开发资源相当有限的新业务，如何能在 1 天时间内开发出关键指标的多维分析看板？在这种情况下又该如何系统性地设计、搭建技术架构与解决方案？

9.1.2　利用 Apache Kylin 构建定制化 OLAP 解决方案

针对 OLAP 解决方案的技术选型问题，小米大数据基于之前在 Elasticsearch 上所积累的经验，对于数据量不太大的业务，首先尝试了基于 Elasticsearch + Logstash+ Kibana 的解决方案。尽管 Elasticsearch 在查询效率方面表现不错，对地理位置信息类数据也进行了特殊优化，但是其本身更适用于原始数据检索，而在数据摄入、查询语法等方面的表现并不是很理想。此后，Apache Kylin、Druid、Click House 等方案也成为候选项，小米大数据团队在结合了实际业务需求与环境后，决定从以下方面进行考量：

1）可满足大多数需求，支持常见的算子，以及数据的摄入、查询速度足够快；

2）保证良好的 SLA；

3）使用门槛相对较低。

作为候选方案之一的 Apache Kylin，基本支持常见的 SQL 语法，并能满足一般的需求。数据摄入主要依赖 MapReduce、Spark 任务将 Hive 中的数据转换为对应 Cube 的 Segment（HFile），效率方面尚可，而在查询速度方面也能提供秒级支持。对于一些复杂场景而言，如 Distinct Count 等，Apache Kylin 也提供了高精度但低效、高效但存在可容忍误差这两种计算方式，以适用不同的业务场景需求。

在 SLA 方面，之前小米相关团队在 Hadoop 技术栈上积累的经验同样能针对 Apache Kylin 使用，从而提供良好的 SLA 保障。此外，Apache Kylin 本身的设计与传统数据仓库相一致，学习构建 Cube 的门槛不高，而数据的查询基于 SQL 语法，同时提供了 JDBC 接口和 Rest API，便于与现有系统对接。此外，Apache Kylin 也能较好地与 Apache Superset 等开源可视化方案进行整合，易于进行数据可视化处理。目前，小米公司的部分业务已实现在日志进入数据流之后，基于现有解决方案生成数据看板等可视化的功能。

由此可见，Apache Kylin 满足了上述要求，并最终作为 OLAP 引擎方案进入了小米大数据平台的技术架构，而这套完整的 OLAP 解决方案则被命名为“UnionSQL”。

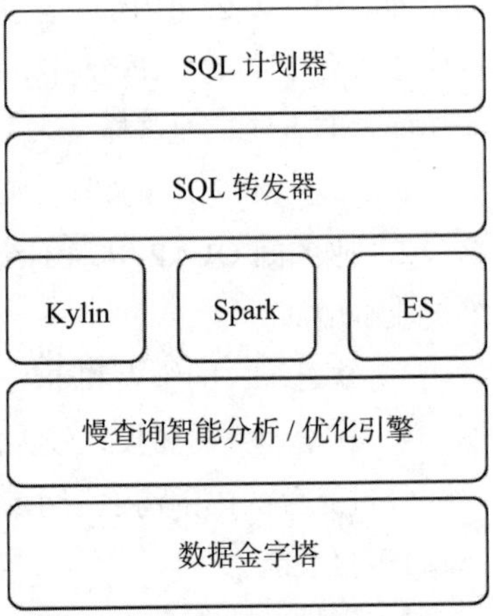

图 9-1　UnionSQL 技术架构图

UnionSQL 的技术架构如图 9-1 所示。

SQL 计划器会对用户的查询进行解析与重排，而 SQL 转发器则会把改写后的结果分发给不同的引擎。例如，当最终用户想知道某个区域的实时运营活动点击率的时候，会基于 Lambda 架构将历史数据的查询分发给 Apache Kylin，而实时数据的查询则分发给 Elasticsearch。

在引入 Apache Kylin 作为 OLAP 引擎之后，就可以将需要进行分析的数据抽象成星形模型，其优势如下：

- 只需维护最细粒度的事实分析数据，进行简单的 ETL 处理；
- 数据流变得更清晰；
- 维护成本进一步降低。

9.1.3　Kylin 在小米的三类主要应用场景

一般情况下，业务团队的 OLAP 需求可大体分为三类——用户画像、数据运营、数据分析。

在用户画像方面，小米拥有公司级的通用画像表，可针对各业务提供人群画像支持。以小米之家为例，该业务的数据进入数据金字塔的汇总层后，可以和通用画像表相结合对用户人群进行多维分析。

在数据运营方面，小米内部的每一项业务都可能会产生海量的数据，那么如何才能让运营人员便捷、快速地查看整个业务的各项关键性指标及历史趋势，正是业务团队的刚性需求。以小米音乐为例，运营人员需要每天看到用户的活跃情况，以及热门歌曲、热门歌单、播放时长等相关指标。而通过 Apache Kylin 与 Apache Superset 的配合，就可以实现这些指标的快速可视化并将其展示给运营人员。

在数据分析方面，以小爱同学的相关业务为例，在一些运营活动中，小爱同学会主动向用户推送具有引导性的内容。在 2018 年俄罗斯世界杯进行期间，小爱同学就被加入了类似的运营干预。例如，用户向小爱同学询问与天气相关的问题，小爱同学在完成回答之后还加上了一个"小提示"，如"世界杯来了，足球知识早知道，坚决不做伪球迷，快对我说：什么是越位"，等等。小米大数据团队内部称之为"素材"，而要想评估素材效果，就需要通过数据分析来了解用户是否进行了小爱同学所提示的操作。

截至 2018 年第三季度，小米公司内部已有超过 50 个业务接入了 UnionSQL 解决方案，其中涉及手机、MIUI、小爱同学、新零售等相关核心业务，Cube 存储空间已超过 50TB，且 95% 的查询都能在 0.35 秒内返回查询结果。

9.2　美团点评

注意　本案例节选自《Apache Kylin 在美团数十亿数据 OLAP 场景下的实践》，作者：孙业锐。

9.2.1　美团点评的数据场景特点

美团点评各业务线存在大量的 OLAP 分析场景，需要基于 Hadoop 数十亿级别的数据进行分析，直接响应分析师和城市业务拓展等数千人的交互式访问请求，对 OLAP 服务的可扩展性、稳定性、数据精确性和性能均有很高要求。

美团点评数据的第一个特点是数据规模和模型。从数据规模上来讲，事实表一般在 1 亿到 10 亿量级，甚至有千万量级的维表，也就是超高基数的维表。而对于数据模型，是团队最初遇到的最大的困难。因为所使用的 Kylin 最初的设计是基于一个星形模型的，但很不幸，由于各种原因，实际很多数据都是雪花模型，还有其他模型的，比如所谓"星座"模型，也就是中间是两张或三张事实表，周围关联了其他很多维表。业务逻辑决定了这些数据的关联方式非常复杂，根本无法用经典、标准的理论模型来解释。

第二个特点是维度。维度最理想的情况是固定的，每天变化的只是事实表。但实际上维度经常会变，这可能和行业特点有关，比如组织架构，相关的维度数据可能每天都会发生变化。除此之外还可能要用今天的维度去关联所有的历史数据，因此要重刷历史数据，相应的开销也比较大。

第三个特点是数据回溯的问题。比如发现数据生成有问题，或者上游出错了，此时就需要重跑数据。这也是和经典理论模型有区别的。

以上是美团在OLAP查询方面的一些特点。在使用Kylin之前，实际上美团采取了一些方案，但效果并不理想。

比如用Hive直接进行查询，这样做一来查询速度慢，二来会消耗计算集群的资源。尤其是每个月的第一天，大家都要出月报，运行的SQL非常多，当SQL查询全部提到集群中，由于并发度限制，查询速度比平时更慢。

美团原来也做过预聚合尝试，这个思路跟Kylin很像，只不过是自己来做这个事，先用Hive把所有的维度计算出来，然后将其导入MySQL或HBase。但是这个方案并没有像Kylin这么好的抽象定义模型，也没有从配置到执行、预计算、查询这样的整体框架。现在通过使用Kylin实现了用较低成本来解决这些问题。

9.2.2 接入Apache Kylin的解决方案

针对上述问题，经过大量的尝试和验证，目前主要的解决方案有以下几点。

最重要的是第一点，就是采用宽表。所有非标准星形的数据模型都可以通过预处理先拉平，做成一个宽表来解决。只要能根据业务逻辑把这些表关联起来生成一张宽表，然后再基于这张表在Kylin里做数据的聚合就可以了。宽表不只能解决数据模型的问题，还能解决维度变化、超高基数的维度等问题。

第二点是表达式指标的问题。这个问题也可以通过预处理解决，把表达式单独转成一列，再基于该列做聚合就可以了。实际上，宽表和表达式变换的处理可以用Hive的view，也可以生成物理表。

第三点是精确去重的问题。目前的方案是基于Bitmap。由于数据类型的限制，目前只支持int类型，其他包括long、string等类型还不支持。因为需要把每个值都映射到Bitmap里，如果是long类型的话开销太大。如果用哈希算法的话就会冲突，造成结果不准确。另外，Bitmap本身的开销也是比较大的，尤其是进行预计算的时候，如果算出来的基数很大，对应的数据结构就是几十MB，内存会有OOM风险。这些问题后面我们也会想一些办法解决，也欢迎大家在社区里一起讨论。（补充说明：目前已在Kylin 1.5.3版本中实现了对全类型精确去重计数的支持。）

从整个系统的部署方式上来说，目前Server采用了分离部署的方式。Kylin Server本质上就是一个客户端，并不需要太多资源，一般情况下使用虚拟机就能够满足需求。

9.2.3 Kylin的优势

Kylin具有以下优势：

第一，性能非常稳定。因为Kylin依赖的所有服务，比如Hive、HBase都是非常成熟的，Kylin本身的逻辑并不复杂，所以其稳定性有很好的保障。目前在我们的生产环境中，稳定性可以保证在 99.99% 以上。同时查询时延也比较理想。我们现在有一个业务线需求，每天的查询量在两万次以上，95% 的时延低于 1 秒，99% 的延时在 3 秒以内，基本上能满足我们交互式分析的需求。

第二，也是特别重要的一点，就是精确去重计算的要求。目前能做到这一点的 OLAP 引擎只有 Kylin，所以我们也没有太多其他的选择。

第三，从易用性上来讲，Kylin 也有非常多的特点。首先是外围服务，不管是 Hive 还是 HBase，只要用 Hadoop 系统的话基本上所有外围服务都有了，不需要做额外的工作。从部署运维和使用成本上来讲也是比较低的。其次，有一个公共的 Web 页面来做模型的配置。相比之下，Druid 现在还是基于配置文件来做。这里就出现了一个问题：配置文件一般都是平台方或管理员来管理的，没办法把这个配置系统对用户开放，这样在沟通成本和响应效率方面都不够理想。Kylin 有一个通用的 Web Server 对用户开放，所有的用户都可以进行测试和定义，只需要上线的时候由管理员检查一下，就会得到更好的用户体验。

第四，活跃开放的社区和热心的核心开发者团队。社区里的讨论非常开放，大家都可以提自己的意见及 patch、修复 bug，以及提交新的功能等，包括我们美团团队也贡献了很多特性，比如写入不同的 HBase 集群等。

截至 2018 年 8 月，Apache Kylin 在美团点评的服务几乎覆盖了所有业务线，Cube 数量近 1000 个，摄入数据量 8.9 万亿，Cube 存储 971TB，每日查询量 380 万次，50% 的查询完成时间在 200 毫秒内，90% 的查询完成时间在 1.2 秒内。

9.3　携程

> 注意　本案例节选自《Kylin 在携程的实践》，作者：张巍。

9.3.1　背景

携程早期的 OLAP 结构比较简单，只有两个应用：一个是 BI 分析报表工具；另一个是自助分析的 Ad-hoc 平台，下层引擎主要是 Hive，技术比较单一。Hive 是比较慢的引擎，但其性能很稳定。其间也使用过 Shark，但 Shark 的维护成本比较高，所以后来被替换掉了。文件存储用的是 HDFS。早期架构的特点就是性能很慢。

9.3.2　选择 Kylin 的原因

随着业务需求的多样化发展，携程团队引入了许多 OLAP 引擎，其中包括 Kylin。选择

Kylin 是基于几个方面的考虑。

- 百亿数据集支持：对携程来说，海量数据的支持必不可少。因为很多用户向我们抱怨，由于携程早期都是采用微软的解决方案，几乎无法支撑百亿级的数据分析，即便使用 Hive 也需要等待很长时间才能返回查询结果。
- SQL 支持：很多分析人员之前使用 SQL Server，所以即使迁移到新的技术也希望能保留使用 SQL 的习惯。
- 亚秒级响应：有很多用户反馈，他们需要更快的响应速度，Hive、Spark SQL 的响应只能达到分钟级别，MPP 数据库像 Presto、ClickHouse 等也只能达到秒级响应，要达到毫秒级是很困难的。
- 高并发：在一定的用户规模下，并发查询的场景非常普遍。仅仅通过扩容是非常消耗机器资源的，一定用户规模下的运维成本也很高。而且，传统的 MPP 随着并发度的升高，其性能会急剧下降。以 Presto 来说，一般单个查询要消耗 10 秒，如果同时压 100 个并发，就无法返回查询结果。Kylin 在这一方面的表现好很多。
- HBase 的技术储备：携程有大量使用 HBase 的场景，在我们大数据团队中有不少精通 HBase 的开发人员，而 Kylin 的存储采用 HBase 技术，所以运维起来会更得心应手。
- 离线分析多：携程目前离线分析的场景比较多，Kylin 在离线分析场景下属于比较成熟的解决方案，进行综合考虑后，携程选择了 Kylin。

9.3.3 Kylin 在携程的应用情况

携程主打的 OLAP 采用 Spark、Presto 和 Kylin，Hive 慢慢被 Spark 替代。Kylin 主要服务两个业务产品：一个是公司的 Artnova BI 分析工具；另一个是各业务部门的报表产品。

我们会根据分析的结果自动为用户构建 Cube。打个比方：某些表，用户频繁访问，或者在维度很固定的情况下，就会自动配置一个对应的 Kylin Cube。前端的报表自动匹配 Kylin 作为查询引擎，对用户来说，之前每次要 20s 才能完成的报表，现在只需要 500 毫秒就可以完成了。

另外，我们计划将 Kylin 接入规则引擎，从而给数据产品提供一个统一的入口，并且提供查询自动降级等对用户更友好的功能。

截至 2019 年 2 月，Kylin 在携程的 Cube 数量已经有 300 多个，覆盖 7 个业务线，其中最大的业务线是度假玩乐。目前单份数据存储总量是 56 T，考虑到 HDFS 存在三份复制，所以总存储量大约是 182 T，数据规模达 300 亿条左右。最大的 Cube 来自火车票业务，一天中最大的数据量是 28 亿条，一天次构建的最大的结果集在 13 T 左右。查询次数平均每日 20 万次，用 Kylin 的查询日志分析下来，90% 的查询仅用时 300 毫秒左右。

9.4 4399 小游戏

注意 本案例节选自《Apache Kylin 在 4399 大数据平台的应用》，作者：林兴财。

4399 是中国最早的在线休闲小游戏平台，目前处于全国领先水平。截至 2018 年 6 月，日活跃用户达 2000 多万；4399 游戏盒是 4399 旗下的手游分发平台，日活跃用户超过 350 万。

9.4.1 背景

Hadoop 为 4399 大数据平台提供了数据管理功能，但是现有的业务分析工具（如 Tableau、Microstrategy 等）存在很大的局限性，如难以进行水平扩展、无法处理超大规模数据、缺少对 Hadoop 的支持等。数据仓库 Hive 虽然也提供了 SQL 查询接口，但是响应速度差强人意。在这样的背景下，Kylin 以其能够在亚秒级查询庞大的 Hive 表，并支持高并发，因此在众多 OLAP 系统中脱颖而出。

9.4.2 Kylin 部署架构

图 9-2 所示为 Kylin 在 4399 大数据平台的部署架构图，主要包含 3 个查询服务器和 1 个构建服务器。

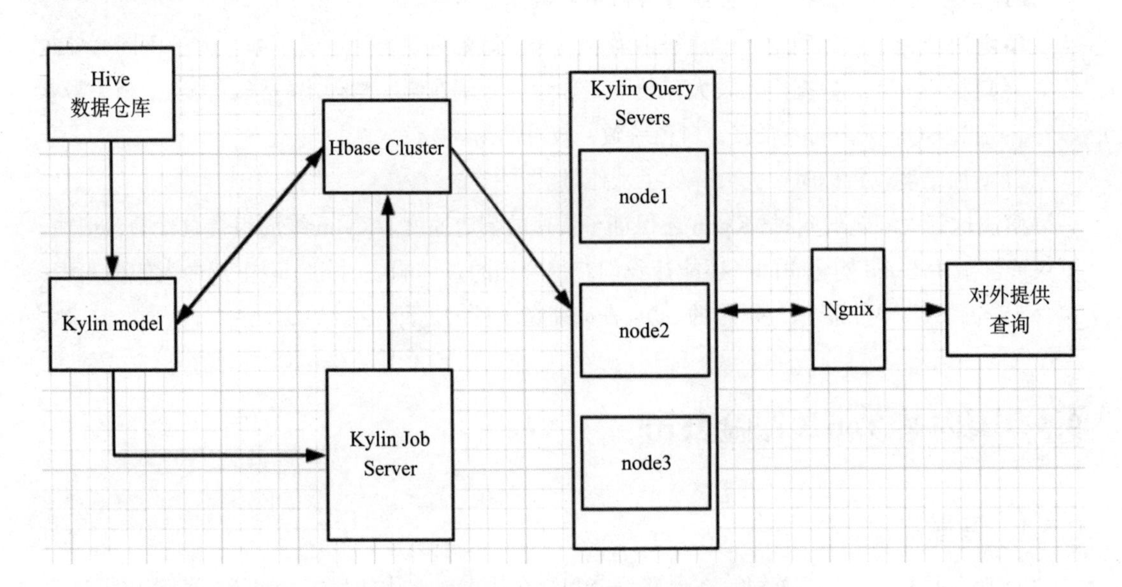

图 9-2 Kylin 在 4399 大数据平台的部署架构图

为了保证查询服务的稳定性，其中使用 Nginx 配置负载均衡。

- 生产环境：三台查询、一台构建；HBase 集群包含 23 个节点。
- 测试环境：一台查询、一台构建和查询。

多版本同时部署，需要修改配置使得 Zookeeper 的 znode 路径及 kylin_metadata 分离，以免相互影响。

下面以应用平台 4399 游戏盒的漏斗模型分析（从展示到点击下载启动留存）为例来分析数据流向。

首先，要整理好事实表和维度表，构成星形模型（或雪花模型），分析所需的维度和指标，配置 Kylin 模型，接着配置相应的 Cube。经过 Kylin 的构建，就能使用 SQL 语句查询 Kylin 中的数据了。

为了方便运营人员查看数据，体现出 Apache Kylin 的多维分析引擎优势，我们开发出一套多维分析展示页面。

9.4.3 Apache Kylin 在 4399 的价值

4399 从 Kylin v1.5 版本开始使用，其使用版本也随着官方版本的升级在升级，现生产系统中有两个版本同时在运行：Kylin v2.0.0、Kylin v2.3.0，共有 20 个 Cube 为大数据平台提供分析服务，如漏斗模型分析等。其中最大的 Cube 每到周末需要构建 2.5 亿条数据、18 个维度、9 个指标，构建耗时 80 分钟左右。Kylin 的引入主要帮我们解决了以下三大问题：

- 提供 ANSI-SQL 接口，使统计分析由繁杂变得简单。
- 解决口径不一致问题。以前每个需求过来，需要重写统计逻辑，编写人员不同会导致口径不一致，数据出入较大，校准工作量大。现在统一整理出一张事实表，相关需求通过 SQL 查询同一张表，口径一致，校准简易。
- 增加维度或指标时，大大降低了工作量。

解决这三大问题的同时，Kylin 还保证了快速的响应速度。Kylin 维度组合设计的合理性，不仅能够减少 Cube 构建时间，还能让我们获得合理的查询响应时间。现生产最大的事实表，包含 18 个维度、9 个指标，95% 的 SQL 查询能在 3 秒内返回正确结果。

9.5 国内某 Top 3 保险公司

9.5.1 背景

国内某领先大型保险公司，在保费增速和综合成本率双优的目标背景下，期望以管理会计的全新视角归集财务成本，整合车险、非车险、渠道、费用等近 4 亿业财数据进行细粒度多维分析，为财务部门提供保单级数据多维经营分析和成本考核。

通俗来讲，企业期望通过一系列业财系统建设，打通业财两类数据间的壁垒，融合业务、财务、战略三大流程，支持更广泛的经营结果和财务分析，促进费率厘定、保险营销、保险核保、保险理赔等环节的优化提升。

9.5.2　主要痛点

有相当数量的保险领域的公司采用 IBM Cognos 构建传统数仓，并基于 Cognos BI 完成数据分析相关的业务，然而传统 Cognos Power Cube 由于本身技术架构的局限性，无法对业财整合后的海量数据实现高效分析，跨年多维分析的延迟常常达到分钟级；无法满足对业财融合数据的数百个维度和指标进行灵活高效的分析的需求，分析维度和分析指标偏少，单个分析场景仅能支持 10 个以内维度的灵活组合分析，并且分析时效滞后，分析预见性差、回溯分析困难。

这些痛点具体体现在以下层面。

（1）业务层面

业务层面缺少对业务质量进行分析和挖掘的工具，无法实现在各种维度口径下对保单综合成本率的灵活精细分析。

（2）财务层面

财务分析受限于维度、指标、维度口径、指标明细、数据挖掘性等因素，无法有效成为业务信息触点以通过数据对业务进行指导。

（3）IT 层面

各业务条线独立运维数据仓库和报表平台，存在数据孤岛问题；报表繁杂，模块分散；Cognos Power Cub 查询性能差，数据构建周期长，运维复杂。

9.5.3　Kylin 带来的改变

Apache Kylin 基于 Hadoop 分布式技术框架，将 Cube 能力提升到一个崭新的层次——单一 Cube 支持数百 TB 甚至 PB 级源数据，Cube 维度和指标数目敏捷扩展，支持百万级高基数维度分析，支持高并发数据查询。Kylin Cube 能够作为数据源无缝连接 Cognos BI，可以在保留业务用户使用习惯的同时，提升多维分析性能和用户体验。

图 9-3 所示为 Kylin Cube 替换 Cognos PowerCube 前后的架构对比图。除了 Cognos BI，Kylin 也能和其他 BI 工具如 Tableau、Qlik、Power BI 等进行无缝集成。

本方案突破了传统多维分析在容量、性能、实时性、并发能力方面的“瓶颈”，具备以下优势和收益：

- 无缝集成 Cognos BI 或其他前端展现工具，业务应用无须改变，只是底层数据源实现快速切换；

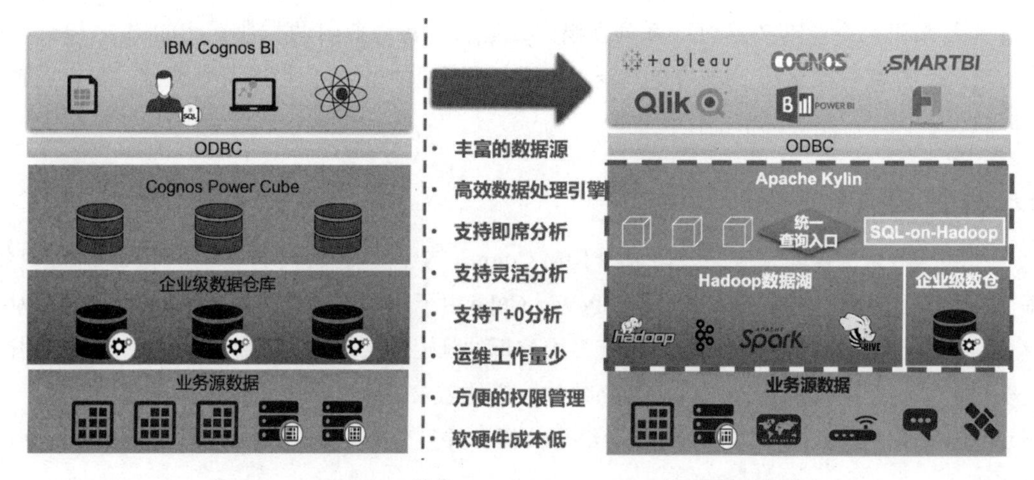

图 9-3　Kylin Cube 替换 Cognos PowerCube 前后的架构对比

- 显著降低 Cube 设计的复杂度，节省了大量重复的开发和运维人力成本，将 IT 资源聚焦到更多有价值和创新的技术和业务上；
- 提供智能化方法敏捷迁移现有 Cube，实现业务分析体验和效率的提升，大大缩短了项目部署周期；
- Cube 日增量构建通常能在 1 小时内完成，大大提升了从数据到业务结果呈现的时效性；
- 基于 PB 级数据，无须 IT 团队事先准备汇总场景，用户可进行灵活拖放、筛选过滤、钻取等自助分析操作，提供更好的用户体验，加速了业务获得数据的效率；
- 支持读写分离架构，提供稳定的并发性能，满足大量用户同时访问的需求，赋能企业将数据分析和决策能力渗透到企业各个层级。

以绩效考核分析场景为例，财务人员能够从分公司 / 中支公司 / 支公司 / 科室 / 经办人、渠道、条线、代理点、等分赔付等 40+ 维度对作业成本项目进行责任单位的无限细分，秒级获取 200+ 指标结果，有力地改善了作业成本管理，实现了精准绩效考核和精益化管理。

9.6　某全球顶级银行卡组织

9.6.1　背景

某全球顶级银行卡发行组织从 2007 年开始将多维分析理念引入数仓系统，支撑了大量业务分析应用，2012 年以后，随着数据量的增长，基于 IBM Cognos OLAP 的多维分析平台的一些弊端和技术限制开始显现，如日 / 月报数据准备时间长，月报构建时间超过三天，查询性能不稳定，查询延迟从秒级到分钟级，甚至小时级，给业务带来极大的困扰。同时整个平台的运维工作量也越来越大，有 1,200 个 Cube 支撑 80% 的分析应用，超过 5,000 个任务调度，给开发和运维带来了巨大的负担。另外，平台在编程和可扩展性、权限管理方面都遇到了“瓶颈”。

9.6.2 Kylin 的价值体现

2018 年，该企业在其建设的 Hadoop 大数据平台上部署了以 Kylin 为核心的数据分析平台，向企业内外部提供大数据多维探索和分析服务。在这一转变过程中，Kylin 的价值充分体现在以下方面。

❑ 数据准备时间极大地缩短

日批量由 15 小时减至 2 小时，数据准备时间缩减 80%。

❑ 有效地控制运维成本

用 1 个 Kylin Cube 替换数百个 Cognos Cube，有效地减少了人工重复的操作，IT 运维成本缩减 90%。

❑ 快速响应业务成为现实

实现 90% 的查询响应，时间少于 3 秒，业务分析效率得到了显著提升。

❑ 助力业务创新

支持在千万级商户粒度进行高性能交互式分析与数据探索，成功推动了业务创新；

❑ 解决传统的跨维度分析难题

解决了以往数据权限问题及业务口径不统一等问题。

Chapter 10 第10章

扩展Apache Kylin

Apache Kylin有着卓越的可扩展架构。总体架构上的三大依赖——数据源、计算引擎和存储引擎都有清晰的接口，保证了Apache Kylin可以方便地接入最新的数据源或切换计算存储技术，从而跟随大数据生态圈一起演进。此外，作为Cube核心的聚合类型也可以扩展，用户可以定制业务领域的特殊聚合，在Apache Kylin上直接实现业务逻辑。维度编码也可以为特定数据进行扩展，实现最高效的数据压缩。

10.1 可扩展式架构

Apache Kylin系统的三大依赖（数据源、计算引擎、存储引擎）相互独立抽象（如图10-1所示），定义了清晰的接口。这保证了Apache Kylin可以根据需要更容易地新增数据源、替换计算框架和存储系统，从而在日新月异的技术潮流中始终保持领先地位。

此外，Apache Kylin允许多个计算引擎和存储引擎并存，具有极大的灵活性。假设用户希望从MapReduce引擎过渡到Spark引擎，可以分批次逐一升级每个Cube的计算引擎。例如，首先升级部分Cube并进行试验，确认Spark引擎的稳定性和先进性，之后再按计划升级其他Cube，以规避管理升级过程中的不确定风险。

10.1.1 可扩展架构工作原理

下面从设计的角度详细介绍可扩展架构的工作原理。

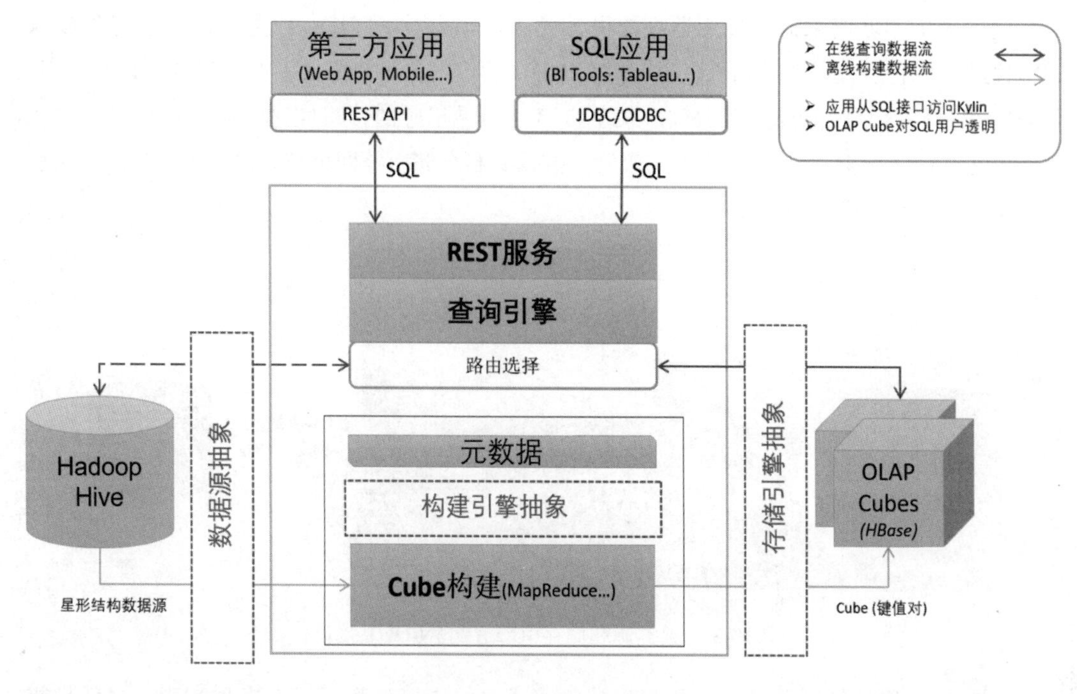

图 10-1　Kylin 可扩展架构

每一个 Cube 都可以设定自己的数据源、计算引擎和存储引擎，这些设定信息均保存在 Cube 元数据中。在构建 Cube 时，首先由工厂类创建数据源、计算引擎和存储引擎对象。这三个对象均独立创建，相互之间没有关联（如图 10-2 所示）。

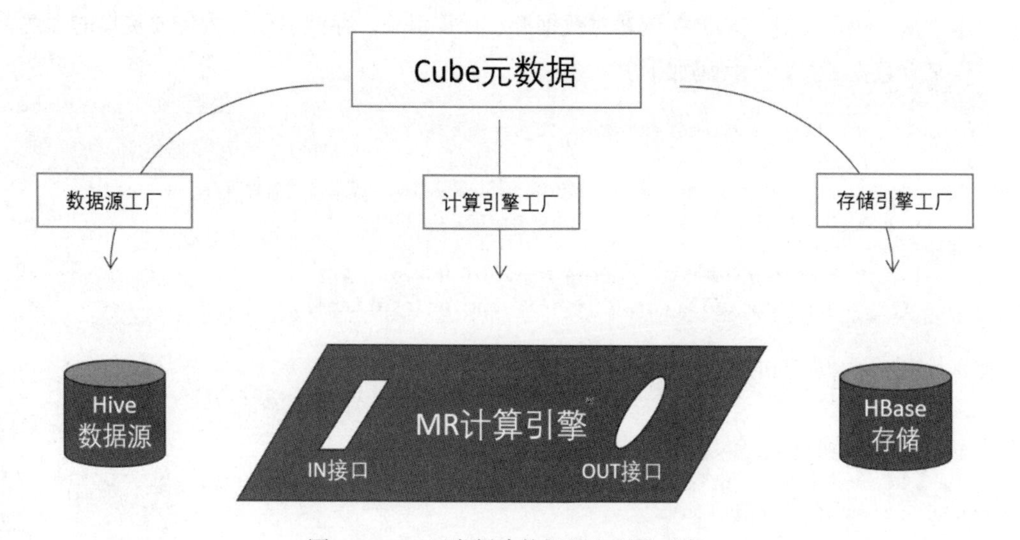

图 10-2　工厂类创建数据源和引擎对象

要把它们串联起来需要使用适配器设计模式。计算引擎好比一块主板，主控整个 Cube 的构建过程。它以数据源为输入，以存储为 Cube 的输出，因此定义了 IN 和 OUT 两个接口。数据源和存储引擎则需要适配 IN 和 OUT 接口，提供相应的接口实现，把自己接入计算引擎，适配过程如图 10-3 所示。适配完成后，数据源和存储引擎即可被计算引擎调用。三大引擎联通即可协同完成 Cube 构建。

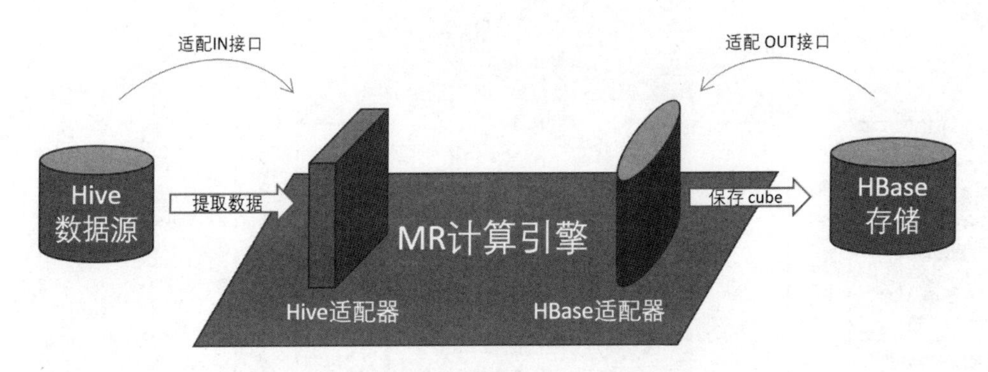

图 10-3　数据源和储存引擎适配 IN/OUT 接口

从图 10-3 中可知，计算引擎只提出接口需求，每个接口都可以有多种实现，也就是能接入多种不同的数据源和存储。类似地，每个数据源和存储也可以实现多个接口，适配到多种不同的计算引擎上。三者之间是多对多的关系，可以任意组合，十分灵活。

10.1.2　三大主要接口

本节从代码层面进一步加深读者对数据源、计算引擎、存储引擎三大主要接口的理解。

先来看数据源接口，代码如下：

```
public interface ISource extends Closeable {

    // 返回一个 ISourceMetadataExplorer，用来获取数据源中的元数据信息
    ISourceMetadataExplorer getSourceMetadataExplorer();

    // 适配指定的构建引擎接口。返回一个对象，实现指定的 IN 接口。
    <I> I adaptToBuildEngine(Class<I> engineInterface);

    // 返回一个 ReadableTable，用来顺序读取一个表。
    IReadableTable createReadableTable(TableDesc tableDesc, String uuid);

    // 返回一个 SourcePartition，用来记录要构建的数据范围
     SourcePartition enrichSourcePartitionBeforeBuild(IBuildable buildable,
SourcePartition srcPartition);

    // 返回一个 ISampleDataDeployer，用来将示例数据部署到数据源中
```

```
    ISampleDataDeployer getSampleDataDeployer();

    // 卸载已加载到项目中的表
    void unloadTable(String tableName, String project) throws IOException;
}
```

数据源接口包含以下六个方法：

- getSourceMetadataExplorer：返回一个 ISourceMetadataExplorer，用来读取数据源中数据库、表等的元数据信息。
- adaptToBuildEngine：适配指定的构建引擎接口。返回一个对象，实现指定的 IN 接口。该接口主要由计算引擎调用，要求数据源向计算引擎适配。如果数据源无法提供指定接口的实现，则适配失败，Cube 构建将无法进行。
- createReadableTable：返回一个 ReadableTable，用来顺序读取一个表。除了构建引擎之外，有时查询引擎也需要顺序访问数据维表的内容，用来创建维度字典或维表快照，因而查询引擎也会调用此方法。
- enrichSourcePartitionBeforeBuild：返回一个 SourcePartition，用来记录要构建的数据范围。
- getSampleDataDeployer：返回一个 ISampleDataDeployer，用来将 Apache Kylin 的示例数据部署到数据源中，以便用户能够快速入门。
- unloadTable：卸载已加载到项目中的数据源表。

下面来看存储引擎接口，代码如下：

```
public interface IStorage {

    // 适配指定的构建引擎接口。返回一个对象，实现指定的 OUT 接口。
    public <I> I adaptToBuildEngine(Class<I> engineInterface);

    // 创建一个查询对象 IStorageQuery，用来查询给定的 IRealization。
    public IStorageQuery createQuery(IRealization realization);
}
```

存储引擎接口只包含以下两个方法：

- adaptToBuildEngine：适配指定的构建引擎接口。返回一个对象，实现指定的 OUT 接口。该接口主要由计算引擎调用，要求存储引擎向计算引擎适配。如果存储引擎无法提供指定接口的实现，则适配失败，Cube 构建将无法进行。
- createQuery：创建一个查询对象 IStorageQuery，用来查询给定的 IRealization。简单来说就是返回一个能够查询指定 Cube 的对象。IRealization 是在 Cube 之上的一个抽象。其主要的实现类就是 Cube，此外还有叫作 Hybrid 的虚拟实现（使用多个 Cube 来共同完成一个查询）。

最后来看计算引擎接口。目前的计算引擎在设计上都是采用批处理，因此叫作 IBatchCubingEngine。流式处理是另一类数据处理模式，在实时计算和实时分析中有广泛应用，或许将来 Apache Kylin 也会加入针对流式处理的专用构建接口。

```
public interface IBatchCubingEngine {

    //返回一个 IJoinedFlatTableDesc，记录构建指定的 CubeSegment 过程中要用到的平表结构信息。
    public IJoinedFlatTableDesc getJoinedFlatTableDesc(CubeSegment newSegment);

    // 返回一个工作流计划，用以构建指定的 CubeSegment。
    public DefaultChainedExecutable createBatchCubingJob(CubeSegment newSegment,
String submitter);

    // 返回一个工作流计划，用以合并指定的 CubeSegment。
    public DefaultChainedExecutable createBatchMergeJob(CubeSegmentmergeSegment,
String submitter);

    // 返回一个工作流计划，用以优化指定的 CubeSegment。
    public DefaultChainedExecutable createBatchOptimizeJob(CubeSegment
optimizeSegment, String submitter);

   // 指明该计算引擎的 IN 接口。
    public Class<?> getSourceInterface();

   // 指明该计算引擎的 OUT 接口。
    public Class<?> getStorageInterface();
}
```

该接口定义了以下六个方法：

- getJoinedFlatTableDesc：返回一个 IJoinedFlatTableDesc，记录构建指定的 CubeSegment 过程中要用到的平表结构信息。构建第一阶段，会把事实表和维表连接为一张大表，也称为平表，这里返回的 IJoinedFlatTableDesc 就定义记录着这个平表的结构。
- createBatchCubingJob: 返回一个工作流计划，用以构建指定的 CubeSegment。这里的 CubeSegment 是一个刚完成初始化，但还不包含数据的 CubeSegment。返回的 DefaultChainedExecutable 是一个工作流的描述对象。它将被保存并由工作流引擎在稍后调度执行，完成 Cube 构建。
- createBatchMergeJob：返回一个工作流计划，用以合并指定的 CubeSegment。这里的 CubeSegment 是一个待合并的 CubeSegment，它的区间横跨多个已有的 CubeSegment。返回的工作流计划一样会在稍后被调度执行，执行的过程中将多个现有的 CubeSegment 合并为一个，以降低 Cube 的碎片化程度。
- createBatchOptimizeJob：返回一个工作流计划，用以优化指定的 CubeSegment。这里

的 CubeSegment 是一个已被构建好的待优化的 CubeSegment。返回的工作流计划一样会在稍后被调度执行。

- getSourceInterface：指明该计算引擎的 IN 接口。
- getStorageInterface：指明该计算引擎的 OUT 接口。

综上所述，从代码角度重现可扩展架构三大引擎之间的互动，可以将之描述为以下过程：

1）Rest API 接受到执行（构建 / 合并）CubeSegment 的请求。

2）EngineFactory 根据 Cube 元数据定义，创建 IBatchCubingEngine 对象，并调用其上的 createBatchCubingJob（或 createBatchMergeJob、createBatchOptimizeJob）方法。

3）IBatchCubingEngine 根据 Cube 元数据定义，通过 SourceFactory 和 StorageFactory 创建出相应的数据源 ISource 和存储 IStorage 对象。

4）IBatchCubingEngine 调用 ISource 上的 adaptToBuildEngine 方法，传入 IN 接口，要求数据源向自己适配。

5）IBatchCubingEngine 调用 IStorage 上的 adaptToBuildEngine 方法，传入 OUT 接口，要求存储引擎向自己适配。

6）适配成功后，计算引擎协同数据源和存储引擎计划 Cube 构建的具体步骤，将结果以工作流（DefaultChainedExecutable）的形式返回。

7）执行引擎将在稍后执行工作流，完成 Cube 构建。

10.2　计算引擎扩展

Apache Kylin 现有 MapReduce 构建引擎和 Spark 构建引擎两种。本节将介绍 Apache Kylin 现有的 MapReduce 构建引擎，并以它为范例进一步说明如何扩展或创建一个新的 Cube 计算引擎。对 Spark 构建引擎感兴趣的读者请自行研读 Spark 构建引擎的代码。（另“构建引擎”和“计算引擎”是同义词，可以互换，请读者注意。）

10.2.1　EngineFactory

每一个构建引擎必须实现接口 IBatchCubingEngine，并在 EngineFactory 中注册实现类。只有这样才能在 Cube 元数据中引用该引擎，否则会在构建 Cube 时出现“ No realization found”（中文含义是“找不到实现”）的错误。

注册的方法是通过配置 $KYLIN_HOME/conf/kylin.properties 在其中添加一行构建引擎的申明。比如：

```
kylin.job.engine.2=org.apache.kylin.engine.mr.MRBatchCubingEngine2
```

EngineFactory 在启动时会读取 kylin.properties，列出所有注册的构建引擎，建立标识号到实现类之间的映射。这样以后就可以用标识号“2”来代表 org.apache.kylin.engine.mr.MRBatchCubingEngine2 这个引擎，并在 Cube 元数据中引用它。

Apache Kylin v2.5.2 版本中有两个内置的构建引擎，分别如下：

```
kylin.job.engine.2=org.apache.kylin.engine.mr.MRBatchCubingEngine2
kylin.job.engine.4=org.apache.kylin.engine.spark.SparkBatchCubingEngine2
```

标识号为“2”的 MapReduce 引擎是 Cube 的默认引擎。它包含了两种 Cube 构建算法（逐层构建算法和快速构建算法），会在运行时根据数据的分布情况自动选择较优的算法，提供更快的构建速度。标识号为“4”的引擎是基于 Spark 的 Cube 构建引擎，使用逐层构建算法。相比 MapReduce 引擎，Spark 引擎会把上一层级的计算结果缓存在内存中用于进行下一层级计算，减少磁盘和网络 I/O 的开销，提高构建性能。

多个引擎可以并存，由不同的 Cube 使用，每个 Cube 必须且只能选择一个构建引擎。从设计上来说，Apache Kylin 不保证不同构建引擎之间的兼容性。也就是说，若要切换构建引擎，唯一可靠的方法是创建一个新 Cube，并选用新的引擎。直接修改元数据、更改构建引擎的方法是没有保障的，会导致任意可能的错误。

10.2.2 MRBatchCubingEngine2

Apache Kylin 默认的构建引擎实现类是 org.apache.kylin.engine.mr.MRBatchCubingEngine2。通过分析和理解该类，我们可以学习到如何开发一个构建引擎。

```
    public class MRBatchCubingEngine2 implements IBatchCubingEngine {

        //返回一个 IJoinedFlatTableDesc，记录构建指定的 CubeSegment 过程中要用到的平表结构信息。
        public IJoinedFlatTableDesc getJoinedFlatTableDesc(CubeSegment newSegment) {
            return new CubeJoinedFlatTableDesc(newSegment);
        }

        // 返回一个工作流计划，用以构建指定的 CubeSegment。
        public DefaultChainedExecutable createBatchCubingJob(CubeSegment 
newSegment, String submitter) {
            return new BatchCubingJobBuilder2(newSegment, submitter).build();
        }

        // 返回一个工作流计划，用以合并指定的 CubeSegment。
        public DefaultChainedExecutable createBatchMergeJob(CubeSegment 
mergeSegment, String submitter) {
            return new BatchMergeJobBuilder2(mergeSegment, submitter).build();
        }

        // 返回一个工作流计划，用以优化指定的 CubeSegment。
        public DefaultChainedExecutable createBatchOptimizeJob(CubeSegment
```

```
optimizeSegment, String submitter) {
            return new BatchOptimizeJobBuilder2(optimizeSegment, submitter).build();
        }

        // 指明该计算引擎的 IN 接口。
        public Class<?> getSourceInterface() {
            return IMRInput.class;
        }

        // 指明该计算引擎的 OUT 接口。
        public Class<?> getStorageInterface() {
            return IMROutput2.class;
        }
    }
```

读者一看就能知道这只是一个入口类，构建Cube的主要逻辑全部封装在BatchCubingJobBuilder2、BatchMergeJobBuilder2 和 BatchOptimizeJobBuilder2 中。将复杂的逻辑分而治之，分解成多个更简单、更小的类然后进行组装，是一种良好的设计习惯。

这里简要说明一下 DefaultChainedExecutable，顾名思义，它代表了一种可执行的对象，其中包含很多子任务。它执行的过程就是依次串行执行每一个子任务，直到所有子任务执行完毕。Apache Kylin 的 Cube 构建比较复杂，分成很多步骤来执行，步骤之间有直接的依赖性和次序性。DefaultChainedExecutable 很好地抽象了这种连续依次执行的模型，被用来表示 Cube 构建的工作流。

另外，重要的输入输出接口也在这里申明。IMRInput 是 IN 接口，由数据源适配实现。IMROutput2 是 OUT 接口，由存储引擎适配实现。

10.2.3　BatchCubingJobBuilder2

Cube 构建与合并的逻辑分别封装在 BatchCubingJobBuilder2、BatchMergeJobBuilder2 和 BatchOptimizeJobBuilder2 中。这三个类大同小异，这里就以 BatchCubingJobBuilder2 为例加以说明。BatchMergeJobBuilder2 和 BatchOptimizeJobBuilder2 就留给有兴趣的读者自行研习。

BatchCubingJobBuilder2 的主体函数 build() 如下。

```
public class BatchCubingJobBuilder2 extends JobBuilderSupport {
    ......

    private final IMRBatchCubingInputSide inputSide;
    private final IMRBatchCubingOutputSide2 outputSide;
    ......

    public CubingJob build() {
        logger.info("MR_V2 new job to BUILD segment " + seg);

        final CubingJob result = CubingJob.createBuildJob(seg, submitter, config);
```

```
        final String jobId = result.getId();
        final String cuboidRootPath = getCuboidRootPath(jobId);

        // Phase 1: Create Flat Table & Materialize Hive View in Lookup Tables
        inputSide.addStepPhase1_CreateFlatTable(result);

        // Phase 2: Build Dictionary
        result.addTask(createFactDistinctColumnsStep(jobId));
        if (isEnableUHCDictStep()) {
            result.addTask(createBuildUHCDictStep(jobId));
        }
        result.addTask(createBuildDictionaryStep(jobId));
        result.addTask(createSaveStatisticsStep(jobId));

        // add materialize lookup tables if needed
        LookupMaterializeContext lookupMaterializeContext = addMaterializeLooku
pTableSteps(result);
        outputSide.addStepPhase2_BuildDictionary(result);
        if (seg.getCubeDesc().isShrunkenDictFromGlobalEnabled()) {
            result.addTask(createExtractDictionaryFromGlobalJob(jobId));
        }

        // Phase 3: Build Cube
        addLayerCubingSteps(result, jobId, cuboidRootPath); // layer cubing,
only selected algorithm will execute
        addInMemCubingSteps(result, jobId, cuboidRootPath); // inmem cubing,
only selected algorithm will execute
        outputSide.addStepPhase3_BuildCube(result);

        // Phase 4: Update Metadata & Cleanup
        result.addTask(createUpdateCubeInfoAfterBuildStep(jobId,
lookupMaterializeContext));
        inputSide.addStepPhase4_Cleanup(result);
        outputSide.addStepPhase4_Cleanup(result);

        return result;
    }
    ......
}
```

我们先来看 IMRBatchCubingInputSide inputSide 和 IMRBatchCubingOutputSide2 outputSide 这两个成员变量。它们分别来自数据源接口 IMRInput 和存储接口 IMROutput2，代表输入和输出两端参与创建工作流。具体的内容会在后面的章节详细介绍，暂时我们只需要知道它们代表着数据源输入和存储输出即可。

然后来看 build() 函数。从代码注释中可以清晰地看到，整个构建过程是一个子任务依次串行执行的过程，这些子任务又被分为四个阶段。

第一阶段：创建平表。

这一阶段的主要任务是预计算连接运算符，把事实表和维表连接为一张大表，也称平表。这部分工作通过调用数据源接口来完成，因为数据源一般有现成的计算表连接方法，高效且方便，没有必要在计算引擎中重复实现。

第二阶段：创建字典。

创建字典由多个子任务完成，分别是抽取列值、为高基数列构建字典、创建字典、保存统计信息、物化维表、从全局字典得到构建要用到的字典。是否使用字典用户可以在创建 Cube 的时候进行选择，使用字典的好处是有很好的数据压缩率，可以减少存储空间，同时提升读的速度。缺点是构建字典需要占用较多的内存资源，创建维度基数超过千万的 Cube 时容易造成内存溢出。虽然可以通过调换外存来解决，但也是以降低速度为代价。如果 Cube 用到的维度表是视图，会根据这个视图物化一张临时表，之后的构建都会使用与维表视图相对应的临时表。

第三阶段：构建 Cube。

第二版 MR 引擎带有两种构建 Cube 的算法，分别是分层构建和快速构建。它们对于不同的数据分布各有优劣，区别主要在于数据通过网络洗牌的策略。由于网络是大多数 Hadoop 集群的“瓶颈”，不同的洗牌策略往往决定了构建速度。两种算法的子任务被全部加入工作流计划中，在执行时会根据源数据的统计信息自动选择一种算法，未被选择的算法的子任务会被自动跳过。在构建 Cube 的最后阶段调用了存储引擎接口，存储引擎负责将计算完的 Cube 放入存储。

第四阶段：更新元数据和清理临时数据。

最后阶段，Cube 已经构建完毕，任务引擎首先添加子任务更新 Cube 元数据，然后分别调用数据源接口和存储引擎接口对临时数据进行清理。

可以看到整个构建过程由构建引擎主导，由它负责调度数据源和存储引擎。除了计算 Cube 的主要任务是由构建引擎完成的，前期的创建平表和数据导入等操作则是由数据源完成的，Cube 保存由存储引擎完成。三者协同，缺一不可。

扩展构建引擎的要点已在上面的代码中体现。即首先要有清晰的职能划分，哪些功能由构建引擎负责，哪些由数据源和存储引擎负责，要有清楚的设计。其次是对接口的定义，数据源和构建引擎的接口应当符合松耦合高内聚的原则，最小化的接口使引擎之间的对接变得尽量简单。最后是构建引擎的串联，将构建分步骤交由三大组件逐一完成，制定工作流计划返回。

10.2.4　IMRInput

在对 MR 构建引擎的主体有所了解后，再来仔细看一下 IMRInput 接口，这是 MRBatchCubingEngine2 对数据源的要求。所有希望接入 MRBatchCubingEngine2 的数据源都必须实现该接口。

先来看IMRInput的上半部分。

```
public interface IMRInput {

    // 返回一个 IMRTableInputFormat 对象，用来从数据源读取指定的关系表
    public IMRTableInputFormat getTableInputFormat(TableDesc table);

    // IMRTableInputFormat 是一个辅助接口，用于帮助 Mapper 读取数据源中的一张表
    public interface IMRTableInputFormat {

        // 配置给定 MapReduce 任务的 InputFormat
        public void configureJob(Job job);

        // 解析 Mapper 的输入对象，返回关系表的一行
        public String[] parseMapperInput(Object mapperInput);

        // 获取输入分片的 signature 标识
        public String getInputSplitSignature(InputSplit inputSplit);
    }
    ......
}
```

第一部分是IMRTableInputFormat的定义。这个辅助接口用来帮助MapReduce任务读取数据源中的一张表。为了适应MapReduce编程接口，其中又分为三个方法。方法configureJob(Job)在启动MR任务之前被调用，负责配置所需的InputFormat，连接数据源中的关系表。由于不同的InputFormat读入的对象的类型都不相同，为了构建引擎能够进行统一处理，又引入了第二个方法parseMapperInput(Object)，对Mapper的每一行输入调用该方法一次。该方法的输入是Mapper的输入，具体类型取决于InputFormat，输出为统一的字符串数组，每列为一个元素。整体表示关系表中的一行。这样一来，Mapper就能遍历数据源中的一张表了。第三个方法getInputSplitSignature(InputSplit)用来获取代表每一个输入分片的唯一标识。

再来看IMRInput的下半部分。

```
public interface IMRInput {
    ......

    // 返回一个辅助对象（接口就在下面），参与创建一个 CubeSegment 的构建工作流
    public IMRBatchCubingInputSide getBatchCubingInputSide(CubeSegment seg);

    // 本辅助接口代表数据输入端参与创建构建 CubeSegment 的工作流。
    // 主要负责从数据源提取数据并创建一张临时平表（第一阶段），
    // 然后再工作流的末尾清除这张临时表（第四阶段）。
    public interface IMRBatchCubingInputSide {

        // 返回一个 IMRTableInputFormat，帮助 MR 任务读取之前创建的平表
        public IMRTableInputFormat getFlatTableInputFormat();
```

```
        // 由构建引擎调用，要求数据源在工作流中添加步骤完成平表的创建
        public void addStepPhase1_CreateFlatTable(DefaultChainedExecutable jobFlow);

        // 清理收尾，清除已经没用的平表和其他临时对象
        public void addStepPhase4_Cleanup(DefaultChainedExecutable jobFlow);
    }
}
```

IMRBatchCubingInputSide 接口代表数据源配合构建引擎创建工作流计划，该内容在 10.2.3 节中已经提及。这里具体来看一下该接口的内容。

- addStepPhase1_CreateFlatTable：由构建引擎调用，要求数据源在工作流中添加步骤完成平表的创建。
- getFlatTableInputFormat：返回一个 IMRTableInputFormat，帮助 MR 任务读取之前创建的平表。
- addStepPhase4_Cleanup：清理收尾，清除已经没用的平表和其他临时对象。

这三个方法会由构建引擎依次调用。

10.2.5 IMROutput2

下面再来看一下 IMROutput2 接口，所有希望接入 MRBatchCubingEngine2 的存储都必须实现该接口。这是 MRBatchCubingEngine2 对存储引擎的要求。

IMROutput2 包含 IMRBatchCubingOutputSide2 和 IMRBatchMergeOutputSide2 这两个子接口。两者大同小异，分别参与 CubeSegment 初次构建工作流和 CubeSegment 合并时的工作流。这里只介绍前者，后者有兴趣的读者可以参考 Apache Kylin 的源代码自行学习。

```
public interface IMROutput2 {

    // 返回一个 IMRBatchCubingOutputSide2 对象，参与创建指定 CubeSegment 的工作流
    public IMRBatchCubingOutputSide2 getBatchCubingOutputSide(CubeSegment seg);

    // 本辅助接口代表数据输出端参与创建构建 CubeSegment 的工作流。
    //包含四个方法，前三个方法由构建引擎分别在字典创建后、Cube 计算完后和清尾阶段调用。
    public interface IMRBatchCubingOutputSide2 {

        // 构建引擎在字典创建后调用，存储引擎可以在这里完成预备存储的初始化工作
        public void addStepPhase2_BuildDictionary(DefaultChainedExecutable jobFlow);

        // 构建引擎在 Cube 计算完成后调用，存储引擎保存 Cube 数据
          public void addStepPhase3_BuildCube(DefaultChainedExecutable jobFlow,
String cuboidRootPath);

        // 构建引擎在收尾阶段调用，清理存储端的任何垃圾
        public void addStepPhase4_Cleanup(DefaultChainedExecutable jobFlow);
```

```
        // 返回 IMROutputFormat，在配置 MapReduce 任务的 OutputFormat 时被调用。
        public IMROutputFormat getOuputFormat();
    }

    ......
}
```

IMRBatchCubingOutputSide2 代表存储引擎配合构建引擎创建工作流计划，这一内容在 10.2.3 节中已经提及。下面具体看一下该接口的内容。

- addStepPhase2_BuildDictionary：由构建引擎在字典创建后调用。存储引擎可以借此机会在工作流中添加步骤完成存储端的初始化和准备工作。
- addStepPhase3_BuildCube：由构建引擎在 Cube 计算完毕之后调用，通知存储引擎保存 CubeSegment 内容。每个构建引擎计算 Cube 的方法和结果的存储格式可能都有所不同。存储引擎必须依照数据接口的协议读取 CubeSegment 内容并加以保存。
- addStepPhase4_Cleanup：由构建引擎在最后清理阶段调用，给存储引擎清理临时垃圾和回收资源的机会。
- getOuputFormat：返回 IMROutputFormat，在配置 MapReduce 任务的 OutputFormat 时被调用。

10.2.6 计算引擎扩展小结

本节主要介绍了 Apache Kylin 现有的 MapReduce 构建引擎的设计和原理。目的是通过它来展现数据源、构建引擎和存储引擎三者之间的依赖和协作关系，从代码层面说明应该如何使用良好的接口设计隔离三者，使它们在协作的同时又保持独立性和灵活性，能够被单独地替换实现。

不论是扩展现有的 MapReduce 或 Spark 构建引擎，还是设计一个全新的构建引擎，下面的一些基本原则都应当适用。

- 构建引擎驱动整体构建过程，数据源和存储引擎分别从输入和输出两端进行辅佐。
- 构建引擎定义所需的输入和输出接口，数据源和储存引擎提供实现。
- 构建引擎在构建过程中，通过（且仅通过）接口调用数据源和存储引擎，以保证三大引擎的独立性和可扩展性。

10.3 数据源扩展

Apache Kylin 目前支持的数据源有 Hive、Kafka 和 JDBC。本节主要介绍 Hive 数据源，同时简单介绍 JDBC 数据源，并以 Hive 数据源为范例说明如何为 Apache Kylin 的 MapReduce 引擎增添一种数据源。请注意，由于数据源的实现依赖构建引擎对输入接口的定义，因此本节的具体内容只适用于 MapReduce 引擎和 Spark 引擎。如果要为其他的构建引擎做扩展，请仔细阅读构建引擎的相关文档和代码。

实现数据源扩展之前，首先要对构建引擎有足够的了解。前文已经介绍了 MapReduce 构建引擎的工作流程和其对数据输入端的接口定义（详见 10.2.3 节和 10.2.4 节）。如果对这些内容还不熟悉，请先学习 10.2.3 节和 10.2.4 节。

10.3.1 Hive 数据源

实现数据源首先要实现 ISource 接口。例如，HiveSource 的主要实现如下：

```
public class HiveSource implements ISource {

    @Override
    public <I> I adaptToBuildEngine(Class<I> engineInterface) {
        if (engineInterface == IMRInput.class) {
            return (I) new HiveMRInput();
        } else if (engineInterface == ISparkInput.class) {
            return (I) new HiveSparkInput();
        } else {
            throw new RuntimeException("Cannot adapt to " + engineInterface);
        }
    }

    @Override
    public IReadableTable createReadableTable(TableDesc tableDesc, String uuid) {
        // hive view must have been materialized already
        if (tableDesc.isView()) {
            KylinConfig config = KylinConfig.getInstanceFromEnv();
            String tableName = tableDesc.getMaterializedName(uuid);
            tableDesc = new TableDesc();
            tableDesc.setDatabase(config.getHiveDatabaseForIntermediateTable());
            tableDesc.setName(tableName);
        }
        return new HiveTable(tableDesc);
    }

    @Override
    public SourcePartition enrichSourcePartitionBeforeBuild(IBuildablebuildable,
SourcePartition srcPartition) {
        SourcePartition result = SourcePartition.getCopyOf(srcPartition);
        if (srcPartition.getTSRange() != null) {
            result.setSegRange(null);
        }
        return result;
    }

    @Override
```

```
    public ISampleDataDeployer getSampleDataDeployer() {
        return new HiveMetadataExplorer();
    }

    @Override
    public void unloadTable(String tableName, String project) throws IOException {

    }

    @Override
    public void close() throws IOException {
        // not needed
    }
}
```

在上面的代码中，方法adaptToBuildEngine()只能适配IMRInput和ISparkInput，返回HiveMRInput或HiveSparkInput实例，与MapReduce和Spark引擎协作。同时方法createReadableTable()返回一个ReadableTable对象，提供读取一张Hive表的能力，如果这张表对应在数据源中是视图，那么会提供读取视图相对应的临时表的能力。

再来看一下HiveMRInput。由于代码较长，且较为直观，这里不再赘述，只做整体上的介绍。

根据IMRInput的定义，HiveMRInput的实现主要分为两部分：一是HiveTableInputFormat对IMRTableInputFormat接口的实现。主要使用了HCatInputFormat为MapReduce的输入格式，用通用的方式读取所有类型的Hive表。Mapper输入对象DefaultHCatRecord统一转换为String[]后交由构建引擎处理。

二是BatchCubingInputSide对IMRBatchCubingInputSide的实现。主要实现了在构建第一阶段创建平表的步骤。首先用count(*)查询获取Hive平表的总行数，然后用第二句HQL创建Hive平表，同时添加参数根据总行数设置Reducer数目。合理设置Reducer数目非常重要，它不仅影响HQL的并发度和执行速度，也影响下一轮构建Cube的Mapper输入个数。该数目太大会导致Reducer和Mapper数目过多，MR系统执行单位不够，需要排长队等待执行；该数目太小会导致Reducer和Mapper数目太少，并发度不够，从而执行速度缓慢。通常Reducer的数量应根据数据量推算，默认每100万行原始数据分配一个Reducer。

HiveSparkInput与HiveMRInput的实现大同小异，请读者自行研读。

10.3.2 JDBC数据源

下面简单介绍一下JdbcSource中的方法adaptToBuildEngine()返回的实例JdbcHiveMRInput，代码如下：

```
    public class JdbcHiveMRInput extends HiveMRInput {
        ......
        public IMRBatchCubingInputSide getBatchCubingInputSide(IJoinedFlatTableDesc
flatDesc) {
            return new BatchCubingInputSide(flatDesc);
        }

        public static class BatchCubingInputSide extends HiveMRInput.
BatchCubingInputSide {

            public BatchCubingInputSide(IJoinedFlatTableDesc flatDesc) {
                super(flatDesc);
            }
            ......

            @Override
            protected void addStepPhase1_DoCreateFlatTable(DefaultChainedExecutable
jobFlow) {
                final String cubeName = CubingExecutableUtil.getCubeName(jobFlow.
    getParams());
                final String hiveInitStatements = JoinedFlatTable.generateHiveInitS
    tatements(flatTableDatabase);
                final String jobWorkingDir = getJobWorkingDir(jobFlow,
hdfsWorkingDir);

                jobFlow.addTask(createSqoopToFlatHiveStep(jobWorkingDir,
cubeName));
                jobFlow.addTask(createFlatHiveTableFromFiles(hiveInitStatements,
jobWorkingDir));
            }
            ......
        }
    }
```

JdbcHiveMRInput继承HiveMRInput，重写了方法addStepPhase1_DoCreateFlatTable()，该方法通过Apache Sqoop把JDBC数据源中表的数据拉取到Hive中，之后就以拉取到Hive中的表为基础进行构建。

具体细节请参阅Apache Kylin源代码。

Apache Kylin v2.5.2版本已通过JDBC支持了几个数据源，如Amazon Redshift、SQL Server。但实际上要实现开发新的数据源引擎需要付出很多努力，如支持元数据同步、构建Cube和查询下推。这主要是因为不同的数据源引擎之间的SQL方言和JDBC实现是完全不同的。

因此，从v2.6.0版本开始，Kylin提供了一个新的数据源SDK，它提供了API来帮助开发人员处理这些方言差异并通过配置文件的方式轻松实现了新的数据源引擎。使用此SDK，用户可以较轻松地实现以下功能：1）从JDBC数据源同步元数据；2）从JDBC数据源抽取数据并构建 Cube；3）当没有 Cube 能够回答查询 SQL 时，查询会下推到 JDBC 数据源。有兴趣的读者可以自行研读 Apache Kylin v2.6.0 data source SDK。

10.4 存储扩展

本节介绍 HBase 存储引擎，并以它为范例说明如何为 Apache Kylin 的 MapReduce 引擎增添一种存储引擎。请注意，由于存储引擎的实现依赖构建引擎对输出接口的定义，因此本节的具体内容只适用于 MapReduce 和 Spark 引擎。如果要为其他的存储引擎做扩展，请仔细阅读存储引擎的相关文档和代码。

实现存储扩展之前，首先要对构建引擎有足够的了解。前文已经介绍了 MapReduce 构建引擎的工作流程和其对数据输出端的接口定义（详情见 10.2.3 节和 10.2.4 节）。如果对这些内容还不熟悉，请先学习 10.2.3 节和 10.2.4 节两节。

实现存储引擎的入口在于对 IStorage 接口的实现。比如 HBaseStorage 的代码摘要如下。

```
public class HBaseStorage implements IStorage {
    ......

    @Override
    public <I> I adaptToBuildEngine(Class<I> engineInterface) {
        if (engineInterface == IMROutput2.class) {
            return (I) new HBaseMROutput2Transition();
        } else if (engineInterface == ISparkOutput.class) {
            return (I) new HBaseSparkOutputTransition();
        } else {
            throw new RuntimeException("Cannot adapt to " + engineInterface);
        }
    }
    ......
    @Override
    public IStorageQuery createQuery(IRealization realization) {

        if (realization.getType() == RealizationType.CUBE) {
            ......
            return ret;
        } else {
            throw new IllegalArgumentException("Unknown realization type " +
realization.getType());
        }
    }
}
```

首先是 adaptToBuildEngine() 方法，能够适配 IMROutput2 和 ISparkOutput 两个版本的输出接口，适配 MR 和 Spark 两个引擎。其次是 createQuery() 方法，返回对指定 IRealization

（数据索引实现）的一个查询对象。因为HBase存储是为Cube定制的，所以只支持Cube类型的数据索引。

再来简单介绍一下HBaseMROutput2Transition对IMROutput2接口的实现。

```
public class HBaseMROutput2Transition implements IMROutput2 {

    @Override
    public IMRBatchCubingOutputSide2 getBatchCubingOutputSide(final CubeSegment
seg) {

         boolean useSpark = seg.getCubeDesc().getEngineType() == IEngineAware.
ID_SPARK;

        // TODO need refactor
         final HBaseJobSteps steps = useSpark ? new HBaseSparkSteps(seg) : new
HBaseMRSteps(seg);

        return new IMRBatchCubingOutputSide2() {

            @Override
             public void addStepPhase2_BuildDictionary(DefaultChainedExecutable
jobFlow)          {
            jobFlow.addTask(steps.createCreateHTableStep(jobFlow.getId()));
            }

            @Override
                public void addStepPhase3_BuildCube(DefaultChainedExecutable
jobFlow)
            jobFlow.addTask(steps.createConvertCuboidToHfileStep(jobFlow.getId()));
            jobFlow.addTask(steps.createBulkLoadStep(jobFlow.getId()));
            }


            @Override
            public void addStepPhase4_Cleanup(DefaultChainedExecutable jobFlow) {
                steps.addCubingGarbageCollectionSteps(jobFlow);
            }

            @Override
            public IMROutputFormat getOuputFormat() {
                return new HBaseMROutputFormat();
            }
        };
    }
    ......
}
```

观察IMRBatchCubingOutputSide2的实现。它在四个时间点参与Cube构建工作流。一是在字典创建之后（Cube构造之前），在addStepPhase2_BuildDictionary()中添加了“创建HTable”这一步，估算最终CubeSegment的大小，并以此来切分HTable Regions，创建HTable。

第二个插入点在为构建cuboid的MapReduce任务配置OutputFormat时被调用。

第三个插入点在Cube计算完毕后，由构建引擎调用addStepPhase3_BuildCube()。这里要将Cube保存为HTable，实现分为“转换HFile”和“批量导入HTable”两步。因为直接插入HTable比较缓慢，为了最快速地导入数据到HTable，采取了Bulk Load方法。首先用一轮MapReduce将Cube数据转换为HBase的存储文件格式HFile，然后第二步直接将HFile导入空的HTable中，完成数据导入。

最后一个插入点addStepPhase4_Cleanup()会清理上述构建步骤在hdfs上生成的一些临时文件。

HBaseSparkOutputTransition的实现和HBaseMROutput2Transition的实现大同小异，请读者自行研读。

另外，Apache Kylin社区中已经有支持Druid、Apache Parquet作为存储引擎的实现，欢迎读者研读和参与。

10.5 聚合类型扩展

Apache Kylin的核心思想是预聚合，用预先计算代替查询时计算。聚合类型代表了系统的关键能力。处处为可扩展性和灵活性设计的Apache Kylin在这里也没有令人失望。开发者完全可以定制新的聚合类型，满足行业和领域的特殊需要。

本节将以基于HyperLogLog算法的去重计数为例，讲解Apache Kylin聚合类型的扩展接口和实现方法。

10.5.1 聚合的JSON定义

要了解聚合类型的工作原理和扩展方式，先要从聚合在Cube元数据中的定义开始。下面是基于HyperLogLog做去重基数的一个度量在Cube中的定义。

```
/* 来自 test_kylin_cube_with_slr_left_join_desc.json */
{
  "uuid": "bbbba905-1fc6-4f67-985c-38fa5aeafd92",
  "name": "test_kylin_cube_with_slr_left_join_desc",
  ......
  "measures": [
  ......
    {
      "name": "SELLER_CNT_HLL",
      "function": {
        "expression": "COUNT_DISTINCT",          /* 聚合函数 */
        "parameter": {
          "type": "column",
```

```
          "value": "SELLER_ID",
          "next_parameter": null
        },
        "returntype": "hllc(12)"                    /* 聚合数据类型 */
      }
    }
  ......
```

注意定义一个聚合类型的关键信息：

- 聚合函数，这里是“COUNT_DISTINCT”。
- 聚合数据类型，这里是“hllc(12)”（注意，是聚合数据类型，不是聚合类型）。

一种聚合函数可以有多种实现，因此单单靠聚合函数并不能确定一种聚合类型的实现。比如 COUNT_DISTINCT 就有基于 HyperLogLog 的近似算法实现和基于 BitMap 的精确实现。聚合函数加上聚合数据类型才能唯一确定一种聚合类型。

这里根据函数“COUNT_DISTINCT”和类型“hllc(12)”确定用户定义的是基于 HyperLogLog 的精度为 12 的去重计数度量。

每一种在 Cube 中引用的聚合类型都需要有具体的实现才能工作。提供聚合类型实现的方法将在下文中介绍。

10.5.2 聚合类型工厂

前面已经说明需要根据“聚合函数”和“聚合数据类型”来唯一确定一个“聚合类型”。聚合类型工厂（MeasureTypeFactory）就是聚合类型的工厂类。其定义主体如下。

```
// 类型 T 是聚合数据的类型
abstract public class MeasureTypeFactory<T> {

    // 创造一个 MeasureType 实例，依据为指定的聚合函数和聚合数据类型
     abstract public MeasureType<T> createMeasureType(String funcName, DataType
dataType);

    // 返回支持的聚合函数，比如 "COUNT_DISTINCT"
    abstract public String getAggrFunctionName();

    // 返回支持的聚合数据类型，比如 "hllc"
    abstract public String getAggrDataTypeName();

    // 返回聚合数据类型的序列化器，注意序列化器的实现必需线程安全
    abstract public Class<? extends DataTypeSerializer<T>>
getAggrDataTypeSerializer();
    ......
}
```

每一个聚合类型都必须有对应的工厂类来提供其实例。注册聚合类型工厂的方式是通过修改 kylin.properties。比如要添加一种新的聚合类型 MyAggrType，可以在 kylin.properties 中

添加如下代码：

```
kylin.cube.measure.customMeasureType.FUNC_NAME=some.package.MyAggrTypeFactory
```

这里“FUNC_NAME”必须是要扩展的聚合函数名称，“some.package.MyAggrTypeFactory”为聚合类型的工厂类全名。

在启动时，系统会扫描 kylin.properties，将所有前缀为“kylin.cube.measure.customMeasureType.”的配置项读出，并将其注册为扩展聚合类型工厂。在注册过程中，工厂的 getAggrFunctionName() 和 getAggrDataTypeName() 会被调用，以确认工厂所支持的聚合函数和聚合数据类型。

在保存 Cube 时，系统会校验所有度量所引用的聚合类型是否都有对应的实现注册。如果有未知的聚合类型，系统将会报错。

有了工厂类，系统就会在 Cube 计算和查询的各个阶段调用 createMeasureType() 方法创建聚合类型实例，再通过它聚合数据。下面将进行详细介绍。

10.5.3 聚合类型的实现（MeasureType）

聚合类型的实现 MeasureType 对象是由 MeasureTypeFactory 根据聚合函数名和聚合数据类型创建的。其中包含了聚合从定义到计算、从查询到存储的全部逻辑，是一个比较大的接口。下面分几个部分进行介绍。

先来看定义相关的部分：

```
// 类型 T 是聚合数据的类型
abstract public class MeasureType<T> {

    // 检查用户定义的 FunctionDesc 是否有效
    public void validate(FunctionDesc functionDesc) throws IllegalArgumentException {
        return;
    }

    // 该聚合数据类型是否需要较大的内存
    public boolean isMemoryHungry() {
        return false;
    }

    // 聚合是否只应用在 Base Cuboid 上
    public boolean onlyAggrInBaseCuboid() {
        return false;
    }
    ......
}
```

- MeasureType 的泛型参数 T 代表聚合数据类型。比如，以 HyperLogLog 为例，它的聚合数据类型是 HyperLogLogPlusCounter。

- validate()方法校验传入的FunctionDesc（度量定义中聚合函数的部分）是否合法。在创建Cube的过程中这个方法会被多次调用，检查用户定义的度量是否正确，比如数据的精度在有效范围内等。如果校验失败，该方法应该抛出IllegalArgumentException。
- isMemoryHungry()报告该聚合数据在运算时是否需要较多的内存。一些基本的聚合函数比如SUM和COUNT在计算时只需要几个字节，然而类似HyperLogLogPlusCounter的大型数据结构可能一个就需要10KB甚至100KB内存。需要在内存分配上给予特别对待。
- onlyAggrInBaseCuboid()定义该聚合运算是否只发生在Base Cuboid上。如果是，那么在其他Cuboid上该聚合函数将被跳过。

下面是MeasureType中关于计算的接口定义。

```
abstract public class MeasureType<T> {
    ......
    // 返回一个MeasureIngester用以初始化一个聚合数据对象
    abstract public MeasureIngester<T> newIngester();

    // 返回一个MeasureAggregator用来聚合数据
    abstract public MeasureAggregator<T> newAggregator();

    // 返回聚合函数中是否需要用到字典
    public List<TblColRef> getColumnsNeedDictionary(FunctionDesc functionDesc) {
        return Collections.emptyList();
    }
    ......
}
```

- newIngester()返回一个MeasureIngester对象。MeasureIngester也是一个抽象类，需要实现。其中主要的方法是valueOf()，它能根据一行原始记录（也就是数据源一行输入String[]，详见10.3节）初始化一个聚合数据对象。例如，对HyperLogLog来说，所谓初始化就是创造一个HyperLogLogPlusCounter，然后将原始记录中的被计数字段加入其中。
- newAggregator()返回一个MeasureAggregator对象。MeasureAggregator也是一个抽象类，其上主要有aggregate()和getState()方法需要实现，用来聚合由MeasureIngester产生的聚合数据对象。
- getColumnsNeedDictionary()是一个比较特殊的方法，用来申明一个或多个字段需要用到字典。如果有申明，那么构建引擎将在构建过程中将创建申明字段的字典，并提交给MeasureIngester使用。

下一个方法是关于Cube的选择。我们知道在查询过程中，用户的输入是SQL语句，其中用到字段和聚合函数。一个Cube必须满足SQL中所有的字段和聚合函数，才能被选中来回答这句查询。

```
abstract public class MeasureType<T> {
    ......
    // 判断一个度量是否能满足未匹配的维度和聚合函数
    public CapabilityInfluence influenceCapabilityCheck(Collection<TblColRef>
unmatchedDimensions, Collection<FunctionDesc> unmatchedAggregations, SQLDigest
digest, MeasureDesc measureDesc) {
        return null;
    }
    ......
}
```

对于基本的如SUM和COUNT_DISTINCT之类的聚合函数，系统能自行判断其是否与查询匹配。然而对于扩展聚合函数，用户可能希望定制匹配规则。比如TopNMeasureType和RawMeasureType就能匹配字段，而不像普通聚合类型那样只能匹配聚合函数。

在Cube的匹配过程中，上述influenceCapabilityCheck()将为每个自定义聚合度量被调用一次，传入未匹配的字段和聚合函数。若（自定义）度量能匹配部分字段或聚合函数，则应当修改传入的集合，去掉已匹配的部分，同时返回一个CapabilityInfluence对象，标记自己对匹配过程的影响。只有匹配过程完毕时所有字段和聚合函数都被匹配，查询才能继续，否则系统将报告没有匹配的Cube，并异常退出该查询。

如果存在有多个Cube都能满足的一个查询，这时候Cost（开销）较小的Cube会被选中。所有参与了匹配过程、对匹配有贡献的聚合类型都有机会通过CapabilityInfluence对象上的suggestCostMultiplier()方法调整所在Cube的Cost。比如一个定义了TopN的Cube和一个普通Cube都能满足“今日销量前10”这个查询，区别在于前者有TopN度量做了预计算，而后者通过查询时聚合然后排序取前十完成查询。这时TopN聚合类型就会通过CapabilityInfluence.suggestCostMultiplier()返回一个小于1的修正乘数，使修正后的Cost远远小于普通的Cube，从而保证TopN在回应查询时更具优势。

下面两个方法与查询组件Apache Calcite有关。Apache Calcite是流行的数据管理组件，具有SQL解析、优化和处理的能力。其内容丰富，已经超出了本书的范围。

```
abstract public class MeasureType<T> {
    ......

    // 是否需要重写Calcite层的聚合运算
    abstract public boolean needRewrite();

    // 返回Calcite聚合函数的实现类
    abstract public Class<?> getRewriteCalciteAggrFunctionClass();
    ......
```

- needRewrite() 返回该聚合函数是否需要 Calcite 层的重写。因为自定义函数基本上都是 SQL 语句的扩展，Calcite 不可能包含相关实现，因此这里一般要返回“是”。
- getRewriteCalciteAggrFunctionClass()，如果上面返回“是”，那么这个方法会被调用来获取一个实现了 Calcite 聚合函数接口的实现类。其中内容大致与 MeasureAggregator 类似，只是接口的形式略有不同。

更多关于 Apache Calcite 的内容，请查阅 Apache Calcite 的官方文档。

最后一部分是关于查询时存储的读取和 Tuple 的填入。这里所谓的 Tuple 是关系运算术语，表示关系表上的一行，Tuple 填入即指将预聚合的度量值填入关系表，返回查询结果的过程。

```
abstract public class MeasureType<T> {
    ......

    // 返回是否启用高级的 Tuple 填入
    public boolean needAdvancedTupleFilling() {
        return false;
    }

    // 简单的 Tuple 填入实现
    public void fillTupleSimply(Tuple tuple, int indexInTuple, Object
measureValue) {
        tuple.setMeasureValue(indexInTuple, measureValue);
    }

    // 返回一个高级 Tuple 填入实现
    public IAdvMeasureFiller getAdvancedTupleFiller(FunctionDesc function,
TupleInfo returnTupleInfo, Map<TblColRef, Dictionary<String>> dictionaryMap) {
        throw new UnsupportedOperationException();
    }

    // 高级 Tuple 填入接口
    public static interface IAdvMeasureFiller {

        // 读入一个度量值
        void reload(Object measureValue);

        // 返回能继续填入的行数
        int getNumOfRows();

        // 填入内容到下一个 Tuple
        void fillTuple(Tuple tuple, int row);
    }
}
```

- needAdvancedTupleFilling() 返回是否启用高级的 Tuple 填入。Tuple 填入分为简单和高级两种模式。在简单模式下，默认一个度量值对应一条关系记录，这也是默认的实现。高级模式允许一个度量值被分解填入多条关系记录。

- fillTupleSimply() 为简单填入模式的实现。传入参数包含度量值和要填入的 Tuple 对象。
- getAdvancedTupleFiller() 在高级填入模式下启用，返回一个 IAdvMeasureFiller 对象，其包含更多方法实现度量值到 Tuple 的一对多填入。

最后 IAdvMeasureFiller 接口包含三个方法：

- reload() 方法针对每个度量值调用一次。每次的度量值将被用于填写后续的 Tuple，直到其内容耗尽。那时 reload() 将再次被调用，填充新的度量值。
- getNumOfRows() 用于返回最近填充的度量值还能填写多少个 Tuple。
- fillTuple() 用于填充下一个 Tuple。

以上是 MeasureType 接口的全部内容，包含聚合的定义、计算、查询和存储各个方面。要实现一个全新的聚合类型是一项相当复杂的工作。好在 Apache Kylin 中所有的内置聚合函数都是从 MeasureType 继承而来，本身也是很好的范例，推荐参阅 HLLCMeasureType 和 TopNMeasureType 的源代码加深对这部分内容的理解。

10.5.4 聚合类型扩展小结

下面我们来简单回顾一下聚合类型的扩展步骤。要添加一种新的聚合类型，首先要确定“聚合函数”和“聚合数据类型”。然后实现相应的 MeasureTypeFactory 并在 kylin.properties 中注册。接下来 Cube 定义中就可以引用该聚合类型了。MeasureType 会在运行时通过 MeasureTypeFactory 创建，接管聚合的定义、计算、查询、存储的一系列过程。

10.6 维度编码扩展

Apache Kylin 对维度的保存也采用编码的机制。通过编码可以极大地提高压缩率，用更小的空间保存更多数据，同时能提高读写速度。默认维度编码主要有“字典”和“定长”两种。除此之外，开发者还可以定制新的维度编码。本节就来介绍如何扩展 Apache Kylin，增添新的维度编码。

10.6.1 维度编码的 JSON 定义

下面先来看一下维度编码如何在 Cube 定义中被使用，以帮助读者对其有一个感性的认识。

```
/* 来自 test_kylin_cube_with_slr_left_join_desc.json */
{
  "uuid": "bbbba905-1fc6-4f67-985c-38fa5aeafd92",
  "name": "test_kylin_cube_with_slr_left_join_desc",
  ......
```

```
"rowkey": {
  "rowkey_columns": [
    ......
    {
      "column": "lstg_format_name",
      "encoding": "fixed_length:12"
    },
    {
      "column": "lstg_site_id",
      "encoding": "dict"
    },
    {
      "column": "slr_segment_cd",
      "encoding": "dict"
    }
  ]
},
......
```

从定义中我们可以看到，维度编码其实是定义在“rowkey”段落中，也就是说，只有被保存在 Cube 中的那些维度才需要编码，对于不需要在 Cube 中存储的维度，比如衍生维度，是不需要编码的。

上例中出现两种内置编码，分别是“fixed_length:12”和“dict”。维度编码除了有类别的区分，比如“dict”和“fixed_length”，还可以带有参数，比如“fixed_length:12”中的长度“12”。

10.6.2　维度编码工厂（DimensionEncodingFactory）

那么，dict 和 fixed_length 编码又是怎么映射到相关的实现中的呢？这里就要需要介绍维度编码工厂——DimensionEncodingFactory 了。

维度编码工厂负责维度编码的注册和实例的创建，主要的接口如下：

```
public abstract class DimensionEncodingFactory {
    ......
    // 返回所支持的编码名称
    abstract public String getSupportedEncodingName();

    // 返回一个新的维度编码实例
     abstract public DimensionEncoding createDimensionEncoding(String
encodingName, String[] args);
}
```

- getSupportedEncodingName() 方法返回所支持的编码名称，在注册编码时调用。
- createDimensionEncoding() 方法创建一个新的编码实例，这里需要注意传入的编码名称和参数，传入的编码名称与所支持的编码名称一定要相同。

要添加一种新的维度编码，必须首先在系统中注册其编码工厂。方法是修改 kylin.

properties 文件，添加 kylin.cube.dimension.customEncodingFactories 参数。比如：

```
kylin.cube.dimension.customEncodingFactories=some.package.MyEncodingFactory
```

在系统初始化阶段，会读取 kylin.cube.dimension.customEncodingFactories 参数。它是一个用逗号分隔的字符串，其中每个单位是一个编码工厂类的全名。通过反射创建工厂类，然后调用 getSupportedEncodingName() 获得所支持的编码名称（如 dict 和 fixed_length）并将其注册到系统中。

注册后的编码就可以被 Cube 使用了。如果 Cube 引用了不存在的维度编码，系统会在加载 Cube 元数据时出错，相关的 Cube 会被忽略，错误会出现在日志中。

10.6.3 维度编码实现（DimensionEncoding）

注册了维度编码工厂，通过 createDimensionEncoding()，维度编码就能在需要的时候被创建，接管维度值到代码的编码和解码工作。

Apache Kylin 对维度编码有以下基本要求：

1）等长。编码后，所有维度值的代码长度相同。

2）双向。编码和原来的值可以双向互换。

3）保序。编码二进制大小与原值的大小保持一致。

接下来我们来看一下 DimensionEncoding 接口的具体定义：

```
// 注意维度编码是可以序列化的
public abstract class DimensionEncoding implements Externalizable {
    ......
    // 判断指定的代码是否代表 NULL
    public static boolean isNull(byte[] bytes, int offset, int length) {
        ......
    }
    // 获得固定的代码长度
    abstract public int getLengthOfEncoding();
    // 转换给定的维度值（以 byte 形式表示的字符串）为编码
     abstract public void encode(byte[] value, int valueLen, byte[] output, int
outputOffset);
    // 转换给定的编码为维度值（以 String 形式返回）
    abstract public String decode(byte[] bytes, int offset, int len);
    // 返回一个 DataTypeSerializer，以序列化器的接口实现同样的编码解码功能
    abstract public DataTypeSerializer<Object> asDataTypeSerializer();
}
```

首先我们可以看到，维度编码必须是 Externalizable。这保证了编码能被序列化传递到分布式系统的任意位置：

- isNull()：静态方法用来判断一个编码是否为 NULL。这也是编码系统的一个约定，以全“0xff”代码代表 NULL。
- getLengthOfEncoding()：用于返回编码的固定长度，也就是代码的二进制字节数。
- encode() 和 decode()：这两种方法是双向编码解码的实现。注意接口略有不对称，在 encode() 中维度值以 UTF-8 编码的 byte 数组形式给出，而在 decode() 中以 String 形式返回。不管如何表示，维度值的本质是一个字符串，这是确定的。将来的版本可能会重构这对接口，使其更加对称美观。
- asDataTypeSerializer() 以序列化器的形式封装编码解码过程。因为编码解码也可以看作维度值到字节流的序列化和反序列化过程，在不少代码中以序列化的接口来调用会更加自然，因此追加了这个方法，将编码解码逻辑包装成序列化器的形式返回。

实现了上述 DimensionEncoding，一个维度编码就完成了。Apache Kylin 内置的 DictionaryDimEnc 和 FixedLenDimEnc 也可以作为实现的参考。

10.6.4　维度编码扩展小结

下面我们来简单回顾一下维度编码的扩展步骤。要添加一种新的维度编码，首先要实现 DimensionEncodingFactory 并在 kylin.properties 中注册。这样新的编码名称就可以在 Cube 定义中使用了。运行时系统会通过 DimensionEncodingFactory 创建 DimensionEncoding，进行编码解码工作。

实现过程中尤其要注意 Apache Kylin 对维度编码的基本要求：等长、双向、保序。还有特殊的 0xff 保留编码表示的 NULL。如果这些约定被破坏，将在查询和构建过程中出现结果错误和其他异常。应该尽早用单元测试覆盖这些需求和边界情况，确保在集成环境中不会因为编码出错而产生不可知的异常。

10.7　小结

本章讲述了 Apache Kylin 各方面的可扩展性，包括总体的可扩展架构和数据源、构建引擎、存储引擎三大部件，以及聚合类型和维度编码。从本章内容中我们可以看到，可扩展性贯穿了 Apache Kylin 的所有关键功能，是系统的核心设计理念之一。这保证了 Apache Kylin 能够更快地适应新的技术趋势，在澎湃的技术进化浪潮中始终保持领先地位。

最后，Apache Kylin 的开发非常活跃，有上百位开发者在随时修改和提交代码。因为书籍撰写时 Apache Kylin 版本为 v2.5.2，和发行之间有时间延迟，本章涉及的具体代码细节可能会与最新的 Apache Kylin 版本有所不同。虽然具体代码多变，但抽象和设计仍然相对稳定，相信本章一定能对 Apache Kylin 的开发爱好者有所帮助。

Chapter 11 第11章

Apache Kylin的安全与认证

Apache Kylin为满足企业的大数据分析需求而诞生，鉴于此，从开始就考虑了企业对数据软件的各方面要求，如安全验证、权限控制、高可用性、可扩展性等。这些功能后来被证明是企业应用中非常必要的。本章将介绍Kylin的这些安全功能。

11.1 身份验证

身份验证模块为Kylin的Web界面和RESTful Service提供安全验证，它检查用户提供的用户名和密码以决定是否让其登录或调用API。

Kylin的Web模块使用Spring框架构建，在安全实现上选择了Spring Security。Spring Security是Spring项目组中用来提供安全认证服务的框架，它广泛支持各种身份验证模式，这些验证模型大多由第三方提供，Spring Security也提供了自己的一套验证功能。

注意 下文假设读者熟悉Java Web Application和Spring框架。这部分内容十分丰富，但不在本书的讲解范围之内。互联网上有大量的相关资料，请有需要的读者自行查阅。参考资料：

http://docs.oracle.com/javaee/7/tutorial/partwebtier.htm#BNADP

http://docs.spring.io/spring-security/site/docs/current/reference/htmlsingle/

下面介绍Kylin是如何配置使用Spring Security的。首先，在Web模块的主配置文件

web.xml 中，我们可以看到安全配置文件 kylinSecurity.xml 被加入 Spring 配置文件列表，同时声明相应的 Listener，代码如下：

```
<context-param>
    <param-name>contextConfigLocation</param-name>
    <param-value>
      classpath:applicationContext.xml
      classpath:kylinSecurity.xml
             classpath:kylinMetrics.xml
      classpath*:kylin-*-plugin.xml
    </param-value>
</context-param>

<filter>
    <filter-name>springSecurityFilterChain</filter-name>
<filter-class>org.springframework.web.filter.DelegatingFilterProxy</filter-class>
</filter>
<filter-mapping>
    <filter-name>springSecurityFilterChain</filter-name>
    <url-pattern>/*</url-pattern>
</filter-mapping>
```

然后，在安全配置文件 kylinSecurity.xml 中，告知 Spring Security 框架如何构造 authentication-manager 的对象。要构造 authentication-manager 对象需要一个或多个 authentication-provider 对象；而 authentication-provider 对象又需要 user-service 对象来提供用户信息。

在 kylinSecurity.xml 里，Kylin 提供了三个配置 profile：“testing”“ldap”和“saml”，依次对应三种用户验证方式：自定义验证、LDAP 验证和单点登录验证。下面三节将分别对其进行介绍。

11.1.1　自定义验证

自定义验证是基于配置文件的一种简单验证方式，由于它对外依赖少，开箱即用，所以是 Kylin 默认的用户验证方式；但由于其缺乏灵活性且安全性低，建议仅在测试阶段使用，故起名为“testing”。

下面是自定义验证（也就是“testing”profile）在 kylinSecurity.xml 中相关的配置，仅保留了 ADMIN 用户的配置以作说明：

```
<beans profile="testing">
     <util:list id="adminAuthorities"
value-type="org.springframework.security.core.authority.SimpleGrantedAuthority">
            <value>ROLE_ADMIN</value>
            <value>ROLE_MODELER</value>
            <value>ROLE_ANALYST</value>
```

```
        </util:list>

            <bean class="org.springframework.security.core.userdetails.User"
id="adminUser">
                <constructor-arg value="ADMIN"/>
                <constructor-arg
                        value="$2a$10$o3ktIWsGYxXNuUWQiYlZXOW5hWcqyNAFQsSSCSEWoC/
BRVMAUjL32"/>
                <constructor-arg ref="adminAuthorities"/>
        </bean>

        <bean id="kylinUserAuthProvider"
              class="org.apache.kylin.rest.security.KylinAuthenticationProvider">
            <constructor-arg>
                <bean class="org.springframework.security.authentication.dao.
DaoAuthenticationProvider">
                    <property name="userDetailsService">
                        <bean class="org.springframework.security.provisioning.
InMemoryUserDetailsManager">
                            <constructor-arg>
                                <util:list
    value-type="org.springframework.security.core.userdetails.User">
                                    <ref bean="adminUser"></ref>
                                    <ref bean="modelerUser"></ref>
                                    <ref bean="analystUser"></ref>
                                </util:list>
                            </constructor-arg>
                        </bean>
                    </property>

                    <property name="passwordEncoder"
    ref="passwordEncoder"></property>
                </bean>
            </constructor-arg>
        </bean>


        <bean id="passwordEncoder"
    class="org.springframework.security.crypto.bcrypt.BCryptPasswordEncoder"/

        <scr:authentication-manager alias="testingAuthenticationManager">
            <!-- do user ldap auth -->
                <scr:authentication-provider ref="kylinUserAuthProvider"></
scr:authentication-provider>
        </scr:authentication-manager>
    </beans>
```

从中我们可以看到，在“testing”配置模式下，authentication-manager 的实现使用了

kylinUserAuthProvider，而 KylinAuthenticationProvider 使用了 InMemoryUserDetailsManager 来获取用户详细信息；从名称中我们可以看出，它的所有用户信息都在内存中，均来自列表："adminUser""modelerUser"和"analystUser"；它们的用户名、角色和密码信息也都配置在此文件中，只是密码还通过"BCryptPasswordEncoder"的 BCrypt 算法进行加密。要添加、删除或修改某个用户信息，只需要修改这里的内容就可以了。

11.1.2　LDAP 验证

LDAP（Lightweight Directory Access Protocol，轻量级目录访问协议）用于提供被称为目录服务的信息服务。目录以树状的层次结构来存储数据，可以存储包括组织信息、个人信息、Web 链接、JPEG 图像等各种信息。

支持 LDAP 协议的目录服务器产品有很多，大多企业也都使用 LDAP 服务器来存储和管理公司的组织和人员结构，集成 LDAP 服务器完成用户验证，不仅可以避免重复创建用户、管理群组等烦琐的管理步骤，还可以提供更高的便捷性和安全性。Apache Kylin 连接 LDAP 验证的流程如图 11-1 所示。

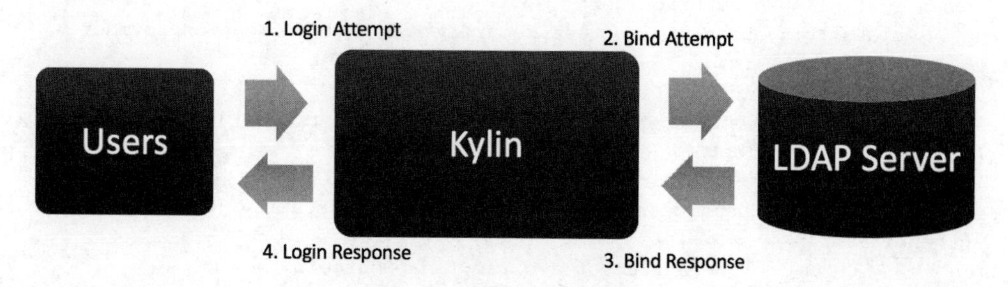

图 11-1　LDAP 验证流程

Kylin 的 LDAP 验证是基于 Spring Security 提供的 LDAP 验证器实现的，在其上略有扩展。下面是 kylinSecurity.xml 中"ldap"的配置片段：

```
<beans profile="ldap">
   <scr:authentication-manager alias="ldapAuthenticationManager">
      <!-- do user ldap auth -->
      <scr:authentication-provider ref="kylinUserAuthProvider">
</scr:authentication-provider>

      <!-- do service account ldap auth -->
      <scr:authentication-provider ref="kylinServiceAccountAuthProvider">
</scr:authentication-provider>
   </scr:authentication-manager>

</beans>
```

LDAP的authentication-manager使用了两个authentication-provider：一个名为“kylinUserAuthProvider”，另一个名为“kylinServiceAccountAuthProvider”。这两个authentication-provider都会去LDAP服务器中查询信息，都是类org.apache.kylin.rest.security.KylinAuthenticationProvider实例，只是查询LDAP的属性（searchBase, searchPattern）不同。这样设计的目的是，访问Kylin的用户通常有两种类型：一种是以个人的身份登录来做各种操作；另一种是以API的方式调用Kylin的各种服务，通常称为服务账户；服务账户在LDAP中往往是与普通账户（User Account）分开管理的。分类型管理可以让Kylin管理员根据自己的环境做灵活的设定。

接下来以“kylinUserAuthProvider”为例介绍更多的细节，请看如下配置代码：

```
<bean id="ldapSource"
   class="org.springframework.security.ldap.DefaultSpringSecurityContextSource">
    <constructor-arg value="${kylin.security.ldap.connection-server}"/>
    <property name="userDn" value="${kylin.security.ldap.connection-username}"/>
    <property name="password" value="${kylin.security.ldap.connection-password}"/>
</bean>

<bean id="kylinUserAuthProvider"
      class="org.apache.kylin.rest.security.KylinAuthenticationProvider">
    <constructor-arg>
        <bean id="ldapUserAuthenticationProvider"
                     class="org.springframework.security.ldap.authentication.
LdapAuthenticationProvider">
            <constructor-arg>
                 <bean class="org.springframework.security.ldap.authentication.
BindAuthenticator">
                     <constructor-arg ref="ldapSource"/>
                     <property name="userSearch">
                         <bean id="userSearch"
    class="org.springframework.security.ldap.search.FilterBasedLdapUserSearch">
                             <constructor-arg index="0"
    value="${kylin.security.ldap.user-search-base}"/>
                             <constructor-arg index="1"
    value="${kylin.security.ldap.user-search-pattern}"/>
                             <constructor-arg index="2" ref="ldapSource"/>
                         </bean>
                     </property>
                 </bean>
            </constructor-arg>
            <constructor-arg>
                     <bean class="org.apache.kylin.rest.security.
    LDAPAuthoritiesPopulator">
                     <constructor-arg index="0" ref="ldapSource"/>
                     <constructor-arg index="1"
    value="${kylin.security.ldap.user-group-search-base}"/>
                     <constructor-arg index="2"
```

```
value="${kylin.security.acl.admin-role}"/>
                        <property name="groupSearchFilter"
value="${kylin.security.ldap.user-group-search-filter}"/>
                    </bean>
                </constructor-arg>
            </bean>
        </constructor-arg>
    </bean>
```

在上述代码片段中，kylinUserAuthProvider使用了两个构造器对象：ldapUserAuthenticationProvider和org.apache.kylin.rest.security.AuthoritiesPopulator。ldapUserAuthenticationProvider使用配置的信息（ldap.user.searchBase、ldap.user.searchPattern、ldap.server、ldap.username、ldap.password）连接LDAP服务器做bind操作，查询并获取用户信息。接下来，org.apache.kylin.rest.security.AuthoritiesPopulator会使用查询获得的用户信息，进一步查询此用户所属的群组(Group)，然后群组将根据配置的属性（acl.adminRole）来生成用户的角色（Role）信息，从而完成登录验证。

注意 org.apache.kylin.rest.security.KylinAuthenticationProvider类里封装了一个authenticationProvider实例，这个authenticationProvider才是真正的验证器。KylinAuthenticationProvider在其上做了缓存：如果用户登录的信息之前已经被缓存，那么就直接返回结果而不去查询真正的验证器，如LDAP服务器。这样做的好处一是可以避免给LDAP服务器造成访问压力；二是可以提高验证的效率，主要是为高频率的API调用而考虑。

上面介绍了Kylin中基于LDAP进行用户验证的原理，接下来介绍一下如何启用LDAP验证。正常情况下，只需要安装好LDAP服务器，创建用户和群组，然后在Kylin的conf/kylin.properties中配置相应的属性即可。

在conf/kylin.properties中有以下与LDAP相关的配置属性：

```
kylin.security.profile=ldap

# admin roles in LDAP, for ldap and saml
acl.adminRole=KYLIN-ADMIN-GROUP

#LDAP authentication configuration
kylin.security.ldap.connection-server=ldap://<your_ldap_host>:<port>
kylin.security.ldap.connection-username=<your_user_name>
kylin.security.ldap.connection-password=<your_password_encrypted>

#LDAP user account directory;
kylin.security.ldap.user-search-base=OU=UserAccounts,DC=mycompany,DC=com
kylin.security.ldap.user-search-pattern=(&(cn={0})(memberOf=CN=MYCOMPANY-
```

```
USERS,DC=mycompany,DC=com))
    kylin.security.ldap.user-group-search-base=OU=Group,DC=mycompany,DC=com

    #LDAP service account directory
    kylin.security.ldap.service-search-base=OU=UserAccounts,DC=mycompany,DC=com
    kylin.security.ldap.service-search-pattern=(&(cn={0})(memberOf=CN=MYCOMPANY-
USERS,DC=mycompany,DC=com))
    kylin.security.ldap.service-group-search-base=OU=Group,DC=mycompany,DC=com
```

首先，要设置“kylin.security.profile”为“ldap”，并配置“ldap.server”“ldap.username”和“ldap.password”的值，提供LDAP服务器的地址和认证方式（如果需要认证）。请注意这里“ldap.password”值需要加密（加密方法为AES）。下载任意版本的Apache Kylin的源代码，在IDE里运行“org.apache.kylin.rest.security.PasswordPlaceholderConfigure”，传入“AES <your_password>”作为参数（替换<your_password>为非加密的原始密码），可以获得改密码的加密值。

其次，设置“ldap.user.searchBase”“ldap.user.searchPattern”和“ldap.user.groupSearchBase”。“ldap.user.searchBase”是在LDAP目录结构中开始查询用户的基础节点；“ldap.user.searchPattern”是查找一个用户记录的模式，如“(cn={0})”是指检查某个记录的“cn（Common Name)”是否跟用户提供的名称相当，匹配成功即使用此用户记录。管理员也可以在这里加入更复杂的过滤条件。如果用户没有匹配成功，系统会报“UsernameNotFoundException”的错误。

属性“ldap.user.groupSearchBase”配置了在LDAP中查找群组的基础节点。当找到用户记录时，Kylin会从此节点往下查找用户所属的群组信息。前文中提到，Kylin里默认有三种群组：ROLE_ADMIN、ROLE_MODELER和ROLE_ANALYST。其中第一个是管理员群组，需要跟某个LDAP的群组相关联（通过acl.adminRole进行配置）。如果用户在LDAP的群组A中，登录成功后会获得ROLE_A的角色；如果要将群组A作为Kylin管理员群，那么要配置“acl.adminRole = ROLE_A”。

下面是一个使用了LDAP认证的配置示例：

```
kylin.security.profile=ldap

# default roles and admin roles in LDAP, for ldap and saml
acl.adminRole=KYLIN-ADMIN-GROUP

#LDAP authentication configuration
kylin.security.ldap.connection-server=ldap://10.0.0.123:389
kylin.security.ldap.connection-username=cn=Manager,dc=example,dc=com
kylin.security.ldap.connection-password=password_hash>

#LDAP user account directory;
kylin.security.ldap.user-search-base=ou=People,dc=example,dc=com
kylin.security.ldap.user-search-pattern=(&(cn={0}))
```

```
kylin.security.ldap.user-group-search-base=OU=Groups,DC=example,DC=com
#LDAP service account directory
kylin.security.ldap.service-search-base=ou=Service,dc=example,dc=com
kylin.security.ldap.service-search-pattern=(&(cn={0}))
kylin.security.ldap.service-group-search-base=OU=Groups,DC=example,DC=com
```

11.1.3 单点登录

单点登录（Single Sign On，SSO）是一种高级的企业级认证服务。用户只需要登录一次，就可以访问所有相互信任的应用系统；它具有一个账户多处使用、避免了频繁登录、降低了信息的泄漏风险等优点。

安全断言标记语言（Security Assertion Markup Language，SAML）是一个基于 XML 的标准语言，用于在不同的安全域（Security Domain）之间交换认证和授权数据。SAML 是实现 SSO 的一种标准化技术，由国际标准化组织 OASIS 制定并发布。

为了满足企业对安全的更高要求，Kylin 提供对标准 SAML 的单点登录验证服务。其采用了 Spring Security SAML Extension。关于 Spring Security SAML Extension 的使用可以参阅 Spring 网站的文档（网址：http://docs.spring.io/autorepo/docs/spring-security-saml/1.0.x-SNAPSHOT/reference/htmlsingle/）。

下面简要介绍一下在 Kylin 里启用 SSO 的步骤，帮助读者有一个总体的了解。

1）生成 IDP 元数据的配置文件：联系 IDP (ID Provider)，也就是提供 SSO 服务的供应商，生成 SSO metadata file。这是一个 XML 文件，其中包含了 IDP 的服务信息，当前应用的回调 URL、加密证书等必要信息。生成的配置文件需要安装在 Kylin Server 的 classpath 上。

2）生成 JKS 的 keystore：Kylin 需要加密 SSO 请求，故需要将含有加密的密钥和公钥导入一个 keystore 中，然后将 keystore 中的信息配置在 Kylin 的 kylinSecurity.xml 中。

3）激活更长加密（Higer Ciphers）：检查并确认已经下载安装了 Java Cryptography Extension (JCE) Unlimited Strength Jurisdiction Policy Files；如果没有，则下载并拷贝 local_policy.jar 和 US_export_policy.jar 到“$JAVA_HOME/jre/lib/security”目录下。

4）部署 IDP 配置文件和 keystore 到 Kylin：将 IDP 配置文件命名为“sso_metadata.xml”，然后将其拷贝到 Kylin 的 classpath 中，如 $KYLIN_HOME/tomcat/webapps/kylin/WEB-INF/classes；将生成的 keystore 文件命名为“samlKeystore.jks”，然后将其拷贝到 Kylin 的 classpath 中。

5）配置其他属性，如“saml.metadata.entityBaseURL”“saml.context.serverName”，使用正确的机器名。

6）最后，设置 kylin.security.profile=saml 且重启 Kylin 以使所有的 saml 配置生效。

启用 SSO 后，当用户初次在浏览器中访问 Kylin 的时候，Kylin 会将用户转向 SSO 提供的登录页面，用户在 SSO 登录页面验证成功后，自动跳转回 Kylin 页面，这时 Kylin 会解析到SAML中的信息，获取验证后的用户名，再查询LDAP获取用户群组信息，赋予用户权限，完成验证登录。

注意 对于API的调用，也就是请求URL为/kylin/api/*的请求，Kylin会继续使用LDAP完成验证，而不是重定向到SSO，这是基于以下几点考虑：

- API的调用一般是来自应用程序或脚本，无法完成浏览器跳转等一系列操作；
- SSO服务器可能只支持用户账户的验证（如启用了2FA等更高级的方式），而不支持服务账户；
- SSO服务器只完成用户验证，而不提供用户的群组和角色信息；

所以在启用了SSO后Kylin依旧会保留LDAP服务器的配置，以完成对所有用户的验证。

11.2 授权

用户的授权发生在登录验证之后。授权决定了此用户在系统中的角色和所能采取的动作。Apache Kylin中的授权是角色加访问控制（Access Control Level，ACL）的授权。

11.2.1 新的访问权限控制

Kylin在v2.3版本之后引入了用户群组的概念，用户群组是一组用户的集合，用户群组中的用户通过用户群组共享相同的访问权限以便大规模地进行权限控制。

同时用户是否可以访问项目并使用项目中的某些功能由项目级访问控制决定，Apache Kylin中的项目级别设置了四种类型的访问权限角色。它们分别是ADMIN、MANAGEMENT、OPERATION和QUERY。并为每个角色都定义了用户可以在Apache Kylin中执行的功能列表。

- QUERY：查询访问权限，旨在供仅需要访问权限的分析师用于查询项目中的表或Cube。
- OPERATION：操作访问权限，旨在供需要权限以维护Cube的公司或组织的运营团队使用。OPERATION访问权限包括了QUERY。
- MANAGEMENT：管理访问权限，是用于完全了解数据、模型和Cube的商业含义的模型管理和Cube设计。管理访问权限包括OPERATION和QUERY。
- ADMIN：项目管理访问权限，旨在完全管理项目。ADMIN访问权限包括MANAGEMENT、OPERATION和QUERY。

11.2.2 统一的项目级别访问控制

在项目管理界面能够对用户在不同项目下的访问权限进行管理。管理项目级别的权限的方法如下：选择并展开要管理的项目，再点击“Access”标签页，会显示已有的 ACL，如果需要添加，可以点击“Grant”按钮进行添加，如图 11-2 所示。而对于访问权限的变更与移除则可以通过单击“Update”和“Revoke”按钮进行相应操作。

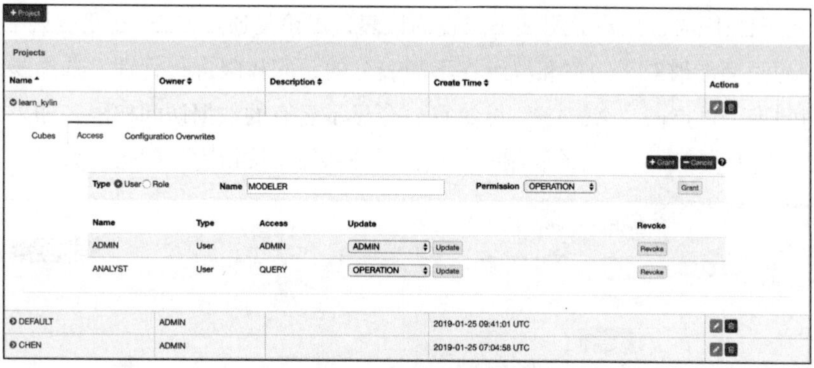

图 11-2 项目级别访问控制

为用户设置项目级访问权限后，将根据项目级定义的访问权限角色继承数据源、模型和 Cube 的访问权限。有关每个访问权限角色可以访问的详细功能，请参阅下表。

	SYSTEM ADMIN	PROJECT ADMIN	MANAGEMENT	OPERATION	QUERY
创建、删除项目	Yes	No	No	No	No
编辑项目	Yes	Yes	No	No	No
修改项目级别访问权限	Yes	Yes	No	No	No
查看模型	Yes	Yes	Yes	Yes	Yes
查看数据源	Yes	Yes	Yes	No	No
导入、卸载和重载表	Yes	Yes	No	No	No
添加、修改、克隆和删除模型	Yes	Yes	Yes	No	No
查看 Cube 信息	Yes	Yes	Yes	Yes	Yes
添加、克隆、编辑、删除、清理 Cube	Yes	Yes	Yes	No	No
构建、刷新和合并 Segment	Yes	Yes	Yes	No	No
查看 Cube 详细信息	Yes	Yes	Yes	No	No
查看查询页面	Yes	Yes	Yes	Yes	Yes
查看监控页面	Yes	Yes	Yes	Yes	No
查看系统页面	Yes	No	No	No	No
重载源数据、禁用缓存、设置配置、诊断	Yes	No	No	No	No

此外，启用查询下压时，即使没有 Cube 可以为它们提供服务，项目的 QUERY 访问权限也允许用户对项目中的所有表发出下推查询。如果用户尚未在项目级别获得 QUERY 权限，则无法进行下推查询。

11.2.3 管理数据访问权限

Apache Kylin 提供了数据访问功能，方便用户对数据进行不同粒度的数据管控。目前 Kylin 支持表级访问权限，即控制了用户和群组在 Kylin 中能查询的表。当用户和群组被限制了对某表的访问权限时，用户 / 组便不能查询该表，不论是通过 Cube 还是查询下压。

在数据源页面能够对于用户和群组在不同表下的访问权限进行管理。选择要进行数据访问权限控制的表，再点击“Access”标签页，会显示已有的数据访问权限。如果要添加，点击“Grant”按钮进行添加；如果要删除，点击“Delete”按钮进行删除。如图 11-3 所示。

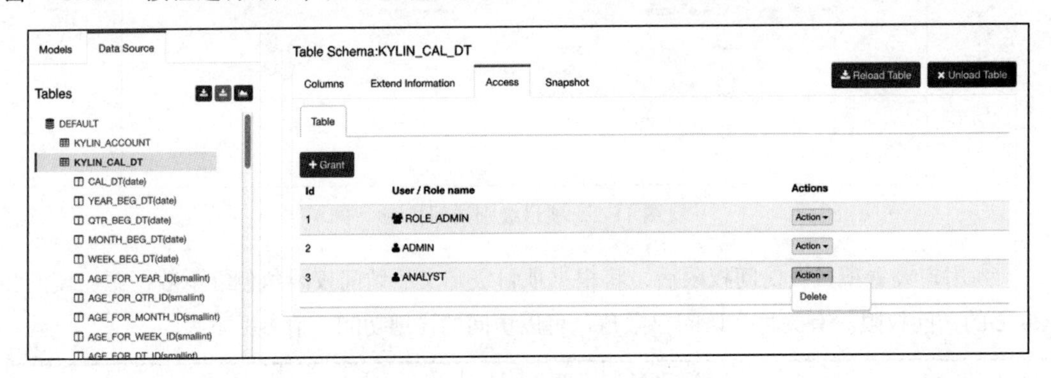

图 11-3　表级访问权限控制

本例中，我们以用户为例来验证表级访问权限，群组访问权限的验证方法与此类似。在表“KYLIN_CAL_DT”中删除用户“ANALYST”的表级访问权限。以“ANALYST”用户登录，来到查询页面，对表“KYLIN_CAL_DT”进行查询以验证表级访问权限。如图 11-4 所示用户 ANALYST 试图查询表“KYLIN_CAL_DT”的访问请求被拒绝了。

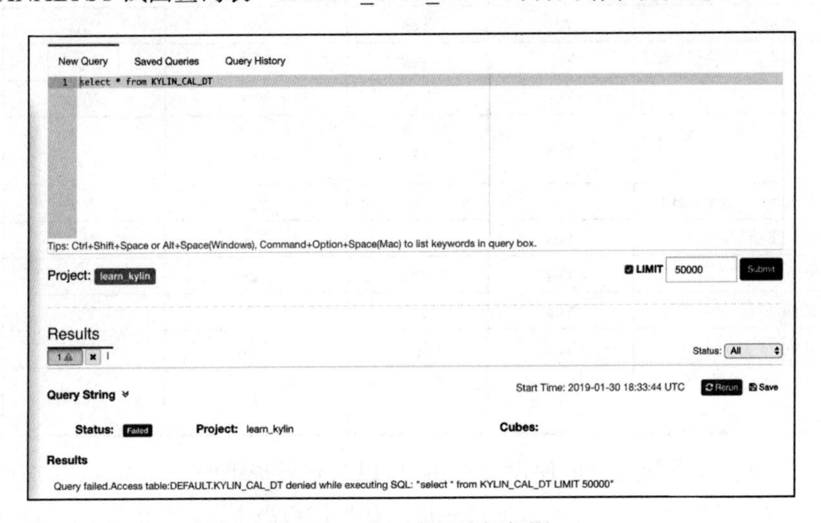

图 11-4　验证表级访问权限

11.3　小结

本章介绍了 Apache Kylin 的安全功能，主要是其安全验证和授权方面的功能。尤其是身份验证功能，基于 Spring Security，该功能具有非常好的可扩展性和灵活性，可以与所有主流的企业用户管理平台对接，实现单点登录（SSO）。同时提供了全新的权限控制系统及统一的项目级别访问控制和表级数据访问权限控制。而除此之外，还有更多企业级功能有待开发，如更强的按行 / 列管理的安全性、企业级的监控能力等。Apache Kylin 社区会在这些方面一直努力。

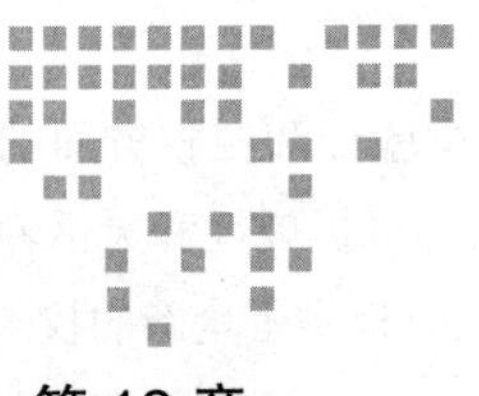

Chapter 12 第12章

运维管理

第 11 章介绍了 Apache Kylin 作为企业数据平台组件的一些重要功能。本章将首先介绍 Apache Kylin 的配置方法，包括配置文件、详细配置项及配置重写等内容，帮助读者迅速在 Hadoop 环境中启动 Apache Kylin 服务，并根据实际环境条件对 Apache Kylin 进行性能调优。另外，本章还将介绍 Apache Kylin 运维管理中需要注意的事项和常用工具，以及如何从 Apache Kylin 开源社区中获取帮助，使 Apache Kylin 运维管理人员能够明确运维任务、快速定位故障并找到解决途径。

12.1 监控和诊断

对于 Apache Kylin 的运维人员来说，通过日志和任务报警对 Apache Kylin 进行监控、了解 Apache Kylin 整体运行情况都是重要的工作职责之一。那么，如何收集和阅读 Apache Kylin 的日志呢？如何设置任务报警以便及时采取措施？如何开启系统仪表盘来了解 Apache Kylin 的运行情况呢？本小节将针对这些问题进行详细解答。

12.1.1 日志文件

当 Apache Kylin 顺利启动之后，默认会在 Apache Kylin 安装目录下产生一个“ logs”目录，该目录用于保存 Apache Kylin 运行过程中产生的所有日志文件。Apache Kylin 的日志文件中包含了许多信息，一部分是运行时的环境信息，一部分是任务和查询的详细信息，还有一部分可能是警告和错误信息。其中，某些报错只是描述一个任务或 Apache Kylin 服务的短时情况，并不意味 Apache Kylin 服务遇到了致命问题。

Apache Kylin 的日志中主要包含以下三个文件。

- kylin.log

该文件是主要的日志文件，所有的 logger 默认写入该文件，其中 Apache Kylin 的日志级别默认是 DEBUG。日志随日期滚动，即每天 0 点时将前一天的日志存放到以日期为后缀的文件中（如 kylin.log.2014-01-01），并把新一天的日志保存到全新的 kylin.log 文件中。

- kylin.out

该文件是标准输出的重定向文件，一些非 Apache Kylin 产生的标准输出（如 Tomcat 启动输出、Hive 命令行输出等）将被重定向到该文件。

- kylin.gc

该文件是 Apache Kylin 的 Java 进程记录的 GC 日志。为避免多次启动覆盖旧文件，该日志使用了进程号作为文件名后缀（如 kylin.gc.9188）。

说明 日志是快速了解 Apache Kylin 服务运行状况最直接的方式之一。当运维人员遇到故障问题或执行运维操作时，应当首先查看日志。例如，在需要重启 Apache Kylin 服务时，最好先查看日志，确认暂时没有用户进行查询或正在构建 Cube，在服务空闲的时候执行重启、升级等维护操作。

这里以查询为例，简单介绍一下如何在日志中获取查询的更多信息。首先在 Web UI 中执行一个查询，然后马上到 kylin.log 文件尾部查找相关日志。当查询结束，我们会看到如下日志记录片段：

```
Query Id: e9ecf323-2683-e2d5-b053-c2eb9d7f25bc
SQL: select count(*) from kylin_sales
User: ADMIN
Success: true
Duration: 2.858
Project: learn_kylin
Realization Names: [CUBE[name=kylin_sales_cube]]
Cuboid Ids: [16384]
Total scan count: 731
Total scan bytes: 35985
Result row count: 1
Accept Partial: true
Is Partial Result: false
Hit Exception Cache: false
Storage cache used: false
Is Query Push-Down: false
Is Prepare: false
```

```
Trace URL: null
Message: null
```

表12-1所示是对上述日志信息片段中主要字段的介绍。

表12-1 日志中主要字段介绍

字段	介绍
SQL	查询所执行的SQL语句
User	执行查询的用户名
Success	该查询是否成功
Duration	该查询所用时间（单位：秒）
Project	该查询所在项目
Realization Names	该查询所击中的Cube名称

受篇幅限制此处不做过多介绍，对日志感兴趣的读者可以根据日志记录中的类名和行号阅读相关源码。

显然，这些日志的路径可以通过修改配置文件进行调整。从最新的Apache Kylin代码中可以看出，新版本的Apache Kylin会把日志的配置文件kylin-server-log4j.properties放置到“$KYLIN_HOME/conf/”目录下，如果用户有需求调整日志级别、修改日志路径等，都可以修改此文件中的内容，并重启Kylin服务。

当Apache Kylin出现故障后，第一要务就是查看日志。一般来说，故障的发生大多是由于程序中出现了异常（Exception），根据故障发生时间查找日志中的异常或ERROR记录，能够帮助用户快速找到问题出现的根本原因。有时候，故障的发生是由于系统中存在缺陷（Bug），用户可以在JIRA中提交Bug并附上相关的日志片段，便于社区开发者快速定位和重现问题。

12.1.2 任务报警

在Apache Kylin中，构建一个Cube至少需要花费几十分钟的时间。因此，当一个Cube构建任务完成或失败时，运维人员常常希望可以在第一时间得到通知，便于进行下一步的增量构建或故障排查。因此，Apache Kylin中提供了邮件通知的功能，可以在Cube状态发生改变时，向关注的用户发送电子邮件。

想要通过电子邮件实现任务报警，需要先在配置文件kylin.properties中进行设置。

- kylin.job.notification-enabled：设置是否在任务成功或失败时进行邮件通知，默认值为FALSE，设置为TRUE即可启用邮件通知功能。
- kylin.job.notification-mail-enable-starttls：设置是否启用starttls，默认值为FALSE。
- kylin.job.notification-mail-host：指定邮件的SMTP服务器地址。
- kylin.job.notification-mail-port：指定邮件的SMTP服务器端口，默认值为25。

- kylin.job.notification-mail-username：指定邮件的登录用户名。
- kylin.job.notification-mail-password：指定邮件的用户名密码。
- kylin.job.notification-mail-sender：指定邮件的发送邮箱地址。
- kylin.job.notification-admin-emails：指定邮件通知的管理员邮箱。

设置完毕后，重新启动 Apache Kylin 服务，这些配置即可生效。

接下来，需要对 Cube 进行配置，在设计 Cube 的 Cube Info 的 Notification Email list 中添加任务报警邮件通知的联系人，如图 12-1 所示。

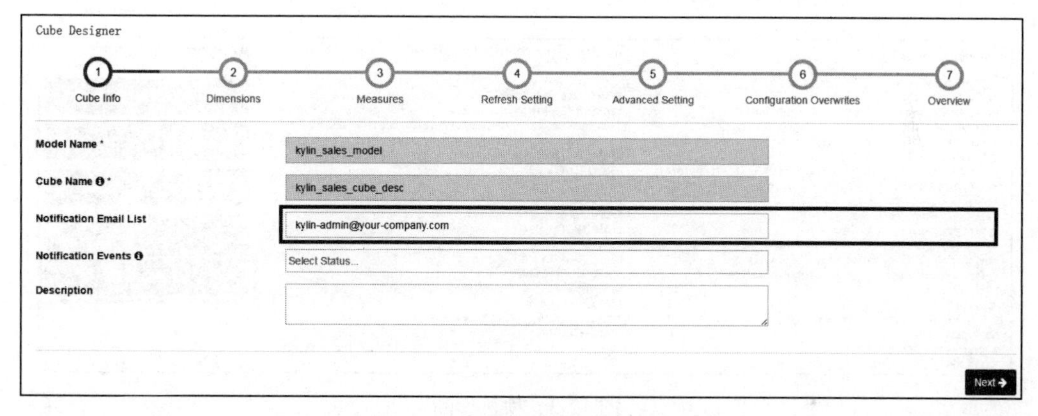

图 12-1　邮件通知联系人设置

然后，选择一些状态作为进行邮件通知的触发条件，即当 Cube 构建任务切换到这些状态时，就给用户发送邮件通知（如图 12-2 所示）。

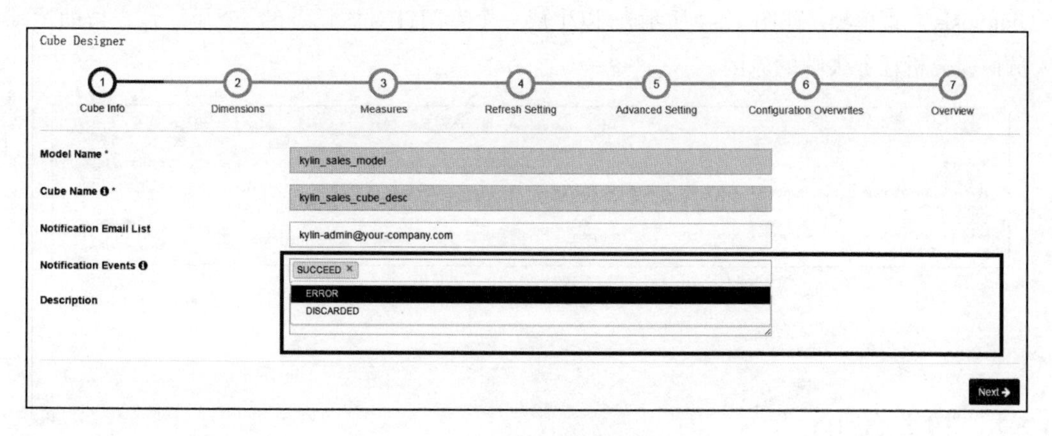

图 12-2　邮件通知的触发条件设置

12.1.3　诊断工具

Apache Kylin 的 Web UI 提供了一个“诊断”功能，可以将有关信息打包成压缩包，供运维人员分析问题原因时使用。该功能的入口总共有两处：项目诊断和任务诊断。

1. 项目诊断

用户经常会遇到一些棘手的问题，如 Cube 创建失败、SQL 查询失败或 SQL 查询时间过长等。运维人员需要抓取相关信息并进行分析，以找出问题出现的根本原因。这时候，可以选择错误所在的项目，然后单击“System”页面下的“Diagnosis”按钮，系统会自动生成一个 zip 格式的压缩包，该压缩包中包含了该项目下所有的有用信息，可以帮助运维人员缩小问题排查范围，并为问题的快速定位提供了方向（如图 12-3 所示）。

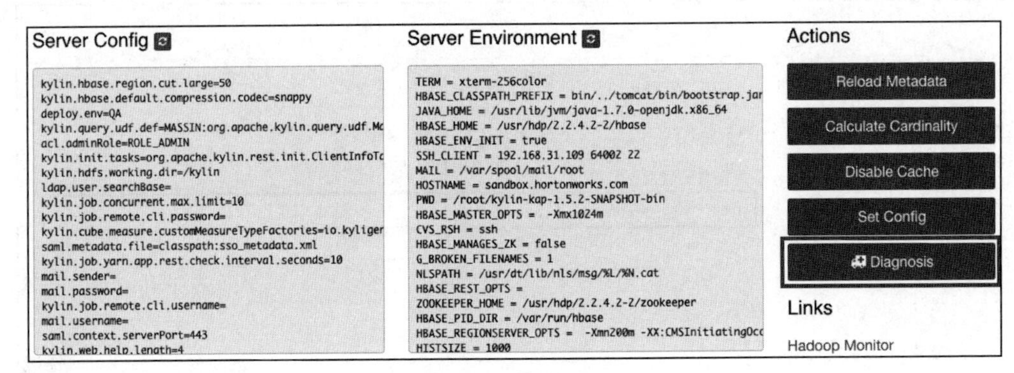

图 12-3 项目诊断

2. 任务诊断

若一个 Cube 构建任务执行失败或执行时间过长，运维人员还可以单击 Job 下的“Diagnosis”菜单项（如图 12-4 所示），以生成一个专门针对该任务的 zip 压缩包，帮助运维人员快速分析任务失败的原因。

Cube Name: Jobs in: LAST ONE WEEK NEW PENDING RUNNING FINISHED ERROR DISCARDED

Job Name	Cube	Progress	Last Modified Time	Duration	Actions
kylin_sales_cube - 20120101000000_20160601010500 - BUILD - PDT 2016-05-21 20:35:52	kylin_sales_cube		2016-05-21 19:35:52 PST	0.00 mins	Action ▾ Discard
kylin_sales_cube - 20120101000000_20160601010500 - BUILD - PDT 2016-05-21 20:35:25	kylin_sales_cube		2016-05-21 19:35:47 PST	0.33 mins	Diagnosis

图 12-4 任务诊断

12.2 日常维护

Apache Kylin 服务器每天都会接受不同用户提交的多个 Cube 构建任务，有时会因为 Cube 设计不当或集群环境异常等原因，导致 Cube 构建失败或构建时间过长；此外，Kylin 服务运行一段时间之后，一些存在于 HBase 或 HDFS 上的数据会成为无用数据，需要定时对存储器进行垃圾清理。本节将介绍这些日常维护中常见的问题和相应的对策。

12.2.1 基本运维

作为Apache Kylin的运维人员，工作中需要注意以下问题：

- 确保Apache Kylin服务正常运行。
- 确保Apache Kylin对集群资源的正常利用。
- 确保Cube构建任务正常。
- 实现灾难备份和恢复。

常言道"工欲善其事，必先利其器"，运维人员需要熟练地运用本章中提到的各种工具，对Apache Kylin服务的每日运行状况进行监控，此外，也方便在遇到问题时找到合理的解决途径。

为了保障Apache Kylin服务的正常运行，运维人员可以对Apache Kylin的日志进行监控，确保Apache Kylin进程的稳定运行。为了确保Apache Kylin对集群资源的正常利用，运维人员需要经常查看MapReduce任务队列的闲忙程度，以及HBase存储的利用率（如HTable数量、Region数量等）。为了确保Cube构建任务的正常进行，请根据邮件通知或Web UI的"Monitor"页面对任务进行监控。

12.2.2 元数据备份

元数据是Apache Kylin中最重要的数据之一，备份元数据是运维工作中一个至关重要的环节。只有这样，在由于误操作导致整个Apache Kylin服务或某个Cube异常时，才能将Apache Kylin快速从备份中恢复出来。

一般来讲，在每次进行故障恢复或系统升级之前，对元数据进行备份是一个良好的习惯，这可以保证Apache Kylin服务在系统更新失败后依然有回滚的可能，在最坏的情况下依然保持系统的鲁棒性。

Apache Kylin提供了一个工具用于备份元数据，具体操作方法如下：

```
$KYLIN_HOME/bin/metastore.sh backup
```

当看到如下提示时即为备份成功：

```
metadata store backed up to /root/apache-kylin-2.5.2-bin-hbase1x/meta_backups/
meta_2018_12_17_03_41_45
```

上述命令会把Apache Kylin用到的所有元数据以文件的形式下载到本地目录当中（如/root/apache-kylin-2.5.2-bin-hbase1x/meta_backups/meta_2018_12_17_03_41_45）。元数据备份目录结构如表12-2所示。

表 12-2 元数据备份目录介绍

目录名	介绍
acl	包含了数据访问控制信息
bad_query	包含了慢查询信息
cube	包含了 Cube 实例的基本信息，以及下属 Cube Segment 的信息
cube_desc	包含了描述 Cube 模型基本信息、结构的定义
cube_statistics	包含了 Cube 实例的统计信息
dict	包含了使用字典编码方式的列的字典
execute	包含了 Cube 构建任务的步骤信息
execute_output	包含了 Cube 构建任务的步骤输出
model_desc	包含了描述数据模型基本信息、结构的定义
project	包含了项目的基本信息，项目所包含的其他元数据类型的声明
table	包含了表的基本信息，如 Hive 信息
table_exd	包含了表的扩展信息，如维度
table_snapshot	包含了 Lookup 表的镜像

此外，元数据备份也是进行故障查找的一个工具，当系统出现故障导致前端频繁报错时，通过该工具下载元数据并查看文件，往往能对确定元数据是否存在问题提供巨大帮助。

12.2.3 元数据恢复

有了元数据备份，用户往往还需要从备份中恢复元数据，Apache Kylin 中提供了一个元数据恢复工具，具体操作方法如下：

```
$KYLIN_HOME/bin/metastore.sh restore /path/to/backup
```

如果从上一节的元数据备份的例子中恢复元数据，需要在命令行中执行以下代码：

```
$KYLIN_HOME/bin/metastore.sh restore /root/apache-kylin-2.5.2-bin-hbase1x/
meta_backups/meta_2018_12_17_03_41_45
```

元数据恢复成功后，用户在 Web UI 上单击“Reload Metadata”按钮对元数据缓存进行刷新，即可看到最新的元数据。

此外，Apache Kylin 中的 metastore.sh 脚本还有很多功能，如 remove、fetch、cat 等，用户可以通过执行以下命令查看具体的使用方法：

```
$KYLIN_HOME/bin/metastore.sh
```

12.2.4 系统升级

Apache Kylin 的元数据和 Cube 的数据在 HBase 和 HDFS 中会持久化，因此升级相对容易，用户无须担心数据丢失。

1. 一般版本的升级

一般版本的升级步骤如下：

1）停止并确认没有正在运行的 Kylin 进程。

```
$KYLIN_HOME/bin/kylin.sh stop
ps -ef | grep kylin
```

2）备份 Kylin 元数据（可选），用来保障数据安全性。

```
$KYLIN_HOME/bin/metastore.sh backup
```

3）解压缩新版本的 Kylin 安装包，更新 KYLIN_HOME 环境变量。

```
tar -zxvf apache-kylin-{version}-bin-{env}.tar.gz
export KYLIN_HOME={path_to_your_installation_folder}
```

4）更新配置文件，将旧配置文件（如 $KYLIN_HOME/conf/*、$KYLIN_HOME/tomcat/conf/*）合并到新配置文件中。

5）启动 Kylin 进程。

```
$KYLIN_HOME/bin/kylin.sh start
```

6）升级协处理器。

7）检查 Web UI 是否成功启动、构建和查询等是否正常工作。

8）确认升级完成后，之前备份的元数据就可以安全删除了。

2. 特定版本的升级

特定版本的升级步骤如下：

1）从 v2.4 版本升级到 v2.5 版本

a. Kylin 2.5 版本需要部署在安装了 JDK8 的环境中。如果你安装 Kylin 的节点使用的是 JDK7，请先升级 JDK 版本。

b. Kylin 元数据兼容 v2.4 版本 和 v2.5 版本，不需要迁移。

c. Spark 构建引擎会将更多构建步骤从 MR 迁移到 Spark，升级后用户可能会看到同一个 Cube 的构建性能差异。

d. 如果用户使用 RDBMS 作为数据源，需要配置参数“kylin.source.jdbc.sqoop-home”，指向用户环境中 Sqoop 的安装路径，而不是它的 bin 子文件夹。

e. 默认启用 Cube Planner，新的 Cube 将在首次构建时通过它进行优化，系统 Cube 和仪表盘需要手动启用。

2）从 v2.1.0 版本升级到 v2.2.0 版本

Kylin v2.2.0 版本中 Cube 元数据与 v2.1.0 版本兼容，用户需要了解以下更改：

a. Cube ACL 被项目级 ACL 替代，用户需要手动配置项目级 ACL 以迁移现有的 Cube ACL。详情请参考项目级 ACL 部分。

b. 更新 HBase 协处理器，现有 Cube 的 HBase 表需要更新协处理器。详情请参考升级协处理器部分。

3）从 v2.0.0 版本升级到 v2.1.0 版本

Kylin v2.1.0 版本中 Cube 元数据与 v2.0.0 版本兼容，用户需要了解以下更改：

a. 在之前版本，Kylin 使用两个 HBase 表（kylin_metadata_user 和 kylin_metadata_acl）来持久保存用户和 ACL 信息。从 v2.1.0 版本开始，Kylin 将所有信息合并到一个表（kylin_metadata）中，这将使备份 / 恢复和维护数据变得更加轻松。当启动 Kylin v2.1.0 版本时，系统会检测是否需要进行元数据迁移，如果检测结果为 true，用户需要按照提示执行以下命令进行迁移：

```
ERROR: Legacy ACL metadata detected. Please migrate ACL metadata first. Run
command 'bin/kylin.sh org.apache.kylin.tool.AclTableMigrationCLI MIGRATE'.
```

迁移完成后，用户需要从 HBase 中删除旧的 kylin_metadata_user 和 kylin_metadata_acl 表。

b. 从 v2.1.0 版本开始，Kylin 隐藏了 kylin.properties 中的默认设置，用户只需要取消注释或在其中添加自定义配置即可。

c. Spark 从 v1.6.3 版本升级到 v2.1.1 版本，如果用户在 kylin.properties 中自定义了 Spark 配置，请参考 Spark 文档进行升级。

d. 如果用户部署了读写分离集群，则需要将大的元数据文件（在 HDFS 中而不是 HBase 中）从 Hadoop 集群复制到 HBase 集群，执行代码如下：

```
hadoop distcp hdfs://compute-cluster:8020/kylin/kylin_metadata/resources
hdfs://query-cluster:8020/kylin/kylin_metadata/resources
```

4）从 v1.6.0 版本升级到 v2.0.0 版本

Kylin v2.0.0 版本可以直接使用 v1.6.0 版本的元数据，请参考“一般版本的升级”一节中的步骤进行升级，用户需要了解以下更改：kylin.properties 中的配置名称自 v2.0.0 版本以后进行了修改，虽然旧的配置名称仍然有效，但建议使用新的配置名称，因为它们遵循编码和命名惯例，并且更容易理解。

3. 升级失败后回滚

如果升级任务失败，导致生产系统长时间无法运行，往往会对业务系统产生严重的影响。因此，为了保证生产系统的正常运行，必须立即在升级失败后进行回滚，将系统恢复到升级前的状态。以下是回滚的具体操作步骤：

1）停止新 Apache Kylin 实例。

2）恢复元数据。正如上文所述，升级前必须对元数据进行备份。要实现这一步需要从升级前备份的元数据目录中对元数据仓库进行恢复。如果新旧 Apache Kylin 实例的元数据仓库使用同一个 HTable，需要先对元数据进行重置。请参考以下命令：

```
export KYLIN_HOME="<path_of_old_installation>"
$KYLIN_HOME/bin/metastore.sh reset
$KYLIN_HOME/bin/metastore.sh restore <path_of_BACKUP_FOLDER>
```

3）重新部署 HBase 协处理器。因为升级过程中给 HTable 部署了新版本的 HBase 协处理器 Jar 包，所以回滚时需要把旧版本的 HBase 协处理 Jar 包部署到 HTable 中。旧版本的 HBase 协处理器 Jar 包放置于 Apache Kylin 安装目录的 lib 目录中。具体部署方法可以参考前文，在此不再赘述。

4）启动旧版本 Apache Kylin 实例。

12.2.5　迁移

Apache Kylin 支持迁移 Cube，如从测试环境迁移到生产环境。本小节将介绍迁移 Cube 的有关内容。

1. 前提条件

不同的环境共享同一个 Hadoop 集群，包括 HDFS、HBase 和 Hive。Apache Kylin 不支持跨 Hadoop 集群的数据迁移。

2. 迁移步骤

执行如下命令：

```
$KYLIN_HOME/bin/kylin.sh org.apache.kylin.tool.CubeMigrationCLI
<srcKylinConfigUri> <dstKylinConfigUri> <cubeName> <projectName>
<copyAclOrNot> <purgeOrNot> <overwriteIfExists> <realExecute>
<migrateSegmentOrNot>
```

其中各个参数的含义如表 12-3 所示。

表 12-3　迁移 Cube 命令行参数说明

参数	描述
srcKylinConfigUri	源环境中 Kylin 的配置文件路径，可以是 host:7070 或指向 kylin.properties 的绝对路径
dstKylinConfigUri	目标 Kylin 的配置文件路径
cubeName	需要迁移的 Cube 的名称，请确保其存在 如果您想要迁移的 Cube 对应的模型在要迁移的环境中不存在，对应模型数据也会迁移过去
projectName	目标环境中的项目名称，请确保其存在

（续）

参数	描述
copyAclOrNot	用于设置是否将 Cube 的权限控制信息拷贝到目标环境，可选 true 或 false
purgeOrNot	用于设置是否在迁移后清理 Cube，可选 true 或 false
overwriteIfExists	如果在目标环境中存在同名 Cube 是否覆盖，可选 true 或 false；如果设置为 false，且该 cube 已存在于要迁移的环境中，当运行该命令，将会出现 cube 存在的提示信息
realExecute	用于设置是否真的迁移，如果设置为 false，仅打印出将要执行的操作；如果设置为 true，则真的进行 Cube 迁移
migrateSegmentOrNot	（可选）用于设置是否拷贝 Segment 数据至目标环境，默认为 true；如果设置为 true，请保证 Kylin 的工作目录存在且 Cube 的状态为 READY

例如：

```
$KYLIN_HOME/bin/kylin.sh org.apache.kylin.tool.CubeMigrationCLI
kylin-qa:7070 kylin-prod:7070 kylin_sales_cube learn_kylin true false false true false
```

命令执行成功后，请通过在网页的系统页面点击“reload metadata”按钮重载元数据，您想要迁移的 Cube 将会存在于迁移后的 Project 中。

12.2.6 垃圾清理

如前文所述，在 Apache Kylin 运行一段时间之后，有很多数据因为不再使用而变成了垃圾数据，这些数据占据着大量 HDFS、HBase 等资源，当积累到一定规模时会对集群性能产生影响。这些垃圾数据主要包括以下几种：

- Purge 之后原 Cube 的数据。
- Cube 合并之后原 Cube Segment 的数据。
- 任务中未被正常清理的临时文件。
- 很久之前 Cube 构建的日志和任务历史。

为了对这些垃圾数据进行清理，Apache Kylin 提供了两个常用的工具。请特别注意，数据一经删除将无法恢复！建议使用前进行元数据备份，并对目标资源进行谨慎核对。

1. 清理元数据

第一个是元数据清理工具，该工具有一个 delete 参数，默认是 false。只有当 delete 参数为 true 时，工具才会真正对无效的元数据进行删除。该工具的执行方式如下：

```
$KYLIN_HOME/bin/metastore.sh cleanup [--delete true]
```

第一次执行该工具时建议省去 delete 参数，这样就会只列出所有可以被清理的资源供用户核对，而并不实际执行删除操作。当用户确认无误时，再添加 delete 参数并执行该命令，此时才会进行实际的删除操作。

默认情况下，该工具会清理的资源列表如下：

- 2 天前创建的已无效的 Lookup 表镜像、字典、Cube 统计信息。
- 30 天前结束的 Cube 构建任务的步骤信息、步骤输出。

2. 清理存储器

第二个工具是存储器清理工具。顾名思义，就是用于对 HBase 和 HDFS 上的资源进行清理的工具。同样地，该工具也有一个 delete 参数，默认是 false。当且仅当 delete 参数的值是 true 时，工具才会对存储器中的资源真正执行删除操作。该工具的执行方式如下：

```
$KYLIN_HOME/bin/kylin.sh storage cleanup [--delete true]
```

第一次执行该工具时建议省去 delete 参数，这样会只列出所有可以被清理的资源供用户核对，而并不实际执行删除操作。当用户确认无误后，再添加 delete 参数并执行命令，此时才会进行实际的删除操作。

默认情况下，该工具会清理的资源列表如下：

- 创建时间在 2 天前，且已无效的 HTable。
- 在 Cube 构建时创建但未被正常清理的 Hive 中间表、HDFS 临时文件。

12.3 获得社区帮助

目前，Apache Kylin 是 Apache 软件基金会的顶级项目，拥有相当活跃的开源社区。因此，用户有任何问题都可以在 Apache Kylin 社区进行讨论。Apache Kylin 社区推荐的两种交流方式是邮件列表和 JIRA。

12.3.1 邮件列表

邮件列表是 Apache Kylin 社区进行技术讨论和用户交流的最活跃的渠道。当用户遇到任何技术问题，首先可以到 Apache Kylin 邮件列表的归档中进行历史检索，以查看是否已经存在相关的讨论。如果找不到有用信息，用户可以在订阅 Apache Kylin 的邮件列表之后，用个人邮箱向 Apache Kylin 邮件列表发送邮件，所有订阅了邮件列表的用户都会看到此邮件，并回复邮件以发表自己的见解。

Apache Kylin 主要有 3 个邮件列表，分别是 dev、user、issues。dev 列表主要用于讨论 Kylin 的开发及新版本发布，user 列表主要用于讨论用户使用过程中遇到的问题，issues 列表主要用于追踪 Kylin 项目管理工具（JIRA）的更新动态。以 dev 为例，用户必须先订阅才能收发该邮件列表的邮件，订阅的方法如下：

1）发送邮件到 dev-subscribe@kylin.apache.org。

2）收到确认邮件后，按照邮件提示给指定邮箱发送确认邮件。

3）订阅成功。

也正因为Apache Kylin社区是开源社区，所有用户和Committer都是志愿进行贡献的，所以所有的讨论和求助都是没有SLA（Service Level Agreement）的。为了提高讨论效率、规范提问，建议用户在撰写邮件时详细描述问题的出错情况、重现过程、安装版本和Hadoop发行版本等，并且最好能提供相关的出错日志。英语是Apache Kylin开源社区用户使用的主要语言，在提问或参与讨论时请尽量使用英语。

12.3.2 JIRA

JIRA是Apache项目用于项目管理和缺陷跟踪的系统。当用户遇到问题并怀疑是Apache Kylin的缺陷造成的时，或者有给Apache Kylin添加新特性的想法时，可以登录Apache Kylin的JIRA系统提交Ticket。同样地，为提高沟通效率，建议在JIRA Ticket的描述中详细叙述您所遇到的问题和期望得到的解决方案。

Apache Kylin JIRA的地址是：https://issues.apache.org/jira/browse/KYLIN。用户首次登录时需要用电子邮箱注册一个账号，然后就可以创建Ticket或对现有Ticket进行评论了。

12.4 小结

本章汇总了Apache Kylin从安装到配置、从监控到维护的各方面知识。需要注意的是，Apache Kylin本质上是一个Hadoop应用程序，它的稳定和健康很大程度上依赖于Hadoop集群服务的稳定和健康。在实际应用中，很多常见的Apache Kylin问题追根溯源都是Hadoop集群异常。因此，要用好Apache Kylin，组建一个强健的Hadoop集群和运维团队至关重要。

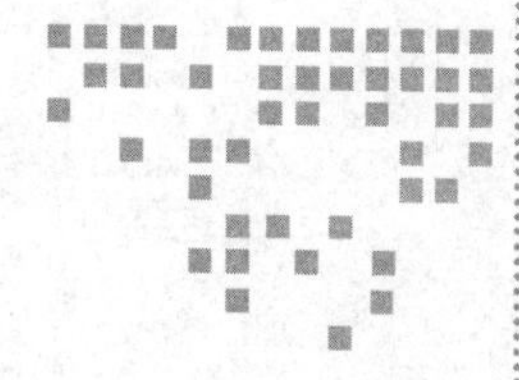

第 13 章 Chapter 13

在云上使用 Kylin

第 12 章介绍了 Apache Kylin 的运维管理的相关功能，本章将带领读者走入云计算的世界，帮助读者在云环境中快速地安装部署 Apache Kylin，并且着重介绍如何在 AWS、Azure 及阿里云的环境中部署 Apache Kylin。此外，本章最后还会介绍一下 Kyligence Cloud，看看它是如何帮助企业实现在云上一键使用 Apache Kylin 的企业级版本应用服务的。

13.1 云计算世界

云计算（Cloud Computing）是基于互联网的相关服务的增加、使用和交互模式，通常涉及通过互联网来提供动态易扩展且经常是虚拟化的资源[⊖]。云计算服务是一种按使用量付费的模式，这种模式提供可用的、便捷的、按需的计算资源，进入可配置的计算资源共享池（资源包括网络、服务器、存储、应用软件、服务），而这些资源能够被快速提供且支持弹性扩展。对于用户来说只需进行很少或简单的管理工作，便能够实现自己服务的上线发布。如今各大科技互联网公司都在布局云计算服务供应，国外有大家熟悉的谷歌云、亚马逊的 AWS、微软的 Azure，国内有阿里云、华为云、腾讯云、青云等云计算服务供应商，如图 13-1 所示为丰富多彩的云计算世界。

⊖ 来自百度百科的介绍。

图13-1　丰富多彩的云计算世界

13.2　为何要在云上使用Kylin

现在各种传统应用正变得越来越复杂，需要支持更多的用户访问，需要更强大的计算能力，需要更加稳定安全的服务等，而为了支撑这些不断增长的需求，企业不得不去购买各类硬件设备（如服务器、存储、带宽等）和软件（如数据库、中间件等），同时还需要有完整的运维团队来支持这些设备或软件的正常运作，而这些无疑在不断地增加企业的IT建设成本，也成为企业发展的一大障碍。

此时，云计算服务的出现为企业发展带来了福音，它以强大的计算能力、便捷经济、高效安全等特性吸引了无数企业加入，它们都逐渐将原有的服务迁移到云上运行。与此同时，随着大数据的蓬勃发展，企业对数据分析的需求越发强烈。传统的IT架构在应对爆发式增长的数据时越发显得捉襟见肘，将数据分析迁移至云端势在必行。因此，在云上部署Apache Kylin应用服务，将云计算的强大资源与Apache Kylin的数据分析能力结合，能够帮助企业加速进行数据分析，提升企业的数据挖掘能力，同时让企业的数据更加智能，从而实现企业的快速发展。

那么，后面的章节中将分别介绍如何在亚马逊AWS、微软Azure及阿里云上进行Apache Kylin的安装与部署。

13.3　在亚马逊AWS上使用Kylin

这一小节介绍如何在AWS云计算服务上安装部署Apache Kylin，AWS全称为Amazon

Web Services，是亚马逊（Amazon）公司的云计算平台提供的一系列技术服务。AWS 使公司或个人能够在云中运行一切应用程序：从企业应用程序和大数据项目到社交游戏和移动应用程序。AWS 面向用户提供包括弹性计算、存储、数据库、应用程序在内的一整套 50 余种云计算服务，能够帮助企业降低 IT 投入成本和维护成本。AWS 已经为全球 190 个国家 / 地区的成百上千家企业提供支持，并在全球拥有多个数据中心。

13.3.1 准备 AWS 服务资源

在正式创建 Amazon EMR 集群之前，我们需要先来了解一下与其相关的一些 AWS 服务资源的基础知识（概念）。图 13-2 简单地概括描绘了 Amazon EMR 服务的整体架构，从图中我们可以清晰地看到 Amazon EMR 服务底层是个集群分布，而此集群里实际上部署的是 EC2 实例，同时将集群操作日志和数据文件都保存在 S3 上。所有的 Amazon EMR 服务同属于一个独立的 VPC 网络环境，通过安全组的设置与外界网络进行通信，此处涉及的主要服务资源如下：

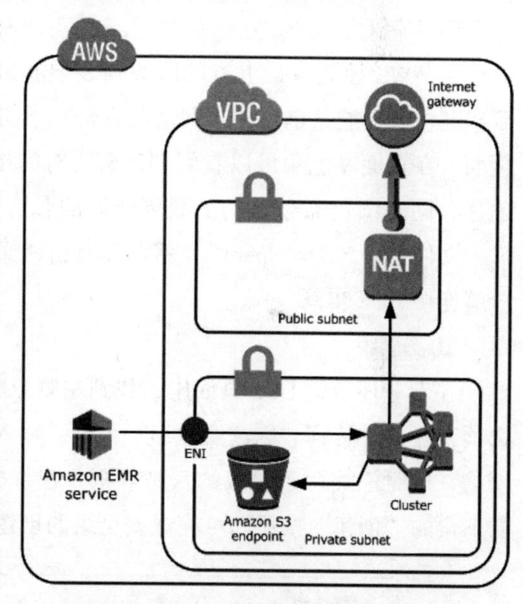

图 13-2　Amazon EMR Service 架构图

❑ VPC

Amazon VPC（Amazon Virtual Private Cloud）用于在 AWS 云中预配置出一个采用逻辑隔离的部分。通过它可以在自己定义的虚拟网络中启动 AWS 资源，同时可以完全掌控自己的虚拟联网环境，包括选择自己的 IP 地址范围、创建子网，以及配置路由表和网络网关。

❑ EC2

Amazon EC2（Amazon Elastic Compute Cloud）是一种 Web 服务，可以在云中提供安全且大小可调的计算容量。该服务旨在让开发人员能够更轻松地进行 Web 规模的云计算。

❑ 安全组

安全组充当实例的虚拟防火墙以控制入站和出站流量。在 VPC 中启动实例时，最多可以为该实例分配 5 个安全组。安全组在实例级别运行，而不是子网级别。所以，在 VPC 的子网中的每项实例都归属于不同的安全组集合。如果在启动时没有指定具体的安全组，实例会自动归属到 VPC 的默认安全组。

❑ S3

Amazon S3 是专为从任意位置存储和检索任意数量的数据而构建的对象存储，这些数据包括来自网站和移动应用程序、公司应用程序的数据及来自 IoT 传感器或设备的数据。它旨在提供 99.999999999% 的持久性，并可存储数百万个应用程序的数据，供各行业的市场领导者使用。

关于更多的 AWS 组件的信息，可以访问其官方网站：https://www.amazonaws.cn/ 进行了解。

13.3.2 AWS 账户信息

了解清楚 Amazon EMR 集群相关的服务资源后，我们需要准备一个可用的 AWS 账号。同时需要创建一个新的密钥对和新的安全组，用于登录 EMR 集群内的 EC2 实例。其创建过程如下：

❑ 密钥对

在 AWS 控制台最上方的服务列表导航菜单中选择计算列项下的“ EC2”点击进入，然后找到左侧导航菜单栏中“网络与安全”下的“密钥对”菜单选项，点击跳转到“创建密钥”页面。在页面左上角可以看到创建密钥对的按钮，点击该按钮并输入密钥对的名称即可完成创建。同时浏览器会自动下载创建好的私有密钥文件。基本文件名是您为密钥对指定的名称，文件扩展名为“ .pem”。将此私有密钥文件保存在安全位置，接下来便可以通过 SSH 客户端连接 EC2 实例。

❑ 安全组

在上一环节的 EC2 页面中，找到左侧导航菜单栏中“网络与安全”下的“安全组”菜单选项，点击跳转到“创建安全组”页面，输入自定义的安全组名称与描述，配置对应的 VPC 网络，同时添加两条对应的入站规则，建议指定入网的 IP 地址，如图 13-3 所示，最后点击右下角的“创建”按钮即可完成安全组的创建。

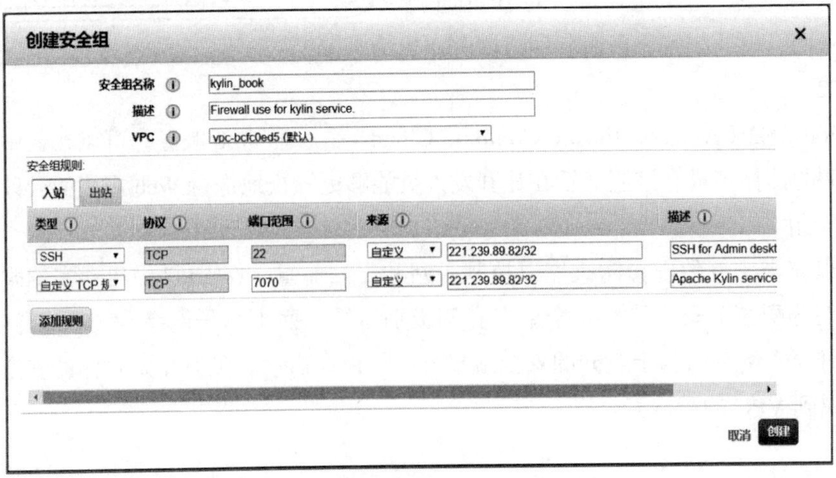

图 13-3 创建 VPC 安全组

13.3.3　创建 Amazon EMR 集群

Amazon EMR（Amazon Elastic MapReduce）提供的托管 Hadoop 框架可以帮助用户快速、轻松、经济高效地在多个动态可扩展的 Amazon EC2 实例中处理大量数据。同时还可以运行其他常用的分布式框架（如 EMR 中的 Apache Spark、HBase、Presto 和 Flink），以及与其他 AWS 数据存储服务（如 Amazon S3 和 Amazon DynamoDB）中的数据进行交互。EMR 能够安全可靠地处理广泛的大数据使用案例，包括日志分析、Web 索引、数据转换 (ETL)、机器学习、财务分析、科学模拟和生物信息。

现阶段 Apache Kylin 已经支持 AWS EMR v5.0+ 以上的发行版本，下面将基于 Amazon EMR 5.21.0 版本搭建 Amazon EMR 集群，其中包括 1 个主节点和核心节点，同时增加 1 台独立的 EC2 实例作为边缘节点[⊖]，用于运行 Apache Kylin 应用服务。Amazon EMR 集群的创建流程如下。

在 AWS 控制台最上方的服务列表导航菜单中，选择分析列项下的“EMR”选项，跳转后点击页面左上角的“创建集群”按钮，然后切换到“高级选项”窗口，如图 13-4 所示，“高级选项”窗口中包含以下 4 个选项组：

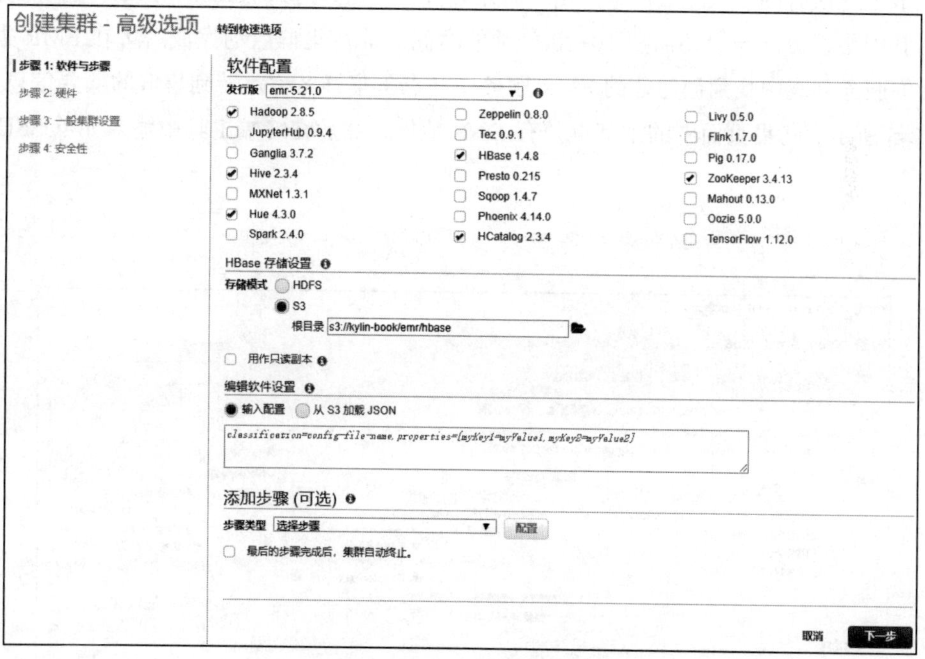

图 13-4　Amazon EMR 高级配置

⊖ 边缘节点：是指部署在 Hadoop 集群周边的 Linux 服务器，该服务器上安装了 Hadoop 集群中各服务组件的客户端，同时具备与 Hadoop 集群各服务组件进行通信的能力，可通过该服务器提交 Hadoop 任务作业，但不运行任何 Hadoop 服务。

- 软件配置选项组

在“发行版”下拉列表中选择“emr-5.21.0”版本，并勾选 Apache Kylin 运行必需的服务组件“Hadoop 2.8.5”“HBase 1.4.8”“Hive 2.3.4”“ZooKeeper 3.4.13”“Hue 4.3.0”“HCatalog 2.3.4”，其他选项保持默认设置即可。

- 硬件配置选项组

实例组选项使用默认的统一实例组配置，网络、EC2 子网与根设置 EBS 卷的大小可按需要进行设置调整。主实例与核心实例的机器配置可按业务实际需要调整，否则可保持默认的配置。

一般集群设置选项组只需要输入自定义的集群名称，其他选项如无特别的要求，只需保持默认配置即可。

- 安全性选项组

将 EC2 键对配置为上一节中所创建的私有密钥，用于后续访问主节点与核心节点实例的服务器，其他选项保持默认配置。

完成上述所有的参数配置后，点击“创建集群”按钮，进入 Amazon EMR 集群服务部署状态，其中集群分配与启动需要 10~20 分钟的时间。等待集群启动完成后可在 EMR 集群管理界面的服务列表中找到创建好的 EMR 服务，并点击集群名称跳转到集群的摘要信息页面，如图 13-5 所示。拷贝页面中的主节点公有 DNS 地址，然后在终端工具中输入如下 SSH 连接密令：

```
ssh -i ~/xxx.pem hadoop@ec2-xx-xxx.cn-northwest-1.compute.amazonaws.com.cn
```

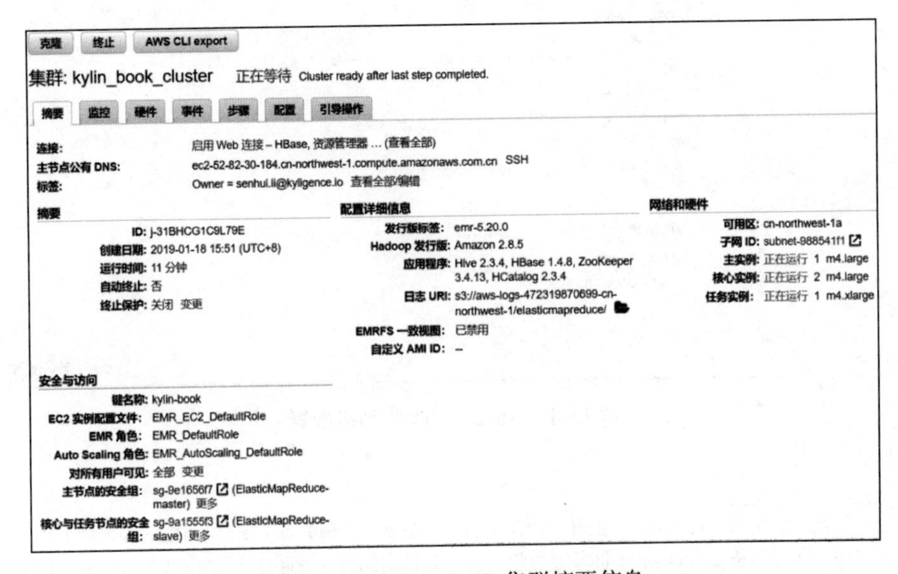

图 13-5 Amazon EMR 集群摘要信息

正常操作登录成功后用户会看到终端输出“EMR”字样的界面，至此，Amazon EMR 集群的创建准备工作已经完成。此时可以检查下 Hadoop 集群各服务是否正常运行，接下来便可搭建 Amazon EMR 集群的边缘节点服务器，用于后续安装和运行 Apache Kylin 应用服务。

13.3.4　安装 Apache Kylin

为了保障 Hadoop 集群的服务应用与 Apache Kylin 应用服务互不干扰，需要搭建一台独立的 Hadoop 边缘节点服务器，即 EC2 实例，专门用于运行 Apache Kylin 应用服务。在 AWS 控制台最上方的服务列表导航菜单中选择“计算列”项下的“EC2”选项点击进入。在页面中间的位置有个“启动实例”按钮，点击跳转到创建 EC2 实例流程页面，共分 7 个步骤，如图 13-6 所示。

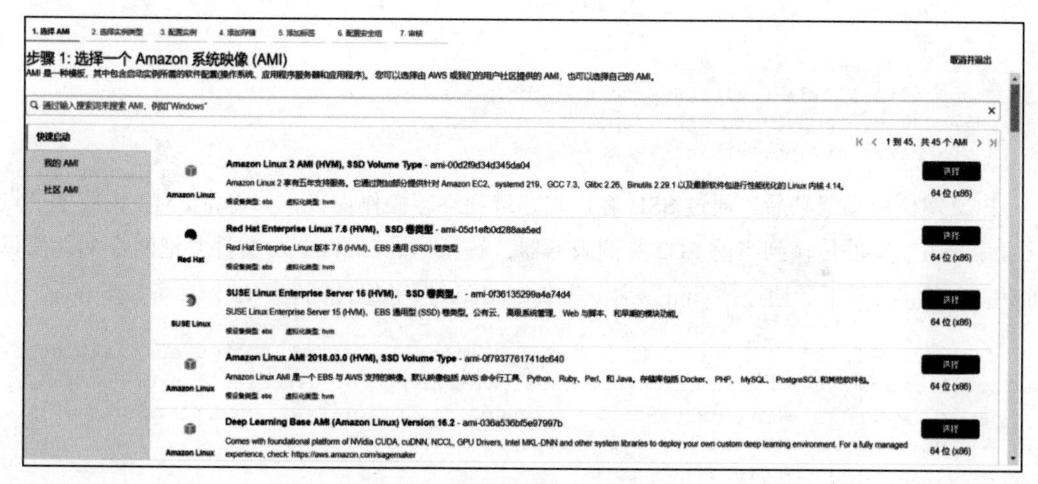

图 13-6　Amazon EC2 创建流程

- 选 AMI

建议选取 Amazon Linux2 AMI（HVM）、SSD Volume Type 类型的镜像。

- 选择实例类型

建议选取 8 核 CPU、16G 内存或以上的实例类型机器配置。

- 配置实例

在此环节要特别注意网络环境的配置，一定要选取与前面 EMR 集群相同的 VPC 及子网环境，以确保它们之间可进行网络通信，其他配置项如有需要可自行修改。

- 添加存储

建议存储空间设置在 100GB 及以上，可根据实际情况做调整。

- 添加标签

为便于进行运维管理，建议添加个性化的标签，可自定义标签名称。

❑ 配置安全组

选取在13.3.2小节中创建好的安全组ID，主要是关于SSH连通、Apache Kylin应用服务对外访问的权限。

❑ 审核

详细显示实例的所有配置项信息，再次审核前面所有步骤中的操作。

在最后的审核步骤中，确认配置项信息准确无误后，便可以点击页面右下方的“启动”按钮，进入EC2实例创建部署状态。等待EC2实例启动的过程中，先通过SSH客户端登录到EMR集群主节点收集Hadoop服务配置信息及与yum仓库相关的配置信息，参考如下：

```
[hadoop@ip-172-31-0-21 ~]$ sudo tar zchfp etc-conf.tar.gz \
> /etc/hadoop  \
> /etc/hbase \
> /etc/hive \
> /etc/zookeeper
[hadoop@ip-172-31-0-21 ~]$ sudo tar zchfp yum-emr.tar.gz \
> /etc/yum.repos.d/emr-apps.repo  \
> /var/aws/emr/repoPublicKey.txt
```

EC2实例启动成功后，通过SSH客户端登录到终端操作窗口，首先将EMR集群主节点压缩好的两个文件传输到当前EC2实例服务器，解压yum-emr.tar.gz文件并把两个文件拷贝到相应的存储目录下。通过“yum”命令安装Hadoop服务组件的客户端，参考如下：

```
[ec2-user@ip-172-31-5-69 ~]$ sudo yum install -y java-1.8.0-openjdk.x86_64
hadoop-client.x86_64 hbase.noarch hive.noarch hive-hcatalog.noarch zookeeper.x86_64
Loaded plugins: extras_suggestions, langpacks, priorities, update-motd
6 packages excluded due to repository priority protections
Resolving Dependencies
--> Running transaction check
......
```

然后解压etc-conf.tar.gz文件并将对应的配置文件拷贝到“etc”目录下，并同时添加JAVA_HOME环境变量参数，修改相应日志目录权限，检查Hadoop客户端是否正常工作，参考如下：

```
[ec2-user@ip-172-31-5-69 ~]$ sudo vi /etc/profile
JAVA_HOME=/etc/alternatives/jre
export PATH=$PATH:$JAVA_HOME/bin
[ec2-user@ip-172-31-5-69 ~]$ sudo chmod 777 -R /var/log/hadoop*
[ec2-user@ip-172-31-5-69 ~]$ sudo chmod 777 -R /var/log/hbase
[ec2-user@ip-172-31-5-69 ~]$ sudo chmod 777 -R /var/log/hive
[ec2-user@ip-172-31-5-69 ~]$ sudo chmod 777 -R /var/log/zookeeper
[ec2-user@ip-172-31-5-69 ~]$ hdfs dfs -ls
Found 4 items
drwxr-xr-x   - hdfs hadoop          0 2019-02-25 07:27 /apps
drwxrwxrwt   - hdfs hadoop          0 2019-02-25 07:28 /tmp
```

```
drwxr-xr-x   - hdfs hadoop          0 2019-02-25 07:26 /user
drwxr-xr-x   - hdfs hadoop          0 2019-02-25 07:26 /var
[ec2-user@ip-172-31-5-69 ~]$ hbase shell
HBase Shell
Use "help" to get list of supported commands.
Use "exit" to quit this interactive shell.
Version 1.4.8, rUnknown, Fri Dec  7 19:30:06 UTC 2018
hbase(main):001:0> create 't1','cf'
0 row(s) in 2.5630 seconds

=> Hbase::Table - t1
hbase(main):002:0> quit
[ec2-user@ip-172-31-5-69 ~]$ beeline -n ec2-user -u
'jdbc:hive2://172.31.5.120:10000/'
Connecting to jdbc:hive2://172.31.5.120:10000/
Connected to: Apache Hive (version 2.3.4-amzn-0)
Driver: Hive JDBC (version 2.3.4-amzn-0)
Transaction isolation: TRANSACTION_REPEATABLE_READ
Beeline version 2.3.4-amzn-0 by Apache Hive
0: jdbc:hive2://172.31.5.120:10000/>
```

最后创建一个用户名为“kylin”的系统账户，并在 HDFS 默认根目录下创建一个名称为“kylin”的目录用于存放 Apache Kylin 运行时相应的数据文件。接着访问 Apache Kylin 的官方网站，在下载页面选择 hbase1x 版本，找到合适的镜像地址并拷贝，使用“wget”命令进行下载。下载完成后将其解压到运行的目录下，修改 kylin.properties 配置文件中的 Hive 连接方式为“beeline”，并配置上一步测试中的 beeline 连接参数后保存退出。待执行“check-env.sh”脚本检查环境无误后，执行“sample.sh”脚本导入测试数据集、模型与 Cube 等，接着使用“kylin.sh start”命令启动 Apache Kylin。启动成功后打开浏览器，在地址栏中输入“http://EC2 公有 DNS:7070/kylin”，按回车键便能访问 Apache Kylin 的登录界面。填写好默认的用户名与密码点击登录，跳转到熟悉的 Apache Kylin 操作界面，其他操作请参考前面章节的内容。

13.4　在微软 Azure 使用 Kylin

这一小节将介绍如何在 Azure 云计算服务上安装部署 Apache Kylin，Microsoft Azure 是一种灵活且支持互操作的平台，它可以被用来创建云中运行的应用，或者基于云的特性来加强现有应用。它开放式的架构给开发者提供了 Web 应用、互联设备的应用、个人电脑、服务器，或者提供最优在线复杂解决方案的选择。以云技术为核心提供了“软件 + 服务”的计算方法，能够将处于云端的开发者的个人能力同微软全球数据中心网络托管的服务，比如存储、计算和网络基础设施服务，紧密结合起来。

13.4.1 准备Azure服务资源

在正式创建Azure HDInsight集群之前，我们需要先来了解下与其相关的一些Azure服务资源的基础知识（概念）。图13-7简单地概括描述了Azure HDInsight服务的整体架构，从图中可以清晰地看到Azure HDInsight服务底层是个集群分布，而此集群里实际上部署的是虚拟实例，同时将集群操作日志和数据文件都保存在Azure Blob上面。所有的Azure HDInsight服务同属于一个独立的VPC网络环境，通过安全组的设置与外界网络进行通信，此处涉及的主要服务资源如下：

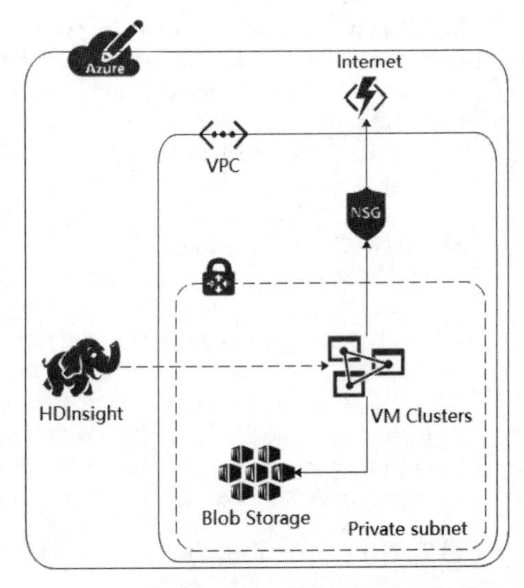

图13-7 Azure HDInsight Service架构图

❑ 资源组

资源组使用户能够同时管理应用程序中的所有资源。资源组由Azure资源管理器启用。资源管理器允许用户将多个资源分为逻辑组，作为其中所包含的每一个资源的生命周期边界。通常一个逻辑组包含与某个特定应用程序相关的资源。例如，一个逻辑组可能包含一个托管公共网站的网站资源、一个存储站点使用的相关数据的SQL数据库及一个存储非相关资产的存储账户。

❑ Blob Storage

Azure Blob Storage是Azure上的一种托管云服务，可用于任何类型的数据的存储、备份和恢复，包括非结构化文本或二进制数据，如视频、音频和图像等。

❑ 安全组

网络安全组是一层用作虚拟防火墙的安全性服务资源，用于控制进出Azure虚拟机（通过网络接口）和子网的流量。它包含一组安全规则，这些规则通过以下5元组允许或拒绝入站和出站流量：协议、源IP地址范围、源端口范围、目标IP地址范围和目标端口范围。可将网络安全组与多个网络接口和子网关联，但每个网络接口或子网只能关联一个网络安全组。

❑ 虚拟机

Azure VM是Azure提供的多种可缩放按需分配的计算资源之一。使用VM可以全面地控制配置，并安装执行工作所需的任何内容。

❑ 虚拟网络

Azure虚拟网络服务可以使Azure资源与虚拟网络中的其他资源进行安全通信。虚拟网络是对专用于订阅的Azure云进行的逻辑隔离。可将虚拟网络连接到其他虚拟网络或可以使用IPsec连接将其安全地连接到本地数据中心或单个客户端计算机。

❑ 存储账户

Azure 存储账户提供唯一的命名空间来存储和访问 Azure 存储数据对象的服务资源。存储账户中的所有对象会作为组共同计费。默认情况下，只有账户所有者才能使用账户中的数据。

❑ 模板部署

Azure 的主要优势是一致性。一个位置的开发投入可在另一个位置重复使用。利用模板可以确保部署在全球 Azure、Azure 主权云和 Azure Stack 等各种环境中保持一致和重复。

关于其他更多的 Azure 组件的信息，可访问其官方网站：https://azure.microsoft.com 进行了解。

13.4.2　准备 Azure 账户信息

了解清楚 Microsoft Azure 相关的服务资源后，我们需要准备好一个可用的 Azure 账号。同时需要创建新的资源组、存储账户、网络等信息，具体操作流程如下：

资源组：点击左侧导航菜单中的“所有服务”命令，搜索“资源组”关键字并点击“收藏”以便下次使用。进入“资源组”页面点击页面左上角的“添加”按钮，在右侧的“资源组”窗口中输入资源组的名称，选取资源组订阅信息和所在的位置，点击下方的“创建”按钮即可完成创建。

虚拟网络：点击左侧导航菜单中的“所有服务”命令，搜索“虚拟网络”关键字并点击“收藏”以便下次使用。进入“虚拟网络”页面点击左上角的“添加”按钮，在右侧的“创建虚拟网络”窗口中输入网络名称、子网名称与子网范围，点击下方的“创建”按钮即可完成创建。

存储账户：点击左侧导航菜单中的“所有服务”命令，搜索“存储账户”关键字并点击“收藏”以便下次使用。进入“存储空间”页面点击左上角的“添加”按钮，在右侧“创建存储账户”窗口的基本信息标签卡中，先选取订阅方式和所属资源组，然后输入 3 ~ 24 个字符的账户名称，注意账户名称只能是小写字母和数字，其他信息可保持默认设置，最后点击下方的“创建”按钮即可完成创建。

13.4.3　创建 HD Insight 集群

Azure HDInsight 是适用于企业的分析服务，具有完全托管、全面且开源的特点。HDInsight 是一项云服务，使用 HDInsight 用户可以轻松、快速且经济有效地处理大量数据。HDInsight 还支持各种方案，如提取、转换和加载 (ETL)，数据仓库操作，机器学习，IoT 等。

现阶段 Apache Kylin 已经支持 Azure HDInsight 3.4 - 3.6 的发行版本，下面将基于 HDInsight 3.6 版本搭建 HDInsight 集群，同时需要扩展一个空白的边缘节点实例用于运行 Apache Kylin 应用服务。在 Azure 控制台页面点击左侧导航菜单中的“所有服务”菜单项，在弹出的窗口中搜索“HDInsight”关键字并点击搜索结果进行收藏以便下次使用。进入“HDInsight Clusters”页面后点击左上方的“添加”按钮，然后在右侧的“HDInsight”窗口中把配置模式切换到“Custom”开始准备创建，如图 13-8 所示，集群主要环节的配置流程如下：

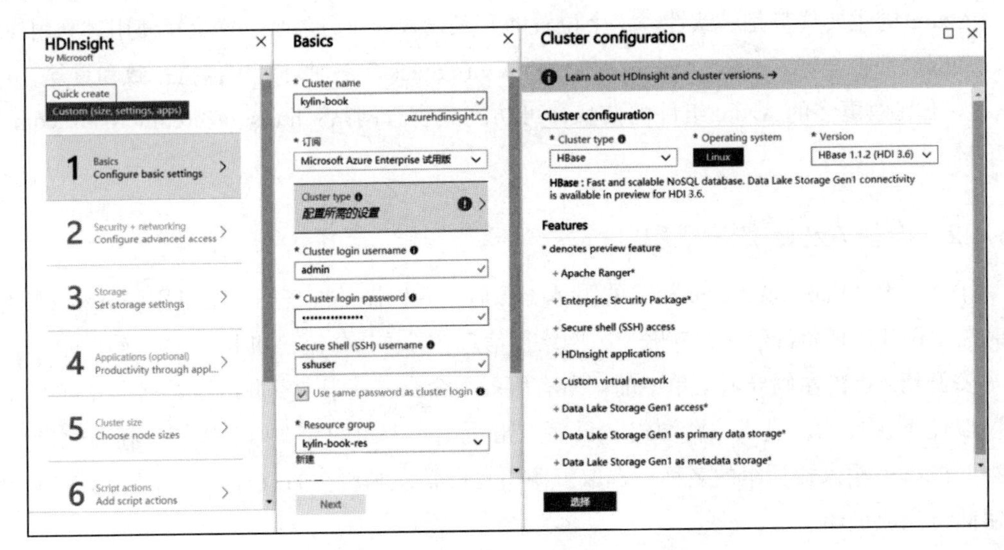

图 13-8　Azure HDInsight 自定义配置

❑ 配置基本环境

输入自定义的集群名称，勾选对应的订阅组，在集群类型中选择“HBase（HDI 3.6）”版本，然后输入集群管理员账户名、登录密码及 SSH 终端的登录账户名（密码与管理员相同），最后选取集群所属的资源组与位置。

❑ 网络与安全

企业安全包与身份识别建议在生产环境级别上开启，在当前配置环境中保持关闭，只需要配置集群虚拟网络。此虚拟网络要选取与集群所属同一资源组下的，并且为其指定子网。

❑ 存储

存储类型建议选择“Azure Storage”，选择订阅模式的方法，Azure Storage 的存储账户也是需要选取与集群所属同一资源组的，最后输入自定义的存储容器名称。

❑ 集群大小

HDInsight 集群默认为 3 个部分：ZooKeeper 节点、头节点和区域节点，其中前两者的大小不可以自定义扩展，因此只需要配置区域节点的数量及各节点机器的类型，如图 13-9 所示。

其他步骤各选项可保持默认配置，待所有步骤中各选项全部配置完成后，会进入集群配置的检测页面。检测无误后便可点击下方的“创建”按钮，进入集群的创建部署状态。整个过程需要 15~30 分钟，具体视集群规模及相关配置而定。在集群列表页面中点击创建好的集群，会进入集群概览信息页面，在页面中可以查看集群的状态、节点配置、管理员入口等信息，如图 13-10 所示。

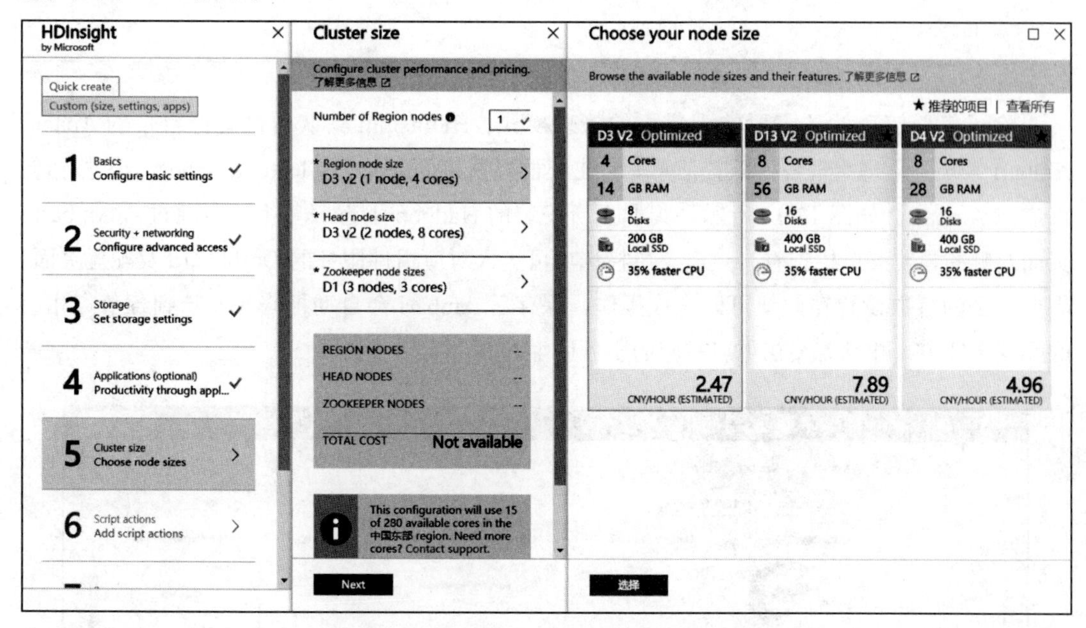

图 13-9　Azure HDInsight 集群大小设置

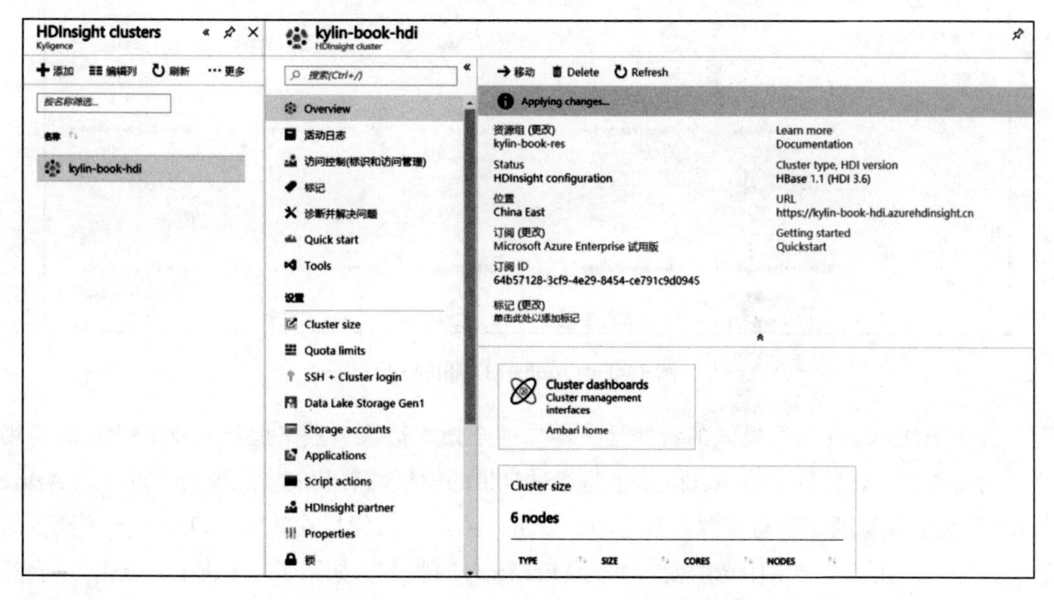

图 13-10　Azure HDInsight 集群概览

注意 Azure HDInsight 底层就架构在 Hortonworks 的 HDP 产品之上，即是 HDP 企业版本，因此熟悉 HDP 产品的话，用户能够非常快速地上手。另外，Azure Storage 存储模块中的容器是支持复用的，即使删除集群数据也是可以保留的，所以如有需要可以自己指定容器名称。

除了集群信息外还需要熟悉集群的管理模式，HDInsight 默认通过集群自带的 Apache Ambari 来统一管理集群各项配置信息。点击集群概览页面上的“Cluster dashboards”按钮便可进入 Ambari，如图 13-11 所示。集群上所安装的 Hadoop 生态服务组件可通过“Ambari”页面左侧的导航菜单栏查看，点击菜单栏选项可进入对应组件服务的 Dashboard 及配置页面，需要变更的参数设置在此便可以完成操作，保存后 Ambari 会自动把修改同步到各节点相应的配置文件中，并且需要在重启相应的服务后生效。

图 13-11　Ambari Dashboards

介于 HDInsight 运行模式的特殊性，增加一个独立边缘节点来运行 Apache Kylin 应用服务的操作也比较特别，在 Azure 云上是通过自带的模板部署功能来实现的。点击“Azure Portal”页面左侧的“所有资源”菜单项，点击“添加”按钮后在新建窗口中输入“模板部署”关键字，在搜索结果中选取发行商为 Microsoft 的版本，如图 13-12 所示，点击“创建”按钮进入模板创建流程。

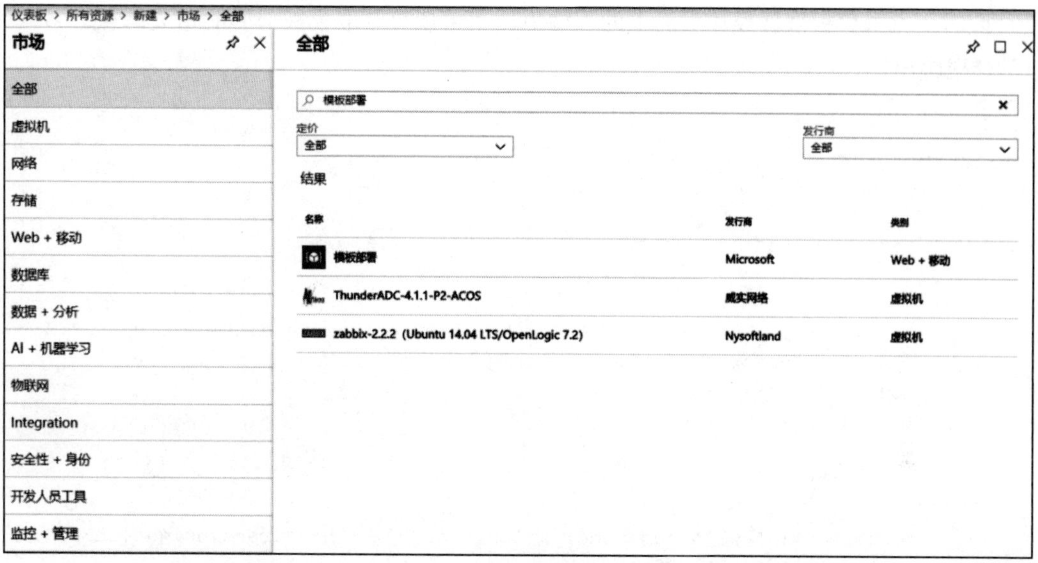

图 13-12　模板部署入口

然后在部署解决方案模板窗口，点击编辑模板并输入如附录 2 中所示的模板代码。但是需要注意“applicationName”和“httpsEndpoints”两个参数，前者是指空白边缘节点在集群中的应用名称，后者是开放的端口号及二级域名配置，接着点击左下角的“保存”按钮进入第二步编辑模板参数，在此只需配置 HDInsight 名称，其他参数保持默认设置即可。最后选择订阅的账户与资源组位置，并查看相关的法律条款信息勾选“同意”复选框，点击左下角的“创建”按钮进入模板的部署状态，模板部署成功后会出现如图 13-13 所示的提示。

图 13-13　模板部署成功

此时，点击模板部署成功页面上的“输出”菜单项可获取模板部署的相关信息，参考如下的代码输出。

```
{
  ......
  "httpsEndpoints": [
    {
      "accessModes": [
        "WebPage"
      ],
      "location": "https://kylin-book-hdi-kyl.apps.azurehdinsight.cn:443",
      "destinationPort": 7070,
      "publicPort": 443
    }
  ],
  "sshEndpoints": [
    {
      "location": "kylin-edgenode. kylin-book-hdi-ssh.azurehdinsight.cn:22",
      "destinationPort": 22,
      "publicPort": 22
    }
  ],
  ......
}
```

在上面的输出信息中，需要特别关注“httpsEndpoints”和“sshEndpoints”节点下的“location”参数值，前者是后续 Apache Kylin 应用服务的访问入口，后者是 SSH 客户端的连接地址，请注意保存好。至此模板部署的所有操作就全部完成了，默认此空白边缘节点上已经安装好 HDInsight 集群中所有服务的客户端，接下来便要安装 Apache Kylin 应用服务了。

Microsoft Azure 官方也提供有关如何使用空白边缘节点的更为具体的教程说明，读者可参阅 https://docs.microsoft.com/zh-cn/azure/hdinsight/hdinsight-apps-use-edge-node 中的内容，同时注意边缘节点需要待集群创建完成并处于运行状态时才能进行部署。

13.4.4 安装 Apache Kylin

通过 SSH 客户端登录到前面创建好的空白边缘节点服务器后，首先需要检查所安装的各个 Hadoop 服务组件的客户端是否可正常运行，如 HDFS、HBase、Hive、ZooKeeper 等。然后创建一个用户名为“kylin”的系统账户，并在当前账户的 profile 文件中配置 Hive 相关的 3 个环境变量参数：HIVE_CONF、HIVE_LIB、HCAT_HOME，同时在 HDFS 默认根目录下创建一个子目录，命名为“kylin”用于 Apache Kylin 运行时存放相应的数据文件。参考代码如下：

```
[kylin@ed10-kylin:~]$ vi ~/.bash_profile
export HCAT_HOME=/usr/hdp/2.6.5.3005-27/hive-hcatalog/share/hcatalog
export HIVE_LIB= /usr/hdp/2.6.5.3005-27/hive2/lib
export HIVE_CONF=/etc/hive/conf
[kylin@ed10-kylin:~]$ hdfs dfs -mkdir /kylin
```

最后访问 Apache Kylin 的官方网站，在下载页面选择“hbase1x”版本，找到合适的镜像地址并拷贝。切换到空白边缘节点的终端窗口，使用“wget”命令进行下载，下载完成后将其解压到运行的目录下面。默认只需要修改 Hive 的连接方式及参数，通过 Ambari 管理界面点击左侧的“Hive”菜单项，可在其右侧看到 Hive2 JDBC URL 链接地址，点击地址后面的小图标即可将其复制到剪切板中，如图 13-14 所示。修改 kylin.properties 配置文件中的 Hive 连接方式为“beeline”并粘贴刚才拷贝的 Hive2 JDBC URL 连接参数后保存退出。待执行“check-env.sh”脚本检查环境无误后，执行“sample.sh”脚本导入测试数据集、模型与 Cube 等，便可使用用户所熟悉的 Apache Kylin 启动命令“sh kylin.sh start”启动 Apache Kylin。启动成功后打开浏览器，在地址栏中输入上一节模板部署中输出的地址信息，按回车键访问 Apache Kylin 的登录界面。填写用户名与密码，点击“登录”按钮，跳转到熟悉的 Apache Kylin 操作界面，其他操作请参考前面章节的内容。

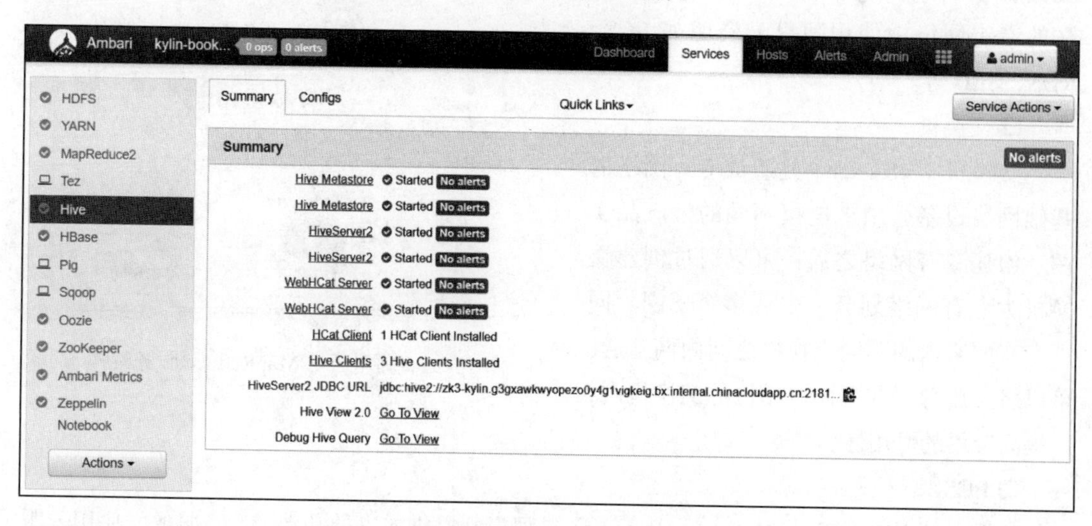

图 13-14　Hive2 JDBC URL

13.5　在阿里云使用 Kylin

这一小节将介绍如何在阿里云计算服务上安装部署 Apache Kylin，阿里云是全球领先的云计算及人工智能科技公司，为200多个国家和地区的企业、开发者和政府机构提供服务。阿里云致力于以在线公共服务的方式，提供安全、可靠的计算和数据处理能力，让计算和人工智能成为普惠科技。阿里云在全球18个地域开放了49个可用区，为全球数十亿用户提供可靠的计算支持。此外，阿里云为全球客户部署了200多个飞天数据中心，通过底层统一的飞天操作系统，为客户提供全球独有的混合云体验。

13.5.1 准备阿里云服务资源

在正式创建E-MapReduce集群之前，我们需要先来了解一下与其相关的一些阿里云服务资源的基础知识（概念）(见图13-15)。此处涉及的主要服务资源如下：

- VPC

专有网络VPC（Virtual Private Cloud）是基于阿里云构建的一个隔离的网络环境，专有网络之间逻辑上彻底隔离。专有网络是独有的云上私有网络，是用户可以完全掌控的专有网络，如选择IP地址范围、配置路由表和网关等，同时可以在自己定义的专有网络中使用阿里云资源如ECS、RDS、SLB等。

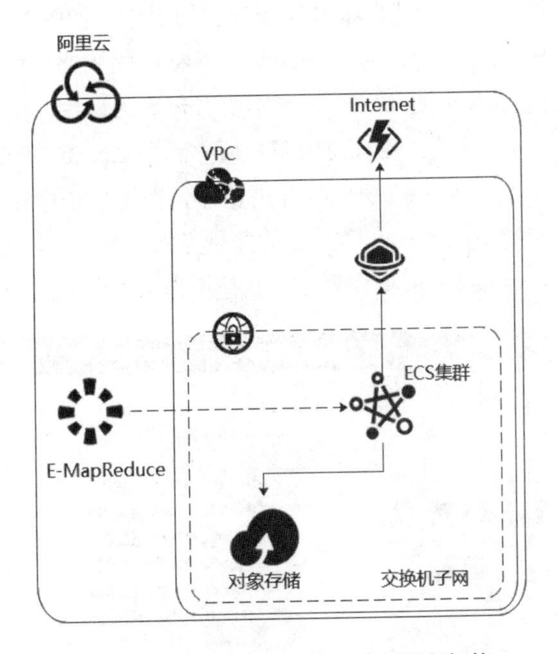

图13-15 阿里云E-MapReduce服务架构

- 交换机

交换机（VSwitch）是组成专有网络的基础网络设备，用来连接不同的云产品实例。创建专有网络之后，可以通过创建交换机为专有网络划分一个或多个子网。同一专有网络内的不同交换机之间内网互通，可以将应用部署在不同可用区的交换机内，以提高应用的可用性。

- ECS

云服务器ECS（Elastic Compute Service）是阿里云提供的一种基础云计算服务。使用云服务器ECS就像使用水、电、煤气等资源一样便捷、高效。用户无须提前采购硬件设备，而只需根据业务需要随时创建所需数量的云服务器ECS实例。在使用过程中，随着业务的扩展，用户可以随时扩容磁盘、增加带宽。如果不再需要云服务器，也能随时释放资源，节省费用。

- 安全组

安全组是一种虚拟防火墙，具备状态检测包过滤功能。安全组用于设置单台或多台云服务器的网络访问控制，它是重要的网络安全隔离手段，用于在云端划分安全域。

- OSS

阿里云对象存储服务 OSS（Object Storage Service），是阿里云提供的海量、安全、低成本、高可靠的云存储服务。它具有与平台无关的 RESTful API 接口，能够提供 99.999999999%（11 个 9）的数据可靠性和 99.95% 的服务可用性，以在任何应用、任何时间、任何地点存储和访问任意类型的数据。

关于其他更多的阿里云组件的信息，可访问其官方网站 https://www.aliyun.com 进行了解。

13.5.2　准备阿里云账户信息

了解清楚阿里云相关的服务资源后，我们需要准备好一个可用的阿里云账号。同时需要创建新的对象存储 OSS、专有网络 VPC、私有密钥、安全组等信息，具体操作流程如下：

对象存储 OSS：进入管理控制台 点击“产品与服务”菜单项，在弹出的页面中的搜索框中输入“ OSS”关键字可快速定位到对象存储 OSS 的导航链接，点击切换到对象存储 OSS 的默认页面。找到页面左侧“存储空间”字样后的“+”符号，点击开始创建新的 Bucket，在弹出的窗口中输入 Bucket 的名称，还有对应区域、存储类型、读写权限及日志分析等信息，最后点击右下角的“确定”按钮完成存储空间的创建操作。建议在此空间中创建一个用于存储后续 E-MapReduce 运行时所产生的日志文件的目录。

专有网络 VPC：进入管理控制台 点击“产品与服务”菜单项，在弹出的页面中的搜索框中输入“ VPC”关键字可快速定位到专有网络 VPC 的导航链接，点击切换到专有网络 VPC 的默认页面。找到页面左上方的“创建专有网络”按钮，点击开始创建新的 VPC，在弹出的窗口中输入网络和交换机名称，选取专有网络的网段和交换机网段范围，输入专有网络和交换机的描述信息，以及选取交换机的可用区域，最后点击左下角的“确定”按钮完成专有网络的创建操作。

私有密钥对：进入管理控制台点击“产品与服务”菜单项，在弹出的页面中的搜索框中输入“ ECS”关键字可快速定位到云服务器 ECS 的导航链接，点击切换到云服务器 ECS 的默认页面。在左侧的导航菜单中找到“网络和安全”下的“密钥对”选项并点击进入，找到“密钥对列表”页面右上角的“创建密钥对”按钮，点击开始创建新的密钥对。在弹出的页面中输入密钥对的名称，选取默认资源组，输入标签信息，点击页面中的“确定”按钮完成创建密钥对的操作。此时，浏览器会自动下载密钥对的文件，请注意妥善保存。

安全组：进入管理控制台点击“产品与服务”菜单项，在弹出页面的搜索框中输入“ ECS”关键字可快速定位到云服务器 ECS 的导航链接，点击切换到云服务器 ECS 的默认页面。然后在左侧的导航菜单中找到“网络和安全”下的“安全组”选项并点击进入，找到“安全组列表”页面右上角的“创建安全组”按钮，点击开始创建新的安全组。在弹出的窗口中选取 Web Server Linux 的模板，输入安全组的名称，网络类型选取专有网络并选取对应的专有网络实例，最后点击右下方的“确定”按钮完成创建安全组的操作。

> 注意 以上账户信息除了对象存储 OSS 是全球区域的以外，其他服务需要注意选取对应的可用区域，不同区域之间的服务是物理隔离的。

13.5.3 创建 E-MapReduce 集群

E-MapReduce 集群是构建于阿里云云服务器 ECS 上，由一个或多个阿里云 ECS instance 组成的基于开源的 Hadoop 和 Spark 集群。让用户可以方便地使用 Hadoop 和 Spark 生态系统中的其他周边系统（如 Apache Hive、Apache Pig、HBase 等）来分析和处理自己的数据。不仅如此，用户还可以通过 E-MapReduce 将数据非常方便地导出和导入阿里云其他的云数据存储系统和数据库系统中，如阿里云 OSS、阿里云 RDS 等。

现阶段 Apache Kylin 已经支持阿里云 EMR-2.9.2 及以上的发行版本，下面将基于阿里云 EMR-3.17.0 版本搭建阿里云 E-MapReduce 集群。进入管理控制台点击“产品与服务”菜单项，在弹出的页面中的搜索框中输入“ EMR”关键字可快速定位到分析 E-MapReduce 的导航链接，点击切换到 E-MapReduce 集群的默认页面。点击概览页面中的“创建集群”按钮弹出新的页面开始创建新的 E-MapReduce 集群，主要环节的配置流程如下：

- 软件配置

产品版本：选取“EMR-3.17.0”选项。

集群类：选取“Hadoop”选项。

可选服务：选取“HBase”和“ZooKeeper”服务，其他参数保持默认设置即可。

高安全模式和软件自定义配置：可根据实际情况自行配置。

- 硬件配置

付费类型：按实际需要选取。

可用区域：选取与 VPC/ 交换机相同的区域。

网络类型：专有网络。

VPC/ 交换机：选取已经创建好的 VPC、交换机。

安全组名称：选取与 VPC 绑定的安全组。

高可用：建议勾选该复选框，但是此操作会增加 Master 节点机器的数量。

Master/Core/Task 配置：可以根据实际情况选取机器所需要的配置，其中 Master 节点的机器数量不可更改，默认是 1 台，HA 环境下是 2 台，Core 节点的机器数量最小为 2 台，Task 节点可自由扩展，如图 13-16 所示。

❑ 基础配置

集群名称：输入一个自定义的集群唯一名称。

运行日志：建议勾选该复选框，日志可帮助进行出现问题时的辅助分析。

日志路径：指定一个对象存储 OSS 的路径。

添加 Knox 用户：添加用户名与密码，用于访问 Hadoop 服务的 WEB UI。

远程登录：建议勾选该复选框，用于 SSH 终端进行远程登录，登录方式选取密钥对，使用 13.5.2 节中创建的密钥对。

引导操作：添加集群启动时要运行的脚本。

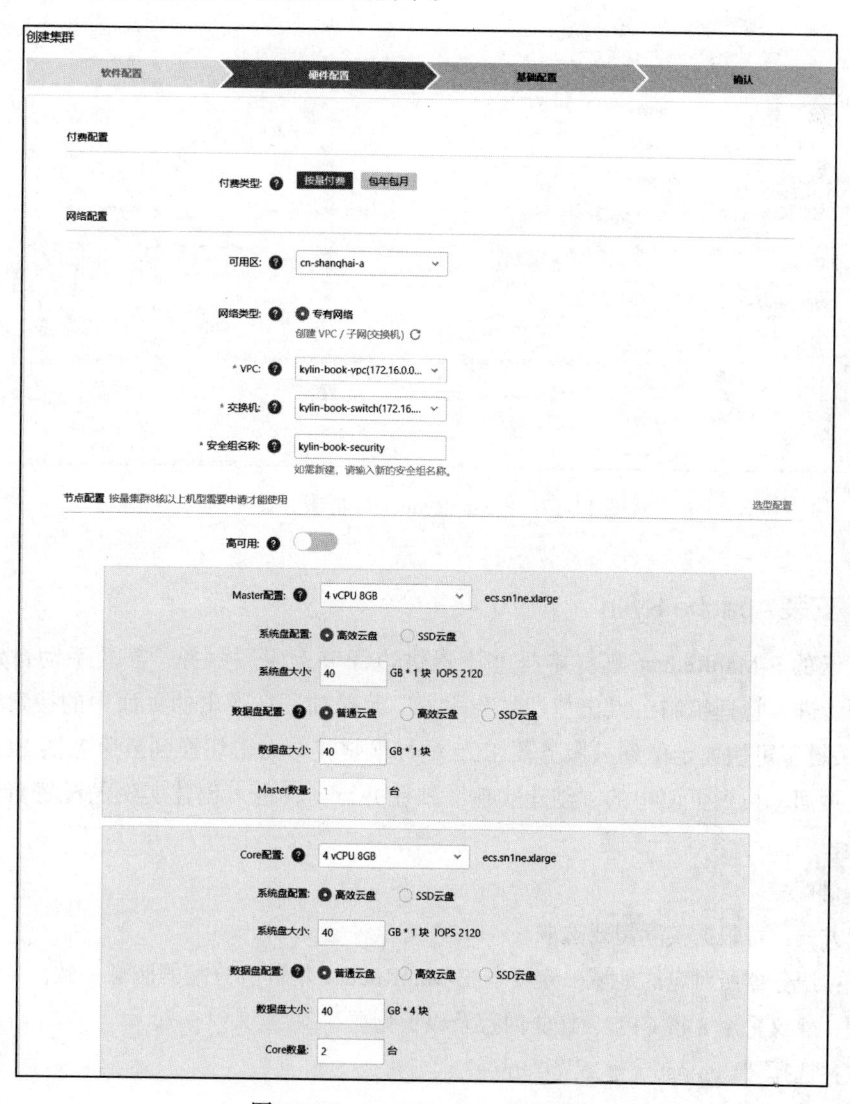

图 13-16　E-MapReduce 节点配置

最后点击“下一步”按钮进入信息确认环节，检查要创建的 E-MapReduce 集群的相关信息是否正确，确认后点击“创建”按钮，集群开始进入自动部署状态，整个过程需要 15~30 分钟。等待集群部署完成后，点击“集群管理”中的“集群与服务管理”菜单项，可查看并确认所有的 Hadoop 服务是否处于正常的运行状态，如图 13-17 所示。至此，阿里云的 E-MapReduce 集群的安装准备工作已经全部完成，接下来便可以开始安装 Apache Kylin 应用服务了。

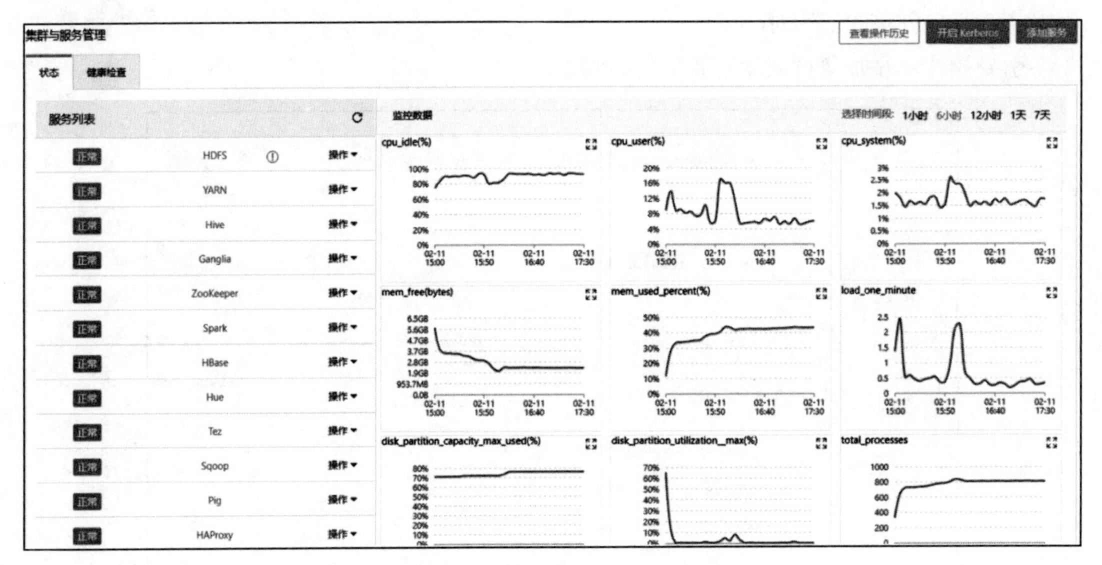

图 13-17　E-MapReduce 集群服务管理

13.5.4　安装 Apache Kylin

阿里云的 E-MapReduce 集群本身并不提供边缘节点应用服务，需要手动自定义创建 ECS 实例。进入管理控制台点击“产品与服务”菜单项，在弹出的页面中的搜索框中输入“ECS”关键字可快速定位到云服务器 ECS 的导航链接，点击切换到云服务器 ECS 管理的默认概览页面。找到页面中的“创建实例”按钮并点击，进入创建实例的配置页面，如图 13-18 所示，其中包含 5 个步骤。

❑ 基础配置

计费方式：可根据实际需要选取。

地域：服务器所对应的地域一定要与 E-MapReduce 集群所分配的区域一致。

实例：建议采用 8 核 CPU、16G 内存及以上配置。

镜像：选择“Centos6.x ”或“Centos7.x”。

存储：选择 100GB 及以上的配置。

❑ 网络和安全组

网络：选取与 E-MapReduce 集群相同的专有网络 VPC 和交换机。

公网带宽：需要分配一个 IPv4 地址，用于访问 Apache Kylin 应用。

IPv6：可选项。

安全组：使用 15.3.2 节中创建好的安全组名称。

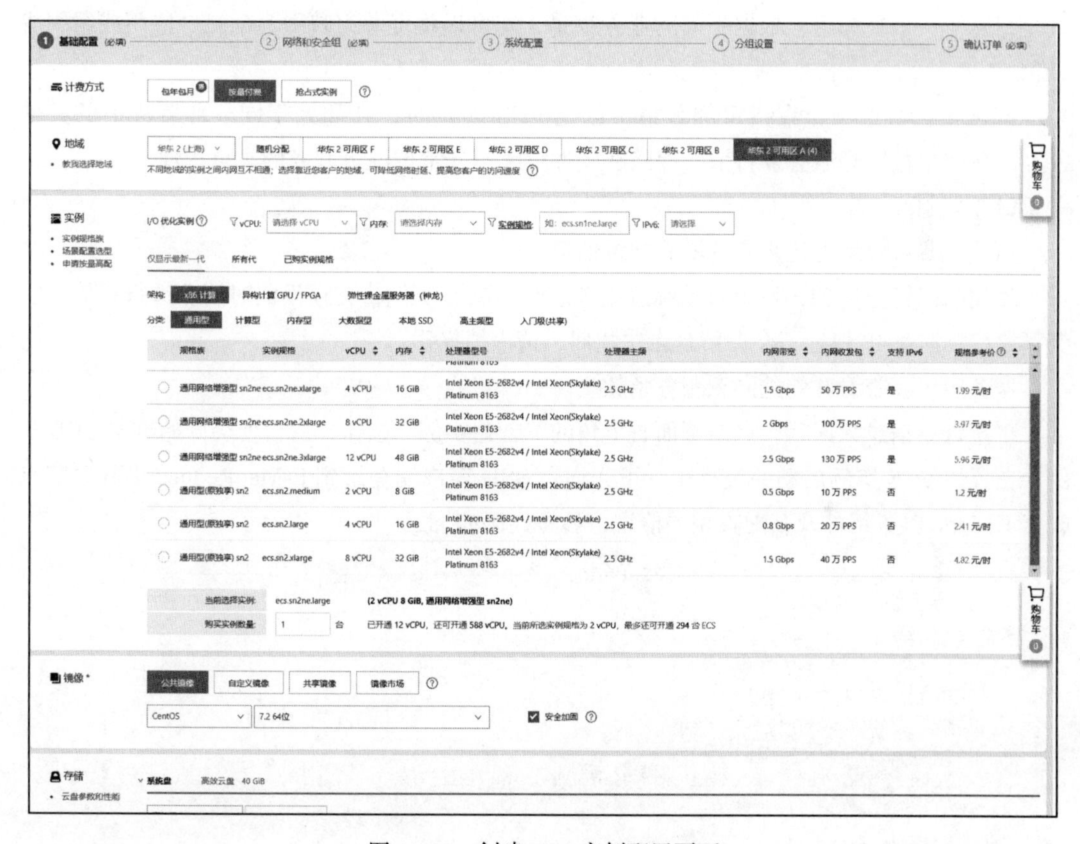

图 13-18　创建 ECS 实例配置页面

❑ 系统配置

登录凭证：建议勾选“密钥对”方式，同时选择 13.5.2 节中创建的密钥对。

实例名称：为此实例自定义一个名称。

主机名称：为 Linux 服务器自定义一个计算机名称。

有序后缀：可选项，为实例名称和主机名添加有序后缀，有序后缀从 001 开始递增，最大不能超过 999。例如：LocalHost001、LocalHost002 和 MyInstance001、MyInstance002。

实例释放保护：可选项，该功能仅适用于按量付费实例，且只能限制手动释放操作，对系统释放操作无效，如设置定时释放时间、欠费导致停机释放等。

高级选项：可选项，选择实例RAM角色和定制启动脚本等。

❑ 分组设置

标签：可选项，标签由区分大小写的键值对组成，不可重复，最长为64位。标签值可以为空，最长为128位。标签键和标签值都不能以“aliyun”“acs:”“https://”“http://”开头。

资源组：可选项，用于在单个云账号下将一组相关资源进行统一管理的容器，一个资源只能归属于一个资源组。根据不同的业务场景，您可以将资源组映射为项目、应用或组织等概念。

部署集：可选项，在指定部署集中创建ECS实例时，会和处于同一部署集中的其他ECS实例严格按物理服务器打散，保障在硬件故障等异常情况下服务的高可用性。

❑ 确定订单

所选配置：显示上述步骤的所有配置信息。

使用时限：可选项，设置自动释放服务时间，ECS实例将在预设的时间点进行释放，实例释放后数据及IP地址不会保留且无法找回，请谨慎操作。

服务协议：查看并勾选同意服务条款。

确定订单信息无误后，点击页面右下角的“创建实例”按钮，后台便会开始准备ECS实例。在等待ECS实例启动的过程中，可先通过SSH客户端登录到E-MapReduce集群主节点收集Hadoop服务组件及其配置相关信息，参考代码如下：

```
[root@emr-header-1 ~]# tar zcf Hadoop-libs.tar.gz  \
> /usr/lib/hadoop-current \
> /usr/lib/hbase \
> /usr/lib/hive-current \
> /usr/lib/tez-current \
> /usr/lib/zookeeper-current \
> /usr/lib/jvm/java-1.8.0
[root@emr-header-1 ~]# tar zcf Hadoop-conf.tar.gz \
> /etc/ecm/hadoop-conf \
> /etc/ecm/hbase-conf \
> /etc/ecm/hive-conf \
> /etc/ecm/tez-conf \
> /etc/ecm/zookeeper-conf \
> /etc/ecm/sqoop-conf
[root@emr-header-1 ~]# tar zchfp profile.tar.gz \
> /etc/profile.d/ecm_env.sh \
> /etc/profile.d/zookeeper.sh \
> /etc/profile.d/tez.sh \
> /etc/profile.d/hive.sh \
> /etc/profile.d/hdfs.sh \
> /etc/profile.d/hbase.sh
```

等新创建的边缘节点ESC实例启动成功后，通过SSH客户端登录到终端操作窗口，首先将E-MapReduce集群主节点压缩好的两个文件传输到当前ESC实例服务器中，解压3个压缩文件包并把文件拷贝到相应的存储目录下。然后切换到“/etc/profile.d”目录下执行如下命令：

```
[root@kylin-book-ed profile.d]# source ecm_env.sh zookeeper.sh tez.sh hive.sh
hdfs.sh hbase.sh
```

命令执行成功后需要检查所安装的各个 Hadoop 服务组件的客户端是否可正常运行，如 HDFS、HBase、Hive、ZooKeeper 等。接着创建一个用户名为“kylin”的系统账户，并在当前账户的 profile 文件中配置 Hive 相关的 3 个环境变量参数：HIVE_CONF、HIVE_LIB、HCAT_HOME，同时在 HDFS 默认根目录下创建一个名为“kylin”的子目录用于存储 Apache Kylin 运行时产生的数据文件。参考代码如下：

```
[kylin@kylin-book-ed ~]$ vi ~/.bash_profile
export HIVE_CONF=/etc/ecm/hive-conf/
export HIVE_LIB=/usr/lib/hive-current/lib
export HCAT_HOME=/usr/lib/hive-current/hcatalog
[kylin@kylin-book-ed ~]$ hdfs dfs -mkdir /kylin
```

最后访问 Apache Kylin 的官方网站，在下载页面选择 hbase1x 版本，找到合适的镜像地址并拷贝。切换到任务节点的终端窗口，使用“wget”命令进行下载，下载完成后将其解压到运行的目录下面。默认只需要修改 Hive 的连接方式及参数，修改 kylin.properties 配置文件中的 Hive 连接方式为“beeline”，在 beeline 的连接参数中输入默认的“Hive JDBC URL”并保存退出，参考如下代码：

```
kylin.source.hive.beeline-params=-n kylin -u jdbc:hive2://emr-header-1:10000
```

等待执行“check-env.sh”脚本检查环境无误后，执行“sample.sh”脚本导入测试数据集、模型与 Cube 等。调用用户所熟悉的 Apache Kylin 启动命令“sh kylin.sh start”启动 Apache Kylin。接着打开浏览器，在地址栏中输入“http:// 绑定的弹性 IP:7070/kylin”，按回车键访问 Apache Kylin 的登录界面。填写好默认的用户名与密码点击“登录”按钮，跳转到熟悉的 Apache Kylin 操作界面，其他操作请参考前面章节的内容。

13.6　认识 Kyligence Cloud

Kyligence Cloud 是 Kyligence 公司提供的基于云端的大数据服务，为客户将大数据分析平滑上云提供解决方案。使用 Kyligence Cloud，客户可以在云端快速构建可无限扩展的大数据集群，实现对 PB 级数据的交互式 OLAP 分析和关键业务查询的亚秒级响应，助力业务分析师和数据科学家快速发现数据的内在价值，驱动商业决策。

Kyligence Cloud 以 Apache Kylin 企业版 (Kyligence Enterprise) 为核心，充分发挥其高性能、高并发的优势，同时利用云计算带来的低成本、高扩展、易运维等特点，大大提高企业大数据分析平滑上云的效率，同时降低查询成本。它提供了多项服务，如一键部署、动态伸缩、智能运维等。使用 Kyligence Cloud，用户可以在公有云（如微软 Azure、亚马逊 AWS、阿里云、谷歌云等）或私有云上快速建立大数据分析集群，接入各种云端数据源并进行建模分析，实现对 PB 级数据的交互式 OLAP 分析与关键业务查询的亚秒级响应。

13.7 小结

本章介绍了在亚马逊 AWS、微软 Azure 和阿里云三种不同的云环境中安装部署 Apache Kylin 应用服务的操作流程，在呈现 Apache Kylin 上云能力的同时，也介绍了集成企业版本 Kylin 的 Kyligence Cloud，一个更为易用、安全、强大的企业版本 Kylin 服务，只要几步简单操作便可帮助企业实现大数据的交互式 OLAP 分析与探索，同样具备亚秒级响应性能，提供了更多的企业特性，极大地提升了办公效率。

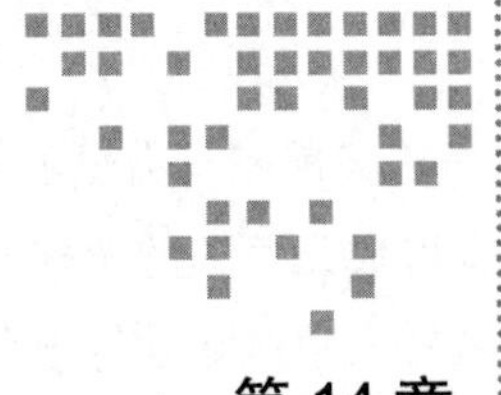

第 14 章 Chapter 14

参与开源

Apache Kylin 是第一个由中国团队贡献到 Apache 软件基金会（ASF）的开源项目。从2015 年 11 月毕业到现在的三年多时间里，Kylin 社区从最初只有几位开发者，发展成有上百人贡献代码的活跃社区，Kylin 证明了中国开发者也可以无障碍地参与到国际开源项目中，领导新技术的发展，正如 Apache 孵化器副总裁 Ted Dunning 在 Apache Kylin 毕业成为顶级项目的官方新闻中所说的那样，“Apache Kylin 在技术方面当然是振奋人心的，但同样令人兴奋的是 Kylin 代表了亚洲国家，特别是中国，在开源社区中越来越高的参与度。”

为了吸引更多的人才加入开源社区、发展开源项目，我们也非常希望能够将经验分享给每一位有志于为开源社区做贡献的朋友，一起壮大开源世界的力量，进一步扩大中国开发者的影响力。

14.1 Apache Kylin 开源历程

2013 年年中，Kylin 项目在 eBay 内部启动。

2014 年 10 月，Kylin 在 eBay 内部正式上线，并在 Github.com 上开源，短短几天即获得上千个 Star。与此同时，eBay 管理层也鼓励将项目加入 Apache 软件基金会，与 Hadoop、Spark、Kafka 等知名大数据项目一起构建大数据生态社区。

2014 年 11 月，Kylin 加入 Apache 孵化器项目。

2015 年 11 月，在经过充分的社区讨论和投票后，Kylin 正式毕业成为 Apache 软件基金会顶级项目，这也是第一个来自中国的 Apache 顶级项目（Top-Level Project，TLP）。

2016 年 3 月，由 Apache Kylin 核心团队创建的 Kyligence 公司成立，成为推动社区发展的新动力。

目前，随着社区规模与力量的不断壮大，Apache Kylin 从开始开源时成员不足 10 个人的社区，逐步发展成几百人的全球活跃社区，并赢得了众多使用者，在 eBay、美团、百度、网易、京东、微软、中国移动等著名公司被用作核心大数据分析系统。此外，Apache Kylin 还发展了多位贡献者（Contributor）、代码提交者（Committer）及项目管理委员会成员（PMC Member），其中包括来自京东、美团、网易等公司的工程师，Apache Kylin 社区在一天天逐步壮大。

14.2 为什么要参与开源

参与开源项目的开发，已经成为许多软件开发者的共识。在今天，特别是在大数据领域，绝大部分技术都是开源的，包括 Hadoop、Spark、Kafka 等，个人在开源社区的成长和能力提升显而易见。在个人感兴趣的领域内，不断参与和贡献，赢得社区的认可，甚至进一步成为 Committer 或 PMC Member，这对个人的技术能力和职业发展等都有极大的价值。

参与开源也已经成为很多科技公司的发展趋势，几乎各个互联网公司都在通过开源项目来彰显自己的技术实力、构建技术品牌。参与一个好的开源项目可以极大地提升公司的形象，特别是提高其在工程师群体中的认知度。典型的案例是 LinkedIn 公司，从 Kafka 开始，LinkedIn 不断开源了很多优秀的项目；Kafka 很好地推动了整个行业的发展，成为流数据处理的坚实基础，LinkedIn 也由此获得了无数的赞誉。

14.3 Apache 开源社区简介

14.3.1 简介

Apache 软件基金会（Apache Software Foundation，ASF），是依据美国国内税法（Internal Revenue Code, IRC）的 501(c)3 条款于 1999 年建立的非营利性组织，成立该组织的目的有以下几个：

1）为开放、协作的软件开发项目提供基础，包括硬件、交流及业务基础架构等；

2）作为一个独立的法律实体以使得公司及个人能够捐献资源并保证这些资源为公益所用；

3）为个人志愿者提供针对基金会项目法律诉讼的庇护方式；

4）保护 Apache 品牌及其软件产品，以避免被其他组织滥用。

在其所支持的 Apache 项目与子项目中，所发行的软件产品都遵循 Apache 许可证

(Apache License)协议，目前的协议版本为 2.0，即常说的 Apache License v2.0。

自 1999 年成立以来，这个全志愿者基金会见证了超过 350 个领先的开源项目的成长，包括 Apache HTTP 服务器——全球最流行的 Web 服务器软件。通过被称为“The Apache Way”的 ASF 精英管理过程，超过 550 位个人成员和 4700 位代码提交者成功地合作建立了可免费使用的企业级软件，使全球数以百万计的用户受益；数千软件解决方案在 Apache 许可证下发布；Apache 社区还积极参与 ASF 邮件列表，指导项目并举办该基金会的正式用户会议、培训和 ApacheCon。

14.3.2 组织构成与运作模式

Apache 软件基金会由 Apache 成员（ASF Member）组成的志愿者组织来运营和管理所有项目，由不同的实体治理。

董事会（Board of Directors，Board）：基金会下设董事会来管理和监督 ASF 的日程事物、商务合作、捐赠等事宜，确保整个社区按照章程正常运作，董事会由 Apache 软件基金会成员 (ASF Member) 组成。董事会每月会举行会议，审议相关顶级项目报告，包括基础架构、品牌、媒体、法律等报告；各个副总裁审议支出等信息；所有信息成员都有权查看并质疑项目报告及支出信息，并可以进一步发起讨论以要求相关项目等进一步解释和改正。

项目管理委员会（Project Management Committee，PMC）：由董事会依据决议建立，管理一个或多个社区，其由项目贡献者组成（注：每一个成员，即 ASF Member，都是贡献者），每个 PMC 至少有一个 ASF 的官员，其为主席，也可能会有一个或多个 ASF 会员。PMC 主席由董事会任命，并作为 ASF 的官员（副总裁）。主席向董事会负主要责任，并有权建立规则和管理社区的日常工作流程。ASF 章程定义了 PMC 及主席职位。从基金会的角度来说，PMC 的角色是监管者，其主要职责不是代码及编程，而是确保所有的法律问题都被解决，流程被遵守，以及由整个社区来完成每一次发布。其次要职责是整个社区的长远发展和健康。ASF 的角色是分配给个人的，而不是其现在的工作或雇佣者或公司。尽管如此，PMC 也保持了很高的标准，特别是 PMC 主席。PMC 主席是董事会的“眼睛”和“耳朵”，Apache 成员信任并依靠 PMC 来提供法律监管。董事会有权决议随时终止 PMC 的权利。

官员（一般称为副总裁）：由董事会任命，在特定领域内设置基金会级别的规则，包括法律、品牌、募捐等，各官员由董事会选举任命。

14.3.3 项目角色

每个独立的 Apache 项目社区的精英管理体制通常由不同的角色组成。

用户（User）：用户是指使用该项目的人，他们可以向 Apache 项目开发者提交反馈，包括 Bug 报告、特性建议等。用户以在邮件列表及用户支持论坛中帮助其他用户的方式来参与

Apache 社区。

开发者（Developer）：开发者为特定的项目贡献代码或文档。他们更为积极地在开发者邮件列表中参与讨论，提交 Patch，撰写文档，提供建议、评论等。开发者也被称为贡献者（Contributors）。

提交者（Committer）：提交者是指被赋予代码库写权限及书面签署了 CLA（贡献者许可协议）的开发者。他们拥有 apache.org 邮箱地址。他们可以自行决定项目的短期决议，不需要别人允许就可以提交 Patch。项目管理委员会 (PMC) 可以同意和批准（批准了的称为最终决议）或拒绝。请注意是由项目管理委员会做出项目相关的决议，而不是单个提交者。

项目管理委员会成员（PMC Member）：项目管理委员会成员是因在项目的演进中做出了贡献并对项目负有责任而被社区选出的开发者或提交者。他们拥有代码库写权限、apache.org 邮箱、社区相关决定的投票权及提名活跃用户成为贡献者的权利。项目管理委员会作为一个整体控制整个项目。更具体地体现为，项目管理委员会必须为任何一个他们项目的软件产品的正式发布进行投票。

项目管理委员会主席（PMC Chair）：项目管理委员会主席是由董事会从项目管理委员会成员中任命的。项目管理委员会整体控制和领导整个项目。主席是项目和董事会之间的接口，主席有特定的责任。

Apache 软件基金会成员（ASF Member）：Apache 软件基金会成员由现有成员提名，且被提名人对基金会的演进和发展做出了突出贡献。法律上，一个 AFS Member 是基金会的“股东”，他们拥有选举董事会、作为董事会选举的候选人及提议新成员的权利。他们也拥有建议新的项目成为孵化器项目的权利。各成员通过邮件列表及年会来协调他们的活动。

14.3.4 孵化项目及顶级项目

每个希望加入 Apache 软件基金会的项目都需要先提交并获得投票通过成为孵化器项目（Apache Incubation Project），在一定的时间内满足社区的标准并通过投票才能成为顶级项目。孵化的流程如图 14-1 所示：

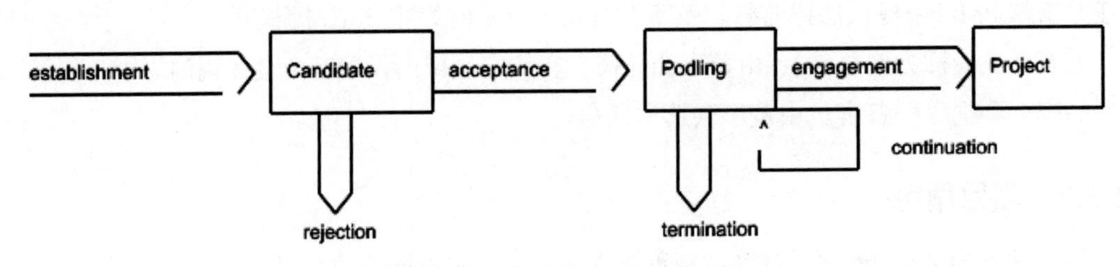

图 14-1 Apache 项目孵化流程

孵化流程大致分为以下几个阶段：

创立：一个候选的项目需要确定一个Champion(拥护者)来帮助该项目，之后撰写相关的项目建议书，并提交到Apache孵化项目管理委员会(Incubator PMC, IPMC)。需要遵守社区的规范，并积极听取社区的意见和反馈。之后IPMC会进行相关的投票以决定是否接受该候选项目加入孵化器。

接受：是否接受一个项目由Apache软件基金会成员投票决定，通常投票的形式依赖于具体的问题，如果你的项目有项目管理委员会成员会带来很大的帮助，特别是会更好地得到来自社区的真实发生的反馈。一般提交到孵化器的候选项目只要总数有三票以上的“+1”投票（同意票），即使有“–1”投票（不同意，每一个“–1”投票需要一个“+1”投票来抵消，因此最后需要计算所有剩下的“+1”票），便可获得成为孵化器项目的资格，但一般建议相关项目负责人等就相关的“–1”投票采取进一步的解释或行动以符合社区的相关规范等。

一旦被投票通过则该候选项目即被接受成为孵化器项目，以特有的名词“Podling”来称呼，以区别于Apache顶级项目（Top Level Project）。每一个Podling都需要导师，包括初始的Champion等。

评审：随着项目的发展和逐渐稳定（基础设施、社区、决策等），不可避免地将迎来孵化项目管理委员会的评估以决定项目从孵化器中退出，请注意这里的退出可以为好的结果也可以为不好的结果。积极的退出是毕业成为顶级项目或子项目；而项目终止也是退出的一种方式。

终止或退休：结束孵化有两种较负面的终结方式，即终止或退休。如果你的项目接收到终止指令，则意味着你的项目有很大的问题，如法律问题，或者IPMC在项目上分歧很大而不能在合理的时间内解决。你可以向董事会或支持者上诉终止决定，但必须意识到一些董事会成员也是IPMC成员，上诉一般不会太成功。退休一般来自项目管理委员会内部的决定，因多种理由而由该项目委员会或IPMC来决定关闭该项目。项目退休后不再由Apache软件基金会来开发和承担相关的责任。但这并不意味着不可以再使用相关的代码，只是不再拥有社区。

毕业：每一个Podling都期望能够毕业成为Apache顶级项目（Top Level Project，TLP）。这将由两次或多次投票决定。先由该Podling的社区在合适的时候（一般可以征询导师的意见）发起毕业投票，需要满足特定的条件，包括活跃度、多样性、定期发布、公开决定等，此时有效的投票来自PMC member及导师。社区投票通过后撰写相应的项目建议书至孵化项目管理委员会（IPMC）再进行投票，此时该Podling将被更加仔细和严格地审阅，有效的投票来自IPMC Member、ASF Member等。特别需要指出的是，毕业投票必须是最终一致投票，这意味着即使只有一个“–1”票该Podling也不能毕业，必须修复相关的问题，使得社区最终一致同意才能毕业成为顶级项目。

14.4 如何贡献到开源社区

14.4.1 什么是贡献

参与开源社区、贡献到开源社区，是很多工程师的梦想，自己的Patch如果能够在著名的项目中被接受是非常令人兴奋的事情。但很多国人开发者有一个误区，认为只有提交代码的人才算是贡献者。这里必须澄清的是，开源社区，特别是Apache社区，非常欢迎代码之外的贡献，包括文档、测试、报Bug、修Bug、宣传、文章、博客、线下活动等。提交代码只是诸多贡献中的一种。

14.4.2 如何贡献

以Apache Kylin为例，社区从最初的不到十个人壮大到今天的几百人的规模，贡献者非常多（贡献者的数量不能根据Github上的“Contributor”计算，有很多贡献并不会体现在代码的提交中，在Apache社区的定义中，只要帮助到了项目的发展，从代码到文档，再到宣传、宣讲等都是贡献）。有的贡献在最初只是提问、报告各种环境下碰到的问题和bug等，甚至是帮忙修改了一些拼写错误等。由于开源项目所具有的特点，社区不可能完全设想到所有的应用场景、部署模式及使用方式，因此很多时候都需要每个使用者、爱好者尽量地将他们碰到的问题报告给社区，这样核心开发团队及整个社区才可以进一步来分析和找出解决方案，整个项目才能不断往前发展。当然，如果能够提出自己的解法及Patch，则会有更高的认知度。如果就一些特定的场景、应用需求等提出自己的功能需求并实现之，则会影响和贡献到整个项目的进一步发展中。举例来说，在初期，Apache Kylin仅支持HBase和Hadoop部署在一个集群，美团公司的技术人员在业务需求的驱动下，开发了一个读写分离的新功能特性，支持了Kylin写入不同集群的能力，并最终贡献到了社区，成为目前Kylin非常重要的一个特性。而越来越多的贡献正被不同的公司和团队提出，我们可以从社区的邮件列表和JIRA中看到。

14.5 礼仪与文化

在鼓励读者参与和贡献到开源中的同时，也需要说明一下，社区大多时候是存在于虚拟空间的，各社区成员通过邮件、JIRA或Github Pull Request等方式进行交流，而不是面对面地进行交流。由于东西方文化的差异，有些工程师因为不了解文化差异而吃了小亏。这里需要大家注意下面几个方面：

1）**尊重社区和贡献者**：一些用户在使用开源软件，特别是碰到问题的时候，在进行提问或报告Bug等时候做出一些不成熟的行为。例如，有人在社区提问题，非常急迫地希望问题即刻得到解决，在问题解答不及时或未得到响应的时候就对项目开发者进行指责等，这种行为是非常不可取的。开源项目作者将项目无偿贡献出来并进行维护，对用户来说已经是很大的帮助了，开源社区的运营依靠的是个人的志愿行为，过激行为不但不会为问题的解决带来帮助，反而可能带来负面效果。另一种情形是，有些人没有查看文档的习惯，碰到问题就试图找人询问以获取答案，这会占用项目开发者很多时间；而往往查找一下文档，或者在搜索引擎中输入关键字搜索一下就可以得到答案。希望每个人都能够尊重开源软件贡献者，这样整个社区也会尊重每一个人，真正实现互惠共赢。

2）**用词与语气**：作为非英语母语的工程师，在社区中进行交流确实没有其他以英语为母语的国家的工程师便利。在社区中和人交流的时候要多注意语言的差异。不论是提问、解答问题、讨论功能还是其他时候，多多组织一下语言；现在各种工具非常丰富，可以帮助大家无障碍地进行沟通。对于我们来说，英语是一个挑战但也是一个机会，参与国际社区是一个非常好的学习英语的方式。

3）**大胆表达**：一个有趣的现象是中国工程师贡献了很多功能，特别是补丁、代码甚至特性等，但却很少有中国工程师把这些贡献陈述或进一步总结下来。这在很大程度上制约了个人的发展，很难让更多的人了解到所做贡献的作用。一方面是由于使用英语进行交流给中国工程师带来了一些挑战；另一方面则是中国人比较含蓄，不善于表达造成的，这就需要大家拿出更多的勇气来表达自己的想法。

14.6 如何参与 Apache Kylin

要参与 Apache Kylin 社区，首先要做的是订阅相关的邮件列表：

开发者邮件列表：dev@kylin.apache.org

使用者邮件列表：user@kylin.apache.org

使用你常用的邮箱发送一封邮件（内容为空即可）到 dev-subscribe@kylin.apache.org 或 user-subscribe@kylin.apache.org。之后你会收到一封询问邮件，点击回复该邮件即可确认你的订阅。之后你会收到一封确认邮件，后续相关邮件列表里的讨论都会被收录下来。由于社区讨论非常频繁，建议设立相关的邮件规则进行过滤和归档。

在使用 Apache Kylin 的过程中碰到的问题，可以向相关的邮件列表发送邮件，尽可能提供更多的信息，如版本、日志等内容，这将有助于志愿者及时分析和解答相关问题。你也可以在 Apache Kylin 的 JIRA 系统中提交相关的 Bug 等信息。

最后，对 Apache Kylin 的开发非常有兴趣的同学可以下载源代码进一步进行研究，特别是在实际生产环境中碰到的一些问题的解决方案、想法等都可以提交到社区，贡献更多的场景以丰富和完善整个 Apache Kylin 项目和社区。

14.6.1 如何成为Apache Contributor

Apache Kylin一直寻求的不只是代码的贡献者，还寻求使用文档、性能报告、问答等方面的贡献者。所有类型的贡献都会为成为Kylin Committer铺平道路。Kylin的代码和文档都在Github[1]上托管。如何向Apache Kylin贡献自己的力量呢？主要有以下几个方面：

1）选择感兴趣的任务，Kylin的所有任务（包括用户报告的问题）都会被记录在Apache Jira[2]中。

2）订阅Kylin邮件组并参与社区讨论，对探讨的问题有一定的了解；邮件订阅步骤参考Kylin官网的社区板块[3]。

3）搭建开发环境，修改代码[4]。从小改动做起，遵守代码规范，进行必要的测试。

4）以Patch或Pull request的方式提交代码，提交时也需遵循命名规范[5]。

5）帮助完善和改进文档[6]，包括技术类和用户案例，以及对已有内容的改进。

只要你参与到项目中，无论是贡献patch、文档还是回答社区问题，你都已经是一名Contributor了。

14.6.2 如何成为Apache Committer

满足以下的全部或部分并找到一个项目的PMC提名你为Committer，且获得3个“+1”票，即可成为Apache Kylin Committer：

了解和认同Apache的运作方式和理念并遵循此理念与其他人协同工作[7]。

持续贡献代码、添加测试案例并不影响其他人已开发好的功能，且能与其他Committer良好沟通、建立互信，对项目某个模块有深入理解。

成为Committer后，你将获得yourname@apache.org邮箱。成为Committer不是终点，而是一个更高的起点。

14.7 小结

本章介绍了Apache Kylin的开源历程和Apache基金会的组织架构与工作方式。希望可以让更多国人了解到开源的文化和魅力，激励更多人投入开源软件的事业中来。

---

[1] 参考https://github.com/apache/kylin。

[2] 参考https://issues.apache.org/jira/projects/KYLIN/issues/。

[3] 参考http://kylin.apache.org/community/。

[4] 参考http://kylin.apache.org/development/dev_env.html。

[5] 参考http://kylin.apache.org/development/howto_contribute.html。

[6] 参考http://kylin.apache.org/development/howto_docs.html。

[7] 参考https://www.apache.org/foundation/how-it-works.html。

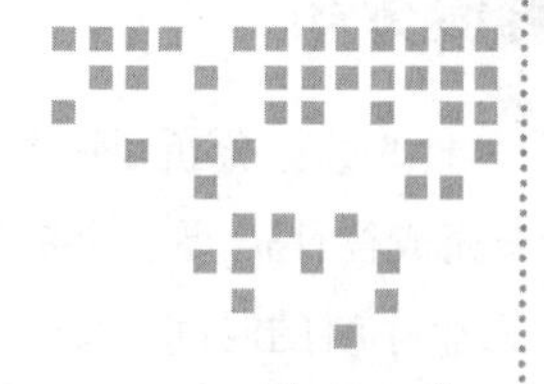

第 15 章 Chapter 15

Kylin 的未来

大数据多维分析领域是非常活跃的。作为目前处于领先地位的开源项目，Apache Kylin 在未来有着广阔的发展空间和无限的可能。

15.1 全面拥抱 Spark 技术

Apache Spark 是继 MapReduce 之后的新一代分布式计算架构，经过社区成员的不断努力，Spark 功能愈加完善，今天已经足够成熟和稳定，正在被越来越多的企业采纳作为大数据加工、分析、机器学习、人工智能等的统一平台。未来 Kylin 将全面从 MapReduce 转向 Spark 技术栈，包括数据源、构建引擎、存储和查询引擎等多个层次。

- 数据源：随着越来越多的数据格式被连接到 Spark 平台上，Spark SQL 大有取代 Hive 成为新一代大数据仓库的态势。支持 Spark SQL 作为 Hive 之外的另一种数据源是另一种角度的 Spark 集成，这个功能也已经在 Kylin v2.3 版本发布。
- 任务引擎：Apache Kylin 在 v2.0 版本第一次推出了基于 Spark 的任务构建引擎，将按层加工 Cube 的过程迁移到了 Spark 上，显著提升了 Cubing 的效率；随后在 v2.5 版本中，Kylin 实现了所有构建步骤均可以运行在 Spark 上，彻底脱离了 MapReduce。未来，此功能还会不断进行改进和完善。
- 存储和查询引擎：Spark 对 Parquet 等列式存储格式能够很好地支持，可以实现高效的 I/O 读写。如果要替换目前的 HBase 存储引擎的话，Parquet + Spark 是一个很好的选择。

15.2 实时流分析

实时或近实时的数据分析是一类刚性需求。然而，Cube 的加工处理是一个复杂的过程，通过 Hadoop 来完成往往需要一个提交、执行、结束的过程，导致数据从产生到被查询通常需要几个到十几个小时的时间。Kylin v1.6 版本中引入的准实时（Near Real-time）流式 Cube 构建，在一定程度上能够满足分钟级别延迟的需求，但仍然不能满足秒级甚至毫秒级的实时分析场景的需求，用户期望通过 Apache Kylin 这个 OLAP 平台，既可以完成历史数据分析，也可以做到实时数据分析。

鉴于上述原因，Apache Kylin 社区正在积极研发第三代流式构建技术。力求在 Cube 的基础上再添加实时节点，将最后几分钟的数据缓存在内存中。将实时节点联合 Cube 的内容能构成实时查询的 Lambda 架构，实现通过一个 SQL 接口同时查询历史和实时数据，真正做到秒级别延迟的实时大数据分析。

15.3 更快的存储和查询

更快的查询和更高效的存储是永恒的主题。Kylin 作为高速 OLAP 引擎，速度永远是其最重要的技术指标。

当前的存储引擎 HBase 有着比较明显的短板（单索引，对 Rowkey 的设计要求高），架构复杂、运维难，因此 Apache Kylin 社区也在探索其他更快的储存技术，比如 Druid 或 Parquet，甚至有人建议使用 Cassandra 或 ElasticSearch，应用这些存储技术后的只读性能会成倍于 HBase。因此，在 HBase 之外支持其他更快速的储存引擎也是一个重要的发展方向。Apache Kylin 社区已经实现了 Kylin on Druid 和 Kylin on Parquet 的可选方案，期待在未来的某个版本正式发布。

15.4 前端展现及与 BI 工具的整合

有了高速 OLAP 引擎之后，用户很自然地会希望有相应的前端可视化。目前这是 Kylin 的技术空白。通过 JDBC/ODBC 接口，Kylin 可以和不少开源 OLAP 前端集成，比如 Saiku、Superset、Zeppelin、Redash 等，但使用起来需要额外进行安装和配置，不是很便捷。

为多个流行的开源展现及 BI 工具提供原生的连接器，无缝地接入现有系统成为用户的迫切需求，通过不断提高各个工具的整合能力，Apache Kylin 将为分析师提供更好的用户体验。

15.5　高级 OLAP 函数

Apache Kylin 支持标准 SQL，但对于高级 OLAP 函数还缺乏完整的支持，特别是一些不太常用的函数，如财务分析类函数等尚未完全实现。在 Kylin 被越来越多地应用到更多场景中的时候，这些函数将成为需要支持的重要特性。Apache Kylin 社区提供了按需开发的能力，在有相关需求的时候会进一步增强对这方面能力的开发。

另外，在 SQL 2003 等更新的标准中，对 OLAP 函数等也做了相应的规范，为更好地支持丰富的分析需求，这类函数也将被逐步实现。

15.6　展望

今天，Apache Kylin 提供的 OLAP on Hadoop 技术已经可以解决超大规模数据集上的亚秒级交互查询分析需求。未来，用户将不只希望在 Kylin 上进行查询，包括数据的增加、删除、修改等功能用户也会希望能通过同一个平台来实现，即实现完整的数据仓库能力。在社区不断发展的未来，我们相信 Kylin 一定会朝着完整的数据仓库解决方案发展。

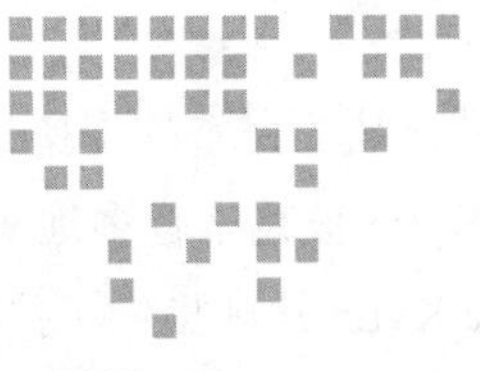

Appendix A 附录 A

使用 VM 本地部署 Kylin

正如大家所熟知的那样，Apache Kylin 是 Hadoop 生态圈的成员之一，它的运行环境中是需要 Hadoop 集群的支持的，但我们知道 Hadoop 集群环境的搭建并非易事，不仅需要具备多台机器资源，还要安装众多的 Hadoop 生态组件服务，那么是否有直接可用的集成环境让我们能快速领略到 Apache Kylin 的魅力呢？答案肯定的。首先，现在个人计算机的配置都很高；其次，就是如今的虚拟化技术相当成熟，所以结合这两个条件，只需要一台普通 8 核 16G 内存的计算机便可实现我们的想法。那么接下来介绍如何在本地通过虚拟机模式部署 Apache Kylin 服务应用。

A.1 安装 Oracle VirtualBox

本书介绍的虚拟机软件是 Oracle 公司旗下的 VirtualBox，它出道以来因其开源免费、软件体积小、安装操作简单、运行稳定赢得了众多用户的喜爱，大家可访问其官方网站 http://www.virtualbox.org，下载与自己计算机操作系统相对应的安装程序。下面以 Windows 系统为例，下载好安装程序后只需双击展开傻瓜式的安装步骤即可完成安装，其启动界面如图 A-1 所示，从图中我们可以发现 Oracle VirtualBox 天然支持中文语言，免去了一些读者的语言方面的操作障碍。

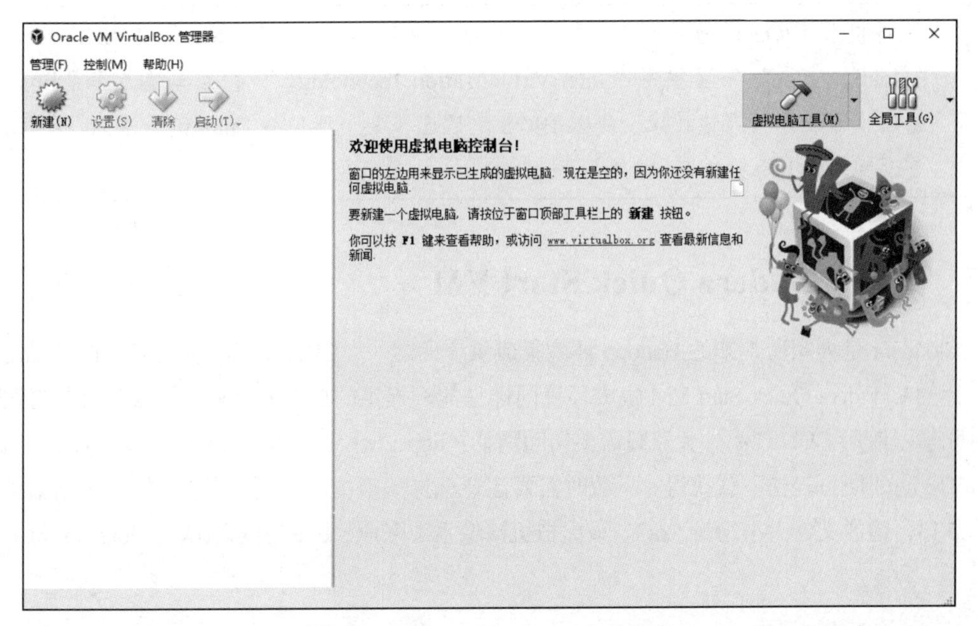

图 A-1　Oracle VirtualBox 启动界面

A.2　开启 Intel VT-x

Intel VT-x 的完整名称是 Intel Virtualization Technology，就是 Intel 虚拟技术，开启它可以帮助硬件平台同时运行多个操作系统，是虚拟机软件运行必备的技术之一。如果禁用该技术，就会弹出“此主机支持 Intel VT-x, 但 Intel VT-x 处于禁用状态”的提示，解决办法就是进入 BIOS 开启 Intel Virtualization Technology，如图 A-2 所示。

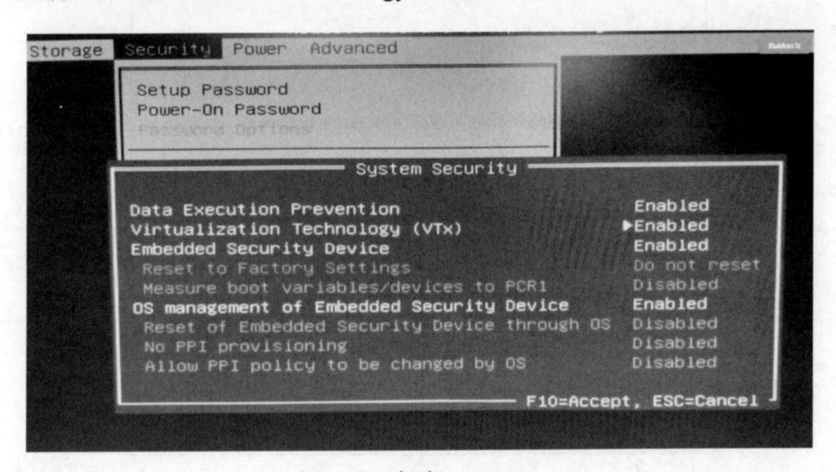

图 A-2　启动 Intel VT-x

注意 不同机型 BIOS 设置也不一样，一般在“Advanced”“Security”“BIOS Features”“Configuration”下面找到“Intel Virtualization Technology”，按回车键选择“Enabled”选项，即表示开启该技术。进入 BIOS 之后选择某个选项按 Enter 键是进入，按 Esc 键是返回，按 F10 键或 F4 键是保存。

A.3 下载 Cloudera Quick Start VM

Cloudera 是大家所熟知的 Hadoop 环境集成供应商之一，CDH 正是该公司旗下的产品之一，现选择的 Cloudera Quick Start VM 集成环境同样是他们提供的单点 Hadoop 伪集群，以方便大家了解和学习使用 CDH 产品，大家只需要访问网址：https://www.cloudera.com/downloads/quickstart_vms/5-13.html 便可轻松下载获得。下载时需要注意选择虚拟机的类型，当前支持的最新 CDH 版本为 5.13，镜像文件大小约为 5.6G。该虚拟机镜像系统账户 root 的密码默认为 cloudera。

A.4 配置虚拟机

接下来将从 VM 镜像导入、网络配置、Hadoop 服务启停 3 个方面分别描述相关的配置操作。

A.4.1 导入 VM 镜像

点击 Oracle VirtualBox 启动界面左上方的管理菜单项，在下拉菜单中点击“导入虚拟电脑”选项，或者直接按“Ctrl+I”组合键进入“导入虚拟电脑”对话框，选择需要导入的镜像进入下一步。在这步当中可按实际的资源情况分配 CPU 和内存资源，如图 A-3 所示，同时为

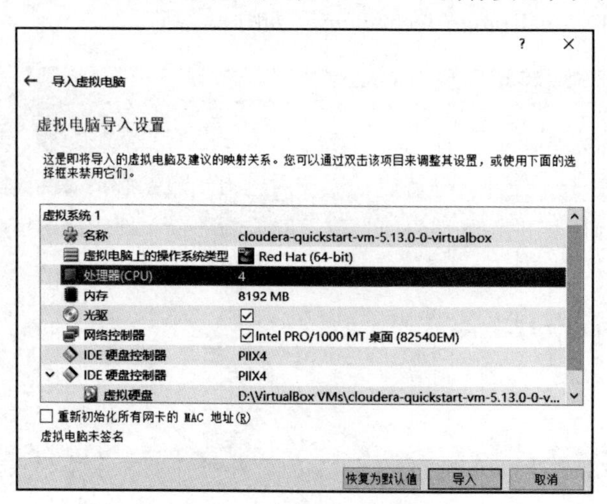

图 A-3 进行虚拟电脑资源分配

方便管理也可以重新定义虚拟电脑的名称，最后点击“导入”按钮等待10~15分钟完成导入虚拟电脑的操作。

A.4.2 双网卡配置

为增加网络的连通性，建议给虚拟电脑配置双网卡，分别为NAT和Host-Only两种网络类型。前者用于与Internet网络互联，后者用于与宿主机（本机）建议快速通道。在Oracle VirtualBox主界面左侧点击选取虚拟电脑，然后点击上方的设置快捷菜单，或者直接按Ctrl+S组合快捷键进入虚拟电脑设置窗口选择网络，默认情况下已经勾选好网卡1；点击“网卡2”标签，勾选“启用网络连接”复选框，同时在“连接方式”下拉列表中选取“仅主机（Host-Only）网络”选项，如图A-4所示，最后点击“OK”按钮保存设置。

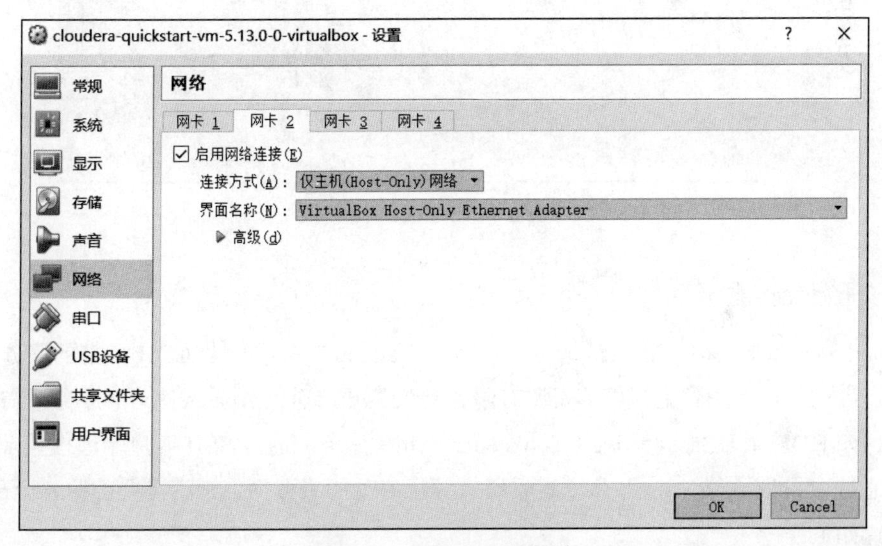

图A-4 虚拟机网络配置

回到Oracle VirtualBox主界面点击虚拟电脑上方的启动快捷菜单，启动刚刚配置好的虚拟电脑，启动时间在3~5分钟。等待启动成功后进入用户熟悉的Linux操作系统界面，点击任务栏上的终端快捷图标进入终端界面，编辑网卡的配置文件，如图A-5所示，其网络配置参数如下：

```
HWADDR=08:00:27:B5:9D:6A
TYPE=Ethernet
IPADDR=192.168.56.104
GATEWAY=192.168.56.1
DEFROUTE=yes
NAME=eth1
UUID=0b6ef88f-923b-49e0-af86-9a49d18b6cde
ONBOOT=yes
```

网卡配置完成后只需要重启网络服务便可通过 SSH 终端远程登录虚拟电脑进行操作。

说明 Oracle VirtualBox 宿主机的网关默认为 192.168.0.1，配置网卡注意一定要把 ONBOOT 参数配置为 YES，以确保虚拟电脑启动能分配到网络地址。

图 A-5 Cloudera Quick Start VM 终端快捷图标

A.4.3 Hadoop 服务启停

Cloudera quick Start VM 默认情况下把所有 Hadoop 服务组件及 CDH 自带的服务都设置为开机自启动，但考虑到虚拟机的资源有限，建议只开启运行 Apache Kylin 服务所需要的服务即可，如 HDFS、HBase、Hive、Zookeeper 等相关服务。通过 SSH 客户端远程登录虚拟电脑后，通过“ chkconfig --list”命令查看所有开机启动的服务项，把不需要的服务全部关停，参数配置如下：

```
[root@quickstart ~]# chkconfig flume-ng-agent off
[root@quickstart ~]# chkconfig hadoop-yarn-proxyserver off
[root@quickstart ~]# chkconfig hue off
[root@quickstart ~]# chkconfig htcacheclean off
[root@quickstart ~]# chkconfig impala-catalog off
[root@quickstart ~]# chkconfig impala-state-store off
[root@quickstart ~]# chkconfig oozie off
[root@quickstart ~]# chkconfig solr-server off
[root@quickstart ~]# chkconfig spark-history-server off
[root@quickstart ~]# chkconfig sqoop-metastore off
[root@quickstart ~]# chkconfig sqoop2-server off
[root@quickstart ~]# chkconfig spark-history-server off
```

至此，一个可运行 Apache Kylin 应用的单点集群已经准备就绪，接下来便可在此虚拟电脑上安装部署 Apache Kylin 应用服务。

A.5　安装 Apache Kylin

建议使用非 root 账户来运行 Apache Kylin 应用，因此需要创建一个新的 Linux 系统账户，自定义用户名如 kylin，然后切换登录到新创建的账户，并在 HDFS 根目录下创建一个命名为“kylin”的工作目录。最后访问 Apache Kylin 官方网站找到对应版本的下载地址，在虚拟电脑上使用 wget 命令进行下载。

下载完成后，解压 Apache Kylin 二进制的压缩包文件，找到“conf”目录下文件名称为“kylin.properties”的配置文件，修改以下两个参数：

```
kylin.source.hive.client=beeline
kylin.source.hive.beeline-params=-n kylin -u 'jdbc:hive2://quickstart.clouder:10000'
```

然后执行“bin”目录下的“sample.sh”脚本导入示例数据，最后执行“bin”目录下的“kylin.sh start”命令启动 Apache Kylin 应用，打开浏览器输入“http:// 虚拟电脑 IP 地址 :7070/kylin”进入熟悉的 WEB UI 界面，如图 A-6 所示。

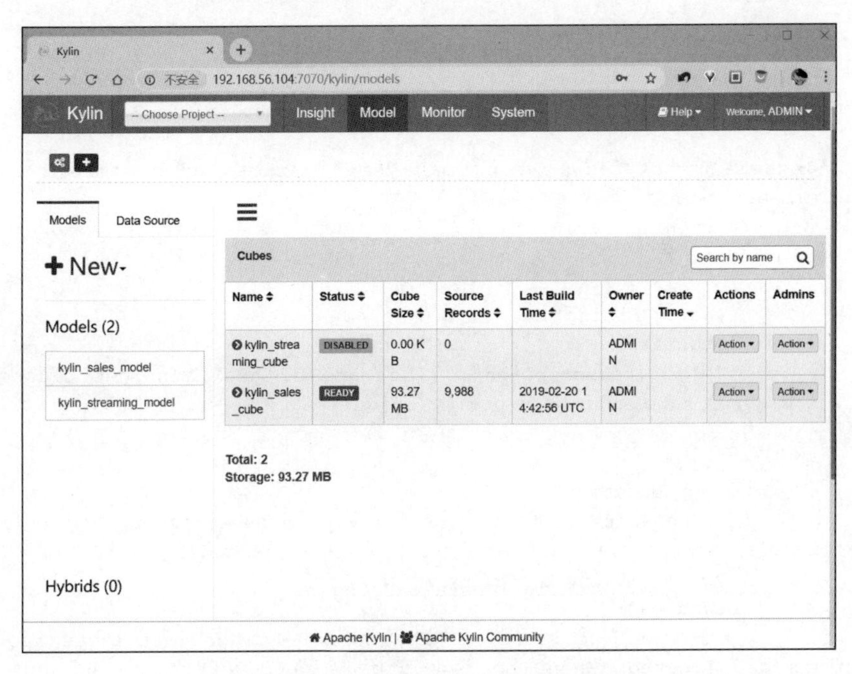

图 A-6　Oracle VirtualBox Apache Kylin

A.6　小结

通过借助本地计算机虚拟搭建 Hadoop 集群环境并在其中安装部署 Apache Kylin 的方式，能帮助我们快速了解 Apache Kylin 并展开相关的学习，同时便于用户对其他功能进行验证。

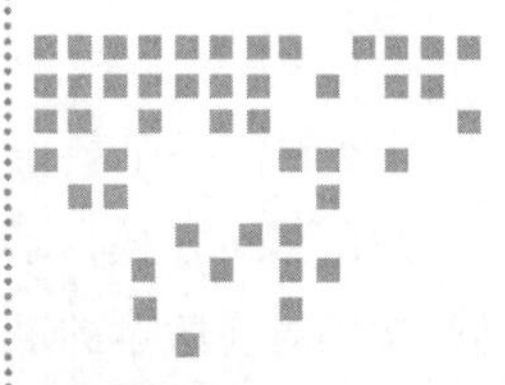

Appendix B 附录 B

Azure HDInsight 边缘节点模板部署代码

```
{
        "$schema": "https://schema.management.azure.com/schemas/2015-01-01/
deploymentTemplate.json#",
        "contentVersion": "1.0.0.0",
        "parameters": {
            "clusterName": {
                "type": "String",
                "metadata": {
                        "description": "The name of the HDInsight cluster to be
created. The cluster name must be globally unique."
                }
            },
            "_artifactsLocation": {
                    "defaultValue": "https://raw.githubusercontent.com/Azure/azure-
quickstart-templates/master/101-hdinsight-linux-add-edge-node",
                "type": "String",
                "metadata": {
                        "description": "The base URI where artifacts required by
this template are located. When the template is deployed using the accompanying
scripts, a private location in the subscription will be used and this value will be
automatically generated."
                }
            },
            "_artifactsLocationSasToken": {
                "defaultValue": "",
                "type": "SecureString",
                "metadata": {
```

```
                            "description": "The sasToken required to access _
artifactsLocation.  When the template is deployed using the accompanying scripts, a
sasToken will be automatically generated."
                }
            },
            "installScriptActionFolder": {
                "defaultValue": "scripts",
                "type": "String",
                "metadata": {
                      "description": "A script action you can run on the empty node
to install or configure additiona software."
                }
            },
            "installScriptAction": {
                "defaultValue": "EmptyNodeSetup.sh",
                "type": "String",
                "metadata": {
                      "description": "A script action you can run on the empty node
to install or configure additiona software."
                }
            }
        },
        "variables": {
            "applicationName": "kylin-edgenode"
        },
        "resources": [
            {
                "type": "Microsoft.HDInsight/clusters/applications",
                "name": "[concat(parameters('clusterName'),'/',
                 variables('applicationName'))]",
                "apiVersion": "2015-03-01-preview",
                "properties": {
                    "marketPlaceIdentifier": "EmptyNode",
                    "computeProfile": {
                        "roles": [
                            {
                                "name": "edgenode",
                                "targetInstanceCount": 1,
                                "hardwareProfile": {
                                    "vmSize": "Standard_D3_v2"
                                }
                            }
                        ]
                    },
                    "installScriptActions": [
                        {
                            "name":
    "[concat('emptynode','-' ,uniquestring(variables('applicationName')))]",
                            "uri": "[concat(parameters('_artifactsLocation'), '/',
    parameters('installScriptActionFolder'), '/',
```

```
parameters('installScriptAction'), parameters('_artifactsLocationSasToken'))]",
                        "roles": [
                            "edgenode"
                        ]
                    }
                ],
                "httpsEndpoints": [
                    {
                        "subDomainSuffix": "kyl",
                        "destinationPort": 7070,
                        "disableGatewayAuth":true,
                        "accessModes": [
                          "webpage"
                        ]
                    }
                ],
                "uninstallScriptActions": [],
                "applicationType": "CustomApplication"
            },
            "dependsOn": []
        }
    ],
    "outputs": {
        "application": {
            "type": "Object",
            "value":
"[reference(resourceId('Microsoft.HDInsight/clusters/applications/',parameters
('clusterName'), variables('applicationName')))]"
        }
    }
}
```

附录 C Appendix C

集群部署 Apache Kylin

如果想在企业中部署 Apache Kylin 作为线上系统以支持多业务多用户的使用场景，必须考虑其对于高并发、高可用性、高性能的支持。本节将介绍在企业集群中如何更好地部署 Apache Kylin 以应对复杂的线上场景。

Apache Kylin 支持线性水平伸缩，即通过集群部署的方式实现高并发和高可用性。图 C-1 所示是集群部署的架构图，多个 Apache Kylin 服务可以通过负载均衡将任务和查询进行分散，缓解单点带来的故障隐患和性能“瓶颈”，同时提高查询的并发能力。

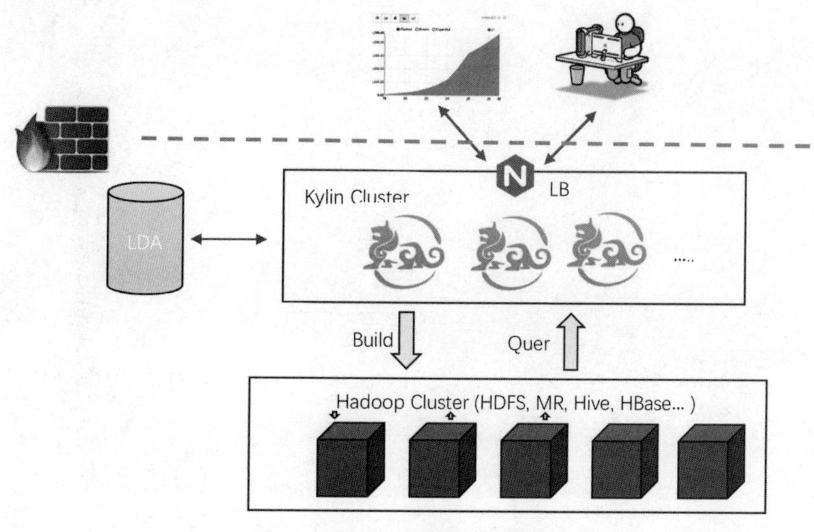

图 C-1　Kylin 集群部署架构图

具体部署方法如下：

1）添加更多的Apache Kylin节点，在每个Apache Kylin实例的配置文件kylin.properties中设置相同的元数据库URL，如“kylin.metadata.url=kylin_metadata_cluster@hbase”。

2）设置其中一个节点的“kylin.server.mode”为“all”（或“job”），其余节点为“query”。即一个节点做任务调度，其余节点做查询处理。

3）设置配置文件中的“kylin.server.cluster-server”参数值为每个节点（包括自身节点）的服务器地址，以逗号分隔。例如：host1:7070,host2:7070,host3:7070。

4）部署一个负载均衡器（如Nginx），将请求转发至多个Apache Kylin节点。

5）客户端通过Nginx来访问Kylin集群。

附录 D Appendix D

使用 MySQL 作为元数据存储

本附录介绍如何配置 Apache Kylin 使用 MySQL 作为元数据存储。

D.1 准备工作

1）安装 MySQL 服务，如 v5.1.17。

2）下载 MySQL 的 JDBC 驱动 (mysql-connector-java-<version>.jar) 并将其放置到"$KYLIN_HOME/ext/"目录下。

D.2 配置方法

1）在 MySQL 中新建一个专门存储 Kylin 元数据的数据库，如 kylin;

2）在配置文件 kylin.properties 中配置"kylin.metadata.url={metadata_name}@jdbc"，该参数中各配置项的含义如下，其中"url""username"和"password"为必需配置项，其他项如果不配置将使用默认值。

- url：JDBC 连接的 URL。
- username：JDBC 的用户名。
- password：JDBC 的密码，如果对密码进行了加密，填写加密后的密码。
- driverClassName：JDBC 的 driver 类名，默认值为"com.mysql.jdbc.Driver"。
- maxActive：最大数据库连接数，默认值为"5"。

- maxIdle：最大等待中的连接数量，默认值为“5”。
- maxWait：最大等待连接毫秒数，默认值为“1000”。
- removeAbandoned：是否自动回收超时连接，默认值为“true”。
- removeAbandonedTimeout：超时时间秒数，默认值为“300”。
- passwordEncrypted：是否对JDBC密码进行加密，默认值为“false”。

如果需要对JDBC密码进行加密，请在“$KYLIN_HOME/tomcat/webapps/kylin/WEB-INF/lib/”下运行如下命令：

```
java -classpath kylin-server-base-<version>.jar:kylin-core-common-<version>.
jar:spring-beans-4.3.10.RELEASE.jar:spring-core-4.3.10.RELEASE.jar:commons-
codec-1.7.jar org.apache.kylin.rest.security.PasswordPlaceholderConfigurer AES
<your_password>
```

如果是在Kylin v2.5版本中，请执行如下命令：

```
java -classpath kylin-server-base-2.5.0.jar\
:kylin-core-common-2.5.0.jar\
:spring-beans-4.3.10.RELEASE.jar\
:spring-core-4.3.10.RELEASE.jar\
:commons-codec-1.7.jar \
org.apache.kylin.rest.security.PasswordPlaceholderConfigurer \
AES test123
```

执行结果如下：

```
AES encrypted password is:
bUmSqT/opyqz89Geu0yQ3g==
```

将生成的密码填入“kylin.metadata.url”中的“password”中，并设置“passwordEncrypted”为“TRUE”。

3）由于元数据不依赖于HBase，所以需要在配置文件$KYLIN_HOME/conf/kylin.properties中添加ZooKeeper的连接项“kylin.env.zookeeper-connect-string = host:port”。

kylin.properties的样例配置如下：

```
kylin.metadata.url=mysql_test@jdbc,url=jdbc:mysql://localhost:3306/kylin,
username=kylin_test,password=bUmSqT/opyqz89Geu0yQ3g==,maxActive=10,maxIdle=10,
passwordEncrypted=true
kylin.env.zookeeper-connect-string=localhost:2181
```

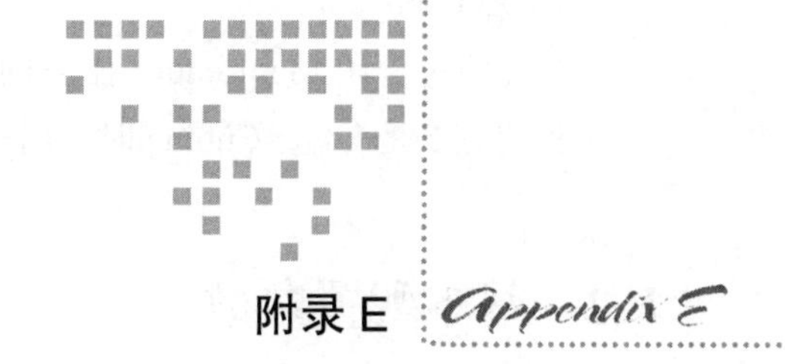

附录 E Appendix E

配置 Apache Kylin

Apache Kylin 在集群节点上安装完毕后，还需要对参数进行配置，以便将 Apache Kylin 接入现有的 Apache Hadoop、Apache HBase、Apache Hive 环境中。此外，为了使 Apache Kylin 更加充分地利用集群资源，还需要调整配置参数以实现功能适配和性能优化。本附录将就这些内容做详细介绍。

E.1 配置文件分类

在 Apache Kylin 安装目录的“conf/”目录中包含了对 Apache Kylin 进行配置的所有配置文件。读者可以修改配置文件中的参数，以达到环境适配、性能调优等目的。本节将介绍 Kylin 的配置文件分类。

❑ kylin.properties

该文件是 Apache Kylin 服务使用的全局配置文件，和 Apache Kylin 有关的配置项都在此文件中。

❑ kylin_hive_conf.xml

该文件包含了 Apache Hive 任务的配置项。在构建 Cube 的第一步通过 Hive 生成中间表时，会根据该文件的设置调整 Hive 的配置参数。

❑ kylin_job_conf_inmem.xml

该文件包含了 MapReduce 任务的配置项。当 Cube 构建算法是 Fast Cubing 时，会根据该文件的设置来调整构建任务中的 MapReduce 参数。

❑ kylin_job_conf.xml

该文件包含了MapReduce任务的配置项。当kylin_job_conf_inmem.xml不存在，或者Cube构建算法是Layer Cubing时，用来调整构建任务中的MapReduce参数。

E.2 基本配置参数

kylin.properties在Apache Kylin的配置文件中占有重要位置。本节内容将对一些常用的配置项进行详细介绍。

❑ kylin.metadata.url

指定Apache Kylin元数据库的URL，默认值为"kylin_metadata@hbase"，即HBase中的kylin_metadata表，用户可以手动修改表名以使用HBase中的其他表保存元数据。在同一个HBase集群上部署多个Apache Kylin服务时，可以为每个Apache Kylin服务配置一个元数据库URL，以实现多个Apache Kylin服务间的隔离。例如，A实例设置该值为"kylin_metadata_a"，B实例设置该值为"kylin_metadata_b"，在B实例中的操作不会对A环境产生影响。

❑ kylin.hdfs.working.dir

指定Apache Kylin服务所用的HDFS路径，默认值为"/kylin"，即HDFS上的"/kylin"目录。以元数据库URL中的HTable表名为子目录。例如，如果元数据库URL设置为"kylin_metadata@hbase"，那么该HDFS路径默认值就是"/kylin/kylin_metadata"。请预先确保启动Kylin的用户有读写该目录的权限。

❑ kylin.server.mode

指定Apache Kylin服务的运行模式，参数值可选范围为"all""job"和"query"，默认值为"all"。Job模式是指该服务仅用于Cube任务调度，不用于服务SQL查询。Query模式表示该服务仅用于服务SQL查询，不用于Cube构建任务的调度。All模式是指该服务同时用于任务调度和SQL查询。

❑ kylin.source.hive.database-for-flat-table

指定Hive中间表保存在哪个Hive数据库中，默认值为"default"。如果执行Kylin的用户没有操作default数据库的权限，可以修改此参数以使用其他数据库。

❑ kylin.storage.hbase.compression-codec

指定Apache Kylin创建的HTable所采用的压缩算法，默认值为"snappy"。如果实际环境不支持snappy压缩，可以修改该参数以使用其他压缩算法，如"lzo""gzip""lz4"等，删除该配置项即不启动任何压缩算法。

❑ kylin.security.profile

指定Apache Kylin服务启用的安全方案，参数值可选范围为"ldap""saml""testing"。

默认值是“testing”，即使用固定的测试账号进行登录。用户可以修改此参数以接入已有的企业级认证体系，如“ldap”“saml”。具体设置可以参考相关章节。

- kylin.web.timezone

指定 Apache Kylin 服务所使用的时区，默认值为“GMT+8”。用户可以根据具体应用的实际需要按照“GMT+N”或“GMT-N”的格式修改此参数。

- kylin.source.hive.client

指定 Hive 命令行类型，参数值可选范围为“cli”“beeline”，默认值为“cli”，即“Hive CLI”。如果需要使用 Beeline 作为 Hive 命令行，可以修改此配置为“beeline”。

- kylin.storage.hbase.coprocessor-local-jar

指定 Apache Kylin 在 HTable 上部署的 HBase 协处理 jar 包，默认是“$KYLIN_HOME/lib/”目录下以“kylin-coprocessor”开头的 jar 包。

- kylin.engine.mr.job-jar

指定构建 Cube 时提交 MapReduce 任务所用的 jar 包。默认是“$KYLIN_HOME/lib/”目录下以“kylin-job”开头的 jar 包。

- kylin.env

指定 Apache Kylin 部署的用途，参数值可选范围为“DEV”“PROD”“QA”。默认是“DEV”，在 DEV 模式下一些开发者功能将被启用。

Appendix F 附录 F

多级配置重写

$KYLIN_HOME/conf/ 下的部分配置项可以在 Web UI 中重写。配置重写有两个作用域，分别是项目级别和 Cube 级别。项目级别的配置继承于全局配置文件；Cube 级别的配置继承于项目级别配置文件。配置的覆盖优先级关系是：Cube 级别配置项 > 项目级别配置项 > 配置文件。

能被配置重写的配置文件主要是 $KYLIN_HOME/conf/ 文件夹下的 kylin.properties、kylin_hive_conf.xml、kylin_job_conf.xml 和 kylin_job_conf_inmem.xml。

F.1 项目级别配置重写

在 Web UI 界面点击“Manage Project”命令，选中某个项目，点击“Edit”→“Project Config”→“+ Property”按钮，进行项目级别的配置重写，如图 F-1 所示：

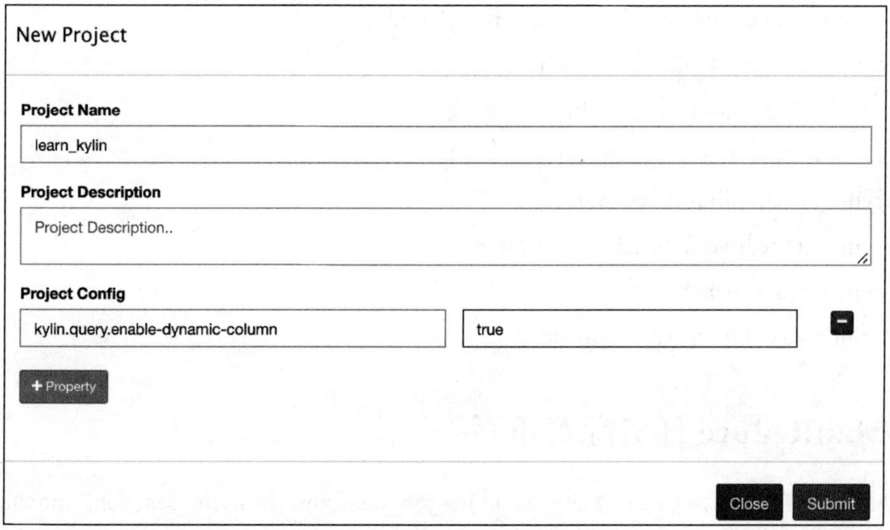

New Project

Project Name

learn_kylin

Project Description

Project Description..

Project Config

kylin.query.enable-dynamic-column　true

+ Property

Close　Submit

图 F-1　项目级别的配置重写

F.2　Cube 级别配置重写

在设计 Cube（Cube Designer 的 Configuration Overwrites 的这一步骤可以添加配置项，进行 Cube 级别的配置重写，如图 F-2 所示：

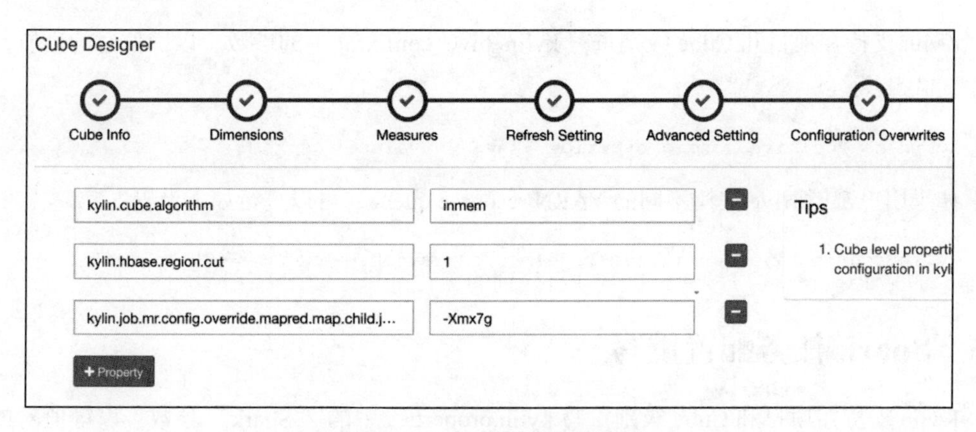

图 F-2　Cube 级别的配置重写

以下参数可以在 Cube 级别重写：

- ❑ kylin.cube.size-estimate*
- ❑ kylin.cube.algorithm*
- ❑ kylin.cube.aggrgroup*

- kylin.metadata.dimension-encoding-max-length
- kylin.cube.max-building-segments
- kylin.cube.is-automerge-enabled
- kylin.job.allow-empty-segment
- kylin.job.sampling-percentage
- kylin.source.hive.redistribute-flat-table
- kylin.engine.spark*
- kylin.query.skip-empty-segments

F.3 MapReduce 任务配置重写

Kylin 支持在项目和 Cube 级别重写 kylin_job_conf.xml 和 kylin_job_conf_inmem.xml 中的参数，以键值对的性质，按照如下格式替换：

```
kylin.engine.mr.config-override.<key> = <value>
```

如果用户希望 Cube 的构建任务使用不同的 YARN resource queue，可以进行如下设置：

```
kylin.engine.mr.config-override.mapreduce.job.queuename={queueName}
```

F.4 Hive 任务配置重写

Kylin 支持在项目和 Cube 级别重写 kylin_hive_conf.xml 中的参数，以键值对的性质，按照如下格式替换：

```
kylin.source.hive.config-override.<key> = <value>
```

如果用户希望 Hive 使用不同的 YARN resource queue，可以进行如下设置：

```
kylin.source.hive.config-override.mapreduce.job.queuename={queueName}
```

F.5 Spark 任务配置重写

Kylin 支持在项目和 Cube 级别重写 kylin.properties 中的“Spark”参数，以键值对的性质，按照如下格式替换：

```
kylin.engine.spark-conf.<key> = <value>
```

如果用户希望 Spark 使用不同的 YARN resource queue，可以进行如下设置：

```
kylin.engine.spark-conf.spark.yarn.queue={queueName}
```

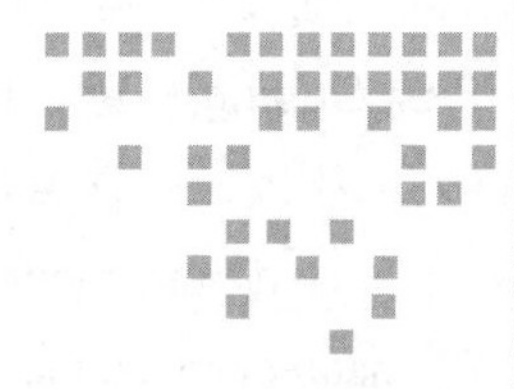

附录 G Appendix G

常见问题与解决方案

在此我们收集了一些 Apache Kylin 社区中出现频率较高的问题，并给出了常用的解决方法。

问题 1：升级 Apache Kylin 版本后所有查询报错：Timeout visiting cube!

造成这个错误的原因是 HBase 协处理器中出错，建议用户查看日志，并详细查看该报错周边是否存在其他异常。常见的原因是新旧版本的协处理器通信协议不兼容，解决方法是重新部署 HBase 协处理器。

Apache Kylin 中提供了一个命令用于对某些 HTable 的协处理器进行动态更新，如下：

```
$KYLIN_HOME/bin/kylin.sh
org.apache.kylin.storage.hbase.util.DeployCoprocessorCLI
$KYLIN_HOME/lib/kylin-coprocessor-*.jar [all|-cube <cube name>|-table <htable name>]
```

该命令最后的参数用于指定 HTable 的范围。如果该参数取值是“all”，那么该 Apache Kylin 服务中所有的 HTable 都将被更新；如果该参数取值是“-cube <cube name>”，则被指定的 Cube 下的所有的 HTable 将被更新；如果该参数取值是“-table <htable name>”，则仅更新被指定名称的 HTable。

问题 2：构建 Cube 的 MapReduce 总是无法启动，原因是 YARN 无法分配足够内存。

在构建 Cube 时有两种算法：Fast Cubing 和 Layer Cubing，而 Fast Cubing 算法对内存的要求较高。因此，在 Apache Kylin 的配置文件 kylin_job_conf.xml 和 kylin_job_conf_inmem.xml 中对 Mapper 的内存定义了默认值，具体参见参数“mapreduce.map.memory.mb”和“mapreduce.map.java.opts”，这些值超过了 YARN 中定义的 container 内存限制。建议对

YARN 配置和 Kylin 配置文件中的 Mapper 内存配置进行核对，然后做相应的调整。

问题 3：在 Fast Cubing 构建 Cube 时，Mapper 抛出“OutOfMemoryException”异常。

造成这种问题的原因，一方面有可能是 Mapper 的内存设置过少，可以调整 kylin_job_conf.xml 或 kylin_job_conf_inmem.xml 中对 Mapper 内存的设置，参数是“mapreduce.map.memory.mb”和“mapreduce.map.java.opts”。另一方面有可能是一个 Mapper 处理了过多数据，可以减小 kylin_hive_conf.xml 中的“dfs.block.size”参数，使 Hive 输出更多小文件，从而增加 Mapper 数量，并减少单个 Mapper 处理的数据量。

问题 4：在构建 Cube 时报错 Cube Signature 不一致。

Cube Signature 是对 Cube 结构一致性的保护措施，造成 Signature 不一致的原因主要有两个：一个是手动修改了 JSON 格式的元数据信息，在这种情况下请再次核对修改是否必要，如果必要，建议 Purge 这个 Cube 后再在 Web UI 上修改元数据结构；另一个是 Apache Kylin 升级后版本不兼容，这种情况出现的概率较小，建议先到社区求助。如果是了解 Cube Signature 的高级用户，可以使用下面这个工具强制刷新 Cube Signature：

```
$KYLIN_HOME/bin/kylin.sh org.apache.kylin.cube.cli.CubeSignatureRefresher [cube names]
```

在上述命令中，Cube 名称参数可选，若为空则更新所有的 Cube。这个命令会重新计算并覆盖 Cube 的 Signature，如果手动修改了就绪状态的 Cube 元信息，并执行此命令可能导致 Cube 的不同 Segment 间结构不一致，请谨慎使用。

问题 5：Cube 已经启用了，但是在“Insight”页面看不到对应的表。

请确认“$KYLIN_HOME/conf/kylin.properties”中的配置项“kylin.server.cluster-servers”在每个 Kylin 节点上都被正确配置，Kylin 节点通过此配置相互通知刷新缓存，请确保节点间的网络通信健康。

问题 6：如何处理“java.lang.NoClassDefFoundError”报错？

Kylin 并不自带这些 Hadoop 的 Jar 包，因为它们应该已经在 Hadoop 节点中存在。所以 Kylin 会尝试通过“hbase classpath”和“hive -e set”找到它们，并将它们的路径加入“HBASE_CLASSPATH”中（Kylin 启动时会运行“hbase”脚本，该脚本会读取“HBASE_CLASSPATH”）。

由于 Hadoop 的复杂性，可能会存在一些会找到 Jar 包的情况，在这种情况下，请查看并修改“$KYLIN_HOME/bin/”目录下的“find-*-dependecy.sh”和“kylin.sh”脚本来适应当前的环境；或者在某些 Hadoop 的发行版中 (如 AWS EMR 5.0)，“hbase”脚本不会保留原始的“HBASE_CLASSPATH”值，这可能会引起“NoClassDefFoundError”报错。为了解决这个问题，请在“$HBASE_HOME/bin/”下找到“hbase”脚本，并在其中搜索“HBASE_CLASSPATH”，查看它是不是如下形式：

```
export HBASE_CLASSPATH=$HADOOP_CONF:$HADOOP_HOME/*:$HADOOP_HOME/
lib/*:$ZOOKEEPER_HOME/*:$ZOOKEEPER_HOME/lib/*
```

如果是的话，请修改它来保留原始值，如下：

```
export HBASE_CLASSPATH=$HADOOP_CONF:$HADOOP_HOME/*:$HADOOP_HOME/
lib/*:$ZOOKEEPER_HOME/*:$ZOOKEEPER_HOME/lib/*:$HBASE_CLASSPATH
```

问题 7：如何在 Cube 中增加维度和度量？

一旦 Cube 被构建完成，它的结构将不能被修改。用户可以通过克隆该 Cube，在新的 Cube 中增加维度和度量，并在新的 Cube 构建完成后，禁用或删除原来的 Cube，使得查询能够使用新的 Cube 进行回答。

如果用户能接受新的维度在历史数据中不存在，则可以在原来的 Cube 的构建结束后开始构建新的 Cube，并基于原来的 Cube 和新的 Cube 创建一个混合（Hybrid）模型。

问题 8：查询结果和在 Hive 中的查询结果不一致。

可能是由以下原因造成的：

1. Hive 中的源数据在导入 Kylin 后发生了改变。
2. Cube 的时间区间和 Hive 中的不一样。
3. 另一个 Cube 回答了查询。
4. 模型中存在内连接 (INNER JOIN)，但是查询时没有包含所有的表的连接关系。
5. Cube 有一些近似度量，如 HyperLogLog、Top_N 等。
6. 在 Kylin v2.3 及之前版本中，Kylin 在从 Hive 中获取数据时可能发生了数据丢失，请参考 KYLIN-3388。

问题 9：Cube 构建完成后，源数据发生改变怎么办？

用户需要刷新 Cube，如果 Cube 被分区，那么可以刷新某些 Segment。

问题 10：构建时在执行“Load HFile to HBase Table”时报错“bulk load aborted with some files not yet loaded”。

根本原因是 Kylin 没有权限执行“ HBase CompleteBulkLoad”。请检查启动 Kylin 的用户是否有访问 HBase 的权限。

问题 11：执行“sample.sh”在 HDFS 上创建“/tmp/kylin”文件夹失败。

执行“ bash -v $KYLIN_HOME/bin/find-hadoop-conf-dir.sh”，查看报错信息，然后根据报错信息进行排错。

问题 12：使用 Chrome 浏览器时，网页报错显示“net::ERR_CONTENT_DECODING_FAILED”。

修改“ $KYLIN_HOME/tomcat/conf/server.xml”，找到“ compress=on”，修改为“ compress=off”。

问题 13：如何配置某个 Cube 在指定的 YARN 队列中构建。

用户可以在 Cube 级别重写如下参数：

```
kylin.engine.mr.config-override.mapreduce.job.queuename=YOUR_QUEUE_NAME
kylin.source.hive.config-override.mapreduce.job.queuename=YOUR_QUEUE_NAME
kylin.engine.spark-conf.spark.yarn.queue=YOUR_QUEUE_NAME
```

问题 14：构建 Cube 时报错“Too high cardinality is not suitable for dictionary”。

Kylin 使用字典编码方式来编码 / 解码维度的值；通常一个维度的基数都是小于百万的，所以字典编码方式非常好用。正如字典需要被持久化、加载进内存，如果一个维度的基数非常高，内存占用会非常大，所以 Kylin 加了一层检查。如果用户看到这类报错，建议先找到哪些维度是超高基维度，并重新对 Cube 进行设计 (如：是否需要将超高基的列设置为维度)，如果用户必须保留该超高基列作为一个维度，有如下解决方法：

1. 修改编码方式，如修改为“fixed_length”或“integer”。

2 增大“$KYLIN_HOME/conf/kylin.properties”中的

“kylin.dictionary.max.cardinality”的值。

问题 15：当某列中的数据都大于 0 时，查询 SUM() 返回负值。

如果在 Hive 中将列声明为 integer，则 SQL 引擎 (Calcite) 将使用列的数据类型作为“ SUM()”的数据类型，而此字段上的聚合值可能超出整数范围。在这种情况下，查询的返回结果可能是负值。

解决方法如下：

在 Hive 中将该列的数据类型更改为 BIGINT，然后将表同步到 Kylin（对应的 Cube 不需要刷新）。

问题 16：如何新增用户并修改默认密码？

Kylin 的网页安全是通过 Spring 安全框架实现的，而“ kylinSecurity.xml”是主要的配置文件，如下：

```
${KYLIN_HOME}/tomcat/webapps/kylin/WEB-INF/classes/kylinSecurity.xml
```

预定义用户的密码哈希值可以在配置文件“ sandbox.testing”中找到；如果要更改默认密码，用户需要生成一个新哈希，然后在此处更新。

我们更推荐集成 LDAP 认证方式和 Kylin 来管理多个用户。

问题 17：如何修改 ADMIN 用户的默认密码？

默认情况下，Kylin 使用简单的、基于配置的用户注册表；默认的系统管理员 ADMIN 的密码为 KYLIN 在“ kylinSecurity.xml”中进行的硬编码。如果要修改密码，首先需要获取新密码的加密值（使用“ BCrypt”命令），然后在“ kylinSecurity.xml”中设置它。以下为原始密码为“ABCDE”的修改示例：

```
cd $KYLIN_HOME/tomcat/webapps/kylin/WEB-INF/lib
java -classpath kylin-server-base-2.3.0.jar:spring-beans-4.3.10.RELEASE.
jar:spring-core-4.3.10.RELEASE.jar:spring-security-core-4.2.3.RELEASE.
jar:commons-codec-1.7.jar:commons-logging-1.1.3.jar org.apache.kylin.rest.
security.PasswordPlaceholderConfigurer BCrypt ABCDE
```

加密后的密码为：

```
$2a$10$A7.J.GIEOQknHmJhEeXUdOnj2wrdG4jhopBgqShTgDkJDMoKxYHVu
```

然后将加密后的密码在“kylinSecurity.xml”中进行设置，如下：

```
vi $KYLIN_HOME/tomcat/webapps/kylin/WEB-INF/classes/kylinSecurity.xml
```

使用新的密码代替原始密码：

```
<bean class="org.springframework.security.core.userdetails.User"
id="adminUser">
   <constructor-arg value="ADMIN"/>
   <constructor-arg value="$2a$10$A7.J.GIEOQknHmJhEeXUdOnj2wrdG4jhopBgqShTgDkJD
   MoKxYHVu"/>
    <constructor-arg ref="adminAuthorities"/>
</bean>
```

重启Kylin来使得配置生效，如果用户有多个Kylin服务器作为一个集群，需要在所有的节点都执行相同的操作。

问题18：HDFS上的工作目录中文件超过了300G，可以手动删除吗？

HDFS上的工作目录中的数据包括了中间数据（将被垃圾清理所清除）和Cuboid数据（不会被垃圾清理所清除），Cuboid数据将为之后的Segment合并而保留。所以如果用户确认这些Segment在之后不会被合并，可以将Cuboid数据移动到其他路径甚至删除。

另外，请注意：HDFS工作目录下的“resources”子目录中会存放一些大的元数据，如字典文件和维表的快照，这些文件不能被删除。

推荐阅读

O'REILLY
原书第2版
利用Python进行数据分析
Python for Data Analysis: Data Wrangling with Pandas, NumPy, and IPython
Wes McKinney 著

Get Start with the Intelligent Data Analysis by Python3
Python3智能数据分析快速入门

Python Practice of Data Analysis and Mining
Python数据分析与挖掘实战

R Data Analysis and Data Mining
R语言数据分析与挖掘实战

MATLAB Data Analysis and Data Mining
MATLAB数据分析与挖掘实战

电商数据分析与数据化运营
Data Analysis and Data Operation for E-commerce

Python数据分析与数据化运营

The Art of Game Analytics
游戏数据分析的艺术

Data Science with Python
Technical Detail and Business Practice
Python数据科学
技术详解与商业实践